U0252299

# DEEP LEARNING
# 深度学习

陈蔼祥　著

清华大学出版社
北京

## 内 容 简 介

深度学习是机器学习的一个分支,是以人工神经网络为架构,对数据进行表征学习的算法。本书深入浅出地介绍了浅层模型、深度学习模型以及相应的正则化技术、卷积的物理意义、卷积神经网络及其各种改进、反馈神经网络及其改进的长短期记忆单元、深度强化学习等内容。本书的目标读者是大学三年级以上的本科生和研究生、广大的工程技术人员、研发人员,亦可以作为统计、计算机、大数据以及相关专业和各交叉学科的教材使用。

**图书在版编目(CIP)数据**

深度学习/陈蔼祥著.—北京:清华大学出版社,2020.8 (2022.1 重印)
ISBN 978-7-302-54659-7

I. ①深…  II. ①陈…  III. ①机器学习-研究  IV. ①TP181

中国版本图书馆 CIP 数据核字(2020)第 005731 号

责任编辑:王　倩
封面设计:何凤霞
责任校对:刘玉霞
责任印制:杨　艳

出版发行:清华大学出版社
　　　　网　　　址:http://www.tup.com.cn,http://www.wqbook.com
　　　　地　　　址:北京清华大学学研大厦 A 座　　　邮　编:100084
　　　　社 总 机:010-62770175　　　　　　　　　　邮　购:010-62786544
　　　　投稿与读者服务:010-62776969,c-service@tup.tsinghua.edu.cn
　　　　质量反馈:010-62772015,zhiliang@tup.tsinghua.edu.cn
印 装 者:天津安泰印刷有限公司
经　　销:全国新华书店
开　　本:170mm×240mm　　印　张:22.75　　插　页:4　　字　数:477 千字
版　　次:2020 年 8 月第 1 版　　　　　　　　印　次:2022 年 1 月第 2 次印刷
定　　价:79.00 元

产品编号:082523-01

# 前　　言

这是一部关于深度学习的原创中文专著。为了使尽可能多的读者通过本书对深度学习能够知其然且知其所以然,作者试图用尽可能统一的数学符号、尽可能少的数学知识以及必要的直观模型来介绍深度学习背后深刻的本质。本书涉及的数学知识主要有优化、概率、统计、代数等方面。从教学科研实践效果来看,大学三年级以上的学生应该已具备这些必要的数学基础知识。因此,本书的核心读者是大学三年级以上的本科生和研究生,以及在企业事业单位从事机器学习、深度学习、数据分析等相关研发工作的工程技术人员。为了能更直观地向读者展示深度学习技术背后的原理,本书使用了不少帮助读者理解的直观模型和简单易懂的例子,比如解释统计语言模型时使用了领导背诵秘书代写稿模型,介绍马尔可夫决策模型的跳蛙模型,介绍角色-评委算法时的教练-学徒模型,讲解围棋 AlphaGo 和 AlphaGo Zero 时的作战指挥部模型,介绍卷积网时使用的手写体数字"7"的识别例子,等等。这些直观模型和浅显易懂的例子在增强本书可读性的同时降低了理解深度学习相关技术的门槛,这为理工科学生和工程技术人员之外的其他学生、管理人员以及对技术前沿感兴趣的其他相关人员提供了一个了解深度学习科技前沿的窗口。

本书致力于深度学习的原理和技术细节的介绍,围绕从数据中学习知识这一主线,希望通过一种通俗易懂的方式梳理深度学习技术的整个发展脉络,向读者展示各种技术的来龙去脉,以及它们彼此之间的关系。全书共分为五章:作为搭建深度学习模型的基础,第 1 章介绍包括线性回归模型、logistics 二分类模型、softmax 多分类模型等在内的浅层模型,通过这些浅层模型的介绍,读者可从中获得机器学习基本概念以及对这些浅层模型本质的认识。第 1 章的难点和亮点在于通过对传递函数 (连接函数的反函数) 进行泰勒展开,解释了传递函数在本质上起到将低维属性空间变换到高维特征空间的作用,读者从中可以理解到为何这些模型均属于"线性"模型范畴。第 2 章首先介绍三层 BP 网络,并详细解释多层 BP 网络中存在的梯度消失或爆炸问题,然后介绍经典的深度网络模型以及避免过拟合的正则化技术。第 2 章的特色之处主要体现在统一深度网络符号体系基础上,对神经元输入输出端的误差作了概念上的明确区分 (上游误差和下游误差)。第 3 章在介绍卷积公式的直观含义基础上,通过一个简单易于理解的手写体数字"7"的识别例子,清晰地展示卷积网络的原理和技术细节,并通过一个将卷积网络应用于自然语言处理的简化算例展示具体计算过程。第 3 章的难点和特色之处在于通过柯西许瓦茨不等式解读埋藏在卷积神经网络背后的特征识别原理，理解这个原理是理解整个网络的基石。作为前向神经网络和卷积神经网络在时间序列建模能力上不足的补充，第 4 章从一个语言模型出发，介绍适合处理时间序列数据的一类网络-反馈神经网络 RNNs，以及通过引入门机制来克服 RNNs 存在的梯度沿时间轴消失或爆炸难题的 LSTM 网络。第 4 章的特色之处体现在采用了独有的 RNNS 和 LSTM 网络结构图，读者能在明确网络结构图基础上清晰地明确误差信号的流动路径，进而较容易地掌握这两种网络的工作原理。第 5 章介绍深度强化学习技术。该章首先通过青蛙模型介绍马尔可夫决策过程模型，然后讨论求解马尔可夫决策模型的三类强化学习算法。在此基础上讨论能用来解决实际复杂问题的深度强化学习方法，并介绍了深度强化学习在围棋 AlphaGo，AlphaGo Zero 等领域的应用。在本书的最后，对深度强化学习的发展现状进行了简要的梳理和回顾。

本书在内容上尽可能深入浅出地涵盖深度学习从基础到前沿知识的各方面，但限于笔者学识，很多重要、前沿的材料可能未能覆盖，即便覆盖到的部分也仅是管中窥豹，更多更深的内容留待读者进一步拓展。为方便有兴趣的读者进一步深入钻研，本书每章后面均列出了相应的参考文献，谨供读者参考。

深度学习是目前最为活跃的研究领域之一，众多原创、前沿的研究成果来自加拿大、美国、德国、日本等国家的研究者。为方便读者在本书基础上进一步阅读文献，追踪国际前沿，也为避免由于本人才学疏浅带来的不准确和不到位，本书对深度学习众多概念和术语的翻译在力求准确的基础上保留了原来的英文用词，且保留大多数国外学者的英文名字，不加翻译直接使用。

深度学习发展日新月异，目前已渗透到各行各业，罕有人能对众多交叉领域均有全面精深的理解。笔者自认乃才学粗浅的无名之辈，仅略知皮毛，更兼时间和精力所限，书中难免有错谬之处，还请读者海涵，若蒙读者厚爱不吝告知，将不胜感激。

陈蔼祥

2018 年 7 月

于广州祈乐苑

# 目　　录

# 第 1 章　浅 层 模 型

## 1.1　深度学习史前发展史

本书是一部介绍深度学习的简明教材。深度学习的前身是人工神经网络, 而人工神经网络既可以看作人工智能连接主义学派的代表性技术, 又可看作机器学习的一个分支。同时, 机器学习又是人工智能的一个分支。人工智能或机器学习的一个终极目标是希望在给计算机 "喂" 足够的 "数据" 后, 机器能自动地从 "数据" (或者说外部输入) 中学习知识, 形成类似于人的智能。因此, 人工智能或机器学习背后是强大的数据分析能力, 它们脱胎于一个更古老的学科 —— 数据分析学科。

作为基础, 本章将介绍一类称为线性模型的统计模型, 包括线性回归模型、logistics 二分类模型、softmax 多分类模型、广义线性模型 (generalized linear models, GLMs)。这些模型均可被归为一类只有输入和输出两层的浅层模型, 这类浅层模型对应后续深度网络的倒数第二层和输出层, 是搭建深度网络的模块。同时, 关于机器学习的一些基本概念和知识, 将被融汇在对这些模型的介绍中, 以作为后续章节学习的基础。

本节以 1946 年人类制造出第一台电子计算机和 2006 年 Hinton 以其开创性工作成功地打开了训练深层网络的大门为两个重要时间节点, 将数据分析划分成初级阶段、浅层模型阶段和深度学习与大数据分析三个阶段, 从数据分析这一更宽的视角回望人类在认识理解自然现象及其背后隐藏规律时由最初原始的手工分析数据, 到今天大数据时代下的深度学习, 再到迈向通用人工智能征途这一跌宕起伏、一波三折的艰难探索历程。

### 1.1.1　数据分析的初级阶段: 手工演算阶段

数据分析是一门历史悠久的学科。人类在漫长的被自然主宰的阶段累积进化, 逐渐掌握了观察自然现象、认识自然规律的本领。人类观测的现象常常以数据的形式被记录下来, 随着造纸术的出现, 信息记录存储手段的进步增强了人类 "沉淀" 数据的能力, 也催生了分析所沉淀数据并发现其中隐含规律的需求。

为从数据中发现隐含规律, 首先需要处理一个所谓数据的真实性问题: 在沉淀数据过程中, 人们常常发现数据记录与现实情况并不总是相符, 这就形成了所谓 "误差"的概念。经历了漫长的误差认识史后, 人们逐渐发现多次测量然后求算术平均值能有效抑制误差, 得到一个更逼近真实值的估计, 这一规律的认识为后来高斯发现概率论中的重要分布——正态分布提供了非常必要的知识储备。

正态分布这一规律的发现是处理天文观测数据的结果。1801 年 1 月, 天文学家 Giuseppe Piazzi 发现了一颗从未见过的光度 8 等的星在移动, 这颗后来被称作谷神星 (Ceres) 的小行星在夜空中出现六个星期, 扫过 8° 角后在太阳的光芒下没了踪影, 再无法观测。而如何在现有观察数据下推算其运行轨道, 进而确定这颗新星是彗星还是行星成为当时天文界乃至学术界共同关注的焦点。这一焦点引起了当时年轻数学家高斯的关注。准确地计算新星的运行轨道的难点在于如何解决有限观测值中存在的误差分布问题。既然大家普遍认为算术平均是一个好的估计, 天才的高斯猜测由观测值误差分布导出的极大似然估计就等于算术平均值, 满足这一性质的函数只有 $f(x) = \dfrac{1}{\sqrt{2\pi}\sigma}\exp\left(-\dfrac{x^2}{2\sigma^2}\right)$, 这就是所谓的正态分布。高斯根据误差分布服从正态分布这一假定发展了现在大家都耳熟能详的极小二乘法 [1-3] 来估计新星运行的轨道, 并准确地预言了这颗新星在夜空中再次出现的时间和位置。

从漫长的经验数据中进行分析并逐渐发现了观测的误差分布理论, 这是一个伟大的成就。正态分布的发现打开了现代统计学的大门, 这使数据分析这一古老的经验主义学科逐渐蜕变成有扎实基础的现代学科——统计学。从正态分布的发现到 1946 年这一阶段是统计学发展的重要时期: Karl Pearson 提出拟合优度检验 [4-6]; Karl Pearson 的学生, 英国医生 William Sealy Gosset 的 Student 分布 (Student 是 William Sealy Gosset 的笔名) 的提出 [7]; Fisher 发展的正态总体下种种统计量的抽样分布 [8]、以最大似然估计为中心的点估计理论 [9] 和方差分析法 [10]; Neyman 的置信区间估计理论 [11]; John Wishart [12], 许宝禄 (Pao-Lu Hsu) 等人的多元正态总体分析法 [13]。这一阶段统计学方面硕果累累, 极大地增强了人类从数据中发掘规律、理解数据的能力。这个时期统计学几乎成了数据分析的代名词。

由于以统计量的抽样分布的极限分布理论为基础的统计学使用的基本方法是假设检验和参数估计, 这些方法的有效使用需要与专业知识、领域知识高度融合。从假设检验中零假设和备择假设的提出, 到分析结果的解释, 均需要将统计学知识与业务逻辑知识甚至常识高度融合。要做到这一点, 高素质的专业人员是不可或缺的。所以基于统计学的数据分析更像是在计算工具辅助下的手工或半自动化的数据分析过程, 这为后来的人工智能走进数据分析这一舞台的中央埋下了伏笔。

## 1.1.2　数据分析的中级阶段: 浅层模型阶段

1946 年是值得载入人类史册的一年, 美国人莫克利 (John W. Mauchly) 和艾克特 (J.Presper Eckert) 在美国宾夕法尼亚大学建造了世界上第一台通用电子计算机 ENIAC。从此, 数据分析这一古老的学科从原始的纸笔手工演算阶段进入电子计算机驱动的近现代阶段。计算机逐渐成为辅助人们进行数据分析的有力工具。

人类是一种带有梦想的动物, 先驱们并不满足于计算机仅仅充当非常有限的助手角色, 自第一台电子计算机诞生之日起, 人们就追问一个梦想中的问题: 计算机能否像人那样进行分析思考? 1950 年, 仍是大四学生的马文·明斯基 (后被称为"人工智能之父") 与同学邓恩·埃德蒙一起, 建造了世界上第一台模拟人脑神经网络计算系统的计算机 Snare。同在 1950 年, 被称为"计算机之父"的阿兰·图灵提出著名的测试一台计算机是否具有智能的测试——图灵测试。1956 年, 在美国达特茅斯学院举办的一次会议上, 计算机专家约翰·麦卡锡首次提出了"人工智能"(artificial intelligence, AI) 一词, 正式开启了人类追逐人工智能这一梦想的征程。

让机器像人一样具有智能的梦想显然无法一蹴而就。在追问计算机能否像人那样进行分析思考这一问题不久后, Arthur Samuel 等人追问了另一个类似的问题: 人能否教会计算机自动地进行数据分析? 或者说, 能否让计算机在尽可能少的人工干预情况下帮助人们分析数据、理解数据, 甚至提取数据中隐含的知识? 1959 年, 在 IBM 工作的 Arthur Samuel 实现了一个具有学习能力的西洋棋程序, 并在 IBM *Journal of Research and Development* 上发表了一篇题为 Some studies in machine learning using the game of checkers 的论文 [14], 该论文首次给出了机器学习 (machine learning, ML) 的一个非正式的定义: 机器学习是在不直接针对问题进行编程的情况下, 赋予计算机学习能力的一个研究领域。

在 Arthur Samuel 给出其仰望星空式的机器学习定义之前, 已经有人迈出了第一步: 1957 年, Rosenblatt 发明了感知机 (或称感知器, Perceptron)[15, 16]。感知器的本质是根据训练数据学习一个能将数据正确分类的超平面, 它是神经网络的雏形, 也是后来的支持向量机的基础。但 Rosenblatt 设计感知器的出发点是希望构造一种通用的识别机器。

然而, Marvin Minsky 的工作几乎浇灭了 Rosenblatt 等人构造通用识别机器的梦想: 1969 年, Marvin Minsky 在与 Seymour Papert 合著的《感知机》[17] 中指出, Rosenblatt 的单层神经网络无法处理"异或"电路, 这是一个简单而典型的非线性映射问题。而实际的问题更多属于非线性问题, 这使人们对感知器以及神经网络计算模型失去了信心。

技术的突破源于执着的科研工作者的积累。1970 年, Seppo Linnainmaa 首次给出了自动链式求导方法 (automatic differentiation, AD)[18], 这项工作是今天大家耳熟能详的反向传播 (back propagation, BP) 算法的雏形。Seppo Linnainmaa 这项工作的重要意义体现在为数学优化这一数学王国塔尖上的明珠介入多层甚至深层网络的训练打开了大门。四年后, Werbos 系统性地将 BP 算法的思想应用于称为多层感知机 (multilayer perception, MLP) 的模型上, 这是一个具有单隐层的全连接型人工神经网络 (artificial neural network, ANN)[19]。1982 年, Werbos 实现了一个通用的 BP 神经网络算法。同时, Werbos 还是反馈神经网络的先驱[20]。在 Werbos 工作基础上, 1985—1986 年, Rumelhart 等许多著名的神经网络学者成功地实现了用实用的 BP 算法来训练神经网络[28]。直到今天, BP 算法仍然是神经网络训练的主流算法。

1979 年, 受生物视觉模型[22,23] 的启发, 日本学者 Kunihiko Fukushima[24,25] 提出了一个称为 "neocognitron" 具有平移不变性的视觉识别系统, 这就是后来被 Yan LeCun 用来进行手写体识别的卷积神经网络 (convolution neural networks, CNNs)[26-28] 的雏形。后来, Yan LeCun 的卷积神经网络在大规模识别问题上效果并未呈现类似手写体识别这类小规模问题上的效果。当时训练卷积神经网络的方法正是为适应卷积网特有结构而进行相应调整后的 BP 算法。

然而, 1991 年 BP 算法训练多层神经网络时被指出存在梯度消失或梯度爆炸问题[29,30], 该问题恰似一道套在神经网络计算模型上的紧箍咒, 限制了神经网络往多层深度模型方向发展, 使得神经网络模型停留在浅层模型阶段, 无法发挥出多层神经网络计算模型应有的性能。

与此同时, 1995 年, 统计学习理论奠基人 Vapnik 和 Cortes 提出了支持向量机 (support vector machines, SVMs) 模型[31-33], 其主要思想是通过数学优化的方式极大化分类间隔超平面, 取得了在当时看来非常不错的分类识别效果。随着 2001 年核方法与 SVM 的融合, 进一步提升分类性能的同时, 扩大了 SVM 处理问题的范围。SVM 兼具理论上的完美和实验结果的理想, 这使得 SVM 方法获得了广泛关注。但 SVM 是建立在已有数据特征下的分类方法, 其分类性能好坏与所给 "特征" 好坏有密切关系, 因此它不具备自动提取特征的能力, 仍然属于浅层模型范畴。

计算机的诞生对数据分析学科的发展无疑是个巨大的促进作用。随着计算机硬件, 尤其是存储设备的不断发展, 计算机计算能力及存储数据能力不断得到增强。与此相适应, 越来越多的功能强大、友好的软件被编写出来以辅助人们完成各项任务。随着这一趋势, 统计学的众多理论和方法逐渐被编制成统计软件的形式, 人们更多地通过统计软件的辅助完成各项复杂的数据分析任务。最终, 计算机走到了数据分析的台前, 而统计学更多地退居幕后起着不起眼但关键的作用。这给了很多人一个错觉, 计算机学科在数据科学中的地位逐渐超过了统计学。

## 1.1.3 数据分析的高级阶段: 大数据深度学习阶段

计算机的诞生开启了用计算机辅助数据分析的浅层模型时代, 与计算机诞生之日起几乎同步发展的是存储技术。1946 年 RCA 公司的计数电子管是一个长为 10 英寸

(25 cm)、能保存 4096 bit 数据、用在早期巨大电子管计算机上的存储设备。2018 年世界上最大容量的固态硬盘 Nimbus Data ExaDrive DC100 存储容量已高达 100 TB (这一容量足以容纳 2 亿首歌曲的数据), 这一固态硬盘具有体积小 (只有 3.5 英寸)、容量大 (是当前最大容量的机械硬盘容量 8 倍以上)、能耗低 (读写数据 0.1 W/TB 的能耗, 比同期竞争对手节省高达 90% 的能耗) 的特性。目前, 存储技术仍然在朝体积小、容量大、能效低、全闪存、软件定义存储等方向发展。

在计算机逐渐普及以及存储技术不断发展的背景下, 无论是政府部门、学校、医院, 还是电商企业、大型超市、商业网点, 甚至个体工商企业, 均在各自的信息系统里沉淀了大量业务数据。据统计, 2017 年, 人类总共创造了 8.8ZB (88 亿 TB) 的数据, 而这个数字大约每两年就会翻倍。在这些数据中隐藏了各种关于消费习惯、公共健康、全球气候变化以及其他经济、社会还有政治等方面的深刻信息。计算机的普及和存储技术的发展催生了大数据时代。

存储技术的发展既赋予了人类沉淀数据、记录时代的能力, 也对现有的数据分析处理能力提出了挑战。如何从海量数据中挖掘出有价值的信息, 或者如何组织整理好海量数据, 准确把握海量数据背后的总体, 这是大数据时代给数据科学、计算科学工作者出的一道考题。仅靠大数据和计算机的快速计算蛮力, 而没有相应的大数据处理技术, 大数据的价值也无法体现。一个典型的例子是, 计算机博弈能力从国际象棋到围棋的飞跃, 如果单纯靠大数据棋谱和处理器计算能力的提速, 而没有相应的计算技术的突破性进展, 这是不可能做到的。

1997 年 IBM 的深蓝计算机, 以 2 亿次每秒的计算速度穷举所有搜索路径来选择最佳走棋策略, 击败了人类国际象棋世界冠军——棋王卡斯帕罗夫。这个在当时引起轰动的结果是靠半自动手工调参的方式取得的。然而, 近 20 年后的 2016 年, 在深度学习和强化学习技术的助力下, 隶属于国际搜索巨头 Google 公司的 DeepMind 子公司开发的 AlphaGo 以一种全自动的方式, 在远比国际象棋复杂的围棋领域, 以 4:1 的比分击败了韩国职业棋手李世石。次年的 AlphaGo zero 更是抛弃人类棋谱, 以一种纯自我学习的方式, 通过自我博弈来提升自己的棋力, 最终 AlphaGo zero 的棋力横扫围棋界, 以压倒性优势击败了所有人类职业棋手。

围棋共有 $19 \times 19 = 361$ 个位置, 每个位置有“白、黑、空”三种状态, 其状态空间为 $3^{361} \approx 10^{172}$。平均一盘围棋约需要走 150 个回合可分出胜负, 而每一状态可能的走子约 250 种, 因此围棋博弈树规模为 $250^{150} \approx 10^{360}$。相比之下, 国际象棋的状态空间约 $10^{47}$, 博弈树规模为 $10^{123}$。这是两个完全不同量级的比赛, 如果单纯靠大数据棋谱和处理器计算能力的提速, 而没有相应的计算技术的突破性进展, 是不可能的。

20 世纪 90 年代, BP 算法被指出在训练多层神经网络时存在梯度消失或梯度爆炸问题后, 人们很快发现在反馈网络中使用 BPTT (沿时间轴反向传播的 BP 算法) 算法时, 梯度信号沿时间轴反向传播同样存在梯度消失或梯度爆炸问题[30], 这进一步限制了神经网络计算模型在序列建模上的应用。真正解除套在神经网络上的梯度消失或梯度爆炸问题这一魔咒，使神经网络能向深度模型演变的是 Hinton 的工作。2006年，Hinton 提出受限玻耳兹曼机 (restricted Boltzmann machine,RBM) 模型 [34]，并采用逐层贪心预训练加全局微调的办法将多个 RBM 堆叠得到一个称为深度信念网络 (deep belief networks, DBNs) 的模型 [35]。这是第一个能有效克服深层网络训练难题的方法。这一方法的提出打开了训练深度模型的大门。

深度学习的突破性进展极大地增强了人类从海量数据中提取知识的能力。早在 AlphaGo 出现之前的 2012 年，深度学习先驱 Hinton 课题组开发的 AlexNet[36] 利用了一个 8 层的卷积神经网络，取得了 ImageNet 图像识别比赛冠军。此后深度学习模型展现了其在数据处理方面强大的特征学习和对象识别能力：Russakovsky[37] 等人的 ImageNet 利用深度技术从 100 万张图片中识别含有 1000 个类别的对象，错误率只有 3.46%，而人经过 24 h 的训练后完成同样任务的错误率为 5.1%；Graves 等人将深度技术应用于时间序列处理，他们的工作将语音识别误差率降到 17.7%[38]，准确性比之前最好的技术提升了近 30%。而在此之前，语音识别领域最好的高斯混合模型——隐马尔可夫模型 (GMM-HMM) 经过近 10 年的努力均没能带来误差率的改进。

深度学习的优点主要体现在通过多个层次模型从海量数据中进行逐层特征提取，以最优化损失函数的方式进行表示学习的能力，这是深度模型能够取得超过人类能力的高识别精度的主要原因。深度学习模型另一个不可忽视的优点是越来越多的深度模型能够提供一种全自动的端到端的数据处理和交互方式进行工作，这里所谓的端到端是指给模型直接输入原始数据如声音、图像等信息，模型能直接输出最终目标，例如输出控制机械手移动的指令来抓取物品。端到端的这种方式有别于传统的机器学习方式。在传统的机器学习下，原始数据往往先通过一个预处理过程处理成特征，然后根据特征进行分类，其效果取决于所用特征的质量。因此，传统的机器学习需花很大精力去研究如何设计更好的特征。深度学习出现后，人们发现让网络自动从原始数据中抓取得到的特征远好于专家设计的特征，于是，全自动的端到端模型取代了需要人工干预的半自动模型。

浴火重生后的深度学习技术在语音识别、图像理解、自然语言处理、智能博弈、自动驾驶等众多领域攻城拔寨，不断刷新纪录甚至战胜人类时，另一数据分析的利器——统计学在深度学习光环笼罩下更多地退居幕后起着不可或缺的作用：神经网络从训练数据 $(X,Y)$ 中学习的目标是要从数据中学习给定 $X$ 下关于 $Y$ 的条件分布 $P(Y|X;W)$，这里 $W$ 代表要学习的网络连接参数，或者说 $W$ 代表神经网络本身。网络的学习过程本质上是一个极大似然估计过程：寻找网络 $W$ 使训练数据 $(X,Y)$ 被同时观察到的联合概率最大。Hinton 的受限玻耳兹曼机的训练使用了 Gibbs 抽样方法，使得学习过程能以一种无监督方式进行，所以 Hinton 的受限玻耳兹曼机是一种无监督的基于 Gibbs 抽样的自我表示学习。

虽然由于深度学习的进展似乎让人看到了真正人工智能的一线曙光，但也要清醒地认识到，以深度学习技术为代表的连接主义方法存在诸如可解释性差、不具备小样本学习和迁移学习能力、不具备推理能力等缺点, 实用中除了在大规模图像识别、机器翻译、围棋人机对弈 (深度学习和强化学习技术融合的结果) 等领域取得了令人惊艳的进展外, 在其他诸如语音交互、视频理解、无人驾驶等众多领域远未达到人类的能力。因此, 真正人工智能时代尚未到来。但更应该理性看到的是, 以深度学习技术为代表的连接主义方法从结构上模拟了人脑, 这赋予了这类方法像人脑一样从外界输入信息中提取知识的能力, 从目前所取得的效果来看, 至少它做到了其他如逻辑主义学派所没法做到的事情。这样说并非是要将连接主义学派和逻辑主义学派对立起来, 而仅仅是为了强调从目前进展来看, 深度学习显然是实现真正人工智能的一种有力工具, 它是近年来众多人工智能方法、思想中取得较大进展的一种。深度学习目前存在的不足, 需要从包括逻辑主义学派的方法在内的其他方法中吸取营养, 形成新的突破。人工智能的发展更应该从统计学、数学、计算机、脑与神经认知科学, 甚至物理学、心理学、社会学等相关学科中取得营养。

## 1.2 线性回归模型

数据分析是在人类认识自然现象背后隐藏规律的过程中发展起来的一门学科。自然现象背后隐藏的规律可以粗略地分为确定 (因果) 关系和相关关系两类。例如众所周知的自由落体运动, 物体降落的位移 $h$ 与降落的时间 $t$ 可用 $h = \frac{1}{2}gt^2$ 来刻画。但并非所有的现象都可用类似这样的确定性公式加以刻画, 例如钱塘江潮高程 $h$ 则无法用时间 $t$ 的确定的函数式进行表示。同样地, 人体的身高 $(X)$ 与体重 $(Y)$ 之间, 房子的特征 $(X)$ 与房子的价格 $(Y)$ 之间等也不存在确定的函数关系式。

有时, 确定关系在 (测量) 误差影响下可以转化为相关关系, 或者说相关关系可分解成确定关系与随机误差之和。例如用一把尺子量一张桌子的长度, 客观地, 一张桌子有其真实的长度 $\mu$, 通常情况下, 认为用尺子量桌子长度得到的数据 $\ell$ 会等于桌子本身的长度, 即 $\ell = \mu$。但如果苛刻地要求用尺子量桌子长度时得到的结果要严格反映桌子真实长度, 苛严到一个原子也不多, 一个原子也不少的地步。显然, 在这种情况下, 由于测量时存在的人为误差和测量工具本身的精度等因素, 每次测量的结果 $\ell$ 不可能严格等于 $\mu$, 而或多或少存在某种程度的随机误差 $\epsilon$。这样, 测量数据与桌子真实长度之间的关系就由原来的确定性关系 $\ell = \mu$ 变成真实值与不确定的随机误差之和的相关关系 $\ell = \mu + \epsilon$ 的形式。这里正是误差 $\epsilon$ 的这种随机性给目标变量 $\ell$ 带来了某种随机性。

有时, 给目标变量带来随机性的原因并不仅仅是测量误差, 也有可能是影响目标变量 $Y$ 值变化的某些自变量 $X$ 由于某种原因未被包含在模型里面。例如, 影响房屋价格波动的因素除了跟房子大小、朝向、楼层等房子本身的属性有关, 还可能与一个国家或地区政府的相关政策甚至广义货币供应量等因素有关。但建立模型预测房价时, 可能只用了房子大小、朝向、楼层等房子本身的属性, 这时模型就会把政府的相关政策和广义货币供应量等其他因素的差异带来的效应隐藏在误差项中。

一般地, 对于这种带随机误差 (噪声) 数据的分析和处理, 需要用相应的统计学模型。统计模型善于从混合着噪声的数据中找出规律, 它并不在意目标变量 $Y$ 的随机性产生的具体原因, 而是通过对误差进行合理假设的基础上, 寻找自变量与因变量之间内在的关系。例如前面测量桌子长度的例子中, 在测量不存在系统性偏差的情况下, 测量到的桌子的长度会以真实值为平均值呈有规律的正态分布, 利用这一点, 统计模型就能透过随机性看到自变量与因变量之间的本质联系, 找出测量值与真实值之间的关系。

随机误差的合理假设对模型的有效性非常重要, 如果不对目标变量的随机性进行限制, 那么再好的统计模型也无可奈何。试想一下, 如果测量桌子长度的数据是不认真做实验的某个同学随手编造的数据, 则无法保证它的平均值与实际值接近, 自然也就无法找出测量值与真实值之间的关系。后文将看到, 对随机误差的不同假设, 将产生不同的统计模型。

本节通过一个简单的研究房屋面积与房价间关系的例子, 介绍回归分析的基本思想, 并由此引出训练集、模型 (假设函数)、模型容量等这些机器学习中常用的基本概念和符号。在这些基本概念和符号基础上推导基于极小二乘目标函数下的回归分析方法, 讨论机器学习中常出现的模型欠拟合 (underfitting) 和过拟合 (overfitting) 以及模型选择和特征选择等相关问题, 并给出回归分析方法的概率解释。然后介绍针对目标变量 $Y$ 不同的分布下线性模型的两种扩展模型, logistics 回归和 softmax 回归模型。最后给出三种回归模型的统一框架, 广义线性模型, 从更宽的视角看待统计领域发展起来的这一套数据分析工具。

## 1.2.1 极小二乘线性回归

一般地, 为了研究变量 $X$ 与 $Y$ 之间的关系规律, 往往需要对 $(X,Y)$ 进行成对的序列观察, 序列 $(X^{(1)},Y^{(1)}),(X^{(2)},Y^{(2)}),\cdots,(X^{(m)},Y^{(m)})$ 表示对 $(X,Y)$ 进行了 $m$ 次观测, 相应的小写的 $x,y$ 对应的序列 $(x^{(1)},y^{(1)}),(x^{(2)},y^{(2)}),\cdots,(x^{(m)},y^{(m)})$ 表示 $m$ 次观测得到的结果。例如, 表 1.1 列出的是某地区房屋面积与房价的关系数据[1]。

根据表 1.1 中数据, 很容易在平面直角坐标系上画出房屋面积 $X$ 为横轴, 房价 $Y$ 为纵轴的散点图。从图 1.1 散点图可看到房屋面积与房价之间的关系。为了进一步搞清楚房屋面积大小如何具体地影响房屋价格, 我们希望能在前述散点图基础上画出一条能反映房价随房屋面积变化的关系线, 但这样的线可以画很多, 图 1.2 中的哪条线更能客观真实地反映房价与房屋面积之间的变化关系呢?

1　为简便起见, 该数据集来自斯坦福大学华裔教授吴恩达的机器学习公开课。

表 1.1　房屋面积与房价数据

| 面积/平方英尺 | 价格/1000 美元 |
| --- | --- |
| 2104 | 400 |
| 1416 | 232 |
| 1334 | 315 |
| 852 | 178 |
| 1940 | 240 |
| ... | ... |

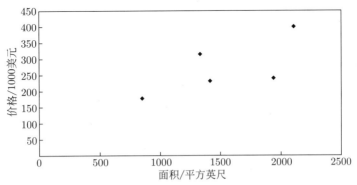

图 1.1　房屋面积 $X$ 与房价 $Y$ 之间的散点图

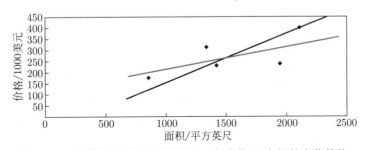

图 1.2　两条线均能反映房屋面积 $X$ 与房价 $Y$ 之间的变化趋势

　　显然, 需要有一套标准, 或者说一套办法, 能根据表 1.1 中的数据, 或者说根据图 1.1 散点图中各点的位置, 确定一条最合理地表示房屋面积与房价之间关系的线。一旦找到这条合理地刻画房屋面积与房价之间关系的线, 将来如果有一个新的房子需要进入市场销售, 就可以根据该房子的大小和所找出来的这条线定出这一房子合理的销售价格。显然, 在二维平面直角坐标系下, 一条直线可表示成 $h(x) = \theta_0 + \theta_1 x$ 或 $h(x) = Wx + b$ 的形式[1]。这里 $(\theta_0, \theta_1)$ 或 $(W, b)$ 称为方程的参数, 一旦这些参数被确定, 相应的方程就确定下来了。

---

　　1　本章使用前一种形式, 其等价的后一种形式将在后续神经网络或深度模型中使用。

这样, 寻找最合理地表示房屋面积与房价之间关系的线的问题就转化成寻找最合适的参数 $\boldsymbol{\theta} = (\theta_0, \theta_1)$ 的过程。这个参数所对应的方程 $h_{\boldsymbol{\theta}}(x) = \theta_0 + \theta_1 x$ 在回归分析中就被称为回归方程, 但在机器学习里它有个更一般的名字叫假设函数 (hyphothesis) 或者模型 (model)。这里 $h_{\boldsymbol{\theta}}(x)$ 表示以 $\boldsymbol{\theta}$ 为参数的回归方程。图 1.3 给出了机器学习的一般框架: 机器学习算法接受训练集作为输入, 经过相应的方法进行训练后, 得到假设函数作为算法输出的结果, 该结果可被用来预测新的输入特征下的目标变量的值。

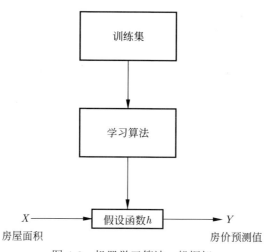

图 1.3  机器学习算法一般框架

在理想状态下, 如果能找到一条线使散点图中所有点都在这条线上, 则这条线完整地刻画了数据中的所有信息。然而, 实际中由于各种噪声的存在, 或者房屋面积与房价之间本身的复杂关系, 多个数据点共线的情况不可能出现。对于任意给定的函数 $h_{\boldsymbol{\theta}}(x)$, 各数据点均会有不同程度的偏离, 偏离的幅度可用图 1.4 中各数据点到线的长度进行表示。给定第 $i$ 个数据点坐标 $(x^{(i)}, y^{(i)})$, 该数据点偏离 $h_{\boldsymbol{\theta}}(x)$ 的长度 $d_i = h_{\boldsymbol{\theta}}(x^{(i)}) - y^{(i)}$。在具有 $m$ 个数据点的情况下, 所有数据点与假设函数 $h_{\boldsymbol{\theta}}(x)$ 的

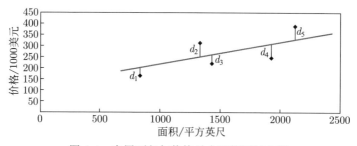

图 1.4  房屋面积与价格最合理的回归方程

总偏离可表示成 $J(\boldsymbol{\theta}) = \dfrac{1}{2}\sum\limits_{i=1}^{m} d_i^2 = \dfrac{1}{2}\sum\limits_{i=1}^{m}(h_{\boldsymbol{\theta}}(x^{(i)}) - y^{(i)})^2$，这里取平方和是为了消除正负偏差直接求和带来的抵消效应，前面加了个分数 $\dfrac{1}{2}$ 是因为后续处理时需要对该表达式的平方项进行求导，求导的结果得到的数字 "2" 与这个分数相乘刚好归一，数学上会显得更简洁。回归分析，或者说机器学习的任务是要寻找最合理的假设函数 $h(x)$，使得这些数据点与假设函数 $h_{\boldsymbol{\theta}}(x)$ 代表的直线的总偏离程度 $J(\boldsymbol{\theta})$ 最小。

以上内容介绍了回归分析的直观思想。接下来将前述分析的内容扩展到更一般的形式。在此之前，出于严格地描述一般的回归分析模型的需要，这里以表格的形式列出了需要用到的一些符号 (见表 1.2)，这些符号约定适用于本书所有章节。

表 1.2　机器学习中的常用符号约定

| 符号 | 代表的含义 |
| --- | --- |
| $X$ 或 $X_{n \times 1}$ | 输入变量/特征 ("input" variables/features) 这里 $n$ 代表变量/特征数 |
| $Y$ 或 $Y_{C \times 1}$ | 输出变量/目标变量 ("output/target" variables) 这里 $C$ 代表输出变量/目标变量数目 |
| $(X, Y)$ | 数据总体 |
| $(X, Y)^{(M)} = \{(X^{(1)}, Y^{(1)}), (X^{(2)}, Y^{(2)}), \cdots, (X^{(M)}, Y^{(M)})\}$ | 对数据总体的 $M$ 次观测序列 |
| $(x, y)^{(M)} = \{(x^{(1)}, y^{(1)}), (x^{(2)}, y^{(2)}), \cdots, (x^{(M)}, y^{(M)})\}$ | 数据集，对数据总体进行 $M$ 次观测的结果 |
| $(x, y)^{(M)} = (x, y)^{(m)} \bigcup (x, y)^{(m')}$ | 数据集被按某一比例分成训练集和测试集两部分 $m, m'$ 分别为训练集和测试集大小 |
| $(x^{(i)}, y^{(i)})$ | 第 $i$ 条 (训练) 数据 |

根据表 1.2 中的符号约定，具有 $n$ 个输入特征，1 个目标变量 (即 $C = 1$ 的情况，为避免复杂化，$C > 1$ 的情况这里暂时先不考虑) 的假设函数可表示成式 (1.2.1) 的形式。

$$h_{\boldsymbol{\theta}}(X) = \theta_0 + \theta_1 X_1 + \cdots + \theta_n X_n \xlongequal{X_0 = 1} \sum_{j=0}^{n} \theta_j X_j = \boldsymbol{\theta}^{\mathrm{T}} X \qquad (1.2.1)$$

式 (1.2.1) 所示模型是各项求和的形式，且其中每项的参数 $\theta_j$ 均是 1 次幂的形式，因此这是一个关于参数 $\boldsymbol{\theta}$ 的线性模型，称为简单线性模型 (simple linear model, SLM)。这里**线性**指的是多个自变量的**线性组合**对目标变量 $Y$ 或者目标变量的函数 $\left(\text{比如后文的 logistics 模型中的 } \ln\dfrac{Y}{1-Y}\right)$ 的值产生贡献。简单线性模型也可表示成图 1.5 的形式。

为了考查输入特征 $X$ 与目标变量 $Y$ 之间的关系，需要尽可能多地获得关于 $(X, Y)$ 的信息。理论上，总体 $(X, Y)$ 的所有信息都是追踪 $X$ 与 $Y$ 之间规律所需要的。但收集齐全总体的所有信息在实际中往往并不可行。因此，通过

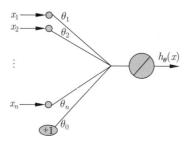

图 1.5　式 (1.2.1) 中线性模型的图形化表示

对总体 $(X,Y)$ 进行有限的 $M$ 次观察, 将观察所得结果中的一部分 $(x,y)^{(m)} = \{(x^{(1)},y^{(1)}),(x^{(2)},y^{(2)}),\cdots,(x^{(m)},y^{(m)})\}$ 作为追踪 $X$ 与 $Y$ 之间的关系的数据集, 该数据集一般被称为训练集。这样, 根据式 (1.2.1) 的假设函数和训练集中的目标变量 $Y$, 可以得到式 (1.2.2) 形式的定义在训练集 $(x,y)^{(m)}$ 上的代价函数。

$$J(\boldsymbol{\theta}) = \frac{1}{2}\sum_{i=1}^{m}[h_{\boldsymbol{\theta}}(x^{(i)}) - y^{(i)}]^2 \tag{1.2.2}$$

如前所述, 代价函数 $J(\boldsymbol{\theta})$ 是训练集中的数据点到假设函数的偏差平方和, 它是衡量假设函数好坏程度的一个量。机器学习的任务是要根据训练集 $(x,y)^{(m)}$, 从假设函数的一组初始参数 $\boldsymbol{\theta}(0)$ 出发, 不断 (迭代) 地调整参数 $\boldsymbol{\theta}$, 以极小化代价函数 $J(\boldsymbol{\theta})$。这一过程可表示为如式 (1.2.3) 的优化目标函数。

$$\min_{\boldsymbol{\theta}} J(\boldsymbol{\theta}) = \frac{1}{2}\sum_{i=1}^{m}[h_{\boldsymbol{\theta}}(x^{(i)}) - y^{(i)}]^2 \tag{1.2.3}$$

在训练集给定的情况下, 上述代价函数 $J(\boldsymbol{\theta})$ 就是一个关于 $\boldsymbol{\theta}$ 的二次函数。从数据中学习输入变量与目标变量之间关系的机器学习问题就转化为极小化代价函数 $J(\boldsymbol{\theta})$ 的优化问题, 因为一旦找到 $J(\boldsymbol{\theta})$ 最小的参数 $\boldsymbol{\theta}$, 相应的假设函数 $h_{\boldsymbol{\theta}}$ 就随之确定。

为讨论式 (1.2.3) 所示函数的优化问题, 先考查一个具体的二元二次函数, 根据这个简单而特殊的二元二次函数讨论寻找极值的直观思想, 并将之扩展到一般二次函数优化方法。

假定式 (1.2.1) 中 $n=1$, 这意味着假设函数中只有 $\theta_0,\theta_1$ 两个参数。将式 (1.2.1) 代入式 (1.2.2) 中, 并以 $\theta_0,\theta_1$ 为未知参数进行整理, 结果可整理成式 (1.2.4) 的形式。

$$\begin{aligned}
J(\boldsymbol{\theta}) &= \frac{1}{2}\sum_{i=1}^{m}[h_{\boldsymbol{\theta}}(x^{(i)}) - y^{(i)}]^2 \\
&= \frac{1}{2}\left[ m\theta_0^2 + \theta_1^2\sum_{i=1}^{m}(x^{(i)})^2 + 2\theta_0\theta_1\sum_{i=1}^{m}(x^{(i)}) - 2\theta_0\sum_{i=1}^{m}(y^{(i)}) - \right. \\
&\quad \left. 2\theta_1\sum_{i=1}^{m}(x^{(i)}y^{(i)}) + \sum_{i=1}^{m}(y^{(i)})^2 \right]
\end{aligned} \tag{1.2.4}$$

假定现在训练集中只有两个训练数据, 即 $(x,y)^{(2)} = \{(1,-4),(-1,2)\}$, 将训练数据代入式 (1.2.4) 并整理得到式 (1.2.5) 的结果。

$$J(\boldsymbol{\theta}) = \theta_0^2 + \theta_1^2 + 2\theta_0 + 6\theta_1 + 10$$
$$= \theta_0^2 + 2\theta_0 + 1 + \theta_1^2 + 6\theta_1 + 9 + 1$$
$$= (\theta_0 + 1)^2 + (\theta_1 + 3)^2 + 1 \tag{1.2.5}$$

显然, 式 (1.2.5) 是一个二元二次函数, 且已被整理成完全平方形式。图 1.6 给出了该函数的图像, 它是一个 "碗" 状的抛物型曲面, "碗" 底中心是它的全局唯一极小点。

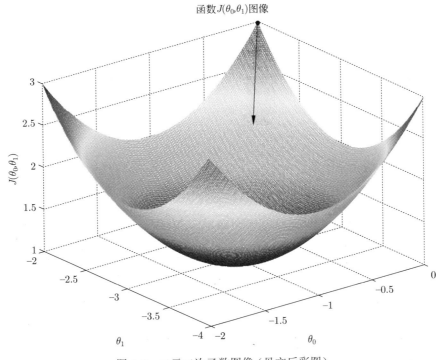

图 1.6 二元二次函数图像（见文后彩图）

这样, 式 (1.2.3) 中的优化问题等价于如何从某个初始点 (图 1.6 中黑点) 定位到 "碗" 底中心这个全局唯一极小点的问题？有人可能会说, 这还不简单, 沿图 1.6 中箭头所指方向直奔 "碗" 底即可。但是情况并非如此简单, 原因有两点: (1) 在找到全局唯一极小点之前, 类似图 1.6 中的辅助箭头是没有办法画出来的, 计算机也不能像人一样 "看懂" 图 1.6 中的函数图像;(2) 很多时候, 式 (1.2.3) 表示的一般形式的优化目标函数远比式 (1.2.4) 中的二元二次函数要复杂。

一般地, 要对式 (1.2.3) 进行优化是在没有类似图 1.6 的函数图辅助下寻求极小点, 这有点像在山顶的 "渴蚁" 朝唯一有水的山谷进发找水喝的过程。口渴的蚂蚁视野有限, 它只能通过在自己有限的邻域内移动位置, 并感知前后位置的高低变化, 但聪明的蚂蚁知道, 只要不断往低处移动, 总有一天能到达最低的谷底, 喝到心仪已久的甘泉。而在一群找水喝的蚂蚁中有一种绝顶聪明的蚂蚁叫梯度蚂蚁, 它有一种绝招帮助它总能在每一步移动时找到最快速的下山方向。梯度蚂蚁的绝招就是每次移动时先计算梯度方向, 然后沿梯度方向移动步伐就是最快速的下山方向。下面将结合图 1.7 解释何为梯度方向。

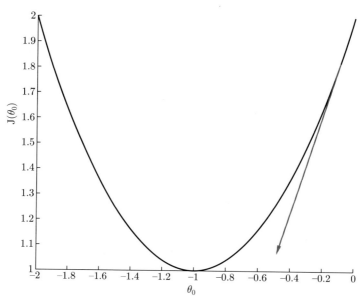

图 1.7 图 1.6 抛物型曲面在 $(\theta_0, J(\theta_0))$ 平面上的投影 (箭头是曲线上某点的梯度方向)

如果将 $\theta_1 = -3$ 代入式 (1.2.5) 并画出相应的函数图像, 则可以得到图 1.6 抛物型曲面在 $\theta_0$ 为横轴, $J(\theta_0)$ 为纵轴的平面上的投影, 这是一条如图 1.7 所示的二次曲线。图 1.7 中箭头所指方向就是曲线上某点的切线方向, 该切线的斜率 $\dfrac{\mathrm{d}J(\theta_0)}{\mathrm{d}\theta_0} = \dfrac{\partial J(\theta_0, \theta_1)}{\partial \theta_0}$ 就是曲线上该点的梯度, 箭头所指方向就是梯度蚂蚁移动的方向。梯度蚂蚁知道, 只要沿箭头的梯度方向移动 $\sqrt{\left(\dfrac{\partial J(\theta_0, \theta_1)}{\partial \theta_0}\right)^2 + 1}$ 个单位 (相当于沿坐标轴 $\theta_0$ 移动 1 个单位), 自己就会下降 $\dfrac{\partial J(\theta_0, \theta_1)}{\partial \theta_0}$ 个单位, 而且这种下降速度是最快的。图 1.8 是梯度蚂蚁逃离火红的火焰山顶 (初始点) 奔向生命绿洲的谷底 (最小值) 的可能的最佳逃生路径。

前面介绍的是在 $\theta_0, \theta_1$ 以及定义在其上的代价函数 $J(\theta_0, \theta_1)$ 张成[1]的三维空间中

---

1 这个概念来自线性代数, $n$ 个无关组可构成一个 $n$ 维空间。

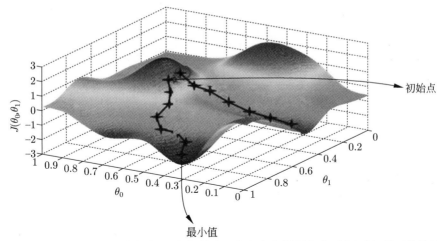

图 1.8　梯度蚂蚁逃离火红的火焰山顶 (初始点) 奔向生命绿洲谷底 (最小值) 的可能的最佳逃生路径（见文后彩图）

的蚂蚁觅水过程。对于坐标系 $\boldsymbol{\theta} = (\theta_0, \theta_1, \cdots, \theta_n)^{\mathrm{T}}$ 以及定义在其上的代价函数 $J(\boldsymbol{\theta})$ 张成的 $n+2$ 维空间中的蚂蚁觅水过程与此类似。这里符号 $J(\boldsymbol{\theta})$ 表示定义在数据集合 $(x, y)^{(m)}$ 上的代价函数, 也就是公式 (1.2.2)。式 (1.2.6) 给出了参数 $\theta_j \in \boldsymbol{\theta}$ 从第 $t$ 步的状态到第 $t+1$ 步的更新公式, 其中 $\gamma$ 是蚂蚁的腿长, 也就是所谓的学习率。

$$\theta_j^{(t+1)} = \theta_j^{(t)} - \gamma \frac{\partial J(\boldsymbol{\theta})}{\partial \theta_j}\Big|_{\theta_j^{(t)}} \tag{1.2.6}$$

式 (1.2.6) 中 $\gamma$ 是一个人为设定的参数 (机器学习领域称这种人为设定的参数为超级参数, 简称超参), 式 (1.2.6) 的计算关键是要给出代价函数关于参数的偏导数, 即 $\dfrac{\partial J(\boldsymbol{\theta})}{\partial \theta_j}$ 的计算。根据式 (1.2.1) 式 (1.2.2) 可以得到式 (1.2.7) 表示的计算偏导数公式。

$$
\begin{aligned}
\frac{\partial J(\boldsymbol{\theta})}{\partial \theta_j} &= \frac{\partial \frac{1}{2} \sum_{i=1}^{m} [h_{\boldsymbol{\theta}}(x^{(i)}) - y^{(i)}]^2}{\partial \theta_j} \\
&= \sum_{i=1}^{m} \left[ (h_{\boldsymbol{\theta}}(x^{(i)}) - y^{(i)}) \frac{\partial h_{\boldsymbol{\theta}}(x^{(i)})}{\partial \theta_j} \right] \\
&= \sum_{i=1}^{m} \left[ (h_{\boldsymbol{\theta}}(x^{(i)}) - y^{(i)}) \frac{\partial \sum_{j=0}^{n} \theta_j x_j^{(i)}}{\partial \theta_j} \right] \\
&= \sum_{i=1}^{m} \left[ (h_{\boldsymbol{\theta}}(x^{(i)}) - y^{(i)}) x_j^{(i)} \right]
\end{aligned}
\tag{1.2.7}
$$

由于 $J(\boldsymbol{\theta})$ 是定义在数据集 $(x,y)^{(m)}$ 上的代价函数, 所以梯度蚂蚁用式 (1.2.7) 计算偏导数本质上是将数据集中所有的 $m$ 条数据的偏导数累加, 考虑了全部数据的偏导数。因此根据式 (1.2.7) 计算偏导数执行迭代优化的方法叫全梯度法 (full gradient descent, FGD)。当数据集充分大时, 全梯度法计算量惊人, 梯度蚂蚁难堪计算重负。因此更常用的是所谓的随机梯度 (stochastic gradient descent, SGD) 和随机批量梯度法 (mini-batch stochastic gradient descent, BSGD)。这两种方法的思想很简单, 既然考虑所有训练数据的全梯度法会带来计算量的问题, 那么用训练数据的一部分随机样本的平均梯度去估计总体训练数据的平均梯度, 就可避免数据量 $m$ 过大带来的计算问题。这里用带下标的 $m_\xi : 1 \leqslant m_\xi \leqslant m$ 表示介于 1 到 $m$ 的随机数, $J(\boldsymbol{\theta})@(x,y)^{(m_\xi)}$ 表示基于随机批量数据集 $(x,y)^{(m_\xi)}$ 上的代价函数, 区别于原先的定义于训练集 $(x,y)^{(m)}$ 的代价函数 $J(\boldsymbol{\theta})$。这样, 只要将式 (1.2.7) 中出现 $m$ 的地方用 $m_\xi$ 代替, 就可以得到式 (1.2.8) 形式的关于 SGD,BSGD,FGD 三种方法的统一的偏导数计算公式。

$$
\begin{aligned}
\frac{\partial J(\boldsymbol{\theta})@(x,y)^{(m_\xi)}}{\partial \theta_j} &= \frac{\partial \frac{1}{2} \sum_{i=1}^{m_\xi} [h_{\boldsymbol{\theta}}(x^{(i)}) - y^{(i)}]^2}{\partial \theta_j} \\
&= \sum_{i=1}^{m_\xi} \left[ (h_{\boldsymbol{\theta}}(x^{(i)}) - y^{(i)}) \frac{\partial h_{\boldsymbol{\theta}}(x^{(i)})}{\partial \theta_j} \right] \\
&= \sum_{i=1}^{m_\xi} \left[ (h_{\boldsymbol{\theta}}(x^{(i)}) - y^{(i)}) \frac{\partial \sum_{j=0}^{n} \theta_j x_j^{(i)}}{\partial \theta_j} \right] \\
&= \sum_{i=1}^{m_\xi} \left[ (h_{\boldsymbol{\theta}}(x^{(i)}) - y^{(i)}) x_j^{(i)} \right]
\end{aligned}
\tag{1.2.8}
$$

当 $m_\xi = 1$ 时, 式 (1.2.8) 为考虑单一随机样本的 SGD 偏导数计算公式。当 $m_\xi = m$ 时, 式 (1.2.8) 变为 FGD 偏导数计算公式。当 $1 \leqslant m_\xi \leqslant m$ 时, 式 (1.2.8) 又成为 BSGD 的偏导数计算公式, 此时的 $m_\xi$ 是每次抽取的随机样本数。相应地, 参数更新公式变成式 (1.2.9) 的形式。

$$
\theta_j^{(t+1)} = \theta_j^{(t)} - \gamma \frac{\partial J(\boldsymbol{\theta})@(x,y)^{(m_\xi)}}{\partial \theta_j} \bigg|_{\theta_j^{(t)}}
\tag{1.2.9}
$$

根据式 (1.2.7) 或式 (1.2.8), 可以总结出目标函数关于参数的偏导数的基本计算规律: 模型的实际输入与监督信号 $y$ 之间的差再乘以相应的输入 $x$。这一偏导数的计算规律不仅适用于这里的线性模型, 也适用于后续将要介绍的其他模型, 甚至神经网络模型。

最后, 作为本节优化算法的总结, 算法 1 给出 SGD,BSGD,FGD 算法统一的伪码描述。

---

**算法 1　SGD, BSGD, FGD 算法**

---

**输入:**　训练数据: $(x, y)^{(m)} = [(x^{(1)}, y^{(1)}), (x^{(2)}, y^{(2)}), \cdots, (x^{(m)}, y^{(m)})]$; 批数据大小:
　　　　Batch_size $= m_\varepsilon$
　　　　迭代精度: $\epsilon$; 学习步长: $\gamma$; 最大迭代次数: $\mathrm{Max}I$; 当前迭代次数: $I$
　　　　模型参数: $\boldsymbol{\theta} = (\theta_0, \theta_1, \cdots, \theta_n)^{\mathrm{T}}$

**输出:**　训练好的模型 $\hat{\boldsymbol{\theta}}$

1: 对模型执行随机初始化 $\boldsymbol{\theta}(0) = [\theta_0(0), \theta_1(0), \cdots, \theta_n(0)]^{\mathrm{T}}$, $I = 0$;

2: **repeat**

3:　　从 $(x, y)^{(m)}$ 中随机选择 $m_\varepsilon$ 个样本 $(x, y)^{(m_\varepsilon)}$;

4:　　**for** $j = 0$; $j \leqslant n$; $j ++$ **do**

5:　　　　根据式 (1.2.8) 计算 $\theta_j$ 的偏导数 $\dfrac{\partial J(\boldsymbol{\theta})@(x, y)^{(m_\varepsilon)}}{\partial \theta_j}$;

6:　　　　根据式 (1.2.9) 更新参数 $\theta_j$;

7:　　**end for**

8:　　更新迭代次数 $I = I + 1$;

9:　　$\hat{\boldsymbol{\theta}} = \boldsymbol{\theta}(I)$, 并根据式 (1.2.2) 计算 $J(\hat{\boldsymbol{\theta}})$;

10: **until** $[J(\hat{\boldsymbol{\theta}}) < \epsilon || (I > \mathrm{Max}I)]$

---

相对于 FGD 全梯度法, SGD 随机梯度法的好处在于, 每次迭代只需要计算一个随机样本上的梯度, 计算代价会小很多。这种做法本质上是以随机样本的梯度作为全样本上的梯度的估计, 估计的误差会影响到 SGD 的收敛速度 (收敛速度是衡量优化算法计算复杂度的基本工具, 具体定义可参考 https://en.wikipedia.org/wiki/Rate_of_convergence 或者其他优化相关的教材), 因此 SGD 的收敛速度不如 FGD。BSGD 则通过用批量随机样本上的梯度作为全样本上的梯度的估计, 这是一种试图在单次迭代代价与收敛速度之间取得某种平衡的做法。从已有的研究结果来看, SGD 能够在目标函数强凸并且递减步长的情况下达到 $O\left(\dfrac{1}{T}\right)$ 的次线性收敛 (sublinear convergence), FGD 则可以在目标函数强凸的情况下做到 $O(\rho^T)(\rho < 1)$ 的线性收敛 (linear convergence)。

能否在保存 SGD 快速迭代的前提下达到全梯度法 FGD 的线性收敛率, 一直是梯度优化领域的专家们难以企及的一个梦想。文献 [39] 提出的随机分层平均梯度法 (stochastic stratified average gradient method, SSAG) 通过采取比简单随机抽样效果更好的分层抽样策略, 实现了在保留 SGD 低迭代代价的前提下达到 FGD 线性收敛率的效果。

有别于传统的仅仅在优化领域试图对算法进行改进以提高收敛率的努力, 通过更好的抽样策略来改进梯度优化算法的性能是提高优化算法性能的有效途径。因此, 当用 SGD 或者 BSGD 作为优化算法训练一个深度网络模型时, 如果训练过程中出现难以收敛的情况, 或者训练得到的深度网络性能表现并不理想, 那么尝试使用文献 [39] 的 SSAG 算法将会是一个值得考虑的方案。

借用矩阵分析的工具, 前述的线性回归问题可被表示成正规方程 (normal equations, NE) 的形式。为了避免陷入过于复杂的矩阵符号推导, 本书省略具体推导过程, 只给出线性回归模型的正规方程形式。在回归方程的正规方程形式下, 回归模型的求解可被简单地转换成对一个 "数据矩阵" 求逆的过程。下面具体说明这一点。

根据前述 $(x,y)^{(m)} = \{(x^{(1)},y^{(1)}),(x^{(2)},y^{(2)}),\cdots,(x^{(m)},y^{(m)})\}$, 约定用 $\boldsymbol{x}_{m\times n} = \begin{bmatrix} x^{(1)} \\ \vdots \\ x^{(m)} \end{bmatrix}$ 表示去除监督信号后的数据矩阵, $\boldsymbol{y}_{m\times 1} = \begin{bmatrix} y^{(1)} \\ \vdots \\ y^{(m)} \end{bmatrix}$ 表示相应的监督信号。

这里出于概念上的清晰起见, 为变量 $x,y$ 保留下标中的矩阵维度信息。这样, 在矩阵表示下, 令式 (1.2.3) 关于 $\boldsymbol{\theta}$ 的偏导数为零, 可得到以下正规方程:

$$\boldsymbol{x}_{m\times n}^{\mathrm{T}}\boldsymbol{x}_{m\times n}\boldsymbol{\theta} = \boldsymbol{x}_{m\times n}^{\mathrm{T}}\boldsymbol{y}_{m\times 1} \tag{1.2.10}$$

因此, 回归方程的解就可简化成 $\boldsymbol{\theta} = (\boldsymbol{x}_{m\times n}^{\mathrm{T}}\boldsymbol{x}_{m\times n})^{-1}\boldsymbol{x}_{m\times n}^{\mathrm{T}}\boldsymbol{y}_{m\times 1}$。这里涉及对数据矩阵 $\boldsymbol{x}_{m\times n}^{\mathrm{T}}\boldsymbol{x}_{m\times n}$ 进行求逆运算。如果实际数据由于存在冗余等因素导致 $\boldsymbol{x}_{m\times n}^{\mathrm{T}}\boldsymbol{x}_{m\times n}$ 变成奇异矩阵不可逆的情况时, 可用数据矩阵 $\boldsymbol{x}_{m\times n}^{\mathrm{T}}\boldsymbol{x}_{m\times n}$ 的广义逆 (伪逆) 代替进行计算。

上文给出了从数据中提取蕴含的知识, 并以回归方程 $y = h_{\boldsymbol{\theta}}(x)$ 的形式表示蕴含知识的方法。有了回归方程, 即可进行所谓的预测: 只要将新的数据观察值 $x_{\text{new}}$ 输入回归方程中, 即可得到一个预测值 $y_{\text{pred}}$。这个预测值 $y_{\text{pred}}$ 与真实的值到底有多大距离, 取决于这个回归方程模型 $h_{\boldsymbol{\theta}}(x)$ 的好坏。

好的模型 $h_{\boldsymbol{\theta}}(x)$ 下 "新" 的观测产生的预测值 $y_{\text{pred}}$ 会非常接近真实值, 这样的模型具有良好的预测能力, 或者说这样的模型具有良好的推广泛化能力。

为了评估训练后得到的模型 $h_{\boldsymbol{\theta}}(x)$ 的好坏, 通常的做法是将搜集到的全部数据 $(x,y)^M$ 按照某一比例, 比如 70%:30%, 随机剖分成两个子集 $(x,y)^m,(x,y)^{\ddot{m}},m\approx 70\%\times M,\ddot{m}\approx 30\%\times M$, 将其中一个数据集 $(x,y)^m$ 作为**训练集**, 另一个数据集 $(x,y)^{\ddot{m}}$ 作为**测试集**用来评估模型的好坏。这里 $M$ 为搜集到的全部数据记录集的大小, $m,\ddot{m}$ 分别为训练集和测试集的大小。模型在训练集上的误差称为**训练误差**, 模型在测试集上的误差则称为**测试误差**。由于测试集里的数据一般不在训练集中出现, 这意味着用测试集测试模型时, 模型所遇到的是全新的训练阶段从未见到过的样本。因此, 如果一个模型的测试误差小, 则意味着该模型具有好的推广泛化能力。

为了对模型的推广泛化能力这一术语做更准确的解释, 需要对机器学习的模型容量以及与模型容量紧密相关的过拟合、欠拟合的问题进行相应的介绍, 在此基础上讨论模型选择和特征选择的问题。

## 1.2.2　模型选择: 模型容量与过拟合和欠拟合问题

前面介绍线性回归模型中用到了房价预测的问题作为引例, 这个引例里只用到了房屋面积这一个属性 (attribute) 来预测房价, 因此只需要用一个变量 $X$ 来表示这个属性, 在这一变量 (属性) 不同取值 $x$ 下有一个相应的房屋价格 $y$, 因此, 可得到一个 $h(x) = \theta_0 + \theta_1 x$ 的线性方程。这个线性方程在二维平面直角坐标系下就是一条直线 (图 1.9 中 (a))。进一步, 如果将 $\{1, x\}$ 这一组函数看作一个坐标系, 则参数 $(\theta_0, \theta_1)^{\mathrm{T}}$ 可看作目标变量 $y$ 在坐标系 $\{1, x\}$ 下的相应坐标的分量。定义在坐标系 $\{1, x\}$ 上所有合法函数 $h(x) = \theta_0 + \theta_1 x$ 的集合称为假设函数空间, 记为 $\mathcal{H}@\{1, x\}$。

如果数据 $(x, y)^M$ 背后的属性变量 $X$ 与目标变量 $Y$ 之间存在简单的线性关系的话, 用这样的一个线性模型是合适的。但如果房价这一目标变量 $Y$ 不仅与房子面积这一属性变量 $X$ 的一次项有关, 还与该变量的平方项有关, 再用原来的线性模型就不合适。此时用 $h(x) = \theta_0 + \theta_1 x + \theta_2 x^2$, 即在原来线性模型基础上, 加上相应的平方项, 这样一个关于 $x$ 的二次模型可能要更合适。因此坐标系变为 $\{1, x, x^2\}$, 参数 $(\theta_0, \theta_1, \theta_2)^{\mathrm{T}}$ 为变量 $y$ 在 $\{1, x, x^2\}$ 下相应坐标的分量, 假设函数空间记为 $\mathcal{H}@\{1, x, x^2\}$。

加入平方项后的模型 $h(x) = \theta_0 + \theta_1 x + \theta_2 x^2$ 将变成类似图 1.9(b) 的二次曲线。如果数据 $(x, y)^M$ 中隐含的规律本身是一个含有二次关系的规律, 但却使用了 $\mathcal{H}@\{1, x\}$ 线性假设函数空间中的模型进行拟合, 所得结果模型将没办法捕捉到 $(x, y)^M$ 中的二次项部分的规律 (知识), 这种情况为**欠拟合 (underfitting)**。模型出现欠拟合的一个表现就是无论怎么增加训练集的数据, 其训练误差都不会进一步减小。这是因为在欠拟合下误差主要来源是模型不当引起的偏倚, 而非方差[1]。

既然房价的波动可能与房屋面积的平方项有关系, 那么对于房价预测这一复杂问题同样有理由相信, 房价的波动可能不仅与平方项有关, 也可能与房屋面积的立方项甚至更高次项有关。因此, 可以选择比线性模型和二次模型更复杂的高次模型。式 (1.2.11) 给出了在房屋面积 $X$ 这一原始属性经过 $X, X^2, \cdots, X^p$ 高阶项作用后对房价 $Y$ 的影响。一般地, 将类似房屋面积 $X$ 这样的有实际物理意义的变量称为属性 (attribute), 而属性连同其高阶项 $X, X^2, \cdots, X^p$ 则统称为特征 (feature), 但很多机器学习相关文献常常将属性和特征两个概念不加区别。本书约定在要强调研究对象的原始属性时用 "属性特征" 这一术语, "特征" 则表明是属性以及根据属性进行某种变换后得到的结果的统称。

$$Y = \theta_0 + \theta_1 X + \theta_2 X^2 + \cdots + \theta_p X^p \tag{1.2.11}$$

式 (1.2.11) 随着阶次 $p$ 的增大而变得复杂, 其中 $p > 1$ 部分可学习到属性变量 $X$

---

1　误差可分解成方差和偏倚两项之和, 即 $e^2 = \sigma^2 + B^2$, 其中方差过大引起的误差可通过加大训练样本来减小。但偏倚主要是模型不恰当引起的, 如果误差过大主要是因为偏倚, 则无论怎么加大样本都不能有效减少误差。

和目标变量 $Y$ 之间的非线性关系。式 (1.2.11) 的模型称为一般线性模型 (general liner model, GLM)。不难理解，$p$ 越大，整个模型的非线性建模能力就越强。理论上只要 $p$ 充分大，在训练集 $(x, y)^m$ 有限的情况下，学习算法总能找到一个模型使之完美地通过训练集中每一个数据点 (图 1.9(c))，此时模型的训练误差将会下降到 0。这意味着模型能学习到 $X$ 和 $Y$ 之间的任意非线性关系。

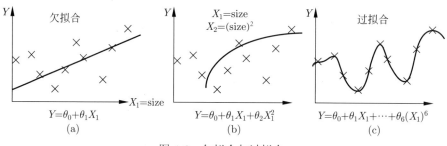

图 1.9　欠拟合与过拟合

但模型并非越复杂越好，因为如果模型过于复杂，会导致 $X$ 和 $Y$ 之间任意微小的噪声引起的变化关系也会被模型拟合出来，而弱化了对 $X$ 和 $Y$ 之间本质关系的刻画。这种现象称为**过拟合 (overfitting)**。一般地，模型越复杂，意味着使用的特征越多，也就越容易导致过拟合。在样本数少于特征数的情况下，过拟合就不可避免。过拟合的模型会变得非常敏感，敏感到在训练集中的所有数据它都能正确判别，但不是在训练集中出现过的数据，它就会出现很高的误判率。因此，过拟合的模型往往会出现**低的训练误差伴随着高的测试误差**的现象。

模型 (1.2.11) 所对应的假设函数空间 $\mathcal{H}@\{1, x, x^2, \cdots, x^p\}$ 称为**模型容量**，$p$ 越大，模型容量越大。一般地，随着模型容量的不断增大，训练误差会不断减小并无限接近于 0；而测试误差往往会随着模型容量的增加，先减小然后增加。在测试误差的最小点就是最佳的模型容量，也是模型欠拟合与过拟合的临界点。

图 1.10 直观地给出了模型容量与欠拟合和过拟合之间的关系[40]。在图 1.10 中间竖线最优模型的左边是欠拟合区，训练误差和泛化误差 (测试误差) 均随着模型容量增加而减小。在最优模型处，训练误差和泛化误差之间的间隔达到最小。随着模型容量进一步增加，在最优模型的右边是过拟合区，训练误差进一步减小，而泛化误差则逐渐上升，两误差曲线的间隔逐渐变大。

为了找到使测试误差最小的最优模型，可采用交叉验证 (cross validation, CV) 的办法进行**模型选择**。假定共有 $p$ 个模型 $\mathcal{M} = \{\mathcal{M}_1, \mathcal{M}_2, \cdots, \mathcal{M}_p\}$ 需要进行选择。算法 2 给出了一种称为 Holdout 交叉验证 (或者称为简单交叉验证) 的模型选择算法，即按某一特定比例保留 (hold) 一部分数据用来训练模型，用另一部分数据 (out) 对前面训练得到的结果模型进行验证。

Holdout 交叉验证需要拿出一部分数据来作为验证数据，这带来了某种程度的浪费, 尤其是在数据本身比较稀缺的情况下更是如此。算法 3 给出了一种称为 $k$ 折交叉验证的算法, 减少了数据的浪费, 适合于数据稀缺的场合。

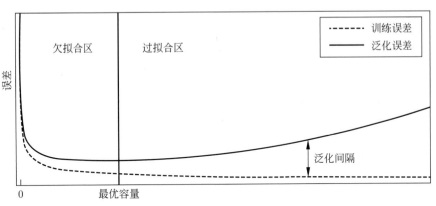

图 1.10　模型容量与欠拟合、过拟合之间的关系

---

**算法 2**　Holdout 交叉验证算法

**输入**：　数据集: $(x, y)^{(M)} = [(x^{(1)}, y^{(1)}), (x^{(2)}, y^{(2)}), \cdots, (x^{(M)}, y^{(M)})]$
　　　　　候选模型集: $\mathcal{M} = \{\mathcal{M}_1, \mathcal{M}_2, \cdots, \mathcal{M}_p\}$

**输出**：　最佳模型 $\mathcal{M}_i$

1: 将数据集 $(x, y)^{(M)}$ 按照一定的比例切分成训练集 $S_{\text{train}} = (x, y)^{(m)}$ 和验证集
　　$S_{\text{cv}} = (x, y)^{(m')}$ 两部分;

2: 用训练集 $S_{\text{train}}$ 训练候选模型集中的每一模型 $\mathcal{M}_i$, 得到结果模型 $h_i$;

3: 用验证集 $S_{\text{cv}}$ 对每个模型 $h_i$ 进行验证, 得到相应的验证误差 $\hat{\varepsilon}_{\text{cv}}(h_i)$;

4: 选择验证误差最小的模型为最终结果, 即 $h_\theta(x) = \min\limits_{1 < i < p} \hat{\varepsilon}_{\text{cv}}(h_i)$

---

**算法 3**　$k$ 折交叉验证算法

**输入**：　数据集: $(x, y)^{(M)} = [(x^{(1)}, y^{(1)}), (x^{(2)}, y^{(2)}), \cdots, (x^{(M)}, y^{(M)})]$
　　　　　候选模型集: $\mathcal{M} = \{\mathcal{M}_1, \mathcal{M}_2, \cdots, \mathcal{M}_p\}$

**输出**：　最佳模型 $\mathcal{M}_i$

1: 将数据集 $(x, y)^{(M)}$ 按照一定的比例随机切分成 $k$ 个大小为 $\dfrac{M}{k}$ 的互不相交的子集
　　$\{S_1, S_2, \cdots, S_k\}$;

2: 对每一候选模型 $\mathcal{M}_i$, 按以下方式进行评估;

3: **for** $j = 1; i \leqslant k; j{+}{+}$ **do**

4: 　　用数据集 $S_1 \cup S_2 \cup \cdots \cup S_{j-1} \cup S_{j+1} \cup \cdots \cup S_k$ (除数据集 $S_j$ 外的部分) 训练 $\mathcal{M}_i$,
　　　得到模型 $h_{ij}$;

5: 　　用数据集 $S_j$ 评估模型 $h_{ij}$, 得到验证误差 $\hat{\varepsilon}_{S_j}(h_{ij})$;

6: **end for**

7: 取 $k$ 个验证集上的平均误差 $\dfrac{1}{k} \sum\limits_{i=1}^{k} \hat{\varepsilon}_{S_j}(h_{ij})$ 作为模型 $\mathcal{M}_i$ 的泛化误差;

8: 选择具有最小泛化误差的模型 $\mathcal{M}_i$, 用整个数据集 $(x, y)^{(M)}$ 对该模型进行重新训练,
　　得到最终结果模型

前面讨论了模型容量与欠拟合和过拟合之间的关系, 并给出了通过交叉验证选择最优模型的方法。一般地, 在最优模型下, 模型具有极小测试误差, 因而具有好的泛化能力。

### 1.2.3　属性空间、假设函数空间与基于核函数的特征映射

不难看出, 模型 (1.2.11) 是在假设函数空间 $\mathcal{H}@\{1, \boldsymbol{x}, \boldsymbol{x}^2, \cdots, \boldsymbol{x}^p\}$ 进行回归分析。该假设函数空间与变量 $\boldsymbol{x}$ 所在的属性空间 $\mathcal{H}@\{1, \boldsymbol{x}\}$ 通过一个所谓的特征映射函数 $\varphi(\boldsymbol{x})$ 相联系。一般地, $\varphi(\boldsymbol{x})$ 并不太容易确定, 甚至无法显式给出。因此, 它常常是通过一个更容易找到的所谓的核函数 $K(\boldsymbol{\theta}, \boldsymbol{x})$ 隐式表示。它们之间的关系可用 $\mathcal{H}@\{1, \boldsymbol{x}\} \xrightarrow{\varphi(\boldsymbol{x}) \in K(\boldsymbol{\theta}, \boldsymbol{x})} \mathcal{H}@\{1, \boldsymbol{x}, \boldsymbol{x}^2, \cdots, \boldsymbol{x}^p\}$ 形象地加以表示。本节详细解释它们之间的这种关系。

前面出于简化考虑, 只使用了房屋面积 $X$ 一个属性来预测房价 $Y$, 并给出了从 $X$ 的 $p$ 阶特征中选择最佳模型的办法。这给人一种错觉, 好像模型容量只与单一属性变量及其特征的阶数有关, 最优模型也仅仅在于挑选最好的一个特征阶数 $p$ 一样。情况并非如此, 事实上, 模型容量不仅与特征阶数 $p$ 有关, 还与所选用的属性变量集有关。影响房屋价格 $(Y)$ 的因素除了跟房屋面积 $(X_1)$ 有关外, 还与房子所处的地理位置 $(X_2)$ 和朝向 $(X_3)$ 有关, 在这三个属性及特征阶数 $p = 2$ 的情况下, 假设函数空间将变为式 (1.2.12) 形式的具有三个一阶特征、三个交叉项和三个平方项共九个特征构成的空间。

$$\mathcal{H}@\{1, x_1, x_2, x_3, x_1 x_2, x_1 x_3, x_2, x_3, x_1^2, x_2^2, x_3^2\} \tag{1.2.12}$$

或许, 还可以更复杂一点, 影响房屋价格 $(Y)$ 的因素除了跟房屋面积 $(X_1)$ 有关外, 还与房子所处的地理位置 $(X_2)$、朝向 $(X_3)$、楼层 $(X_4)$ 等多个属性有关。在这四个属性以及特征阶数 $p = 2$ 的情况下, 假设函数空间将变为式 (1.2.13) 形式的具有四个一阶特征、六个交叉项和四个平方项共十个二阶特征的函数集。

$$\mathcal{H}@\{1, x_1, x_2, x_3, x_4, x_1 x_2, x_1 x_3, x_1 x_4, x_2 x_3, x_2 x_4, x_3 x_4, x_1^2, x_2^2, x_3^2, x_4^2\} \tag{1.2.13}$$

式 (1.2.13) 的假设函数空间共有 14 个特征, 这是在四个属性下考虑二阶特征时产生的假设函数空间。进一步, 如果考虑更多属性, 特征阶数更高时, 得到的假设函数空间将更为复杂。在深度学习技术变得流行之前, 由于缺乏稳定有效的自动化的特征提取办法, 在获得属性数据 $X$ 之后, 只能通过人为去构造 (寻找参数 $n, p$, 前者是属性总数, 后者是特征阶数) 类似式 (1.2.13) 这样的假设函数空间, 既繁琐又困难, 效果也不稳定。后来, 受 Aizerman 的核感知器工作启发 [41], Vapnik 在其支持向量机

(support vector machine, SVM)[32] 中用一种所谓核技巧的方法取得了非常好的效果。这种核技巧巧妙地将人工构造假设函数空间的"特征工程"转化为寻找一个所谓核函数的"核工程", 而 Mercer 定理 [42,43] 表明寻找合法的核映射函数比人工构造假设函数空间要容易得多。

关于核方法的介绍并不是本书重点, 这里提及核方法的主要目的是澄清类似式 (1.2.13) 形式的高维假设函数空间、核函数以及特征映射函数这三者之间的关系。变量 $X$ 所在的属性空间通过核函数决定的特征映射函数映射到一个更高维甚至无穷维的特征空间, 核函数则起到仅通过在原属性空间中计算就可判断高维空间中两向量相似程度的作用。认识它们之间的这种关系有助于对后续关于深度学习的相关内容的理解。

具体地, 式 (1.2.12) 和式 (1.2.13) 的假设函数空间可看作是属性 $\boldsymbol{X} = (X_1, X_2, \cdots, X_n)^{\mathrm{T}}$ 所在空间通过一个核函数 $K(\boldsymbol{\theta}, \boldsymbol{x}) = (\boldsymbol{\theta}^{\mathrm{T}} \boldsymbol{x} + b)^p$ 相对应的特征映射函数 $\phi(\boldsymbol{X})$ 映射到一个更高维的 $O(n^p)$-维特征空间的特殊情形。下面的分析有助于理解这一点。

假定具有三个属性的随机变量 $\boldsymbol{X} = (X_1, X_2, X_3)^{\mathrm{T}}$ 的两个观察值为 $\boldsymbol{X} = \boldsymbol{\theta} = (\theta_1, \theta_2, \theta_3)^{\mathrm{T}}, \boldsymbol{X} = \boldsymbol{x} = (x_1, x_2, x_3)^{\mathrm{T}}$。这里用与式 (1.2.1) 相同的符号 $\boldsymbol{\theta}$ 表示变量的观察值, 而没有像大多数关于核函数介绍的教科书那样用其他类似 $x, z$ 的符号, 是为了提醒读者, 这里的符号 $\boldsymbol{\theta}$ 所起的作用与式 (1.2.1) 中 $\boldsymbol{\theta}$ 以及后续要介绍的神经网络连接权值 $w$ 的角色是一样的, 均是要通过优化学习的参数, 代表着要提取的特征。这一点当读者读完本书后面卷积神经网络章节中关于神经网络连接权值所起的特征提取的原理部分内容后就会明白。将这两个观察值做内积后求平方 (取平方是因为考虑二阶特征), 再进行等价变换后可写成式 (1.2.14) 的形式:

$$
\begin{aligned}
K(\boldsymbol{\theta}, \boldsymbol{x}) = (\boldsymbol{\theta}^{\mathrm{T}} x)^2 &= \left( \sum_{i=1}^{n} \theta_i x_i \right) \left( \sum_{j=1}^{n} \theta_j x_j \right) \\
&= \sum_{i,j=1}^{n} (\theta_i \theta_j)(x_i x_j) = \varphi(\boldsymbol{\theta})^{\mathrm{T}} \varphi(\boldsymbol{x})
\end{aligned} \tag{1.2.14}
$$

式 (1.2.14) 中 $\varphi(\boldsymbol{x}) = [x_1 x_1, x_1 x_2, x_1 x_3, x_2 x_1, x_2 x_2, x_2 x_3, x_3 x_1, x_3 x_2, x_3 x_3]^{\mathrm{T}}$ 为将原始属性向高维空间进行特征映射的函数。如果在式 (1.2.14) 中增加常数项 $b$, 可得到式 (1.2.15) 形式的结果:

$$
\begin{aligned}
K(\boldsymbol{\theta}, \boldsymbol{x}) &= (\boldsymbol{\theta}^{\mathrm{T}} \boldsymbol{x} + b)^2 \\
&= \sum_{i,j=1}^{n} (\theta_i \theta_j)(x_i x_j) + \sum_{i=1}^{n} (\sqrt{2b} \theta_i)(\sqrt{2b} x_i) + b^2 \\
&= \varphi(\boldsymbol{\theta})^{\mathrm{T}} \varphi(\boldsymbol{x})
\end{aligned} \tag{1.2.15}
$$

式 (1.2.15) 中 $\varphi(\boldsymbol{x}) = [x_1x_1, x_1x_2, x_1x_3, x_2x_1, x_2x_2, x_2x_3, x_3x_1, x_3x_2, x_3x_3, \sqrt{2b}x_1,$ $\sqrt{2b}x_2, \sqrt{2b}x_3, c]^{\mathrm{T}}$。这里特征映射函数 $\varphi(\boldsymbol{x})$ 中的参数 $b$ 控制着一阶特征项 $x_i$ 和二阶特征项 $x_ix_j$ 之间的相对权重。

因此不难看出，原始属性空间中的点 $x$ 经各自的特征映射函数 $\varphi(\boldsymbol{x})$ 映射后正好是式 (1.2.12) 和式 (1.2.13) 的特征空间中的点。而且式 (1.2.14) 和式 (1.2.15) 表明二阶特征空间中的两点 $\varphi(\boldsymbol{\theta}), \varphi(\boldsymbol{x})$ 的内积结果会等于原属性空间中两点内积的平方。

$$K(\boldsymbol{\theta}, \boldsymbol{x}) = (\boldsymbol{\theta}^{\mathrm{T}}\boldsymbol{x} + b)^p \tag{1.2.16}$$

更一般地，式 (1.2.16) 对应一个包含 $\binom{n+p}{p}$ 项的多项式特征映射函数，该特征映射函数由不超过 $p$ 阶的所有多项式 $x_{i_1}, x_{i_2}, \cdots, x_{i_k}$ 项构成。这样的特征映射将 $O(n)$-维属性空间的数据映射到 $O(n^d)$-维特征空间。在如此高维的特征空间里显式地表示特征向量和进行计算均是困难的。函数 $K(\boldsymbol{\theta}, \boldsymbol{x})$ 有效地绕开了这一难题。

$$K(\boldsymbol{\theta}, \boldsymbol{x}) = \boldsymbol{\theta}^{\mathrm{T}}\boldsymbol{x} + b \tag{1.2.17}$$

函数 $K(\boldsymbol{\theta}, \boldsymbol{x})$ 有一个专业名称叫核函数 (kernel function)，每一个这样的核函数都显式或隐式地对应一个特征映射函数 $\varphi(\boldsymbol{x})$。核函数本身与本节的回归分析并没有直接关联，它的作用是将衡量高维空间中向量的相似程度测度 ($\varphi(\boldsymbol{\theta}), \varphi(\boldsymbol{x})$ 的内积) 的计算转化为在原属性空间中两点内积的结果，再求 $p$ 次幂，相当于提供了一种间接易实现的方式评估高维空间中不同向量相似程度的方法。但核函数对应的特征映射函数 $\varphi(\boldsymbol{x})$ 则与本节的回归分析有直接关系，它所起的作用是将变量 $\boldsymbol{X}$ 映射到高维空间后，再在高维空间中进行回归。也就是说，在式 (1.2.11) 对应的回归模型之前先进行了一个 $\varphi(\boldsymbol{X})$ 特征映射过程。而在原属性空间中的回归方程 (式 (1.2.1)) 则相当于经过式 (1.2.17) 线性核函数对应的恒等变换 $\varphi(\boldsymbol{x}) = \boldsymbol{x}$ 后再进行回归。

$$K(\boldsymbol{\theta}, \boldsymbol{x}) = \exp\left(-||\boldsymbol{\theta} - \boldsymbol{x}||^2\right) \tag{1.2.18}$$

核函数并不仅限于前述的多项式核函数，式 (1.2.18) 是一个称为径向基或者高斯核的函数，这个核函数对应的特征映射函数更是将属性变量 $\boldsymbol{X}$ 映射到一个无穷维的特征空间。不失一般性，假定 $\boldsymbol{\theta}, \boldsymbol{x}$ 为二维空间中单位圆上的两点，即 $||\boldsymbol{\theta}|| = ||\boldsymbol{x}|| = 1$。式 (1.2.19) 中的倒数第四行至倒数第三行通过泰勒展开式将函数 $\exp(\boldsymbol{\theta}^{\mathrm{T}}\boldsymbol{x} + b)$ 展开成无穷级数和的形式，该级数的每一项的分子部分正是式 (1.2.16) 中多项式核函数的形式。最终可找到高斯核函数对应的特征映射函数 $\varphi(\boldsymbol{x})$，该特征映射函数将属性空间中的点 $x$ 映射到无穷维特征空间中。

$$
\begin{aligned}
K(\boldsymbol{\theta}, \boldsymbol{x}) &= \exp\left(-\|\boldsymbol{\theta} - x\|^2\right) \\
&= \exp[-(\theta_1 - x_1)^2 - (\theta_2 - x_2)^2] \\
&= \exp(-\theta_1^2 - x_1^2 + 2\theta_1 x_1 - \theta_2^2 - x_2^2 + 2\theta_2 x_2) \\
&= \exp[(-\|\boldsymbol{\theta}\|^2) + (-\|\boldsymbol{x}\|^2) + (2\boldsymbol{\theta}^{\mathrm{T}}\boldsymbol{x})] \\
&= \exp(-\|\boldsymbol{\theta}\|^2)\exp(-\|\boldsymbol{x}\|^2)\exp(2\boldsymbol{\theta}^{\mathrm{T}}\boldsymbol{x}) \\
&= C_1 \exp(\boldsymbol{\theta}^{\mathrm{T}}\boldsymbol{x}) \\
&= C_2 \exp(\boldsymbol{\theta}^{\mathrm{T}}\boldsymbol{x} + b) \\
&= C_2 \sum_{p=0}^{\infty} \frac{(\boldsymbol{\theta}^{\mathrm{T}}\boldsymbol{x} + b)^p}{p!} \\
&= C_2 \sum_{p=0}^{\infty} \frac{\varphi_p(\boldsymbol{\theta})^{\mathrm{T}}\varphi_p(\boldsymbol{x})}{p!} \\
&= \varphi(\boldsymbol{\theta})^{\mathrm{T}}\varphi(\boldsymbol{x}) \tag{1.2.19}
\end{aligned}
$$

前面的分析表明, 多属性高阶特征情况下的特征映射函数 $\varphi(\boldsymbol{x})$ 并不容易确定, 对于式 (1.2.15) 形式的多项式核函数, 还能写出相应的多项式特征映射函数。对于式 (1.2.16) 一般形式的核函数, 其对应的多项式特征映射函数则复杂得多。而对于高斯核 (式 (1.2.18)) 和双曲正切核 (式 (1.2.20)), 更是无法显式写出其对应的特征映射函数, 因为它们的特征映射函数将变量 $\boldsymbol{X}$ 映射到一个无穷维空间。事实上, 这里强调这个特征映射函数, 仅是为了说明用类似式 (1.2.11) 的模型进行回归分析, 或者 SVM 等其他凡是利用了核函数的分析方法, 本质上是在这个特征映射函数作用下的高维空间里, 而不是停留在原属性空间里进行分析的。

$$
K(\boldsymbol{\theta}, \boldsymbol{x}) = \tanh(\boldsymbol{\theta}^{\mathrm{T}}\boldsymbol{x} + b) \tag{1.2.20}
$$

这里需要特别强调的是, 式 (1.2.20) 的双曲正切核函数在神经网络中也常常充当神经元的传递函数, 这意味着本书后面要介绍的深度学习模型以同样的方式将属性空间映射到高维特征空间, 并在高维空间中做回归分析。因此, 后文的深度学习模型本质上是从属性空间出发, 以逐层递归的方式进行特征映射, 不断地在不同的特征空间中进行特征学习 (寻找回归方程对应的分类判决平面)。这为深度学习模型背后的工作机理提供了一种解释。

最后, 这里用符号 $\mathcal{H}@\{1, x\} \underrightarrow{\varphi(x) \in K(\boldsymbol{\theta}, \boldsymbol{x})} \mathcal{H}@\{1, x, x^2, \cdots, x^p\}$ 作为对前面所介绍内容的总结。特征映射函数 $\varphi(\boldsymbol{x})$ 是联系属性空间与高维特征空间的桥梁, 它隐含在核函数 $K(\boldsymbol{\theta}, \boldsymbol{x})$ 中。核函数则提供了在属性空间中计算高维特征空间中两点距离测度的计算方法。

前面房价预测的例子中, 为得到一个"好"的模型, 可能要用到不少一阶、二阶甚至高阶特征。在这些众多的特征中, 哪些才是对房屋价格起主要影响的因素? 更现实的问题是, 面对一个不太熟悉、没有太多先验知识的领域, 对于关心的目标变量 $Y$, 哪些属性 (特征) 数据 $X$ 是需要被收集的? 或者说对于于头众多的属性 (特征) 数据 $X_1, X_2, \cdots, X_n$, 哪些是有用的、需要保留的, 哪些是与目标变量关系不大需要被删除或丢弃的? 这些问题涉及下一节要讨论的特征选择的问题。

## 1.2.4  特征选择

如前所述, 面对一个具体的领域, 有时很难有足够的知识去判断属性特征与感兴趣的目标是不是相关, 特征与特征之间是不是相关。因此, 在实际应用中的数据搜集阶段, 往往会搜集到许多无关特征 (irrelevant feature) 或者冗余特征 (redundant feature)。无关特征的存在会影响模型的可解释性, 而冗余特征的存在则会带来线性回归里的多重共线问题, 导致模型过拟合。

通过特征选择来消除无关特征或冗余特征, 既能增强模型的可解释性, 降低过拟合, 又能加速模型训练速度, 使所得模型具有更好的性能。

常见的特征选择方法包括过滤法 (Filter)、包裹法 (Wrapper)、嵌入法 (Embedded)。下面对这三类方法的思想分别加以介绍。

### 1.2.4.1  过滤法

过滤法是对众多候选特征 $\{X_1, \cdots, X_i, \cdots, X_n\}$ 根据某种准则进行打分, 得到每个特征的相应得分 $\{S_1, \cdots, S_i, \cdots, S_n\}$。然后根据特征的得分情况, 来决定特征是该被保留还是过滤掉。

最常用的打分准则是考虑特征变量 $X_i$ 与目标变量 $Y$ 之间的相关系数 $\rho_{X_i Y} = \dfrac{\mathrm{Cov}(X_i, Y)}{\sqrt{\mathrm{Var}(X_i) \cdot \mathrm{Var}(Y)}}$, 这里分子部分是两个变量的协方差, 分母部分是两个变量各自方差的乘积开根号。

相关系数衡量的是两个变量的线性相关程度, 相关系数越接近 1, 表明两个变量越线性相关; 相关系数越接近 0, 表明两个变量线性相关程度越弱。图 1.11 中前 3 个具有高相关系数, 这表明前 3 个图对应的特征 $X_i$ 对目标变量 $Y$ 具有很强的线性预测能力, 应该保留。而最后一个图中的特征 $X_i$ 则与目标变量 $Y$ 具有非常弱的线性关系, 表明特征 $X_i$ 对目标变量 $Y$ 较弱的线性预测能力, 可以删除。

上述分析是考虑特征 $X_i$ 与目标变量 $Y$ 之间的相关性来决定特征 $X_i$ 的取舍。但如果用相关系数来分析特征 $X_i$ 与 $X_j$ 之间的相关性, 取舍的结论则可能完全不同。例如, 如果图 1.11 中 4 个子图的纵坐标均改成 $X_j$, 则其中前 3 个子图的相关系数取值均较大, 表明 $X_i$ 与 $X_j$ 有较强的线性相关性, 此时可选择丢弃 $X_i$ 与 $X_j$ 这两特征之

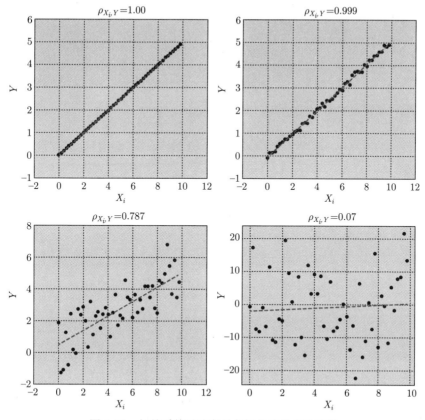

图 1.11 相关系数反映变量之间的线性相关程度

一, 因为它们似乎传递了相似的信息。但对于图 1.11 中最后一个子图, 则两个特征都应该保留。

用相关系数进行特征选择的一个最大的缺点就是它只检测出线性关系 (可以用一条直线拟合的关系), 而对于其他存在非线性关系的特征, 则无力作出到底是该删除还是保留的决定。图 1.12 形象地展示出了相关系数在刻画非线性关系方面的不足。

事实上, 在进行特征选择时, 关注的焦点不应该放在数据关系的类型 (线性关系) 上, 而是要考虑在已经给定一个特征 $X_i$ 的情况下可为目标变量 $Y$ 提供多少信息。香农在其《信息论》中提出了一个叫互信息 (mutual information)(描述两个特征所共有的信息) 或相对熵 (描述两个分布律的差异程度) 的概念。与相关系数不同, 互信息或相对熵依赖的不是数据序列, 而是数据的分布, 它刻画了包括线性关系在内的更一般的变量间的关系。因此, 对于包含非线性关系的变量间的选择, 更好的打分准则是用互信息或相对熵。

为了能帮助读者在避免抽象的信息量的相关公式下建立对互信息或相对熵的直观含义的理解, 这里用随机变量 $X_i, Y$ 相互独立这一特殊情况下对互信息或相对熵进

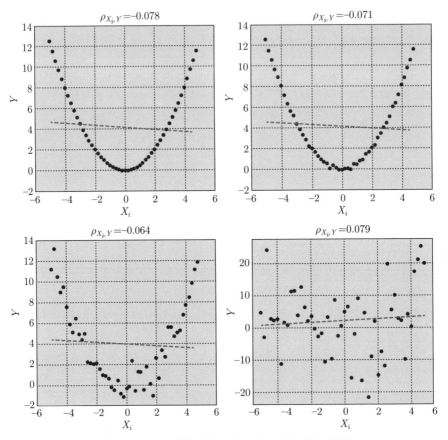

图 1.12　相关系数无法反映变量之间非线性关系

行解释。

$$\mathrm{MI}(X_i; Y) = \sum_{x_i \in \mathcal{X}_i} \sum_{y \in \mathcal{Y}} p(x,y) \log \frac{p(x,y)}{p(x)p(y)} = \mathrm{KL}(p(X_i, Y) \| p(X_i)p(Y)) \qquad (1.2.21)$$

互信息是对两个特征所共有的信息的定量描述。在随机变量 $X_i, Y$ 相互独立条件下，两随机变量的联合分布律等于各自边缘分布律的乘积，即 $p(X_i, Y) = p(X_i)p(Y)$。此时根据式 (1.2.21) 知它们的互信息为零，即 $\mathrm{MI}(X_i, Y) = 0$。这意味着两相互独立的随机变量彼此之间没有共有的信息，特征 $X_i$ 无法为目标变量 $Y$ 提供任何"信息"，反之亦然。

相对熵则是对两个分布律的差异程度的定量描述。同样在随机变量 $X_i, Y$ 相互独立条件下，由于 $p(X_i, Y) = p(X_i)p(Y)$，根据式 (1.2.21) 可计算得 $\mathrm{KL}(p(X_i, Y) \| p(X_i)p(Y)) = 0$。这意味着两随机变量的联合分布律与各自边缘分布律的乘积对应的分布没有差异。如果两变量的联合分布律与各自边缘分布律的乘积对应的分布彼此差

异比较大, 这意味着其中一个变量能为另一变量提供丰富的"信息", 相应的相对熵或互信息取值就较大。

一般地, 对于 $p(x), q(y)$ 两个不同的分布, 根据相对熵 $\mathrm{KL}(p\|q) = -\sum p(x)\log\dfrac{q(x)}{p(x)}$ 这一表达式可知, 当 $p(x), q(y)$ 这两个分布完全相同, 即 $p(x) = q(y)$ 时, 它们之间的相对熵取值为 $\mathrm{KL}(p\|q) = 0$。当 $p(x)$ 和 $q(y)$ 差异越大, 相对熵 $\mathrm{KL}(p\|q)$ 的取值会越大。因此, 相对熵是衡量两个不同分布 $p(x), q(y)$ 差异程度的量。

与相关系数不同之处在于, 互信息或相对熵并不只关注线性关系。图 1.13 给出了线性关系和非线性关系下的互信息或相对熵的取值情况。

这样, 利用互信息或相对熵进行变量选择时, 与目标变量 $Y$ 互信息取值大于某个阈值的那些特征变量 $X_i$ 将被保留, 与目标变量 $Y$ 互信息取值小于某个阈值的特征变量将被删除。

至于到底要保留多少个特征数 $k$, 可结合前述模型选择里介绍的交叉验证办法确定需要保留的前 $k$ 个得分最高的特征。

显然, 过滤法的效果主要取决于所选择的用于对特征进行评分的统计量。这种特征选择的评价标准依赖数据集本身的内在性质, 与特定的学习算法无关。因此具有较好的通用性。

### 1.2.4.2　包裹法

与过滤法不同, 包裹法本质上使用的是特征搜索的办法。假定共有 $n$ 个特征, 这 $n$ 个特征总共可产生 $2^n$ 个不同的子集 (包裹)。特征搜索的思想试图从这 $2^n$ 个不同的子集空间里找到一个最合适的子集特征。

在特征数 $n$ 较大的情况下, 穷举 $2^n$ 个不同的子集的蛮力搜索会由于计算代价太高而不可行。因此, 封装法更多的是采用启发式搜索办法。算法 4 给出了从候选特征集 $\mathcal{F}$ 为空集出发, 迭代地在最优子集上添加特征的前向搜索过程。

基于算法 4 筛选出来的特征集所建立的模型一般会有不错的效果, 但算法 4 一般会有较大的计算代价, 当算法以 $\mathcal{F} = \{X_1, X_2, \cdots, X_n\}$ 条件终止时, 需要调用 $O(n^2)$ 模型评估算法。

当然, 也可以采用反向搜索法, 从初始特征集为所有的候选特征集出发, 将特征集分别减去一个特征作为子集, 对每个子集进行评价。然后在最优子集上逐步减少特征, 使得模型性能提升最大, 直到减少特征并不能使模型性能提升为止。

### 1.2.4.3　嵌入法

前面介绍了两类特征选择方法, 其中过滤法主要依赖所选用的统计量进行变量的筛选, 与使用的具体学习算法本身没有直接关系。包裹法则是在特征子集构成的空间中搜索合适的特征组合, 每个特征组合构造一个模型并进行训练, 根据训练得到的结果模型性能来选择好的特征组合。嵌入法与这两种方法的不同之处在于, 特征选择会在模型的训练过程中自动完成。

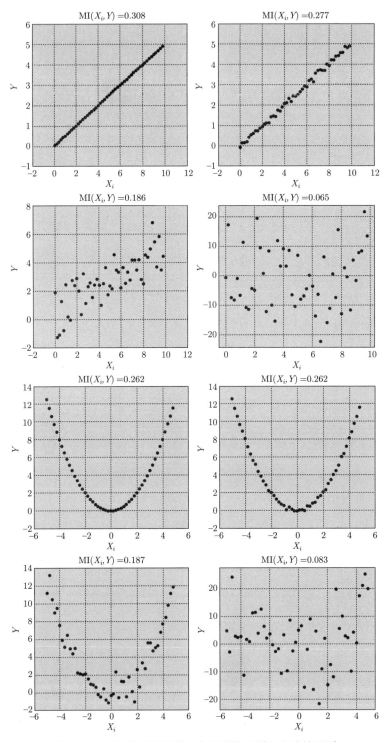

图 1.13　互信息可刻画变量之间线性关系和非线性关系

---

**算法 4**　wrapper 特征选择算法

**输入：**　训练数据: $(x,y)^{(m)} = [(x^{(1)},y^{(1)}),(x^{(2)},y^{(2)}),\cdots,(x^{(m)},y^{(m)})]$

　　　　候选特征集: $\Gamma = \{X_1,\cdots,X_i,\cdots,X_n\}$

　　　　选中特征数上限: $\max\mathcal{F}$

**输出：**　最佳特征集 $\mathcal{F}$

1: 初始化 $\mathcal{F}$ 为空集, $\mathcal{F} = \varnothing$;

2: **repeat**

3: 　**for** $i = 1; i \leqslant n; i++$ **do**

4: 　　如果 $X_i \notin \mathcal{F}$, 则 $\mathcal{F}_i = \mathcal{F} \cup \{X_i\}$;

5: 　　利用训练数据和前述介绍的交叉验证方法对特征集 $\mathcal{F}$ 进行评估, 得到基于 $\mathcal{F}$ 中特征的模型的泛化误差;

6: 　**end for**

7: 　更新 $\mathcal{F}$ 为步骤 $3 \sim 7$ 中找到的最佳子集;

8: **until** $((|\mathcal{F}| > \max\mathcal{F})\text{or}(|\mathcal{F}| = |\Gamma|))$

9: 输出整个算法找到的最佳特征子集 $\mathcal{F}$

---

假定手头现有的数据中含有 $X_1, X_2, \cdots, X_n$ 这 $n$ 个属性变量, 由于缺乏足够的领域知识, 无法判断这 $n$ 个属性变量哪些是无关特征 (irrelevant feature) 或者冗余特征 (redundant feature)。嵌入法的做法是不人为地做变量的取舍, 而是全部使用这 $n$ 个属性变量, 为它们建立类似式 (1.2.1) 的模型, 然后在式 (1.2.3) 的优化目标函数中添加关于参数 $\boldsymbol{\theta}$ 的惩罚项, 这样优化目标函数就变成式 (1.2.22) 的形式。

$$\min_{\boldsymbol{\theta}} J(\boldsymbol{\theta}) = \frac{1}{2}\sum_{i=1}^{m}(h_{\boldsymbol{\theta}}(x^{(i)}) - y^{(i)})^2 + \frac{\beta}{2}\|\boldsymbol{\theta}\|_2^2 \qquad (1.2.22)$$

式 (1.2.22) 中第二项称为惩罚项, 其前面参数 $\beta$ 称为惩罚因子, 它起着调节前后两项相对权重的作用, 是一个需要人为设定的超参。由于式 (1.2.22) 中存在惩罚项, 这迫使算法除了要在 $\boldsymbol{\theta}$ 所在的参数空间中寻找合适的值使前一项误差项尽可能小外, 还要求找到的这些参数值尽可能接近于零, 最好 $\boldsymbol{\theta}$ 里面的各分量零元素尽可能多。如果 $\boldsymbol{\theta}$ 里面的零元素多过非零元素, 则称这样的解为稀疏解。显然, 式 (1.2.22) 形式优化目标函数能使算法倾向于找尽可能稀疏的解。

如果 $\boldsymbol{\theta}$ 的某分量 $\theta_i = 0$, 则相应的变量 $X_i$ 无论取值如何, 均不会对式 (1.2.1) 中的回归方程模型中的目标变量 $Y$ 产生影响, 这相当于将变量 $X_i$ 从属性集中删除。这样, 以式 (1.2.22) 为目标函数的算法就在优化过程中同时完成了变量选择的过程。

式 (1.2.22) 中的惩罚项 $\|\boldsymbol{\theta}\|^2 = \sum_{i=1}^{n}\theta_i^2$, 数学上称为参数 $\boldsymbol{\theta}$ 的 $L_2$ 范数。以式 (1.2.22) 为优化目标的回归模型称为岭回归 (ridge regression)。

另一种更好的回归方法称为 LASSO (least absolute shrinkage and selection

operator) 回归, 通过在原来的目标函数基础上添加 $L_1$ 范数进行惩罚 (式 (1.2.23)), 起到比岭回归更好的变量选择效果。

$$\min_{\boldsymbol{\theta}} J(\boldsymbol{\theta}) = \frac{1}{2} \sum_{i=1}^{m} (h_{\boldsymbol{\theta}}(x^{(i)}) - y^{(i)})^2 + \beta \|\boldsymbol{\theta}\|_1 \tag{1.2.23}$$

由于嵌入法在优化过程中自动实现变量筛选的良好性质, 极大地减少了人工干预环节。这是嵌入法与其他两种方法相比最大的优势。嵌入法这种思想后来在深度学习模型中得到广泛应用, 并发展出全自动的特征提取方法, 为最终发展出端到端的深度神经网络处理模型奠定了基础。

前面的介绍从普通极小二乘回归开始, 讨论了回归中普遍存在的过拟合和欠拟合问题, 以及实际数据中可能存在的无关变量和冗余变量问题。为克服过拟合和欠拟合问题, 需要使用所谓的模型选择方法。为解决实际数中的变量冗余或无关变量问题, 则需要相应的变量选择办法。所有这些努力, 均是为得到一个更好的预测能力强的模型。

然而, 由于机器学习的任务常常是需要从数据 $(X, Y)$ 中学习变量 $X$ 与变量 $Y$ 之间的相关关系, 而不是确定关系。因此, 无论得到一个泛化能力多强的模型, 新数据下产生的这个预测值不太可能恰好等于真实的值 $y$, 更可能是两者存在一定的偏差 $\epsilon$。接下来从这个偏差所服从的可能的分布出发, 从概率的角度审视这个回归方程, 从中可以看出统计学中常用的极大似然估计与极小二乘方法的等价性。

## 1.2.5　回归分析的概率解释

前述回归方程一般描述的是变量之间的一种相关关系, 而非确定性的因果关系, 因此, 回归方程更一般的形式应该是 $y^{(i)} = h_{\boldsymbol{\theta}}(x^{(i)}) + \epsilon^{(i)} = \boldsymbol{\theta}^{\mathrm{T}} x^{(i)} + \epsilon^{(i)}$ 的形式, 即变量 $y^{(i)}$ 可被分解成 $\boldsymbol{\theta}^{\mathrm{T}} x^{(i)}$ 和随机误差 $\epsilon^{(i)}$ 两部分。在对数据集 $(x, y)^{(m)}$ 代表的研究对象没有任何先验知识的前提下, 假定随机误差 $\epsilon^{(i)}$ 服从正态分布是一个合理且自然的做法, 即 $\epsilon^{(i)} \sim N(0, \sigma^2)$。对此, 可得到以下三种等价的描述:

$$f(\epsilon^{(i)}) = \frac{1}{\sqrt{2\pi}\sigma} \exp\left[-\frac{(\epsilon^{(i)})^2}{2\sigma^2}\right]$$

$$f(y^{(i)}|x^{(i)}; \boldsymbol{\theta}) = \frac{1}{\sqrt{2\pi}\sigma} \exp\left[-\frac{(y^{(i)} - \boldsymbol{\theta}^{\mathrm{T}} x^{(i)})^2}{2\sigma^2}\right] \tag{1.2.24}$$

$$y^{(i)}|x^{(i)}; \boldsymbol{\theta} \sim N(\boldsymbol{\theta}^{\mathrm{T}} x^{(i)}, \sigma^2)$$

这样, 数据集 $(x, y)^{(m)}$ 同时出现的联合概率密度可表示成式 (1.2.25) 似然函数的形式。

$$L(\boldsymbol{\theta}) = f(y^{(i)}|x^{(i)};\boldsymbol{\theta})$$

$$= \prod_{i=1}^{m} \frac{1}{\sqrt{2\pi}\sigma} \exp\left[-\frac{(y^{(i)} - \boldsymbol{\theta}^{\mathrm{T}}x^{(i)})^2}{2\sigma^2}\right] \qquad (1.2.25)$$

似然函数 $L(\boldsymbol{\theta})$ 表示的是同时观测到数据集 $(x,y)^{(m)}$ 中 $m$ 个数据的可能性的大小。由于对数函数与原函数具有相同的极大值, 并且两数相乘的对数等价于这两数的对数之和。因此, 出于简化和计算上处理的方便, 通常将式 (1.2.25) 取对数得到所谓的对数似然函数, 然后对原来的似然函数 $L(\boldsymbol{\theta})$ 极大值的讨论转变为对更简单易处理的对数似然函数的极大值的讨论。式 (1.2.26) 即为对数似然函数 $\ell(\boldsymbol{\theta})$。

$$\ell(\boldsymbol{\theta}) = \log L(\boldsymbol{\theta})$$

$$= \log f(y^{(i)}|x^{(i)};\boldsymbol{\theta})$$

$$= \log \prod_{i=1}^{m} \frac{1}{\sqrt{2\pi}\sigma} \exp\left[-\frac{(y^{(i)} - \boldsymbol{\theta}^{\mathrm{T}}x^{(i)})^2}{2\sigma^2}\right]$$

$$= \sum_{i=1}^{m} \log \left(\frac{1}{\sqrt{2\pi}\sigma} \exp\left[-\frac{(y^{(i)} - \boldsymbol{\theta}^{\mathrm{T}}x^{(i)})^2}{2\sigma^2}\right]\right)$$

$$= m\log\frac{1}{\sqrt{2\pi}\sigma} + \frac{1}{\sigma^2}\left\{-\left[\frac{1}{2}\sum_{i=1}^{m}(y^{(i)} - \boldsymbol{\theta}^{\mathrm{T}}x^{(i)})^2\right]\right\} \qquad (1.2.26)$$

比较式 (1.2.26) 和式 (1.2.2) 不难发现, 对数似然函数可表示成 $\ell(\boldsymbol{\theta}) = m\log\dfrac{1}{\sqrt{2\pi}\sigma} + \dfrac{1}{\sigma^2}(-J(\boldsymbol{\theta}))$ 的形式, 这意味着极大化对数似然函数等价于极小化式 (1.2.2) 中的 $J(\boldsymbol{\theta})$。

上述分析结果表明, 在误差 $\epsilon^{(i)}$ 服从正态分布的假定下, 极大似然估计与极小二乘估计是等价的, 且 $\boldsymbol{\theta}$ 的选择与数据的方差 $\sigma^2$ 无关。

理解这种等价性的意义在于, 通过极小化误差函数求得的模型本质上是使数据集 $(x,y)^{(m)}$ 中所有记录同时被观察到的概率最大的模型, 这一洞察对后面要讨论的机器学习模型, 包括深度学习模型同样成立。

## 1.3　Logistics 二分类模型

上文在介绍自变量 $X$ 与目标变量 $Y$ 之间的回归方程模型基础上, 重点讨论了与自变量 $X$ 端有关的模型选择、特征选择等问题, 并没有涉及太多关于目标变量 $Y$ 的讨论。事实上, 前述回归分析的讨论, 都是假定 $Y$ 是连续型随机变量的情况。本节开始讨论 $Y$ 为离散二值型随机变量的情况。

当目标变量 $Y$ 为离散型随机变量时, 寻找 $(x,y)^{(m)}$ 之间模型的问题有个新名词叫分类问题。分类问题在实际中广泛存在。例如疾病诊断问题就是一个典型的分类问题, 在给定病人的属性数据 $X$ (例如年龄、身高、体重、肿瘤的 CT、MR 检查资料等), 要给出该病人所得疾病的诊断结果 $Y$ (肿瘤是良性还是恶性)。再如垃圾邮件分类问题, 给定邮件的某些属性 $X$ (例如邮件中是否包含类似"发票""期刊发表"等敏感词), 给出该邮件是垃圾邮件还是正常邮件的判断。

对于二分类情况, 由于感兴趣的类别只有两个 (肿瘤是良性还是恶性, 垃圾邮件还是正常邮件), 因此目标变量 $Y$ 只需要取 0,1 两种不同的取值, 对应两个不同的类别。这样在二维平面下数据 $(X,Y)^{(m)}$ 就变成图 1.14(a) 的形式。此时, 给定 $X$ 的条件下关于 $Y$ 的分布不再是原来的正态分布, 而是一个参数为 $\phi$ 的伯努利分布 (式 (1.3.1))。

$$y^{(i)}|x^{(i)};\boldsymbol{\theta} \sim \text{Bernoulli}(\phi) \tag{1.3.1}$$

直接对这样服从伯努利分布的数据使用回归分析的办法可以得到一个图 1.14(b) 红色直线对应的回归方程, 然而这样找出来的回归方程并不是一个好的分类线, 它无法将训练集中的数据全部正确分类。该回归方程甚至不如落在图 1.14(b) 中阴影部分的任一直线, 因为落在阴影部分的任一直线均能将所有数据分类。或者设定某个阈值, 比如取 0.5, 当回归方程 $h_{\boldsymbol{\theta}}(x) > 0.5$ 时, 判定为 $y = 1$, 否则认为 $y = 0$。这种分类方法也会带来不合理的情况出现。比如图 1.15 (b) 中, 假设 $x$ 轴代表的是肿瘤大小, 根据肿瘤大小程度判定该肿瘤是良性 ($y = 0$) 还是恶性 ($y = 1$)。现在这个特征数据集在原来数据基础上新增加了三个红色× 所代表的样本点后, 拟合得到新的红色线对应的回归方程与原来的方程差异较大。此时再按照 $h_{\boldsymbol{\theta}}(x)$ 是否大于 0.5 来进行分类, 会将肿瘤很大的样本点 $x$ (图 1.15 中红色回归方程上的红点) 误判为良性。因此, 直接将回归分析的方法套在分类问题上的做法效果并不好。

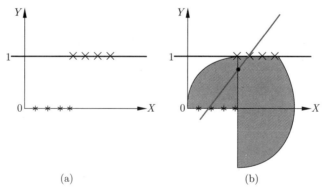

(a) (b)

图 1.14 分类数据集和拟合分类数据得到的回归方程（见文后彩图）

(a) 分类数据集得到的回归方程; (b) 拟合分类得到的回归方程

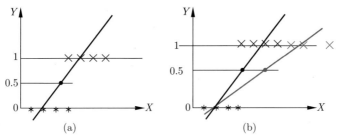

图 1.15　新增加数据对回归方程的影响（见文后彩图）

红色线是新增加数据集后得到的新的回归方程

为适应分类问题处理的需要, 统计学家 Cox[44] 提出在连续型随机变量的情况下, 改变原来的将 $\boldsymbol{\theta}^{\mathrm{T}} x$ 计算结果直接作为目标变量 $y$ 的值的做法, 而是设法引入一个变换函数 $f(\eta)$, 将 $\boldsymbol{\theta}^{\mathrm{T}} x$ 经该函数变换后再作为目标变量 $y$ 的取值。即将原来的 $y = \boldsymbol{\theta}^{\mathrm{T}} x$ 改为 $y = f(\eta) = f(\boldsymbol{\theta}^{\mathrm{T}} x)$。这里变换函数要求值域为 $(0, 1)$ 的光滑连续函数。Cox 选用的这个变换函数 $f(\eta)$ 是大家非常熟悉的 sigmoid 函数 (图 1.16)[1]。这样可得到式 (1.3.2) 形式的 logistics 回归模型。相应地, 图 1.5 的线性回归模型的图形表示将变成图 1.17 的形式 (输出单元多了一个表示传递函数的符号)。

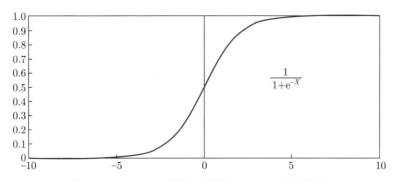

图 1.16　logistic 回归中使用的 sigmoid 变换函数

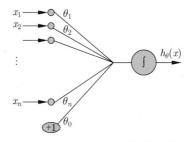

图 1.17　式 (1.3.2) 中 logistics 回归模型的图形化表示

---

1　这个变换函数的反函数被称为**连接函数**, 后面的广义线性模型会对此做进一步解释。

请注意, logistics 回归模型本身用于解决分类问题, 但由于这个模型的输出 $h_{\boldsymbol{\theta}}(X)$ 是 $(0,1)$ 区间内的连续值, 因此仍然称之为回归模型。由于 logistics 回归模型引入了 sigmoid 作为激活/变换函数, 这时多个变量的**线性组合**预测的是 $\ln\dfrac{Y}{1-Y}$ 的值, 即 $\ln\dfrac{Y}{1-Y}=\boldsymbol{\theta}^{\mathrm{T}}X$, 不再是原来的直接对 $Y$ 进行预测。正是因为这个线性组合, logistics 回归模型仍然属于线性模型的范畴。

$$
\begin{aligned}
h_{\boldsymbol{\theta}}(X) &= g(\eta)\\
&= f(\theta_0+\theta_1 X_1+\cdots+\theta_n X_n)\\
&= f(\boldsymbol{\theta}^{\mathrm{T}}X)\\
&= \frac{1}{1+\mathrm{e}^{-\boldsymbol{\theta}^{\mathrm{T}}X}}
\end{aligned}
\tag{1.3.2}
$$

从图 1.16 可以看出, sigmoid 这个变换函数在 $\eta\to\infty$ 时取值逼近 1, $\eta\to-\infty$ 时取值逼近 0。两向量 $\boldsymbol{\theta},\boldsymbol{x}$ 之间的内积 $\boldsymbol{\theta}^{\mathrm{T}}\boldsymbol{x}$ (式 (1.2.1) 中回归方程右端项) 通过这个变换函数被映射成为 $(0,1)$ 之间的值 $h_{\boldsymbol{\theta}}(\boldsymbol{x})$, 这个值正好可作为 $\boldsymbol{\theta},\boldsymbol{x}$ 之间的相似程度的量。因此, 自然地, 可用 $p(y=1|\boldsymbol{x};\boldsymbol{\theta})=h_{\boldsymbol{\theta}}(\boldsymbol{x})$ 表示在给定参数 $\boldsymbol{\theta}$ 下样本 $\boldsymbol{x}$ 是正样本的概率, $p(y=0|\boldsymbol{x};\boldsymbol{\theta})=1-h_{\boldsymbol{\theta}}(\boldsymbol{x})$ 表示给定参数 $\boldsymbol{\theta}$ 下样本 $\boldsymbol{x}$ 是负样本的概率。在二分类情况下, 当 $h_{\boldsymbol{\theta}}(\boldsymbol{x})>0.5$ 时意味着该样本属于正样本的概率要大于负样本的概率 (更 "像" 正样本), 因此该样本将被 logistics 回归模型判定为正样本, 否则该样本为负样本。

在 $0<h_{\boldsymbol{\theta}}(\boldsymbol{x})<1$ 且 $y=0,1$ 二值情况下, 给定参数 $\boldsymbol{\theta}$ 和样本 $\boldsymbol{x}$ 下关于 $\boldsymbol{y}$ 的条件概率可统一表示成式 (1.3.3) 的形式。

$$
p(\boldsymbol{y}|\boldsymbol{x};\boldsymbol{\theta})=h_{\boldsymbol{\theta}}(\boldsymbol{x})^{\boldsymbol{y}}[1-h_{\boldsymbol{\theta}}(\boldsymbol{x})]^{(1-\boldsymbol{y})}
\tag{1.3.3}
$$

为获得一个式 (1.3.2) 形式的 logistics 回归模型, 需要从一堆已被正确诊断的 CT 图像集合 $(x,y)^{(m)}$ 进行训练 (假设这个训练样本是从参数为 $\phi$ 的伯努利分布总体中抽取的样本, 这里 $\phi$ 为恶性肿瘤发病率)。训练过程中本质上是要寻找参数 $\boldsymbol{\theta}$, 使得 $E(p(Y|X;\boldsymbol{\theta}))=\phi$。为此, 由式 (1.3.3) 可列出同时观察到数据集 $(x,y)^{(m)}$ 的似然函数及其对数形式, 如式 (1.3.4) 所示。

$$
\begin{aligned}
L(\boldsymbol{\theta}) &= p(\boldsymbol{y}|\boldsymbol{x};\boldsymbol{\theta})\\
&= \prod_{i=1}^{m} p(y^{(i)}|x^{(i)};\boldsymbol{\theta})\\
&= \prod_{i=1}^{m} h_{\boldsymbol{\theta}}(x^{(i)})^{y^{(i)}}[1-h_{\boldsymbol{\theta}}(x^{(i)})]^{(1-y^{(i)})}
\end{aligned}
\tag{1.3.4}
$$

其中, 符号 $\boldsymbol{y}$ 表示各分量取值为 0,1 的二值向量。对式 (1.3.4) 两边取对数并整理, 得到式 (1.3.5) 形式的对数似然函数。这样做的目的是在不改变函数极值点的前提下通过取对数将原来的求积运算转化成更容易处理的求和运算。

$$\ell(\boldsymbol{\theta}) = \log(L(\boldsymbol{\theta}))$$

$$= \sum_{i=1}^{m} \Big( y^{(i)} \log[h_{\boldsymbol{\theta}}(x^{(i)})] + (1 - y^{(i)}) \log[1 - h_{\boldsymbol{\theta}}(x^{(i)})] \Big) \tag{1.3.5}$$

对式 (1.3.5) 关于 $\theta_j$ 求偏导, 可得式 (1.3.6), 其中倒数第二步到最后一步成立是因为在 sigmoid 激活/传递函数下, 有 $h_{\boldsymbol{\theta}}'(x^{(i)}) = h_{\boldsymbol{\theta}}(x^{(i)})[1 - h_{\boldsymbol{\theta}}(x^{(i)})]$ 成立。

$$\frac{\partial \ell(\boldsymbol{\theta})}{\partial \theta_j} = \sum_{i=1}^{m} \left[ y^{(i)} \frac{1}{h_{\boldsymbol{\theta}}(x^{(i)})} h_{\boldsymbol{\theta}}'(x^{(i)}) x_j^{(i)} + (1 - y^{(i)}) \frac{1}{1 - h_{\boldsymbol{\theta}}(x^{(i)})} (-h_{\boldsymbol{\theta}}'(x^{(i)}) x_j^{(i)}) \right]$$

$$= \sum_{i=1}^{m} \left[ \frac{y^{(i)}}{h_{\boldsymbol{\theta}}(x^{(i)})} - \frac{1 - y^{(i)}}{1 - h_{\boldsymbol{\theta}}(x^{(i)})} \right] h_{\boldsymbol{\theta}}'(x^{(i)}) x_j^{(i)}$$

$$= \sum_{i=1}^{m} \left[ \frac{y^{(i)} - h_{\boldsymbol{\theta}}(x^{(i)})}{h_{\boldsymbol{\theta}}(x^{(i)})(1 - h_{\boldsymbol{\theta}}(x^{(i)}))} \right] h_{\boldsymbol{\theta}}'(x^{(i)}) x_j^{(i)}$$

$$= \sum_{i=1}^{m} (y^{(i)} - h_{\boldsymbol{\theta}}(x^{(i)})) x_j^{(i)} \tag{1.3.6}$$

有了式 (1.3.6) 这个偏导数, 就可以得到式 (1.3.7) 的关于参数 $\theta_j$ 的全梯度更新公式。

$$\theta_j = \theta_j + \gamma \sum_{i=1}^{m} [y^{(i)} - h_{\boldsymbol{\theta}}(x^{(i)})] x_j^{(i)}$$

$$= \theta_j - \gamma \sum_{i=1}^{m} [h_{\boldsymbol{\theta}}(x^{(i)}) - y^{(i)}] x_j^{(i)} \tag{1.3.7}$$

值得注意的是, 式 (1.3.7) 的梯度更新公式中用的 $h_{\boldsymbol{\theta}}(\boldsymbol{x})$ 函数由公式 (1.3.2) 给出, 而不是原来的式 (1.2.1) 的线性函数。尽管两者形式上是一样的。

## 1.4　Softmax 多分类模型

前面的 logistics 模型通过在原来线性模型基础上添加传递/激活函数, 解决了目标变量 $Y$ 取离散二值情况下的分类问题。实际中更为一般的情况是 $Y$ 取离散多值情况下的多分类问题。比如, 实际中可能希望将邮件分类成工作邮件、私人邮件和垃圾邮件三个类别。再如银行希望将贷款客户分成低端客户、中端客户、潜力客户和高端客户四个类别。基准测试集 MNIST 则是 10 个类别的手写体数字识别任务。本节在二分类的 logistics 模型基础上进行扩展, 得到一个能处理 $k(k \geqslant 2)$ 个类别的多分类 softmax 模型。

图 1.17 形式的 logistics 模型只有一个输出单元, 输出单元的值 $h_{\boldsymbol{\theta}}(\boldsymbol{x})$ 表示该样本属于正样本的概率, 而 $[1 - h_{\boldsymbol{\theta}}(\boldsymbol{x})]$ 则表示该样本属于负样本的概率。Logistics 模型将样本划分到概率最大的那个类别。Softmax 模型是将 logistics 模型这一思想扩展到多分类下的结果。

$$p(\boldsymbol{y}|\boldsymbol{x};\boldsymbol{\theta}) \sim \text{Multinominal}(\phi_1, \phi_2, \cdots, \phi_k) \tag{1.4.1}$$

对于 $\boldsymbol{y} \in \{1, 2, \cdots, k\}$ 的 $k(k \geqslant 2)$ 分类问题, 目标变量 $Y$ 共有 $k$ 个不同取值, 代表不同的类别。对于这 $k$ 个不同类别, 有相应的 $\phi_1, \phi_2, \cdots, \phi_k$ 代表总体在各个类别的概率分布。假定 $(x, y)^{(m)}$ 是从服从式 (1.4.1) 所示多项式分布的总体中得到的训练集。由于概率的规范性要求 $\sum\limits_{j=1}^{k} \phi_j = 1$, 因此这 $k$ 个参数中只有 $k - 1$ 个独立参数, 剩下另一个是冗余参数, 约定最后一个参数 $\phi_k$ 为冗余参数。现预期通过数据集 $(x, y)^{(m)}$ 训练一个假设函数, 该假设函数能类似 logistics 模型的假设函数那样, 对于给定的测试输入 $\boldsymbol{x}$, 能针对每一个类别 $j$ 估算出概率值 $p(\boldsymbol{y} = j|\boldsymbol{x})$。换而言之, 此时假设函数要估计 $\boldsymbol{x}$ 的每一种分类结果出现的概率。

为此, 可增加图 1.17 中输出层的节点数, 使之具有 $k$ 个节点, 对应 $k$ 个类别, 并选择合适的激活/传递函数设法使节点 $j$ 输出的就是输入 $\boldsymbol{x}$ 属于类别 $j$ 的概率。由此得到图 1.18 形式的 softmax 回归模型两种等价的图形化表示, 图 1.18(a) 是为了保持与前述图 1.17 所示的 logistics 模型相一致, 图 1.18(b) 则是为清晰地展示每个输出层节点的计算公式。这个计算公式由式 (1.4.2) 给出, 它是 softmax 回归模型节点 $j$ 的传

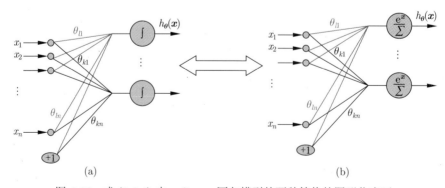

图 1.18　式 (1.4.4) 中 softmax 回归模型的两种等价的图形化表示

递函数, 其中分母部分起归一化的作用, 使节点输出为 $(0,1)$ 之间的概率值。请注意, 式 (1.4.2) 虽然形式上与式 (1.3.2) 所示的传递函数不太一样, 但两者本质上是等价的, 后面对此有进一步解释。

$$h_{\boldsymbol{\theta}}(\boldsymbol{x})_j = f(\boldsymbol{x})_j = \frac{\mathrm{e}^{\boldsymbol{\theta}_j^{\mathrm{T}}\boldsymbol{x}}}{\sum\limits_{j=1}^{k}\mathrm{e}^{\boldsymbol{\theta}_j^{\mathrm{T}}\boldsymbol{x}}} \tag{1.4.2}$$

$$\boldsymbol{\theta} = \begin{bmatrix} \boldsymbol{\theta}_1^{\mathrm{T}} \\ \boldsymbol{\theta}_2^{\mathrm{T}} \\ \vdots \\ \boldsymbol{\theta}_k^{\mathrm{T}} \end{bmatrix}_{k\times(n+1)}, \quad \boldsymbol{\theta}_j = \begin{bmatrix} \theta_{j0} \\ \theta_{j1} \\ \vdots \\ \theta_{jn} \end{bmatrix}_{(n+1)\times 1} \tag{1.4.3}$$

在多分类情况下, 每组参数 $\boldsymbol{\theta}_j$ 均属于 $n+1$ 维空间中的向量, 即 $\boldsymbol{\theta}_1, \cdots, \boldsymbol{\theta}_j, \cdots,$ $\boldsymbol{\theta}_k \in \Re^{n+1}$, 相应地, 参数 $\boldsymbol{\theta}$ 为一个 $k \times (n+1)$ 的矩阵 (式 (1.4.3))。根据节点的激活/传递函数, 可以得到 softmax 回归模型的假设函数, 如式 (1.4.4) 所示。

$$h_{\boldsymbol{\theta}}(\boldsymbol{x}) = \begin{bmatrix} p(y=1|\boldsymbol{x};\boldsymbol{\theta}) \\ p(y=2|\boldsymbol{x};\boldsymbol{\theta}) \\ \vdots \\ p(y=k|\boldsymbol{x};\boldsymbol{\theta}) \end{bmatrix} = \begin{bmatrix} f(\boldsymbol{x})_1 \\ f(\boldsymbol{x})_2 \\ \vdots \\ f(\boldsymbol{x})_k \end{bmatrix} = \frac{1}{\sum\limits_{j=1}^{k}\mathrm{e}^{\boldsymbol{\theta}_j^{\mathrm{T}}\boldsymbol{x}}} \begin{bmatrix} \mathrm{e}^{\boldsymbol{\theta}_1^{\mathrm{T}}\boldsymbol{x}} \\ \mathrm{e}^{\boldsymbol{\theta}_2^{\mathrm{T}}\boldsymbol{x}} \\ \vdots \\ \mathrm{e}^{\boldsymbol{\theta}_k^{\mathrm{T}}\boldsymbol{x}} \end{bmatrix} \tag{1.4.4}$$

显然, 在 $\sum\limits_{j=1}^{k} f(x)_j = 1$ 条件下, $f(x)_1, f(x)_2, \cdots, f(x)_k$ 这 $k$ 个概率只要知道其中的 $k-1$ 个, 剩下的另一个即可确定。因此, 式 (1.4.4) 中假设函数中的参数集 $\boldsymbol{\theta}_1, \boldsymbol{\theta}_2, \cdots, \boldsymbol{\theta}_k$ 有冗余, 只要知道了其中的 $k-1$ 组参数, 另一组可通过这 $k-1$ 组表示出来。

利用式 (1.4.4) 中假设函数参数冗余这一性质, 可看出 softmax 回归与 logistics 回归的关系。Softmax 回归是 logistics 回归的一般形式, 当类别数 $k=2$ 时, softmax 回归退化为 logistics 回归。具体地, 当 $k=2$ 时, 根据式 (1.4.4) 可得 softmax 回归的假设函数变为式 (1.4.5) 形式。

$$h_{\boldsymbol{\theta}}(\boldsymbol{x}) = \frac{1}{\mathrm{e}^{\boldsymbol{\theta}_1^{\mathrm{T}}\boldsymbol{x}} + \mathrm{e}^{\boldsymbol{\theta}_2^{\mathrm{T}}\boldsymbol{x}}} \begin{bmatrix} \mathrm{e}^{\boldsymbol{\theta}_1^{\mathrm{T}}\boldsymbol{x}} \\ \mathrm{e}^{\boldsymbol{\theta}_2^{\mathrm{T}}\boldsymbol{x}} \end{bmatrix} \tag{1.4.5}$$

将式 (1.4.5) 两个参数向量 $\boldsymbol{\theta}_1, \boldsymbol{\theta}_2$ 同时减去向量 $\boldsymbol{\theta}_1$ (分子分母同除以 $e^{\boldsymbol{\theta}_1^{\mathrm{T}}\boldsymbol{x}}$), 结果将变成式 (1.4.6) 的形式, 其中最末尾那个等式正是 logistics 回归的假设函数 (第一个分量即为式 (1.3.2) 的形式, 第二个分量对应另一个类别的概率)。

$$h_{\boldsymbol{\theta}}(\boldsymbol{x}) = \frac{1}{e^{\boldsymbol{0}^{\mathrm{T}}\boldsymbol{x}} + e^{(\boldsymbol{\theta}_2-\boldsymbol{\theta}_1)^{\mathrm{T}}\boldsymbol{x}}} \begin{bmatrix} e^{\boldsymbol{0}^{\mathrm{T}}\boldsymbol{x}} \\ e^{(\boldsymbol{\theta}_2-\boldsymbol{\theta}_1)^{\mathrm{T}}\boldsymbol{x}} \end{bmatrix} \xrightarrow[]{\boldsymbol{\theta}'=\boldsymbol{\theta}_2-\boldsymbol{\theta}_1} \begin{bmatrix} \dfrac{1}{1+e^{\boldsymbol{\theta}'^{\mathrm{T}}\boldsymbol{x}}} \\ 1 - \dfrac{1}{1+e^{\boldsymbol{\theta}'^{\mathrm{T}}\boldsymbol{x}}} \end{bmatrix} \tag{1.4.6}$$

由此可见, logistics 回归确实是 softmax 回归的一种特例。更一般地, 无论是 logistics 回归还是 softmax 回归, 还有前面的线性回归, 它们均是广义线性回归的一种特例, 它们之间的相互关系在后面的广义线性回归部分会做进一步解释。这样, 利用式 (1.4.2) 的传递/激活函数, 可计算样本 $\boldsymbol{x}$ 属于类别 $j$ 的概率 $p(y=j|\boldsymbol{x};\boldsymbol{\theta}) = f(\boldsymbol{x})_j$, 这个概率值的计算依赖于参数 $\boldsymbol{\theta}$。Softmax 回归的任务是根据数据集 $(x, y)^{(m)}$ 寻找合适的参数 $\boldsymbol{\theta}$, 使得模型输出的概率分布 $p(y=j|\boldsymbol{x};\boldsymbol{\theta}) = f(\boldsymbol{x})_j$ 逼近 $(x, y)^{(m)}$ 的 multinominal$(\varphi_1, \varphi_2, \cdots, \varphi_k)$ 分布。

与 logistics 回归类似, 为寻找能逼近给定分布的模型参数 $\boldsymbol{\theta}$, 需要写出关于 $(x, y)^{(m)}$ 的似然函数, 而似然函数的构造依赖于 $p(\boldsymbol{y}|\boldsymbol{x};\boldsymbol{\theta})$ 这一条件概率的表达式。为得到紧凑的 $p(\boldsymbol{y}|\boldsymbol{x};\boldsymbol{\theta})$ 的表达式, 这里引入一个 $1\{\cdot\}$ 形式的示性函数 (indictor function), 当 {} 里的表达式成立时, 这个示性函数取值为 1, 否则为 0, 例如 $1\{2 < 1\} = 0, 1\{2 > 1\} = 1$。利用这个示性函数, $p(\boldsymbol{y}|\boldsymbol{x};\boldsymbol{\theta})$ 可被表示成式 (1.4.7) 的形式。

$$p(\boldsymbol{y}|\boldsymbol{x};\boldsymbol{\theta}) = f(x)_1^{1\{y=1\}} f(x)_2^{1\{y=2\}} \cdots f(x)_k^{1\{y=k\}} = \prod_{j=1}^{k} f(x)_j^{1\{y=j\}} \tag{1.4.7}$$

由此得到式 (1.4.8) 形式的关于数据集 $(x, y)^{(m)}$ 的似然函数。

$$L(\boldsymbol{\theta}) = \prod_{i=1}^{m} p(y^{(i)}|x^{(i)};\boldsymbol{\theta})$$

$$= \prod_{i=1}^{m} \prod_{j=1}^{k} f(x^{(i)})_j^{1\{y^{(i)}=j\}} \tag{1.4.8}$$

有了式 (1.4.8) 形式的似然函数, 可按照与前述 logistics 回归类似的方式, 在式 (1.4.8) 等号两边取对数可得到其对数似然函数 $\ell(\boldsymbol{\theta})$ (式 (1.4.9))。

$$
\begin{aligned}
\ell(\boldsymbol{\theta}) = \log L(\boldsymbol{\theta}) &= \sum_{i=1}^{m}\sum_{j=1}^{k} 1\{y^{(i)}=j\}\log f(x^{(i)})_j \\
&= \sum_{i=1}^{m}\sum_{j=1}^{k} 1\{y^{(i)}=j\}\log \frac{\mathrm{e}^{\boldsymbol{\theta}_j^{\mathrm{T}} x^{(i)}}}{\displaystyle\sum_{j=1}^{k}\mathrm{e}^{\boldsymbol{\theta}_j^{\mathrm{T}} x^{(i)}}} \\
&= \sum_{i=1}^{m}\sum_{j=1}^{k}\left( 1\{y^{(i)}=j\}\log(\mathrm{e}^{\boldsymbol{\theta}_j^{\mathrm{T}} x^{(i)}}) - 1\{y^{(i)}=j\}\log\left(\sum_{j=1}^{k}\mathrm{e}^{\boldsymbol{\theta}_j^{\mathrm{T}} x^{(i)}}\right)\right) \\
&= \sum_{i=1}^{m}\sum_{j=1}^{k}\left( 1\{y^{(i)}=j\}\boldsymbol{\theta}_j^{\mathrm{T}} x^{(i)} - 1\{y^{(i)}=j\}\log\left(\sum_{j=1}^{k}\mathrm{e}^{\boldsymbol{\theta}_j^{\mathrm{T}} x^{(i)}}\right)\right)
\end{aligned}
\tag{1.4.9}
$$

并对该对数似然函数关于参数 $\boldsymbol{\theta}_j$ 求偏导, 可以得到式 (1.4.10) 形式的结果。请注意, 由于此时 $\boldsymbol{\theta}_j$ 是一个 $n\times 1$ 的列向量, 相应地 $x^{(i)}$ 也是同一规格的 $n\times 1$ 的向量, 而输出 $h_{\boldsymbol{\theta}}(x^{(i)})$ 和目标变量 $y^{(i)}$ 均是 $k\times 1$ 的列向量, $(y^{(i)} - h_{\boldsymbol{\theta}}(x^{(i)}))_j$ 为两向量相减后的第 $j$ 个分量的值。

$$
\begin{aligned}
\frac{\partial \ell(\boldsymbol{\theta})}{\partial \boldsymbol{\theta}_j} &= \sum_{i=1}^{m} 1\{y^{(i)}=j\}\left( x^{(i)} - \frac{\mathrm{e}^{\boldsymbol{\theta}_j^{\mathrm{T}} x^{(i)}}}{\displaystyle\sum_{j=1}^{k}\mathrm{e}^{\boldsymbol{\theta}_j^{\mathrm{T}} x^{(i)}}} x^{(i)}\right) \\
&= \sum_{i=1}^{m} 1\{y^{(i)}=j\}\left( 1 - \frac{\mathrm{e}^{\boldsymbol{\theta}_j^{\mathrm{T}} x^{(i)}}}{\displaystyle\sum_{j=1}^{k}\mathrm{e}^{\boldsymbol{\theta}_j^{\mathrm{T}} x^{(i)}}}\right) x^{(i)} \\
&= \sum_{i=1}^{m} (y^{(i)} - h_{\boldsymbol{\theta}}(x^{(i)}))_j x^{(i)}
\end{aligned}
\tag{1.4.10}
$$

进而得到对应的参数更新公式 (1.4.11)。再次强调, 这里 $\boldsymbol{\theta}_j$ 和输入变量 $\boldsymbol{x}$ 均是 $n\times 1$ 的向量。

$$
\begin{aligned}
\boldsymbol{\theta}_j &= \boldsymbol{\theta}_j + \gamma\sum_{i=1}^{m}[y^{(i)} - h_{\boldsymbol{\theta}}(x^{(i)})]_j x^{(i)} \\
&= \boldsymbol{\theta}_j - \gamma\sum_{i=1}^{m}[h_{\boldsymbol{\theta}}(x^{(i)}) - y^{(i)}]_j x^{(i)}
\end{aligned}
\tag{1.4.11}
$$

# 1.5 广义线性模型

前面介绍了线性回归模型、logistics 回归、softmax 回归三种模型, 它们分别对应数据集 $(x, y)^{(m)}$ 的条件概率 $p(\boldsymbol{y}|\boldsymbol{x})$ 服从正态分布 (式 (1.2.24))、伯努利分布 (式 (1.3.1))、多项式分布 (式 (1.4.1)) 三种情况。相应的假设函数分别如式 (1.2.1)、式 (1.3.2)、式 (1.4.4) (或式 (1.4.3)) 所示。比较这三个假设函数, 会发现它们的差别主要在于使用了不同的激活/传递函数。线性回归模型使用的是 $\boldsymbol{y} = f(\boldsymbol{x}) = \boldsymbol{x}$ 这样的恒等函数作为激活/传递函数, 使得模型的线性部分 $\boldsymbol{\theta}^{\mathrm{T}}\boldsymbol{x}$ 直接等于目标变量 $\boldsymbol{y}$。Logistics 回归则为了适应分类的需要, 将目标变量 $\boldsymbol{y}$ 通过 sigmoid 传递/激活函数 $f(\boldsymbol{x}) = \dfrac{1}{1 + \mathrm{e}^{-\boldsymbol{\theta}^{\mathrm{T}}\boldsymbol{x}}}$ 与模型的线性部分 $\boldsymbol{\theta}^{\mathrm{T}}\boldsymbol{x}$ 关联。Softmax 回归则是 logistics 模型多分类下的扩展, 其传递/激活函数 $f(\boldsymbol{x}) = \dfrac{\mathrm{e}^{-\boldsymbol{\theta}^{\mathrm{T}}\boldsymbol{x}}}{\sum}$ 也相应的是 sigmoid 多分类下的扩展。

这些传递/激活函数的反函数有一个专有名词叫**连接函数**, 它给出了回归模型的线性部分 $\boldsymbol{\theta}^{\mathrm{T}}\boldsymbol{x}$ 如何通过模型的预测值 $h_{\boldsymbol{\theta}}(\boldsymbol{x})$ (这个预测值也是 $\boldsymbol{\theta}, \boldsymbol{x}$ 之间的相似概率测度) 还原得到, 是模型的线性部分与模型预测值之间的连接桥梁。这个连接函数作用的另一个等价的解释是, 通过连接函数模型的预测值 $h_{\boldsymbol{\theta}}(\boldsymbol{x})$ 可被变换成负无穷到正无穷, 使得它与模型的线性部分 $\boldsymbol{\theta}^{\mathrm{T}}\boldsymbol{x}$ 具有相同的值域。例如 logistics 回归的连接函数为 $g(\boldsymbol{x}) = f^{-1}(\boldsymbol{x}) = \log \dfrac{h_{\boldsymbol{\theta}}(\boldsymbol{x})}{1 - h_{\boldsymbol{\theta}}(\boldsymbol{x})}$, 它是 sigmoid 函数的反函数。通过这个连接函数, logistics 回归模型 $(0, 1)$ 区间内的预测值 $h_{\boldsymbol{\theta}}(\boldsymbol{x})$ 被变换成 $(-\infty, +\infty)$ 区间。

连接函数的选择并不唯一, 只要能将目标变量 $Y$ 的取值范围变换成与模型线性部分 $\boldsymbol{\theta}^{\mathrm{T}}X$ 的取值范围一致, 让模型比较好地拟合数据即可。事实上, 这个连接函数是本节将要介绍的广义线性模型[1]的一个重要组成部分, 通过广义线性模型可容易地确定连接函数。

一般地, 广义线性模型由线性预测部分 $\boldsymbol{\eta} = \boldsymbol{\theta}^{\mathrm{T}}\boldsymbol{x}$ 和连接函数组成[2]。不同的条件分布 $p(\boldsymbol{y}|\boldsymbol{x})$ 下, 连接函数亦不同, 但只要 $p(\boldsymbol{y}|\boldsymbol{x})$ 是属于指数分布族中的分布, 就可以通过将 $p(\boldsymbol{y}|\boldsymbol{x})$ 写成指数分布的形式, 然后通过比较指数分布的标准形式, 关于 GLMs 的连接函数就可以标准形式的指数分布中的**自然参数**形式出现。

广义线性模型是前述简单线性模型 SLM (式 (1.2.1)) 和一般线性模型 GLM (式 (1.2.11)) 的推广, 线性回归、logistics 回归、softmax 回归均是其特例。事实上, 正态分布 (式 1.2.24)、伯努利分布 (式 (1.3.1))、多项式分布 (式 (1.4.1)) 都可看作指数分

---

1　由于广义线性模型和一般线性模型首字母均是 GLM, 本书约定复数形式的 GLMs 为广义线性模型的缩写, 单数形式的 GLM 为一般线性模型的缩写。

2　更一般的形式应该是线性预测部分、连接函数和方差函数 (描述方差如何依赖于均值) 三部分组成, 本书不考虑方差随均值变化的情况。

布族中的成员, 凡指数分布族中的分布均可被广义线性模型处理。

　　下面首先介绍指数分布的标准形式, 然后推导正态分布、伯努利分布、多项式分布的指数分布表示形式, 从中可看出前述线性回归、logistics 回归、softmax 回归模型可通过严格的推演得到。

　　指数分布族的标准型可表示成式 (1.5.1) 形式。其中, $\boldsymbol{\eta}$ 被称为**自然参数 (natural parameter)** 或**典型参数 (canonical parameter)**, 这个自然参数就是前面的连接函数; $T(\boldsymbol{y})$ 为充分统计量, 通常取 $T(\boldsymbol{y}) = y$; $a(\boldsymbol{\eta})$ 被称为**对数归一函数 (log partition function)**, 所起作用主要是通过 $\mathrm{e}^{-a(\boldsymbol{\eta})}$ 项使得表达式 (1.5.1) 求和/积分后等于 1, 满足概率分布的性质。

$$p(\boldsymbol{y}; \boldsymbol{\eta}) = b(\boldsymbol{y})\exp(\boldsymbol{\eta}^{\mathrm{T}}T(\boldsymbol{y}) - a(\boldsymbol{\eta})) \tag{1.5.1}$$

　　在给定 $T, a, b$ 的条件下, 式 (1.5.1) 定义了一族以 $\boldsymbol{\eta}$ 为参数的指数分布族, 不同的 $\boldsymbol{\eta}$ 对应指数分布族中的不同分布。式 (1.5.1) 标准形式的指数分布族中的自然参数和对数归一函数前面已做了相应解释, 所起作用也不难理解。唯独这个充分统计量 $T(\boldsymbol{y})$ 对于不太熟悉统计的读者可能显得比较费解。在解释这个充分统计量之前, 先指出这个充分统计量的作用。事实上, 我们希望在给定训练集 $(x, y)^{(m)}$ 基础上, 寻找模型参数 $\boldsymbol{\theta}$, 使得假设函数的输出为这个充分统计量在给定 $\boldsymbol{x}$ 下的条件期望, 即 $h_{\boldsymbol{\theta}}(\boldsymbol{x}) = E(T(\boldsymbol{y})|\boldsymbol{x}; \boldsymbol{\theta})$。这样做的好处在于当数据集 $(x, y)^{(M)}$ 满足某一给定的参数为 $\boldsymbol{\eta}$ 的指数分布 $\boldsymbol{y}|\boldsymbol{x}; \boldsymbol{\theta} \sim \text{ExponentialFamily}(\boldsymbol{\eta})$ 时, 用训练集 $(x, y)^{(m)}$ 得到的信息 (这里的信息体现在训练后得到的模型) 对测试集中的数据 $(x, y)^{(m')}$ 进行预测是 "充分" 的 (只要测试集与训练集来自同一总体)。要理解这一点, 需要对充分统计量进行必要解释。

　　统计量是统计领域的一个基本概念。任何关于样本集的函数都称为一个统计量, 它是对样本中所含信息的一种浓缩, 例如样本均值 $\bar{y} = \dfrac{1}{m}\sum_{i=1}^{m} y_i$ 就是一个常见的统计量, $m$ 个样本数据经过均值函数的加工后浓缩成一个数据。一般地, 由于信息加工处理的这种浓缩效应 (有些信息经统计量加工后会丢失), 统计量中所包含的信息往往比整个样本集中的信息要少。例如统计里有一个常见的统计量称为顺序统计量, 它是将 $y_1, y_2, \cdots, y_m$ 这 $m$ 次观测得到的样本按照从小到大进行排列得到顺序统计量 $y_{(1)}, y_{(2)}, \cdots, y_{(m)}$, 这里 $y_{(k)}$ 为将样本 $y_1, y_2, \cdots, y_m$ 从小到大排列后的第 $k$ 个值。这样, 样本的顺序统计量只包含了有哪些值出现, 而不同值出现的顺序的信息不见了。

　　很多时候, 样本出现的顺序信息对总体特性而言无关紧要 (例如对于正态分布而言, 总体分布形态主要由均值 $\mu$ 和方差 $\sigma^2$ 两个参数决定, 样本位置信息与 $\mu$ 和 $\sigma^2$ 无关, 只与样本取值有关), 将顺序信息丢掉并不影响对总体特性的了解, 此时统计量所包含的关于总体特性的信息不比原来的样本少, 称这样的统计量为充分统计量。对于正态分布而言, 由于样本均值和样本方差分别是总体均值和总体方差的无偏估计量, 因此样本均值和样本方差就是正态分布两个参数的充分统计量。但有些时候, 只靠样本均值 (一阶矩) 和样本方差 (二阶矩) 这两个统计量并不足够, 比如对于正态分布之外的其他非对称的偏态分布, 可能需要用到样本三阶矩、四阶矩, 甚至在非参数统计场合, 可能要整个样本的顺序统计量才是充分的。

充分统计量的严格但抽象的定义最初由 Fisher 给出 [8]。按照 Fisher 的定义, 假定 $y_1, y_2, \cdots, y_m$ 是服从分布为 $f(Y; \Omega)$ 的总体中产生的样本, 如果在给定某一统计量 $T(\boldsymbol{y}) = T(y_1, y_2, \cdots, y_m) = t$ 的条件下, 样本 $y_1, y_2, \cdots, y_m$ 的联合分布与未知参数 $\Omega$ 无关, 即 $f(y_1, y_2, \cdots, y_m | T(\boldsymbol{y}) = t)$ 与 $\Omega$ 无关, 称这样的统计量 $T(\boldsymbol{y})$ 为充分统计量。下面通过两个充分统计量、一个非充分统计量的例子对充分统计量这一定义做进一步解释。

假定 $Y_i = 1$ 和 $Y_i = 0$ 分别表示第 $i$ 枚随机硬币正面朝上和反面朝上, 且其出现的概率分别为 $q$ 和 $1-q$。现将装有 $m$ 枚硬币的盒子充分抖动 (以便盒内硬币充分混合) 后放置桌面, 然后统计盒内硬币正面朝上的总数 $Y = \sum_{i=1}^{m} Y_i$。这个硬币正面朝上的总数 $Y$ 就是这里的参数 $q$ 的充分统计量, 原因就是在知道这个总数的具体值 $Y = y$ 后, 这个条件概率 $p(Y_1 = y_1, Y_2 = y_2, \cdots, Y_m = y_m | Y = y)$ 是一个与参数 $q$ 无关的量 (式 (1.5.2))。这里 $y_1, y_2, \cdots, y_m$ 是随机变量 $Y_1, Y_2, \cdots, Y_m$ 的取值, 每个 $y_i$ 只有 0,1 两种取值, 分别对应硬币反面朝上和正面朝上两种可能, 符号 $C_m^y$ 代表 $m$ 个中取 $y$ 个的组合数。再直观点, 根据大数定律, 硬币正面朝上的总数 $y$ 除以硬币的总数 $m$, 在 $m$ 充分大的条件下会等于硬币正面朝上的概率 $q$, 即 $\lim_{m \to \infty} \frac{y}{m} = q$。因此, 根据硬币正面朝上的总数 $Y$ 这个充分统计量来获得参数 $q$ 的信息是充分的。

$$p(Y_1 = y_1, Y_2 = y_2, \cdots, Y_m = y_m | Y = y) = \begin{cases} \dfrac{q^y(1-q)^{m-y}}{C_m^y q^y (1-q)^{m-y}} = \dfrac{1}{C_m^y}, & \sum_{i=1}^{m} y_i = y \\ 0, & \sum_{i=1}^{m} y_i \neq y \end{cases}$$

$$(1.5.2)$$

式 (1.5.2) 的推导并不困难。当 $\sum_{i=1}^{m} Y_i = y$ 时, 比如当 $m = 3$ 时, 若 $Y_1 = 1, Y_2 = 0, Y_3 = 1, y = 2$, 有 $p(Y_1 = 1, Y_2 = 0, Y_3 = 1, y = 2) = q(1-q)q = q^2(1-q) = q^m(1-q)^{m-y}$。而 $Y_1, Y_2, Y_3$ 三个随机变量中两个取值为 1 的情况共有 $C_m^y = C_3^2$ 种, 故 $p(Y = y) = C_m^y q^y (1-q)^{m-y}$, 由条件概率的公式有 $p(Y_1 = y_1, Y_2 = y_2, \cdots, Y_m = y_m | Y = y) = \dfrac{p(Y_1 = y_1, Y_2 = y_2, \cdots, Y_m = y_m, Y = y)}{p(Y = y)} = \dfrac{1}{C_m^y}$。当 $\sum_{i=1}^{m} Y_i \neq y$ 时,

比如 $Y_1 = 1, Y_2 = 0, Y_3 = 1, y = 1$, 由于 $y$ 是被定义为 $Y_1, Y_2, Y_3$ 三者之和, 而 $1 = y \neq \sum_{i=1}^{3} Y_i = 2$, 因此有 $p(Y_1 = 1, Y_2 = 0, Y_3 = 1, y = 1) = 0$。

$$f(Y_1 = y_1, Y_2 = y_2; \mu, \sigma^2) = \prod_{i=1}^{2} \frac{1}{\sqrt{2\pi\sigma^2}} \exp\left[-\frac{(x_i - \mu)^2}{2\sigma^2}\right]$$

$$= \frac{1}{(2\pi\sigma^2)^{(2/2)}} \exp\left[-\frac{\sum_{i=1}^{2}(y_i - \mu)^2}{2\sigma^2}\right] \tag{1.5.3}$$

再假定 $Y = (Y_1, Y_2)$ 为从正态总体 $\mathcal{N}(\mu, \sigma^2)$ 抽取的随机变量, 根据正态总体的密度函数易知它们的联合密度函数可表示成式 (1.5.3)。均值统计量 $T_1(Y) = \bar{Y} = \frac{1}{2}(Y_1 + Y_2)$ 是正态总体的一个充分统计量, 因为当均值统计量取定某一值 $\bar{y}$, 即 $T_1(Y) = \bar{Y} = \bar{y}$ 时, 联合密度函数 $f(Y_1 = y_1, Y_2 = y_2, T_1(Y) = \bar{y}; \mu, \sigma^2)$ 可写成式 (1.5.4) 的形式。

$$f(Y_1 = y_1, Y_2 = y_2, T_1(Y) = \bar{y}; \mu, \sigma^2) = \frac{1}{(2\pi\sigma^2)^{(2/2)}} \exp\left[-\frac{\sum_{i=1}^{2}(y_i - \mu)^2}{2\sigma^2}\right]$$

$$= \frac{1}{2\pi\sigma^2} \exp\left[-\frac{\sum_{i=1}^{2}(y_i - \bar{y} + \bar{y} - \mu)^2}{2\sigma^2}\right]$$

$$= \frac{1}{2\pi\sigma^2} \exp\left[-\frac{\left(\sum_{i=1}^{2}(y_i - \bar{y})^2 + 2(\bar{y} - \mu)^2\right)}{2\sigma^2}\right] \tag{1.5.4}$$

又因为均值统计量服从 $T_1(Y) = \bar{Y} \sim \mathcal{N}\left(\mu, \dfrac{\sigma^2}{2}\right)$ 形式的正态分布, 不难得到式 (1.5.5) 形式的条件概率表达式, 显然这是一个与参数 $\mu$ 无关的结果, 因此样本均值是总体均值 $\mu$ 的一个充分统计量。

$$f(Y_1 = y_1, Y_2 = y_2 | T_1(Y) = \bar{y}; \mu, \sigma^2)$$

$$= \frac{f(Y_1 = y_1, Y_2 = y_2, T_1(Y) = \bar{y}; \mu, \sigma^2)}{f(T_1(Y) = \bar{y}; \mu, \sigma^2)}$$

$$= \frac{\dfrac{1}{2\pi\sigma^2}\exp\left[-\dfrac{\sum\limits_{i=1}^{2}(y_i - \bar{y})^2 + 2(\bar{y} - \mu)^2}{2\sigma^2}\right]}{\dfrac{1}{\sqrt{2\pi\dfrac{\sigma^2}{2}}}\exp\left[-\dfrac{(\bar{y} - \mu)^2}{2\cdot\dfrac{\sigma^2}{2}}\right]}$$

$$= \frac{\dfrac{1}{2\pi\sigma^2}\exp\left[-\dfrac{\sum\limits_{i=1}^{2}(y_i-\bar{y})^2}{2\sigma^2}\right]\exp\left[-\left(\dfrac{\bar{y}-\mu}{\sigma}\right)^2\right]}{\dfrac{1}{\sqrt{\pi}\sigma}\exp\left[-\left(\dfrac{\bar{y}-\mu}{\sigma}\right)^2\right]}$$

$$= \frac{1}{2\sqrt{\pi}\sigma}\exp\left[-\frac{\sum\limits_{i=1}^{2}(y_i - \bar{y})^2}{2\sigma^2}\right] \tag{1.5.5}$$

但如果统计量取 $Y_1, Y_2$ 两者中的某一个, 比如取 $T_2(Y) = Y_1$, 此时 $f(Y_1 = y_1, Y_2 = y_2, T_2(Y) = y_1; \mu, \sigma^2) = f(Y_1 = y_1, Y_2 = y_2; \mu, \sigma^2)$, 即统计量 $T_2(Y)$ 与随机变量 $Y_1, Y_2$ 的联合概率密度就是 $Y_1, Y_2$ 的联合概率密度, 并且式 (1.5.4) 中的联合概率密度可用统计量取值 $T_2(Y) = y_1$ 表示成式 (1.5.6) 的形式。

$$f(Y_1 = y_1,\ Y_2 = y_2; \mu, \sigma^2)$$

$$= f(Y_1 = y_1, Y_2 = y_2, T_2(Y) = y_1; \mu, \sigma^2)$$

$$= \frac{1}{(2\pi\sigma^2)^{(2/2)}}\exp\left[-\frac{\sum\limits_{i=1}^{2}(y_i - \mu)^2}{2\sigma^2}\right] = \frac{1}{2\pi\sigma^2}\exp\left[-\frac{\sum\limits_{i=1}^{2}(y_i - y_1 + y_1 - \mu)^2}{2\sigma^2}\right]$$

$$= \frac{1}{2\pi\sigma^2}\exp\left[-\frac{\sum\limits_{i=1}^{2}(y_i - y_1)^2 + 2(y_2 - y_1)(y_1 - \mu) + (y_1 - \mu)^2}{2\sigma^2}\right] \tag{1.5.6}$$

由于此时统计量服从 $T_2(Y) = Y_1 \sim \mathcal{N}(\mu, \sigma^2)$ 形式的正态分布, 不难得到式 (1.5.7) 形式的条件概率表达式, 由于式 (1.5.7) 倒数第二步中含 $\mu$ 的项中分子和分母并不完全一样, 导致最后一步无法将含 $\mu$ 项完全消除。所以这是一个与参数 $\mu$ 有关的结果, 这意味着 $T_2(Y) = Y_1$ 不是总体均值 $\mu$ 的一个充分统计量。直观地, $T_2(Y)$ 这个统计量只考虑了第一个样本的信息, 而完全没考虑第二个样本, 因此第二个样本中的信息在 $T_2(Y)$ 中不被体现, 此时, 纵使这个统计量的期望 $E(T_2(Y)) = E(Y_1) = \mu$ 仍然是总体参数 $\mu$ 的无偏估计, 但它也不是 $\mu$ 的充分统计量。

$$f(Y_1 = y_1, Y_2 = y_2 | T_2(Y) = y_1; \mu, \sigma^2)$$

$$= \frac{f(Y_1 = y_1, Y_2 = y_2, T_2(Y) = y_1; \mu, \sigma^2)}{f(T_2(Y) = y_1; \mu, \sigma^2)}$$

$$= \frac{\dfrac{1}{2\pi\sigma^2}\exp\left[-\dfrac{\displaystyle\sum_{i=1}^{2}(y_i - y_1)^2 + 2(y_2 - y_1)(y_1 - \mu) + (y_1 - \mu)^2}{2\sigma^2}\right]}{\dfrac{1}{\sqrt{2\pi\sigma^2}}\exp\left[-\dfrac{(y_1 - \mu)^2}{2\sigma^2}\right]}$$

$$= \frac{\dfrac{1}{2\pi\sigma^2}\exp\left[-\dfrac{\displaystyle\sum_{i=1}^{2}(y_i - y_1)^2}{2\sigma^2}\right]\exp\left[-\left(\dfrac{y_1 - \mu}{\sigma}\right)^2\right]\exp\left[\dfrac{2(y_2 - y_1)(y_1 - \mu)}{2\sigma^2}\right]}{\dfrac{1}{\sqrt{2\pi\sigma^2}}\exp\left[-\dfrac{(y_1 - \mu)^2}{2\sigma^2}\right]}$$

$$= \frac{1}{\sqrt{2\pi\sigma^2}}\exp\left[-\dfrac{\displaystyle\sum_{i=1}^{2}(y_i - y_1)^2}{2\sigma^2}\right]\exp\left[\dfrac{2(y_2 - y_1)(y_1 - \mu)}{2\sigma^2}\right] \tag{1.5.7}$$

前面的分析可以看出, 条件概率 $p(Y_1 = y_1, Y_2 = y_2, \cdots, Y_m = y_m | Y = y)$ 或条件密度 $f(Y_1 = y_1, Y_2 = y_2, \cdots, Y_m = y_m | T(Y) = y)$ 之所以会是一个跟待估计的参数无关的结果, 主要是因为 $p(Y_1, Y_2, \cdots, Y_m)$ 这个联合概率或联合密度函数 $f(Y_1, Y_2, \cdots, Y_m)$ 满足**某种分解性质**。这种分解可将这个联合概率或联合密度分离成**含待估参数的项**和**不含待估参数的项**。例如前面抛硬币的例子中,

$y$ 代表的是随机变量 $Y_1, Y_2, \cdots, Y_m$ 取值为 1 的变量个数, $p(Y_1, Y_2, \cdots, Y_m)$ 这个联合概率的通式 $p(Y_1, Y_2, \cdots, Y_m) = \mathrm{C}_m^y q^y (1-q)^{m-y}$ (这正是式 (1.5.2) 中分母部分出现的项)。这个通式可被分解成 $p(Y_1, Y_2, \cdots, Y_m) = \mathrm{C}_m^y q^y (1-q)^{m-y} = \Psi[T(y_1, y_2, \cdots, y_m)]\Phi[T(y_1, y_2, \cdots, y_m); q]$ 的形式, 前者 $\Psi[T(y_1, y_2, \cdots, y_m)] = \mathrm{C}_m^y$ 是只与样本 $y_1, y_2, \cdots, y_m$ 或充分统计量的值 $T(y_1, y_2, \cdots, y_m) = y$ 有关, 与参数 $q$ 无关的函数, 后者 $\Phi[T(y_1, y_2, \cdots, y_m); q] = q^y(1-q)^{m-y}$ 是关于参数 $q$ 和充分统计量的值 $T(y_1, y_2, \cdots, y_m) = y$ (间接依赖于样本数据 $y_1, y_2, \cdots, y_m$) 的函数。基于此观察, Fisher 和 Neyman 给出了以他们名字命名的分解定理 (定理 1 和定理 2), 缓解了直接根据定义判定一个统计量是否是充分统计量的困难。

**定理 1** (分解定理)　$Y_1, Y_2, \cdots, Y_m$ 为随机变量, 它们的联合密度函数为 $f(y_1, y_2, \cdots, y_m; \theta)$。统计量 $T(Y) = T(Y_1, Y_2, \cdots, Y_m)$ 是参数 $\theta$ 的充分统计量, 当且仅当 $f(y_1, y_2, \cdots, y_m; \theta)$ 可被分解成以下两项积的形式:

$$f(y_1, y_2, \cdots, y_m; \theta) = \Psi(y_1, y_2, \cdots, y_m) \cdot \Phi[T(y_1, y_2, \cdots, y_m); \theta]$$

其中, $\Psi(y_1, y_2, \cdots, y_m)$ 为与 $\theta$ 参数无关的函数, $\Phi[T(y_1, y_2, \cdots, y_m); \theta]$ 为参数 $\theta$ 和充分统计量 $T(y_1, y_2, \cdots, y_m)$ 的函数。

**定理 2** (多参数分解定理)　$Y_1, Y_2, \cdots, Y_m$ 为随机变量, 它们的联合密度函数为 $f(y_1, y_2, \cdots, y_m; \theta_1, \theta_2)$。统计量 $T_1(Y) = T_1(Y_1, Y_2, \cdots, Y_m), T_2(Y) = T_2(Y_1, Y_2, \cdots, Y_m)$ 是参数 $\theta_1, \theta_2$ 的充分统计量, 当且仅当 $f(y_1, y_2, \cdots, y_m; \theta)$ 可被分解成以下两项积的形式:

$$f(y_1, y_2, \cdots, y_m; \theta) = \Psi(y_1, y_2, \cdots, y_m) \cdot \Phi[T_1(y_1, y_2, \cdots, y_m), T_2(y_1, y_2, \cdots, y_m); \theta_1, \theta_2]$$

其中, $\Psi(y_1, y_2, \cdots, y_m)$ 为与 $\theta_1, \theta_2$ 参数无关的函数, $\Phi[T_1(y_1, y_2, \cdots, y_m), T_2(y_1, y_2, \cdots, y_m); \theta_1, \theta_2]$ 为通过充分统计量 $T_1(y_1, y_2, \cdots, y_m), T_2(y_1, y_2, \cdots, y_m)$ 依赖于数据集 $(y_1, y_2, \cdots, y_m)$ 且与参数 $\theta_1, \theta_2$ 有关的函数。

有了定理 1 和定理 2, 要验证某统计量是否充分性就可以考查 $p(Y_1 = y_1, Y_2 = y_2, \cdots, Y_m = y_m)$ 这个联合概率是否可以分解成定理 1 和定理 2 右端项的形式即可。假定 $Y_1, Y_2, \cdots, Y_m$ 为从正态分布总体 $\mathcal{N}(\theta_1, \theta_2)$ 中产生的样本, 这里 $\theta_1$ 代表均值 $\mu$, $\theta_2$ 代表方差 $\sigma^2$。统计量 $T_1(Y) = \sum_{i=1}^{m} Y_i, T_2(Y) = \sum_{i=1}^{m} Y_i^2$ 分别为 $\theta_1, \theta_2$ 的充分统计量。这一点可通过运用前述 Fisher 和 Neyman 的分解定理, 将 $p(Y_1 = y_1, Y_2 = y_2, \cdots, Y_m = y_m)$ 这个联合概率进行分解看出。式 (1.5.8) 给出了分解的过程。

$$f(y_1, y_2, \cdots, y_m; \theta_1, \theta_2)$$

$$\xlongequal{\text{独立性}} f(y_1; \theta_1, \theta_2) \times f(y_2; \theta_1, \theta_2) \times \cdots \times f(y_m; \theta_1, \theta_2)$$

$$= \frac{1}{\sqrt{2\pi\theta_2}} \exp\left[-\frac{1}{2}\frac{(y_1 - \theta_1)^2}{\theta_2}\right] \times \cdots \times \frac{1}{\sqrt{2\pi\theta_2}} \exp\left[-\frac{1}{2}\frac{(y_m - \theta_1)^2}{\theta_2}\right]$$

$$= \left(\frac{1}{\sqrt{2\pi\theta_2}}\right)^m \exp\left[-\frac{1}{2}\frac{\sum\limits_{i=1}^{m}(y_i - \theta_1)^2}{\theta_2}\right]$$

$$= \exp\left[\log\left(\frac{1}{\sqrt{2\pi\theta_2}}\right)^m\right] \exp\left[-\frac{1}{2\theta_2}\left(\sum_{i=1}^{m}y_i^2 - 2\theta_1\sum_{i=1}^{m}y_i + \sum_{i=1}^{m}\theta_1^2\right)\right]$$

$$= \exp\left[-\frac{1}{2\theta_2}\sum_{i=1}^{m}y_i^2 + \frac{\theta_1}{\theta_2}\sum_{i=1}^{m}y_i - \frac{m\theta_1^2}{2\theta_2} - m\log\sqrt{2\pi\theta_2}\right]$$

$$= \underbrace{1}_{\Psi(y_1, y_2, \cdots, y_m)} \times \underbrace{\exp\left[-\frac{1}{2\theta_2}\sum_{i=1}^{m}y_i^2 + \frac{\theta_1}{\theta_2}\sum_{i=1}^{m}y_i - \frac{m\theta_1^2}{2\theta_2} - m\log\sqrt{2\pi\theta_2}\right]}_{\Phi[T_1(y_1, y_2, \cdots, y_m), T_2(y_1, y_2, \cdots, y_m); \theta_1, \theta_2]} \tag{1.5.8}$$

由式 (1.5.8) 结合分解定理可知 $T_1(Y) = \sum\limits_{i=1}^{m} Y_i, T_2(Y) = \sum\limits_{i=1}^{m} Y_i^2$ 确实为 $\theta_1, \theta_2$ 的充分统计量。不仅如此，凡是与充分统计量 $T_1(Y), T_2(Y)$ 构成一一映射的其他统计量也是充分统计量，因此均值 $\bar{Y} = \frac{1}{m}\sum\limits_{i=1}^{m} Y_i = \frac{1}{m}T_1(Y)$，样本方差 $S^2 = \frac{1}{n-1}\sum\limits_{i=1}^{m}(Y_i - \bar{Y})^2 = \frac{1}{m-1}\left[\sum\limits_{i=1}^{m} Y_i^2 - n\bar{Y}^2\right] = \frac{1}{m-1}[T_2(Y) - m\bar{Y}^2]$ 均是正态分布的均值和方差的充分统计量。这两个充分统计量，包含了正态分布总体的均值和方差的所有信息，只要知道了这两个充分统计量的值，正态分布就被唯一确定。而对于其他统计量，比如正态分布曲线的振幅，其他高阶矩就都是多余的。

充分统计量的意义主要体现在当给定 $T(y)$ 取值的情况下，可根据 $f(y_1, y_2, \cdots, y_m | T(y) = t)$ 这一与 $\Omega$ 无关的密度函数完成对新样本的预测，甚至生成新的服从原来的参数分布 $f(Y; \Omega)$ 的数据集。这就是基于统计的各种模型均用充分统计量的期望作为模型的假设函数 $h_{\boldsymbol{\theta}}(\boldsymbol{x}) = E(T(y)|\boldsymbol{x}; \boldsymbol{\theta})$ 的原因。

在明确了指数分布族中各参数的含义后，接下来分别从正态分布、伯努利分布、多项式分布出发，通过相应的变换，使之变成式 (1.5.1) 形式的指数分布形式，从中可以看出这三种分布是指数分布族中的一种，进而可以看出这三种分布对应的模型为 GLMs 的特例。

首先, 对于正态分布, 从式 (1.2.24) 形式的密度函数出发, 设定 $\sigma^2 = 1$ (不考虑方差随均值变化的情况), 经平方展开并整理后可变成式 (1.5.9) 的形式。对照指数分布族的标准型 (式 1.5.1), 不难看出正态分布的充分统计量 $T(y) = y$, 其连接函数 $\boldsymbol{\eta} = \boldsymbol{\theta}^{\mathrm{T}}\boldsymbol{x}$。由此可以看出, 正态分布属于指数分布族中的一员。

$$
\begin{aligned}
f(\boldsymbol{y}|\boldsymbol{x};\boldsymbol{\theta}) &= \frac{1}{\sqrt{2\pi}}\exp\left[-\frac{(y-\boldsymbol{\theta}^{\mathrm{T}}\boldsymbol{x})^2}{2}\right] \\
&= \underbrace{\frac{1}{\sqrt{2\pi}}\exp\left(-\frac{1}{2}y^2\right)}_{b(y)} \exp\left(\underbrace{\boldsymbol{\theta}^{\mathrm{T}}\boldsymbol{x}}_{\boldsymbol{\eta}}\cdot \underbrace{y}_{T(y)} - \underbrace{\frac{1}{2}(\boldsymbol{\theta}^{\mathrm{T}}\boldsymbol{x})^2}_{a(\boldsymbol{\eta})}\right)
\end{aligned} \tag{1.5.9}
$$

对于伯努利分布, 从式 (1.3.3) 出发可以等价变换成式 (1.5.10) 的形式。同样对照指数分布族的标准型, 可以看出伯努利分布的充分统计量 $T(y) = y$, 其连接函数 $\boldsymbol{\eta} = \log\frac{\phi}{1-\phi}$。而对数归一函数 $a(\boldsymbol{\eta})$, 可将连接函数求逆得到的 $\phi = \frac{1}{1+\mathrm{e}^{-\boldsymbol{\eta}}}$ 代入 $a(\boldsymbol{\eta})$, 得到 $a(\boldsymbol{\eta}) = -\log(1-\phi) = \log(1+\mathrm{e}^{\boldsymbol{\eta}})$。由此可以看出, 伯努利分布也属于指数分布族中的一员。

$$
\begin{aligned}
p(\boldsymbol{y}|\boldsymbol{x};\boldsymbol{\theta}) &= h_{\boldsymbol{\theta}}(\boldsymbol{x})^y(1-h_{\boldsymbol{\theta}}(\boldsymbol{x}))^{(1-y)} \\
&= \exp[\log(h_{\boldsymbol{\theta}}(\boldsymbol{x})^y(1-h_{\boldsymbol{\theta}}(\boldsymbol{x}))^{(1-y)})] \\
&= \exp[y\log(h_{\boldsymbol{\theta}}(\boldsymbol{x})) + (1-y)\log(1-h_{\boldsymbol{\theta}}(\boldsymbol{x}))] \\
&= \exp\left[\log\frac{h_{\boldsymbol{\theta}}(\boldsymbol{x})}{1-h_{\boldsymbol{\theta}}(\boldsymbol{x})}\cdot y + \log(1-h_{\boldsymbol{\theta}}(\boldsymbol{x}))\right] \\
&\xlongequal{h_{\boldsymbol{\theta}}(\boldsymbol{x})=\phi} \underbrace{1}_{b(y)}\cdot\exp\left(\underbrace{\log\frac{\phi}{1-\phi}}_{\boldsymbol{\eta}}\cdot\underbrace{y}_{T(y)} - \underbrace{-\log(1-\phi)}_{a(\boldsymbol{\eta})}\right)
\end{aligned} \tag{1.5.10}
$$

对于多项式分布, 由于总共有 $k$ 个不同的类别, 情况变得稍微复杂一些。为使公式尽可能简化表示, 需要使用式 (1.5.11) 形式的符号, 其中 $T(i)$ 是比类别数 $k$ 少一维的 $(k-1)\times 1$ 维的列向量, 它的第 $i$ 个分量为 1, 其余分量全为 0, 用来表示类别 $i$ 的标识, 即 $T(y)_i = 1\{y=i\}$。$T(k)$ 是一个全零列向量, 表示第 $k$ 个类别。

$$
T(1) = \begin{bmatrix} 1 \\ 0 \\ \vdots \\ 0 \end{bmatrix}, \quad T(2) = \begin{bmatrix} 0 \\ 1 \\ \vdots \\ 0 \end{bmatrix}, \quad \cdots, \quad T(k-1) = \begin{bmatrix} 0 \\ 0 \\ \vdots \\ 1 \end{bmatrix}, \quad T(k) = \begin{bmatrix} 0 \\ 0 \\ \vdots \\ 0 \end{bmatrix} \tag{1.5.11}
$$

这样, 对于多项式分布, 从式 (1.4.7) 出发, 进行相应的变换后得到式 (1.5.12) 的形式。

$$p(\boldsymbol{y}|\boldsymbol{x};\boldsymbol{\theta}) = f_1^{1\{y=1\}} f_2^{1\{y=2\}} \cdots f_k^{1\{y=k\}}$$

$$= f_1^{T(y)_1} f_2^{T(y)_2} \cdots f_{k-1}^{T(y)_{k-1}} f_k^{1-\sum\limits_{j=1}^{k-1} T(y)_j}$$

$$= \exp\bigg[T(y)_1\log(f_1) + T(y)_2\log(f_2) + \cdots + T(y)_{k-1}\log(f_{k-1}) + $$

$$\Big(1 - \sum_{j=1}^{k-1} T(y)_j\Big)\log(f_k)\bigg]$$

$$= \exp\bigg[T(y)_1\log\frac{f_1}{f_k} + T(y)_2\log\frac{f_2}{f_k} + \cdots + T(y)_{k-1}\log\frac{f_{k-1}}{f_k} + \log(f_k)\bigg]$$

$$= b(y)\exp[\boldsymbol{\eta}^{\mathrm{T}}T(y) - a(\boldsymbol{\eta})] \tag{1.5.12}$$

其中, $\boldsymbol{\eta} = \Big[\log\dfrac{f_1}{f_k}, \cdots, \log\dfrac{f_{k-1}}{f_k}\Big]^{\mathrm{T}} \in \Re^{k-1}, a(\boldsymbol{\eta}) = -\log f_k, b(y) = 1$。同样对照指数分布族的标准型, 可以看出多项式分布的充分统计量 $T(y)$, 连接函数 $\boldsymbol{\eta}_i = \log\dfrac{f_i}{f_k}$。由此可以看出, 多项式分布也属于指数分布族中的一员。

进一步, 对连接函数求其反函数可以得到 $f_i = f_k \cdot \mathrm{e}^{\boldsymbol{\eta}_i}$, 又由 $1 = \sum\limits_{i=1}^{k} f_i = f_k \sum\limits_{i=1}^{k} \mathrm{e}^{\boldsymbol{\eta}_i}$

得 $f_k = \dfrac{1}{\sum\limits_{i=1}^{k} \mathrm{e}^{\boldsymbol{\eta}_i}}$, 从而 $f_i = \dfrac{\mathrm{e}^{\boldsymbol{\eta}_i}}{\sum\limits_{i=1}^{k} \mathrm{e}^{\boldsymbol{\eta}_i}}$。将 $f_i$ 写成向量的形式, 得到式 (1.5.13), 这正好是前面式 (1.4.4) 表示的 softmax 回归的假设函数。

$$h_{\boldsymbol{\theta}}(\boldsymbol{x}) = E[T(y)|\boldsymbol{x};\boldsymbol{\theta}]$$

$$= E\left[\begin{array}{c|c}1\{y=1\}\\1\{y=2\}\\\vdots\\1\{y=k\}\end{array}\right.\boldsymbol{x};\boldsymbol{\theta}\right] = \left[\begin{array}{c}f(x)_1\\f(x)_2\\\vdots\\f(x)_k\end{array}\right] = \frac{1}{\sum\limits_{j=1}^{k} \mathrm{e}^{\boldsymbol{\theta}_j^{\mathrm{T}}\boldsymbol{x}}}\left[\begin{array}{c}\mathrm{e}^{\boldsymbol{\theta}_1^{\mathrm{T}}\boldsymbol{x}}\\\mathrm{e}^{\boldsymbol{\theta}_2^{\mathrm{T}}\boldsymbol{x}}\\\vdots\\\mathrm{e}^{\boldsymbol{\theta}_k^{\mathrm{T}}\boldsymbol{x}}\end{array}\right] \tag{1.5.13}$$

以上给出了正态分布、伯努利分布、多项式分布三种常见分布改写成指数分布的过程, 改写的过程其实就是 GLMs 模型的推导过程, 因为一旦某种分布被写成指数分布的形式, 通过与式 (1.5.1) 标准形式的指数分布对比就可以确定连接函数 $\eta$ 和充分统计量 $T(y)$ 的形式, 模型的传递函数和模型的输出也随之确定。

　　除了正态分布、伯努利分布、多项式分布, 指数分布族还有众多的其他分布, 事实上大多数常见的分布, 比如泊松 (Poisson) 分布、贝塔 (beta) 分布、伽马 (gamma) 分布、卡方 (chi-squared) 分布、指数 (exponential) 分布、几何 (geometric) 分布、维夏特 (Wishart) 分布及其逆分布等, 均是属于指数分布族的成员, 将它们各自的密度函数按照类似的方式都可以整理成式 (1.5.1) 的指数分布的形式。这样, 所有服从这些属于指数分布族中的分布的数据都可以用广义线性模型进行处理。

　　最后, 作为总结, 这里给出 GLMs 的一般步骤:

　　(1) 分析数据集, 确定概率分布类型;

　　(2) 根据数据服从的分布类型, 将分布写成指数分布的形式, $y|x;\theta \sim$ Exponential-Family$(\eta)$, 进而确定连接函数 $\eta$ 和充分统计量 $T(y)$;

　　(3) 用算法 1 训练模型, 使得模型的假设函数的输出 $h_{\theta}(x) = E(T(y)|x)$。

　　上述步骤中最为关键的是步骤 (1)。对 GLMs 原理不是很熟悉的读者, 只要将要分析的数据所服从的分布类型确定好了, 把这个分布类型作为 GLMs 的一个参数去调用相应的广义线性模型函数, 其余两个步骤不再需要人工干预即可自动完成。

# 参 考 文 献

[1] Legendre A M. Nouvelles Méthodes Pour la Détermination des Orbites des Comètes[M]. Paries: Courcier, 1805.

[2] Carl F G. Theoria Motus Corporum Coelestium in Sectionibus Conicis Solem Ambientum[M]. United Kingdom: Cambridge University Press, 1809.

[3] Carl F G. Theoria Combinationis Observationum Erroribus Minimis Obnoxiae[M]. Carolina: Nabu Press, 1821.

[4] Pearson K. On the criterion that a given system of deviations from the probable in the case of a correlated system of variables is such that it can be reasonably supposed to have arisen from random sampling[J]. Philosophical Magazine, 1900, 50(302): 157–175.

[5] Pearson K. On lines and planes of closest fit to systems of points in space[J]. Philosophical Magazine, 1901, 2(11): 559–572.

[6] Cochran W G. The Chi-square test of goodness of fit[J]. The Annals of Mathematical Statistics, 1952, 23: 315–345.

[7] Student(Gosset W S). The probable error of a mean[J]. Biometrika, 1908, 6(1): 1–25.

[8] Fisher R A. On the mathematical foundations of theoretical statistics[J]. Philosophical Transactions of the Royal Society A, 1922, 222: 309–368.

[9] Aldrich J. Fisher and the making of maximum likelihood 1912–1922[J]. Statistical Science, 1997, 12(3): 162–176.

[10] Fisher R A. The correlation between relatives on the supposition of Mendelian inheritance[J]. Philosophical Transactions of the Royal Society of Edinburgh, 1918, 52: 399–433.

[11] Neyman J. Outline of a theory of statistical estimation based on the classical theory of probability[J]. Philosophical Transactions of the Royal Society A, 1937, 236(767): 333–380.

[12] Wishart J. The generalised product moment distribution in samples from a normal multivariate population[J]. Biometrika, 1928, 20A(1–2): 32–52.

[13] Lehmann E L. Hsu's work on inference[J]. The Annals of Statistics, 1979, 7(3): 471–473.

[14] Samuel A L. Some studies in machine learning using the game of checkers[J]. IBM Journal of Research and Development, 1959, 3(3): 210–229.

[15] Rosenblatt F. The Perceptron–a perceiving and recognizing automaton: 85-460-1[R]. Cornell Aeronautical Laboratory, 1957.

[16] Rosenblatt F. The perceptron: a probabilistic model for information storage and organization in the brain[J]. Psychological Review, 1958, 65(6): 386–408.

[17] Minsky M, Papert S. Perceptrons: An Introduction to Computational Geometry[M]. Cambridge, MA: The MIT Press, 1969.

[18] Linnainmaa S. The representation of the cumulative rounding error of an algorithm as a Taylor expansion of the local rounding errors[D]. Helsinki: University of Helsinki, 1970.

[19] Werbos P. Beyond regression: new tools for prediction and analysis in the behavioral sciences[D]. Boston: Harvard University, 1974.

[20] Werbos P. Backpropagation through time: what it does and how to do it[C]. Proceedings of the IEEE, 1990, 78(10):1550–1560.

[21] Rumelhart D E, Hinton G E, Williams R J. Learning representations by backpropagating errors[J]. Nature, 1986, 323(6088): 533–536.

[22] Hubel D H, Wiesel T N. Receptive fields of single neurones in the cat's striate cortex[J]. The Journal of Physiology, 1959, 124(3): 574–591.

[23] Hubel D H, Wiesel T N. Receptive fields, binocular interaction and functional architecture in the cat's visual cortex[J]. The Journal of Physiology, 1962, 160(1): 106–154.

[24] Fukushima K. Neocognitron: a self-organizing neural network model for a mechanism of pattern recognition unaffected by shift in position[J]. Biological Cybernetics, 1980, 36(4): 193–202.

[25] Fukushima K, Miyake S, Ito T. Neocognitron: a neural network model for a mechanism of visual pattern recognition[J]. IEEE Transactions on Systems, Man, and Cybernetics, 1983, SMC-13(5): 826–834.

[26] LeCun Y,Boser B, Denker J S, et al. Backpropagation applied to handwritten zip code recognition[J]. Neural Computation, 1989, 1(4): 541–551.

[27] Cun Y L, Denker J S, Solla S A. Optimal brain damage[C]. The Proceedings of International Conference on Neural Information Processing Systems.Denver, Colorado, USA, November 27–30, 1989.

[28] LeCun Y, Bottou L, Bengio Y, et al. Gradient-Based Learning Applied to Document Recognition[J]. Proceedings of IEEE, 1998, 86(11): 2278–2324.

[29] Hochreiter S. Untersuchungen zu dynamischen neuronalen Netzen[D]. Munich:Institut of Informatik, Technische University, 1991.

[30] Hochreiter S, Bengio Y, Frasconi P, et al. Gradient Flow in Recurrent Nets: The Difficulty of Learning Long-Term Dependencies[M]. Piscataway：IEEE Press, 2001.

[31] Boser B E, Guyon I M, Vapnik V. A training algorithm for optimal margin classifiers[C]. Proceedings of the Fifth Annual Workshop on Computational Learning Theory, Pittsburgh, PA, USA.July 27–29, 1992: 144–152.

[32] Guyon I, Boser B E, Vapnik V. Automatic capacity tuning of very large VC-dimension classifiers[J]. Advances in Neural Information Processing Systems, 1993, 5: 147–155.

[33] Cortes C, Vapnik V. Support-vector networks[J]. Machine Learning, 1995, 20(3): 273–297.

[34] Hinton G E, Salakhatdinov R R. Reducing the dimensionality of data with neural networks[J]. Science, 2006, 313(5786): 504–507.

[35] Hinton G E, Osindero S, Teh Y W. A fast learning algorithm for deep belief nets[J]. Neural Computation, 2006, 18(7): 1527–1554.

[36] Krizhevsky A, Sutskever I, Hinton G E. ImageNet classification with deep convolutional neural networks[C]. Proceedings of International Conference on Neural Information Processing Systems. Lake Tahoe, Nevada, United States. December 3-6, 2012: 1106–1114.

[37] Russakovsky O, Deng J, Su H, et al. ImageNet large scale visual recognition challenge[J]. arxiv, 2014, 1409:0575.

[38] Graves A, Mohamed A, Hinton G. Speech recognition with deep recurrent neural networks[C].Proceedings of IEEE international conference on Acoustics, speech and signal processing. Vancouver, British Columbia, Canada. May 26-31, 2013: 6645–6649.

[39] Chen Aixiang, Chen Bingchuan, Chai Xiaolong, et al. A novel stochastic stratified average gradient method: convergence rate and its complexity[C]. Proceedings of International Joint Conference of Neural Networks. Brazil. Rio de Janeiro, July 08, 2018, arXiv:1710.07783.

[40] Goodfellow I, Bengio Y, Courville A. Deep Learning[M]. Cambridge, MA: The MIT Press, 2016.

[41]  Aizerman M A, Braverman E M, Rozonoer L I. Theoretical foundations of the potential function method in pattern recognition learning[J]. Automation and Remote Control, 1964, 25: 821–837.

[42]  Mercer J. Functions of positive and negative type, and their connection with the theory of integral equations[J]. Philosophical Transactions of the Royal Society A: Mathematical, Physical and Engineering Sciences, 1909, 209: 415–446.

[43]  Mercer J. Functions of positive and negative type, and their connection with the theory of integral equations[C]. Proceedings of the Royal Society Serial A, London. 1908(559), 83: 69–70.

[44]  Cox D R. The regression analysis of binary sequences (with discussion)[J]. Journal of the Royal Statistical Society, Series B (Methodological), 1958, 20(2): 215–242.

# 第 2 章　深度神经网络

## 2.1　引　　言

从第 1 章介绍的浅层模型的分析中可以看到, 人类在理解数据背后隐藏的规律方面做了很多的努力, 最初是面向连续型变量的线性回归模型 [1], 接着通过在线性回归模型基础上引入 sigmoid 这一连接函数 (link function) 而发展起来的面向二分类数据的 logistic 回归模型 [2], 在 logistic 回归模型基础上将 sigmoid 连接修函数改为 softmax 函数发展了能处理多分类数据的 softmax 回归 [3], 此后又在指数分布族基础 [4-6] 上发展了能处理更广泛的数据分布的广义线性回归 [7]。这些不同的模型从数据的不同分布看待数据内部的结构, 广义线性回归模型更是给出了一类指数分布族数据的统一处理框架。

然而, 人类发展数据处理工具的历史不总是一帆风顺的。1969 年, 美国数学家及人工智能先驱 Minsky 在其著作中证明了感知器本质上是一种线性模型, 只能处理线性分类问题, 就连最简单的 XOR (异或) 问题都无法正确分类 [8]。这一结果清晰地指出了上述浅层模型框架下的方法在处理线性不可分数据方面的能力局限性: 前述浅层模型框架下的方法进行数据分析结果的好坏依赖于所给的数据 (特征) 的好坏, 如果所给的数据 (特征) 足够清晰 (最好线性可分), 所得模型对数据的分类预测能力则强, 否则, 得到的模型对数据的分类预测能力可能就很难令人满意。这迫使人们发展大量的针对某一类问题, 比如图像识别问题的 "特征工程" 方面的研究。20 世纪 90 年代, 一种基于核方法的 KernelSVM 被提出 [9], 核化的支持向量机 SVM 通过一种巧妙的方式将原空间线性不可分的问题, 通过 Kernel 映射成高维空间的线性可分问题, 成功地解决了非线性分类的问题, 且取得了不错的分类效果, 在一定程度上解决了线性不可分问题的识别问题。但核方法并没有从理论上回答选择何种核对数据升维后一定线性可分 (Vapnik 和 Shapire 等人未表示过数据经过核映射后一定线性可分), 更没人能给出适用于所有数据的通用核 (universal kernel)。因此, 用核方法处理线性不可分数据结果的好坏依赖于这个神奇的核函数的选择。原先的特征工程方面的工作转变为寻找更好的核函数的 "核工程" 方面的研究。

浅层模型在处理非线性问题方面的局限性最先被突破的工作来自后来成为深度

学习先驱的 Hinton 和 Rumelhart 等人在 1986 年的工作 [10]，他通过在原来两层感知器这一浅层模型基础上，采用 sigmoid 进行非线性映射，并用反向传播 BP 算法训练多层感知器 (MLP)，有效地解决了非线性分类和学习的问题。此后的 1989 年，Robert Hecht-Nielsen 等人证明了 MLP 具有万能逼近的能力 [11-13]，即对于任何闭区间内的一个连续函数 $f(x)$，都可以用含有一个隐层的 BP 网络来逼近。该定理的发现揭示了三层 BP 网络在发掘复杂数据内在规律方面的极大潜力。然而，Hochreiter 指出多层 BP 网络训练过程中存在梯度消失 [14,15] 的现象：误差在逐层 (或沿时间轴) 反向传播过程中，由于使用的 sigmoid 传递函数所引发的逐层累乘效应，导致误差经过多层 (或长时间步) 反传后衰减为零。这限制了多层甚至更深层 BP 网络的有效训练。由于采用 sigmoid 进行非线性建模的 BP 网络训练中不可避免地存在梯度消失这一问题，再加上 BP 网络训练可能会陷入局部极小值的问题，此后 20 多年神经网络并没有引起更多的重视。

2006 年 Hinton 等提出了用 "无监督逐层贪心预训练 + 有监督训练全局微调" 的思想，解决了深层 BP 网络训练中的梯度消失问题 [16,17]。也正因此项工作，此后 BP 网络或者神经网络这一术语逐渐被深度网络或深度学习所取代。2012 年，Hinton 课题组为了证明深度学习的潜力，首次参加 ImageNet 图像识别比赛，其通过构建的 CNNs 网络 AlexNet[18] 一举夺得冠军，且碾压第二名 (SVM 方法) 的分类性能。此后深度学习模型展现了其在数据处理方面强大的能力：Russakovsky 等人 [19] 的 ImageNet 利用深度技术从 100 万张图片中识别含有 1000 个类别的对象，错误率只有 3.46%，而人经过 24 h 的训练后完成同样的任务的错误率为 5.1%；Alex 等人 [20] 将深度技术应用于时间序列处理，他们的工作将语音识别误差率降低到 17.7%，准确性比之前最好的技术有近 30% 的提升。要知道，在此之前，语音识别领域最好的技术高斯混合模型-隐马尔可夫模型 GMM-HMM 近 10 年的努力均没能带来效率的改进；2016 年 3 月举行的围棋人机对弈，深度学习武装下的机器人 AlphaGo[21] 完胜韩国职业棋手李世石，更是掀起了深度学习研究的热潮。

多层甚至深层模型比浅层模型所具有的优势主要体现在深度模型具有更好的特征表示学习能力，这使深层模型可以不依赖于人类特征工程，而像人一样直接处理文本、图像、音视频信息。换言之，深层模型由于其足够的层次纵深，能够直接从文本、图像、音视频等一手信息里面提取有用的信息 (特征)，无须依赖任何特征工程。

深度模型比浅层模型具有的另一个优势是深度模型不像浅层模型那样容易受局部极小值影响：LeCun 等人的工作表明 [22-25]，深层网络虽然局部极值非常多，但是通过深度学习的批量梯度下降 BSGD 优化方法很难陷进去。而且就算陷进去，其局部极小值点与全局极小值点也是非常接近的。但浅层模型则不然，虽然浅层模型具有较少的局部极小值点，但是却很容易陷进去，且这些局部极小值点与全局极小值点相差较大。

更为重要的是深层网络有时对全局最优解并非很感兴趣，因为深层网络的全局最优解往往容易出现过拟合的现象。因此，训练深度模型局部极小值的问题并不是非常要紧的问题。

作为大多数神经网络算法的基础, 本章首先介绍 BP 神经网络基本知识, 包括生物神经元基本结构、最初的 MP 神经元模型、BP 神经网络基本结构以及 BP 算法, 并给出一个算例展示 BP 算法具体细节。然后通过分析多层 BP 网络训练过程中存在的问题, 介绍经典的深度网络的训练算法。深度网络由于其足够的模型容量, 容易出现过拟合的情况, 尤其是训练数据不足时, 本章最后介绍对深度网络进行正则化避免过拟合的三种常用技术。

## 2.2　BP 神经网络

人工智能作为一门学科自 1956 年 Dartmouth 会议诞生之日起, 就分成以纽绍尔 (Newell) 为代表的企图模拟心智的符号主义和以皮茨 (Pitts) 为代表的企图模拟神经系统的连接主义的两大主要学派。近年来, 由于神经网络或者深度学习领域取得的巨大进展, 以这类方法为代表的连接主义学派受到更广泛的关注。

连接主义学派最初的工作起源于 McCulloch 和 Pitts 1943 年针对大脑神经元结构和工作原理的模拟而提出的 MP 神经元模型。此后的 1949 年, 一个叫 Donald Hebb 的心理学家在巴普洛夫著名的狗实验的启发下, 提出了 Hebb 学说: 突触前神经元向突触后神经元的持续重复的刺激可以导致突触传递效能的增加。在这些工作的基础上, Rusenblatt 1958 年提出了一种可通过监督反馈信号进行学习感知的两层感知神经网络 [26], 此后 Rumelhart 等的工作 [27-29] 将原来只有两层的感知神经网络扩展成包含一个隐层的多层感知网络, 并首次发展了后来被称为 BP 算法并成为目前深度学习主流学习算法的误差反向传播方法训练其多层感知网络。本节从最基本的 MP 神经元模型对生物神经元的模拟开始, 逐步介绍 BP 神经网络相关内容。

### 2.2.1　从生物神经元到 MP 神经元模型

早期神经认知生物学的研究表明, 生物神经元类似图 2.1(a), 生物神经元细胞体 (cell body) 由细胞膜、细胞质、细胞核构成, 轴突组织通过轴突神经末梢向其他神经元传递信息。树突组织负责从其他神经元接收信息。神经元在未收到足够外界刺激时会处于抑制状态, 一旦来自神经元突触的电化学信号聚集在细胞核中超过一定阈值时, 神经元会处于激活的兴奋状态, 形成电化学脉冲沿轴突向下传播到其他神经元的树突。通过这种信号传递方式, 生物神经元具备对外界信息进行时空整合的能力, 将不同时刻传来的信号进行累加整合, 并能在同一时刻将来自不同神经元传来的信号进行整合。

基于上述生物神经元结构和功能上的认识, 1943 年 McCulloch 和 Pitts 提出了首

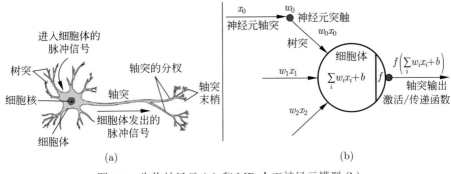

图 2.1　生物神经元 (a) 和 MP 人工神经元模型 (b)

个模拟生物神经元的 MP 模型 (图 2.1(b))[30]。该人工神经元模型的输入输出关系可用
式 (2.2.1) 表示。

$$y_i = f(\sigma_i) = f\left(\sum_{i=1}^{n} w_{ij}x_j + b_i\right) \tag{2.2.1}$$

其中 $x_1, x_2, \cdots, x_n$ 表示神经元 $i$ 的 $n$ 个输入, $w_{i1}, w_{i2}, \cdots, w_{in}$ 表示与 $n$ 个其他神经
元的连接权值, $b_i$ 表示神经元 $i$ 的阈值, $y_i$ 表示神经元 $i$ 的输出, $f$ 为传递函数 (或称
为激励函数、作用函数), $\sigma_i = \sum_{i=1}^{n} w_{ij}x_j + b_i$ 为神经元 $i$ 的输入总和。$\sum_{i=1}^{n} w_{ij}x_j$ 建模
了生物神经元同一时刻将来自不同神经元的信号进行整合的功能, 这些整合的信息在
神经元细胞体内累积超过阈值 $b_i$ 时会激活神经元, 这又建模了生物神经元将不同时刻
传来的信号进行累加整合的功能。

　　第 1 章浅层模型结尾部分提到, 浅层模型无论如何选择连接函数均无法解决类
似"异或"这一简单的非线性映射问题。如果将两层模型改成具有一个隐层的三层模
型, 在传递函数为线性函数的前提下, 仍然无法解决"异或"问题, 因为线性函数无
论怎么组合, 均无法组合出非线性的结果出来。但如果将三层模型的传递函数改为
sigmoid 或其他非线性函数如 ReLU (rectified linear unit), 则可成功解决"异或"问
题。因此, 神经网络的层次纵深以及传递函数的选择对网络的逼近能力具有非常重要
的影响。表 2.1 给出了神经网络中常用的传递函数。

## 2.2.2　BP 神经网络结构

　　前面 MP 神经元模型对脑神经元的结构和功能进行了细胞级别的局部模拟, 接下
来的工作是要在 MP 神经元模型基础上对整个大脑的结构和功能进行模拟。虽然人

表 2.1 常用的神经网络传递函数

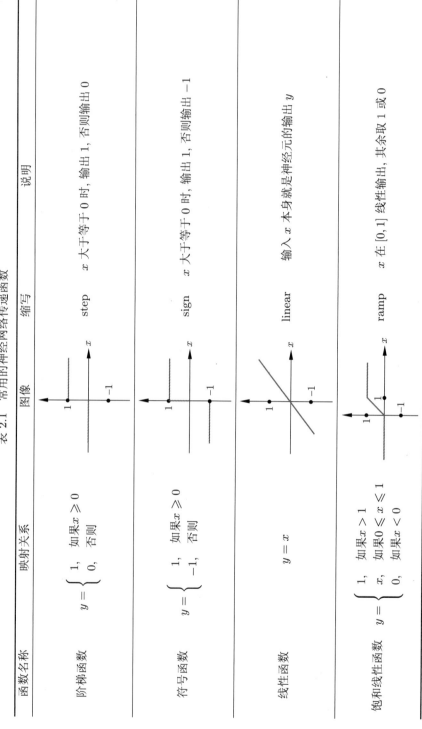

| 函数名称 | 映射关系 | 图像 | 缩写 | 说明 |
|---|---|---|---|---|
| 阶梯函数 | $y=\begin{cases}1, & \text{如果 } x\geq 0\\ 0, & \text{否则}\end{cases}$ | | step | $x$ 大于等于 $0$ 时，输出 $1$，否则输出 $0$ |
| 符号函数 | $y=\begin{cases}1, & \text{如果 } x\geq 0\\ -1, & \text{否则}\end{cases}$ | | sign | $x$ 大于等于 $0$ 时，输出 $1$，否则输出 $-1$ |
| 线性函数 | $y=x$ | | linear | 输入 $x$ 本身就是神经元的输出 $y$ |
| 饱和线性函数 | $y=\begin{cases}1, & \text{如果 } x> 1\\ x, & \text{如果 } 0\leq x\leq 1\\ 0, & \text{如果 } x< 0\end{cases}$ | | ramp | $x$ 在 $[0,1]$ 线性输出，其余取 $1$ 或 $0$ |

续表

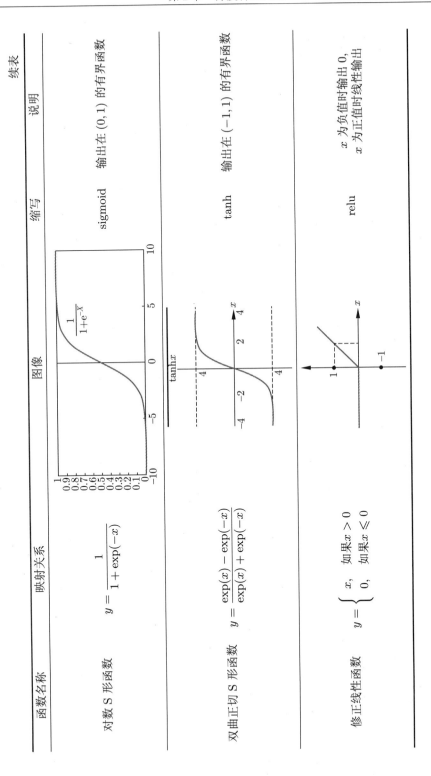

| 函数名称 | 映射关系 | 图像 | 缩写 | 说明 |
|---|---|---|---|---|
| 对数 S 形函数 | $y = \dfrac{1}{1+\exp(-x)}$ | | sigmoid | 输出在 $(0,1)$ 的有界函数 |
| 双曲正切 S 形函数 | $y = \dfrac{\exp(x)-\exp(-x)}{\exp(x)+\exp(-x)}$ | | tanh | 输出在 $(-1,1)$ 的有界函数 |
| 修正线性函数 | $y = \begin{cases} x, & \text{如果 } x > 0 \\ 0, & \text{如果 } x \leq 0 \end{cases}$ | | relu | $x$ 为负值时输出 0，$x$ 为正值时线性输出 |

类对于大脑的认识最早可追溯到 1543 年布鲁塞尔解剖学家安德烈·维萨里 (Andreas Vesalius) 撰写的第一部真正意义的脑神经科学专著《人体之道》，经过 500 多年的发展，现代成像技术更是促进了脑神经科学的飞速发展，但人类对大脑的认识仍然处于非常初级的阶段，还有许许多多有关脑的问题亟待解决。比如人为什么睡觉和做梦？人脑中化学的和电的活动是如何产生意识的？目前对这些最基本的关于大脑认知能力形成的机理的认识仍然有限。对人类大脑更高级的学习、推理、规划能力的形成和机理的认识就更加有限。

脑神经科学目前的结论表明，人脑的生物神经网络有数十亿神经元，人脑具有的强大的学习能力源于大脑中无数神经元之间的连接。大脑在接收到外界信息 (输入) 的刺激后，通过对神经元之间的连接进行增加、删除或者强化、减弱已有的连接方式，形成 ("学会") 了对某对象的认识。以人工神经网络为主的连接主义学派通过对人脑结构和功能上的模拟 (图 2.2)，特别是后来深度学习的发展，取得了极大的成功。

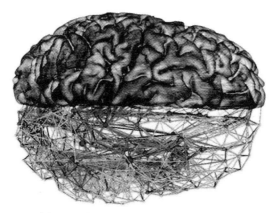

图 2.2　生物神经网络与人工神经网络

根据图 2.2，人工神经网络可被认为是模拟人脑神经系统，由大量的人工神经元按照一定的拓扑结构相互连接而形成的一个分布式并行信息处理系统。这里需要特别提醒的一点是，生物神经网络内部有数十亿神经元，其内部结构和连接情况非常复杂，目前的人工神经网络并非像图 2.2 下半部子图那样扁平无层次结构的"网"状的拓扑结构，而更多的是采用带层次结构的逐层信息处理模型这一简化结构，虽然图 2.2 可能更接近实际的生物神经网络。

事实上，虽然更接近实际的生物神经网络是扁平无层次结构的"网"状拓扑结构，但在这样一个"网"状拓扑结构里面，信息的处理过程仍然呈现某种层次性，对灵长类眼脑视觉处理系统的研究结果证实了这一点。研究表明，灵长类动物在看见物体瞬间 100 ms 以内，物体形成的反射光通过视网膜到达基本视觉皮层 $V_1$ 后，会经过多个处理层的逐层处理，最终在脑海里形成对该物体的影像认知 (图 2.3)。

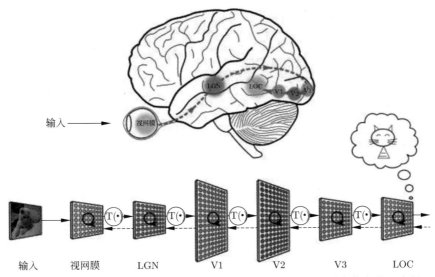

图 2.3　看见物体瞬间到脑神经元形成对物体认知的 100ms 以内信息处理流程

　　针对生物神经网络处理信息的这种层次性, 人工神经网络, 或者说取得突出效果的人工神经网络均采用了层次型的网络拓扑结构。图 2.4(b) 是 MP 神经元构成的三层网络, 这种网络结构特点有以下几个方面:

　　(1) 网络分层: 由 $n$ 个神经元节点构成的输入层、$m$ 个节点的输出层和一个隐层构成;

　　(2) 非线性传递函数: 这些神经元除输入层为线性神经元外, 其余节点神经元传递函数一般为非线性传递函数;

　　(3) 层间全连接, 层内无连接: 网络不同层之间的神经元采用全连接的方式, 而同一层内的神经元彼此间无连接;

　　(4) 信息单向流动: 外界接受的信息经由输入层神经元到达隐层, 经隐层处理后再经过输出层产生网络的实际输出。

　　图 2.4 中的网络称为前向多层网络。第 2 章和第 3 章介绍的卷积神经网络 CNNs 均属于这种前向多层网络, 后续章节会陆续介绍层内或层间节点之间存在反馈连接的其他类型的反馈网络。

　　为了后续严格介绍前向神经网络训练算法的需要, 接下来针对图 2.4(b) 所示的前向多层网络进行如表 2.2 所示的符号约定。并且为保证符号含义的延续性和无歧义性, 除有特别说明, 本书对于神经网络包括后面的深度网络的符号使用会尽量保持与表 2.2 中的符号一致。这里要特别提醒的是, 对于图 2.5 或图 2.4(b) 所示的三层前向网络, 约定用下标 $k, i$ 分别表示三层前向网络输入层、输出层节点索引, 下标 $j$ 表示隐层节点索引。

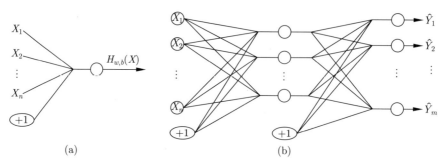

图 2.4   前向多层网络

表 2.2   神经网络符号

| 符号 | 含义 | 符号 | 含义 |
|---|---|---|---|
| $n_\ell$ | 含输入输出层的网络总层数 | $L_\ell$ | 第 $\ell$ 层, $L_1$ 输入层, $L_{n_\ell}$ 输出层 |
| $W_{ji}^{(\ell)}$ | $\ell$ 层单元 $i$ 与 $\ell+1$ 层单元 $j$ 连接权 | $b_j^{(\ell)}$ | $\ell+1$ 层单元 $j$ 偏置项 |
| $S_\ell$ | $\ell$ 层节点总数 | $a_i^{(\ell)}$ | $\ell$ 层单元 $i$ 输出 |
| $\hat{Y}_i$ | 输出层单元 $i$ 实际输出 | $Y_i$ | 输出层单元 $i$ 期望输出 |
| $z_i^{(\ell)}$ | $\ell$ 层单元 $i$ 输入加权和 | $\delta_i^{(n_\ell)}$ | 输出层上游误差 |
| $\delta_i^{(\ell)}$ | $\ell$ 层节点 $i$ 上游误差 | $e_i^{(\ell)}$ | $\ell$ 层节点 $i$ 下游误差 |

因此, 根据表 2.2 中的符号, 前向多层神经网络参数可表示成以下形式:

$$(W,b) = (W_{kj}^{(1)}, b_j^{(1)}), \cdots, (W_{ji}^{(n_\ell-1)}, b_i^{(n_\ell-1)}) \tag{2.2.2}$$

为简单起见, 本书将式 (2.2.2) 简写为 $(W,b)$ 形式, 代表整个神经网络。并且约定, 神经网络 $(W,b) \in \Re^N$, 这里 $N$ 为神经网络连接参数总数。输入为 $X$ 时网络的输出表示成 $H_{W,b}(X)$ 的形式。

## 2.2.3   BP 算法

2.2.2 节给出了多层前向网络的结构, 并且约定了表示网络中神经元输入输出以及误差的符号体系, 本节在此基础上讨论反向传播训练一个三层前向网络的算法。

BP 算法基本思路是根据网络的实际输出和来自标注数据的期望输出定义误差函数 (损失函数), 然后通过梯度下降等优化算法以迭代的方式寻找使误差函数极小化的网络参数, 从而使网络实际输出的分布能逼近标注数据的期望分布。其本质上是把一个网络输入输出之间的非线性映射问题, 转化成误差函数的优化问题。

具体地, 在给定标注数据 $(X,Y) = \{(X^{(1)}, Y^{(1)}), (X^{(2)}, Y^{(2)}), \cdots, (X^{(m)}, Y^{(m)}\}$ 前提下, BP 算法训练前向网络可分成以下三个步骤:

(1) 初始化前向神经网络连接参数:

$$(W(0), b(0)) = ((W^{(1)}(0), b^{(1)}(0)), (W^{(2)}(0), b^{(2)}(0)))$$

(2) 从训练数据集 $(X, Y)$ 中随机选择样本 $(X^{(1)}, Y^{(1)}), (X^{(2)}, Y^{(2)}), \cdots, (X^{(m_\xi)}, Y^{(m_\xi)})$, 执行以下计算步骤 (a)~(c) 训练网络。这里训练样本数取值 $1 \leqslant m_\xi \leqslant m$, 介于 1 与训练数据集 $(X, Y)$ 的大小 $m$ 之间, 取决于所选用的优化算法是随机梯度、批量随机梯度还是全梯度。

(a) 状态前向传播 (图 2.5): 输入模式由输入单元传送到隐层单元, 隐层单元对来自输入单元的输入进行时空整合后, 经过传递函数产生隐层输出, 隐层输出再传送给输出单元, 输出单元处理完毕后产生网络的实际输出。

输入层到隐层

$$z_j^{(2)} = \sum_{k=1}^{n} W_{jk}^{(1)} X_k + b_j^{(1)}, a_j^{(2)} = f(z_j^{(2)}) = f\left(\sum_{k=1}^{n} W_{jk}^{(1)} X_k + b_j^{(1)}\right)$$

其中, $X_k$ 表示向量 $\boldsymbol{X}$ 的第 $k$ 个分量。将上式写成向量的形式就是

$$z^{(2)} = W^{(1)} \boldsymbol{X} + b^{(1)}, \ a^{(2)} = f(z^{(2)}) = f(W^{(1)} \boldsymbol{X} + b^{(1)})$$

隐层到输出层

$$z_i^{(3)} = \sum_{j=1}^{n} W_{ij}^{(2)} a_j^{(2)} + b_i^{(2)}, \hat{Y}_i^{(3)} = a_i^{(3)} = f(z_i^{(3)}) = f\left(\sum_{j=1}^{S_2} W_{ij}^{(2)} a_j^{(2)} + b_i^{(2)}\right)$$

写成向量的形式就是

$$z^{(3)} = W^{(2)} \boldsymbol{X} + b^{(2)}, \ \hat{Y}^{(3)} = a^{(3)} = f(z^{(3)}) = f(W^{(2)} a^{(2)} + b^{(2)})$$

综合以上计算公式, 如果令 $a^{(1)} = \boldsymbol{X}$ 表示输入层, 则给定 $\ell$ 层激活值 $a^{(\ell)}$ 后, 第 $\ell$ 层激活值 $a^{(\ell+1)}$ 可按下列计算通式进行计算

$$\begin{aligned} z^{(\ell+1)} &= W^{(\ell)} a^{(\ell)} + b^{(\ell)} \\ a^{(\ell+1)} &= f(z^{(\ell+1)}) = f(W^{(\ell)} a^{(\ell)} + b^{(\ell)}) \end{aligned} \tag{2.2.3}$$

图 2.5 中的箭头指示的方向是输入层接收到外界信息后, 信息在网络中逐层传递, 最后到达输出层形成网络的最终输出的方向。如果把前向神经网络比喻成珠江的话, 网络中的各层相当于在珠江上设置的各种水坝, 每个神经元则相当于修建在水坝上供船舶通航的水闸。神经网络的前向计算过程引发的信息在神经网络中的这种流动则像珠江中的江水从上游往下游流动的过程。之所以作这种比喻是因为接下来反向计算

过程中, 每个神经元两侧的 "误差" 是不同的, 神经元传递函数就像水坝上的水闸一样, 反向计算阶段的误差信号会从神经元靠近输出层的下游侧越过神经元传递函数这座 "水闸", 到达神经元上游侧。因此, 在反向传播过程中误差信号会在每个神经元两侧形成下游误差 $e_i^{(\ell)}$ (靠近输出层一侧) 和上游误差 $\delta_i^{(\ell)}$ (靠近输入层一侧)。

从概念上区分前向网络中的上游误差和下游误差的不同, 对于理解乃至实现前向网络以及后文要介绍的深度网络计算模型非常重要。

最后, 图 2.5 的三层前向神经网络的前向计算过程可统一写成式 (2.2.4) 的形式, 或者式 (2.2.5) 向量形式。

$$H_{W,b}(\boldsymbol{X}) = \hat{Y}_i^{(3)} = a_i^{(3)} = f\left\{\sum_{i=1}^{S_3}\left[W_{ij}^{(2)}f\left(\sum_{k=1}^{n}W_{jk}^{(1)}X_k + b_j^{(1)}\right)\right] + b_j^{(2)}\right\} \qquad (2.2.4)$$

$$H_{W,b}(\boldsymbol{X}) = \hat{Y}^{(3)} = a^{(3)} = f\{[W^{(2)}f(W^{(1)}\boldsymbol{X} + b^{(1)})] + b^{(2)}\} \qquad (2.2.5)$$

式 (2.2.4) 与式 (2.2.5) 给出了整个神经网络前向计算的数学模型。列出统一的数学模型是为了方便后面进行参数优化时推导偏导数公式。

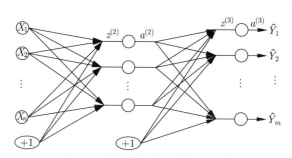

图 2.5　BP 状态前向计算示意图

(b) 误差反向传播 (图 2.6): 前向计算结束后, 网络产生的实际输出模式与期望输出模式会产生误差信号。这些误差信号将沿着网络的连接权通道反向传播。

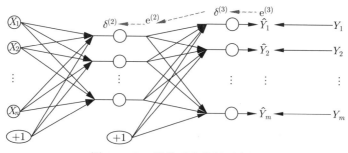

图 2.6　BP 误差反向传播示意图

为推导误差反向传播公式, 首先需定义误差函数。对于给定单个训练样本 $(X^{(\jmath)}, Y^{(\jmath)})$, 根据网络的实际输出模式与期望输出模式定义如下误差函数:

$$J(W, b; X^{(\jmath)}, Y^{(\jmath)}) = \frac{1}{2} \| Y^{(\jmath)} - H_{W,b}(X^{(\jmath)}) \|^2 \qquad (2.2.6)$$

对于 $m_\xi$ 个训练样本产生的误差

$$J(W, b) = \frac{1}{m_\xi} \sum_{\jmath=1}^{m_\xi} J(W, b; X^{(\jmath)}, Y^{(\jmath)}) = \frac{1}{2m_\xi} \sum_{\jmath=1}^{m_\xi} \| Y^{(\jmath)} - H_{W,b}(X^{(\jmath)}) \|^2 \qquad (2.2.7)$$

值得一提的是, 本书的神经网络优化目标函数采用的是较简单直观的极小二乘误差 (式 (2.2.7)), 但实用中使用更多的是相对熵或交叉熵的目标函数 $\mathrm{KL}(\hat{Y} \| Y)$, 这是一个衡量网络实际输出 $\hat{Y}$ 的分布与数据监督信号 $Y$ 的分布差异程度的一个测度。学过《信息论》或相关课程的读者对相对熵这一测度应该有比较好的理解。简便起见, 本书并不打算用相对熵作为神经网络的优化目标函数。

不难想象在神经网络初始参数 $(W(0), b(0))$ 下, 式 (2.2.7) 中的误差 $J(W, b)$ 不太可能为 0。而只要误差 $J(W, b)$ 不为 0, 就表明神经网络的实际输出与数据的期望输出不一致。神经网络的学习过程就是按照某种行之有效的法则, 从神经网络的参数空间 $(W, b) \in \Re^N$ 中不断选择合适的参数以减小误差直到 $J(W, b)$ 的值为 0 或达到预设的容忍误差限。这样, 神经网络的学习过程本质上是对目标函数 $J(W, b)$ 的数学优化过程。

在数学优化领域有大量的对目标函数 $J(W, b)$ 进行优化的算法, 其中最为常用的算法是梯度下降系列算法。梯度下降算法的直观思想是沿目标函数关于参数的 (偏) 导数 (或称为梯度) 方向调整参数的值, 使得目标函数 $J(W, b)$ 值能以最快的速度下降。因此, 梯度下降算法有时又称为最速下降算法。

式 (2.2.8) 给出关于神经网络连接参数 $(W, b)$ 的梯度下降算法的迭代公式。其中 $W(t), b(t)$ 中的 $t$ 代表迭代次数。

$$W(t+1) = W(t) - \gamma \frac{\partial J(W, b)}{\partial W}$$
$$b(t+1) = b(t) - \gamma \frac{\partial J(W, b)}{\partial b} \qquad (2.2.8)$$

接下来重点讨论式 (2.2.8) 中偏导数 $\dfrac{\partial J(W, b)}{\partial W}, \dfrac{\partial J(W, b)}{\partial b}$ 的计算公式。这里先分别讨论三层前向网络下目标函数 $J(W, b)$ 关于 $W_{ij}^{(2)}$ (隐层到输出层连接权)、$W_{jk}^{(1)}$ (输入层到隐层连接权)、$b_i^{(2)}$ (隐层偏置项)、$b_j^{(1)}$ (输入层偏置项) 偏导数计算公式的推导。至于多层网络的一般性结果, 只要将相应的用具体数字表示的层号用层变量符号 $\ell$ 代替即可得到。

下面从单个训练样本 $(x,y)$ 下的误差函数 (式 (2.2.6)) 出发，推导误差函数关于网络连接权 $W$ 和偏执项 $b$ 的偏导数的计算公式。

对于隐层到输出层连接权偏导数 $\dfrac{\partial J(W,b)}{\partial W_{ij}^{(2)}}$，根据隐函数求导的链式法则，按照 $J(W,b) \to a_i^{(3)} \to z_i^{(3)} \to W_{ij}^{(2)}$ 顺序反复使用隐函数求导可得：

$$\frac{\partial J(W,b;x,y)}{\partial W_{ij}^{(2)}} = \frac{\partial J(W,b;x,y)}{\partial a_i^{(3)}} \frac{\partial a_i^{(3)}}{\partial z_i^{(3)}} \frac{\partial z_i^{(3)}}{\partial W_{ij}^{(2)}}$$

$$= \underbrace{\overbrace{-(y_i - a_i^{(3)})}^{e_i^{(3)}} f'(z_i^{(3)})}_{\delta_i^{(3)}} a_j^{(2)}$$

$$= \delta_i^{(3)} a_j^{(2)} \tag{2.2.9}$$

式 (2.2.9) 中的花括号表明，神经元的上游误差 $\delta_i^{(3)}$ 可通过下游误差 $e_i^{(3)}$ 乘以该神经元传递函授关于神经元输入的偏导数得到，这是同一神经元的上游误差和下游误差之间的差别。

对于隐层偏置项偏导数 $\dfrac{\partial J(W,b)}{\partial b_i^{(2)}}$，使用同样的隐函数求导链式法则，可得：

$$\frac{\partial J(W,b;x,y)}{\partial b_i^{(2)}} = \frac{\partial J(W,b;x,y)}{\partial H_{W,b}(x)} \frac{\partial H_{W,b}(x)}{\partial z_i^{(3)}} \frac{\partial z_i^{(3)}}{\partial b_i^{(2)}}$$

$$= \underbrace{\overbrace{-(y - H_{W,b}(x))}^{e_i^{(3)}} f'(z_i^{(3)})}_{\delta_i^{(3)}} \times \mathbf{1}$$

$$= \delta_i^{(3)} \times \mathbf{1} \tag{2.2.10}$$

式 (2.2.10) 表明，偏置项的偏导数就是该神经元的上游误差。

对于输入层到隐层连接权偏导数 $\dfrac{\partial J(W,b;x,y)}{\partial W_{jk}^{(1)}}$，由于连接权参数 $W_{jk}^{(1)}$ 隐藏在式 (2.2.4) 内层的函数 $f(\cdot)$ 里面，对 $\dfrac{\partial J(W,b;x,y)}{\partial W_{jk}^{(1)}}$ 的推导需要更长的链式隐函数求导。按照 $J(W,b;x,y) \to a^{(3)} \to z^{(3)} \to a_j^{(2)} \to z_j^{(2)} \to W_{jk}^{(1)}$ (请注意，这里 $a_j^{(2)}$ 之前的 $a^{(3)}, z^{(3)}$ 没有使用下标，这表明求偏导算子作用于输出层所有节点) 顺序反复使用隐函数求导可得：

$$\frac{\partial J(W,b;x,y)}{\partial W_{jk}^{(1)}} = \frac{\partial J(W,b;x,y)}{\partial a^{(3)}} \frac{\partial a^{(3)}}{\partial z^{(3)}} \frac{\partial z^{(3)}}{\partial a_j^{(2)}} \frac{\partial a_j^{(2)}}{\partial z_j^{(2)}} \frac{\partial z_j^{(2)}}{\partial W_{jk}^{(1)}}$$

$$= \sum_{i=1}^{S_3} \left( \frac{\partial J(W,b;x,y)}{\partial a_i^{(3)}} \frac{\partial a_i^{(3)}}{\partial z_i^{(3)}} \frac{\partial z_i^{(3)}}{\partial a_j^{(2)}} \right) \frac{\partial a_j^{(2)}}{\partial z_j^{(2)}} \frac{\partial z_j^{(2)}}{\partial W_{jk}^{(1)}}$$

$$= \sum_{i=1}^{S_3} \big[ \underbrace{\overbrace{-(y_i - a_i^{(3)})\, f'(z_i^{(3)})}^{\mathrm{e}_i^{(3)}}}_{\delta_i^{(3)}} W_{ij}^{(2)} \big] f'(z_j^{(2)})\, x_k$$

$$\text{（式中大括号标注：}\ \overbrace{\qquad}^{\mathrm{e}_j^{(2)}}\ ,\ \underbrace{\qquad}_{\delta_j^{(2)}}\text{）}$$

$$= \delta_j^{(2)} x_k$$

$$= \delta_j^{(2)} a_k^{(1)} \tag{2.2.11}$$

对于输入层偏置项偏导数 $\dfrac{\partial J(W,b;x,y)}{\partial b_k^{(1)}}$，使用同样的隐函数求导链式法则，可得：

$$\frac{\partial J(W,b;x,y)}{\partial b_k^{(1)}} = \frac{\partial J(W,b;x,y)}{\partial a^{(3)}} \frac{\partial a^{(3)}}{\partial z^{(3)}} \frac{\partial z^{(3)}}{\partial a_j^{(2)}} \frac{\partial a_j^{(2)}}{\partial z_j^{(2)}} \frac{\partial z_j^{(2)}}{\partial b_k^{(1)}}$$

$$= \sum_{i=1}^{S_3} \left( \frac{\partial J(W,b;x,y)}{\partial a_i^{(3)}} \frac{\partial a_i^{(3)}}{\partial z_i^{(3)}} \frac{\partial z_i^{(3)}}{\partial a_j^{(2)}} \right) \frac{\partial a_j^{(2)}}{\partial z_j^{(2)}} \frac{\partial z_j^{(2)}}{\partial b_k^{(1)}}$$

$$= \sum_{i=1}^{S_3} \big[ \underbrace{\overbrace{-(y_i - a_i^{(3)})\, f'(z_i^{(3)})}^{\mathrm{e}_i^{(3)}}}_{\delta_i^{(3)}} W_{ij}^{(2)} \big] f'(z_j^{(2)}) \times \mathbf{1}$$

$$\text{（式中大括号标注：}\ \overbrace{\qquad}^{\mathrm{e}_j^{(2)}}\ ,\ \underbrace{\qquad}_{\delta_j^{(2)}}\text{）}$$

$$= \delta_j^{(2)} \times \mathbf{1}$$

$$= \delta_j^{(2)} \tag{2.2.12}$$

式 (2.2.9) 和式 (2.2.11) 与式 (2.2.10) 和式 (2.2.12) 的规律可以推广到多层前向神经网络，对于第 $\ell$ 层神经元 $j$ 与第 $\ell+1$ 层神经元 $i$ 间的连接权 $W_{ij}^{(\ell)}$，其偏导数为神经元 $i$ 的上游误差 $\delta_i^{(\ell+1)}$ 乘以神经元 $j$ 的输出 $a_j^{(\ell)}$；第 $\ell$ 层的偏置项 $b_i^{(\ell)}$，其偏导数为

神经元 $i$ 的上游误差 $\delta_i^{(\ell+1)}$ 本身。这意味着只要在前向计算中将各层神经元输出 $a^\ell$ 一一记录在案，再在误差反向传播过程中逐一确定每个神经元的上游误差，误差函数关于整个网络的连接参数 $(W, b)$ 的偏导数就可以计算出来。

神经元的输出 $a^{(\ell)}$ 已在前述前向计算中确定了，下面重点讨论上游误差 $\delta^{(\ell+1)}$ 的计算。考查式 (2.2.11) 和式 (2.2.12) 中花括号部分的 $\delta_i^{(3)}, \delta_j^{(2)}$，可以发现神经元上游误差 $\delta_j^{(\ell+1)}$ 其实是 $\dfrac{\partial J(W, b; x, y)}{\partial z_j^{(\ell+1)}}$，即目标函数关于神经元节点输入的偏导数。又根据式 (2.2.11) 和式 (2.2.12) 中 $\delta_i^{(3)}, \delta_j^{(2)}$ 的相互关系，可得到：

$$\delta_j^{(2)} = \frac{\partial J(W, b; x, y)}{\partial z_j^{(2)}} = \sum_{i=1}^{S_3} (\delta_i^{(3)} W_{ij}^{(2)}) f'(z_j^{(2)}) \tag{2.2.13}$$

同样地，公式 (2.2.12) 表示的三层前向网络的误差反向传播规律可推广到多层前向网络。多层前向神经网络上游误差 $\delta$ 沿神经元连接权通道从输出层逐层反向回传的一般表达式

$$\delta_j^{(\ell)} = \sum_{i=1}^{S_{\ell+1}} (\delta_i^{(\ell+1)} W_{ij}^{(\ell)}) f'(z_j^{(\ell)}) \tag{2.2.14}$$

因此，只要给出最后一层输出层的上游误差 $\delta^{(n_\ell)}$，结合式 (2.2.14) 即可逐层计算每层神经元节点上游误差。

最后，三层前向网络误差的源头输出层的上游误差 $\delta^{(3)}$ 由式 (2.2.9)~(2.2.12) 中相应的花括号部分给出。

总结以上分析，上游误差 $\delta^{(\ell+1)}$ 的计算可分输出层和其他非输出层两种情况分别考虑：

- 对于输出层，即 $\ell+1 = n_\ell = 3$ 时：

$$\delta_i^{(n_\ell)} = \delta_i^{(3)} = \frac{\partial}{\partial z_i^{(3)}} J(W, b; x, y) = -(y_i - a_i^{(3)}) f'(z_i^{(3)}) \tag{2.2.15}$$

- 对于其他非输出层：

$$\delta_j^{(n_\ell-1)} = \delta_j^{(2)} = \frac{\partial}{\partial z_j^{(2)}} J(W, b; x, y) = \sum_{i=1}^{S_3} (\delta_i^{(3)} W_{ij}^{(2)}) f'(z_j^{(2)}) \tag{2.2.16}$$

将式 (2.2.15) 和式 (2.2.16) 中数字 3 用 $n_\ell$ 代替，数字 2 用 $n_\ell - 1$ 代替，即可得到多层前向网络的误差传播公式。

(c) 权值更新：前向计算环节通过式 (2.2.3) 得到各神经元输出 $a_i^{(\ell)}$，反向计算环节通过式 (2.2.15) 和式 (2.2.16) 可得到各神经元上游误差 $\delta_i^{(\ell)}$。目标函数 $J(W, b)$ 关于 $W_{ij}^{(2)}$ (隐层到输出层连接权)、$b_i^{(2)}$ (隐层偏置项)、$W_{jk}^{(1)}$ (输入层到隐层连接权)、$b_j^{(1)}$

(输入层偏置项) 偏导数计算公式由式 (2.2.9)~ 式 (2.2.12) 分别给出。把这些偏导数代回式 (2.2.8), 可得到以下形式的神经网络连接权值的更新公式。

$$W_{ij}^{(2)}(t+1) = W_{ij}^{(2)}(t) - \gamma \frac{\partial J(W,b;x,y)}{\partial W_{ij}^{(2)}} = W_{ij}^{(2)}(t) - \gamma \delta_i^{(3)} a_j^{(2)}$$

$$b_i^{(2)}(t+1) = b_i^{(2)}(t) - \gamma \frac{\partial J(W,b;x,y)}{\partial b_i^{(2)}} = b_i^{(2)}(t) - \gamma \delta_i^{(3)}$$

$$W_{jk}^{(1)}(t+1) = W_{jk}^{(1)}(t) - \gamma \frac{\partial J(W,b;x,y)}{\partial W_{jk}^{(1)}} = W_{jk}^{(1)}(t) - \gamma \delta_j^{(2)} a_k^{(1)}$$

$$b_j^{(1)}(t+1) = b_j^{(1)}(t) - \gamma \frac{\partial J(W,b;x,y)}{\partial b_j^{(1)}} = b_j^{(1)}(t) - \gamma \delta_j^{(1)}$$

$$(2.2.17)$$

将式 (2.2.17) 中具体的层数字 2 出现的地方用一般的层变量 $\ell$ 代替, 层数字 3 出现的地方用 $\ell+1$ 代替, 可得到多层网络连接权值的一般更新公式。

$$W_{ij}^{(\ell)}(t+1) = W_{ij}^{(\ell)}(t) - \gamma \frac{\partial J(W,b;x,y)}{\partial W_{ij}^{(\ell)}} = W_{ij}^{(\ell)}(t) - \gamma \delta_i^{(\ell+1)} a_j^{(\ell)}$$

$$b_i^{(\ell)}(t+1) = b_i^{(\ell)}(t) - \gamma \frac{\partial J(W,b;x,y)}{\partial b_i^{(\ell)}} = b_i^{(\ell)}(t) - \gamma \delta_i^{(\ell+1)}$$

$$(2.2.18)$$

(3) 从训练数据集 $(X,Y)$ 中随机选择另一批样本 $(X^{(1)},Y^{(1)}), (X^{(2)},Y^{(2)}), \cdots,$ $(X^{(m'_\xi)},Y^{(m'_\xi)})$, 重复步骤 (a)~(c) 反复训练网络, 直到误差满足预设精度为止。

以上就是关于 BP 算法的介绍。用上述 BP 算法训练的神经网络统称为 BP 神经网络。

作为本节的总结, 算法 5 给出 BP 算法的伪码实现。

---

**算法 5**　BP 算法

---

**输入**：训练数据: $(X,Y) = [(X^{(1)},Y^{(1)}), \cdots, (X^{(m)},Y^{(m)})]$; 批数据大小: Batch_size $= m_\xi$
　　　　迭代精度: $\epsilon$; 学习步长: $\gamma$; 最大迭代次数: $\mathrm{max}I$; 当前迭代次数: $I$
　　　　网络参数: $(W,b) = [(W^{(1)},b^{(1)}), (W^{(2)},b^{(2)}), \cdots, (W^{(n_{\ell-1})},b^{(n_{\ell-1})})]$
**输出**：训练好网络的 $(W,b) = [(W^{(1)},b^{(1)}), (W^{(2)},b^{(2)}), \cdots, (W^{(n_\ell-1)},b^{(n_\ell-1)})]$
1: 对网络执行随机初始化 $(W(0),b(0)) = [(W^{(1)}(0),b^{(1)}(0)), \cdots, (W^{(n_\ell-1)}(0),b^{(n_\ell-1)}(0))]$, $I = 0$;
2: 从 $(X,Y)$ 中随机选择 $m_\xi$ 个样本;
3: **repeat**
4:　按照式 (2.2.3) 执行逐层前向计算, 得到每层神经元输入和输出 $z^{(\ell)}, a^{(\ell)}$ 并保存, 直到求得网络实际输出 $\hat{Y}$;
5:　按照式 (2.2.7) 计算网络误差 $J(W,b)$;

6:　　按照式 (2.2.16) 和式 (2.2.15) 逐层反向计算神经元上游误差 $\delta^{(\ell)}$;
7:　　按照式 (2.2.18) 执行权值更新;
8:　　更新迭代次数 $I = I + 1$;
9: **until** $(J(W, b) < \epsilon || (I > \max I))$

## 2.2.4　BP 算法算例

本节通过一个简单的 BP 网络展示前述 BP 算法的具体计算过程。图 2.7 是一个隐层只有一个节点的三层 BP 网络。为计算上的简便考虑，这里不失一般性忽略了偏置项的计算。

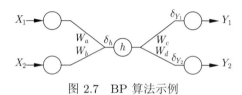

图 2.7　BP 算法示例

**初始化权值**：根据前述 BP 算法需要对图 2.7 中的网络连接权值执行随机初始化过程，记网络的初始权值为 $W_a(0), W_b(0), W_c(0), W_d(0)$。

**对第 $k$ 个样本进行计算**：在完成网络连接权值初始化后，随机选择第 $k$ 个训练样本进行以下计算过程：

- **状态前向计算**：

$$z_h^{(2)} = W_a X_1 + W_b X_2 \qquad a_h^{(2)} = f(z_h^{(2)})$$

$$z_{Y_1}^{(3)} = W_c a_h^{(2)} \qquad \hat{Y}_1 = a_{Y_1}^{(3)} = f(z_{Y_1}^{(3)})$$

$$z_{Y_2}^{(3)} = W_d a_h^{(2)} \qquad \hat{Y}_2 = a_{Y_2}^{(3)} = f(z_{Y_2}^{(3)})$$

- **误差反向传播**：根据前述的前向计算得到的网络实际输出，可以定义误差函数 $E_k = \dfrac{1}{2}[(Y_1 - \hat{Y}_1)^2 + (Y_2 - \hat{Y}_2)^2]$ 进而反向逐层计算上游误差 $\delta^{(\ell)}$。

$$\delta_{Y_1}^{(3)} = -(Y_1 - \hat{Y}_1) f'(z_{Y_1}^{(3)})$$

$$\delta_{Y_2}^{(3)} = -(Y_2 - \hat{Y}_2) f'(z_{Y_2}^{(3)})$$

$$\delta_h^{(2)} = (\delta_{Y_1}^{(3)} W_c + \delta_{Y_2}^{(3)} W_d) f'(z_h^{(2)})$$

- **修改权值**：在确定除输入层外每个神经元节点的上游误差 $\delta^{(\ell)}$ 后，即可根据公式进行权值修正。

$$W_c(t+1) = W_c(t) - \eta \delta_{Y_1}^{(3)} a_h^{(2)}$$

$$W_d(t+1) = W_d(t) - \eta \delta_{Y_2}^{(3)} a_h^{(2)}$$

$$W_a(t+1) = W_a(t) - \eta \delta_h^{(2)} X_1$$

$$W_b(t+1) = W_b(t) - \eta \delta_h^{(2)} X_2$$

至此, BP 网络完成了一次迭代过程。

## 2.3　从 BP 网络到深度网络

2.2 节以三层 BP 网络为例介绍了 BP 算法。Hecht-Nielsen 等人证明了这样的三层 BP 网络具有万能逼近的能力 [11-13], 即能用足够多的隐层节点以任意精度逼近任意的非线性映射。但他们的工作并没有给出到底需要多少隐层节点神经网络才能达到预期的精度。对此, Barron 给出了三层 BP 网络逼近函数所需要隐层神经元节点数的理论界限 [31], 不幸的是, 在极端情况下, 三层 BP 网络需要指数阶的隐层节点才能达到预期的精度要求。

Pascanu 等人 [32] 和 Montúfar [33] 的工作表明浅层网络需要指数隐层节点才能表示的问题, 通过增加网络的深度, 可使网络所需节点数降低为线性级。换言之, 增加网络的深度可以极大地增强网络逼近复杂函数的能力。此外, 大量实验结果表明, 深层网络比浅层网络具有更好的泛化能力 [34-36]。

虽然将图 2.8(a) 的浅层网络扩展成图 2.8(b) 的深度网络模型会带来网络表达能力增强和网络的泛化能力提升的好处, 但将浅层模型扩展成深度模型并非在原有浅层网络基础上简单叠加更多的隐层那么简单。训练深度网络至少存在以下三方面的问题需要考虑。

(1) 梯度消失或梯度爆炸问题: 神经元上游误差经过反向逐层传播时不断被衰减或放大, 而对于任何神经元上游误差过大或过小都会影响神经网络的有效训练。

(2) 过拟合问题: 深度网络具有比浅层网络更强的表达能力, 这也导致深度网络比浅层网络更容易出现过拟合的情况, 尤其是在标注数据 $(X, Y)$ 不足的情况下。而标注数据很多时候不易获得或者稀缺。

(3) 局部极值问题: 使用有监督学习方法训练只有一个隐层的传统三层 BP 网络通常能够使参数收敛到合理的范围。但如果用同样的方法训练深度网络的时候, 由于优化的目标函数 $J(W, b)$ 是一个高度非凸的, 搜索空间中存在大量"坏"的局部极值 (目标函数值高的局部极值点), 这导致现有的优化方法, 比如梯度下降法, 效果并不好。

深度网络中存在的上述三大问题, 尤其是梯度消失或梯度爆炸问题在 20 世纪 90 年代被 Hinton 提出后, 神经网络的研究陷入了空前低潮。直到 2006 年 Hinton 提出了一种称为逐层贪心预训练 (greedy layer-wise pretraining)[17] 的策略很好地克服了梯度消失或梯度爆炸问题, 从而打开了训练极深网络的大门。虽然此后随着 2010 年修正线性单元 (rectified linear unit, ReLU) 传递函数 [37] 的提出, 以及早期的 LSTM 中使用的 "门" 机制, 梯度消失或梯度爆炸问题可用其他不同的方式解决或者回避掉, 但 Hinton 提出的逐层贪心预训练策略在解决梯度消失或梯度爆炸问题的同时缓解了标注数据不足时带来容易过拟合的问题。正因如此, 2006 年被称为深度学习元年。

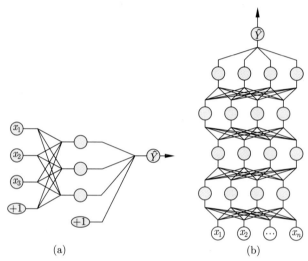

图 2.8  深度模型比浅层模型具有更多隐层的神经网络模型

(a) 浅层网络; (b) 深度网络

下面首先详细解释梯度消失或梯度爆炸问题, 然后介绍如何利用逐层贪心预训练 + 全局微调策略训练一个深度网络。读者将看到, 由于逐层贪心预训练阶段需要用到的只是数据 $X$ 本身, 不涉及监督信号 $Y$, 因此逐层贪心预训练阶段本质上是一个以无监督学习的方式实现特征提取的过程。

## 2.3.1  梯度消失: 多层 BP 网络训练难题

为了获得关于梯度消失这个问题一些直观的认识, 这里借助 Michael Nielsen 在其网络在线教材 *Neural Network and Deep Learning* 一书中关于网络学到的东西进行可视化的工作 [38]。Michael Nielsen 在其书中使用了结构为 [784 30 30 10], 即输入层 784 个节点 (由 $28 \times 28$ 的手写数字图片拉成列向量得到), 两个隐层各 30 个神经元, 输出层 10 个神经元的四层神经网络识别 $0 \sim 9$ 共 10 个手写体数字, 神经元传递函数采用 sigmoid 传递函数。使用的数据集是 MNIST 数据集。Michael Nielsen 用图 2.9 中条形图来直观显示用数据集 MNIST 训练四层神经网络时神经元权值变化速度。

图 2.9 中画出了结构为 [784 30 30 10] 的网络中两个隐层中的部分神经元在学习过程中的权值变化速度: 图中每个神经元有一个条形统计图, 表示这个神经元在网络进行学习时误差的大小, 越高的条意味着越高的误差, 而矮的条则表示较小的误差。准确地说, 图 2.9 中神经元的条是该神经元的上游误差 $\delta$ 的图形化表示。

从图 2.9 中可以看出, 第一个隐层神经元的权值变化速度远比第二个隐层神经元权值变化速度小, 这是因为误差信号经输出层反向回传经过第二隐层到达第一隐层时, 误差信号被逐层缩小。下面结合上游误差传递公式 (2.2.14) 对此作进一步解释。

根据式 (2.2.14) 不难得到 $\delta_j^{(\ell-1)}$ 的表达式 (2.3.1)。将式 (2.2.14) 代入式 (2.3.1) 可得到上游误差 $\delta_j^{(\ell+1)}$ 回传两个隐层的公式 (2.3.2)。

$$\delta_j^{(\ell-1)} = \sum_{i=1}^{S_\ell} (\delta_i^{(\ell)} W_{ij}^{(\ell-1)}) f'(z_j^{(\ell-1)}) \tag{2.3.1}$$

$$\delta_j^{(\ell-1)} = \sum_{i=1}^{S_\ell} \Big[ \sum_{i=1}^{S_{\ell+1}} (\delta_i^{(\ell+1)} W_{ij}^{(\ell)}) f'(z_j^{(\ell)}) W_{ij}^{(\ell-1)} \Big] f'(z_j^{(\ell-1)})$$

$$= \sum_{i=1}^{S_\ell} \sum_{i=1}^{S_{\ell+1}} \delta_i^{(\ell+1)} \overbrace{W_{ij}^{(\ell)} f'(z_j^{(\ell)}) W_{ij}^{(\ell-1)} f'(z_j^{(\ell-1)})}^{\text{缩放因子}} \tag{2.3.2}$$

递归地调用式 (2.2.14) 可得到上游误差 $\delta_j^{(\ell+1)}$ 回传 $k$ 层网络的表达式 (2.3.3)。

$$\delta_j^{(\ell-k+1)} = \sum_{i=1}^{S_{\ell-k+2}} \cdots \sum_{i=1}^{S_{\ell+1}} \delta_i^{(\ell+1)} \overbrace{\prod_{\mu=0}^{k-1} W_{ij}^{(\ell-\mu)} f'(z_j^{(\ell-\mu)})}^{\text{缩放因子}} \tag{2.3.3}$$

从式 (2.3.3) 可以看出, 上游误差 $\delta_j^{(\ell+1)}$ 回传 $k$ 层网络的效应是 $\delta_j^{(\ell+1)}$ 被缩 (放) 了 $\prod_{\mu=0}^{k-1} W_{ij}^{(\ell-\mu)} f'(z_j^{(\ell-\mu)})$ 倍。

- 对所有 $\mu, |W_{ij}^{(\ell-\mu)} f'(z_j^{(\ell-\mu)})| > 1.0$ 时, 上游误差 $\delta_j^{(\ell+1)}$ 将被不断放大 (关于 $k$ 指数增长), 此时会出现梯度爆炸现象, 导致网络学习不稳定;
- 对所有 $\mu, |W_{ij}^{(\ell-\mu)} f'(z_j^{(\ell-\mu)})| < 1.0$, 上游误差 $\delta_j^{(\ell+1)}$ 将不断被衰减 (关于 $k$ 指数衰减), 此时会出现梯度消失的现象, 导致网络无法有效学习。

在传递函数取 sigmoid 情况下, 由于 sigmoid 导数 $f'(\cdot)$ 最大值为 $1/4$, 网络的梯度消失效应非常明显, 这就是为何图 2.9 中只经过一个网络层的传递后, 第一个隐层的不少神经元上游误差已经衰减得很微弱了。

式 (2.3.3) 给出了神经元上游误差沿网络逐层回传时的传递公式, 这一公式解释了梯度消失或梯度爆炸现象的本质。事实上, 梯度消失或梯度爆炸现象不仅仅存在于层间神经网络上游误差的传递, 也存在于含反馈连接的神经网络 (recurrent neural networks, RNNs) 上游误差沿时间轴回传过程中。本书将在第 4 章介绍 RNNs 时给出类似的上游误差沿时间轴的回传公式。

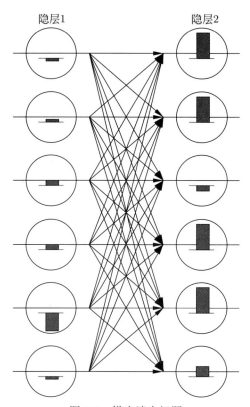

图 2.9 梯度消失问题

由于上游误差回传过程带来的衰减效应, 导致第一个隐层权值变化速度要比
第二个隐层权值变化速度慢

## 2.3.2 逐层贪心预训练 + 全局微调

前面的分析表明, 由于使用了非线性传递函数 sigmoid 使得多层 BP 网络具有了非线性逼近能力, 但也正是因为 sigmoid 传递函数带来了梯度消失或梯度爆炸问题, 限制了深度网络的有效训练。

既然用标注数据 $(X, Y)$ 训练深层网络存在困难, 那么可否放弃直接训练整个深层网络的做法, 而改用逐层叠加, 依次训练网络的每一层, 然后将训练好的各层堆叠成为一个全网络。这样, 由于网络是逐层训练的, 每次训练都是一个三层的浅层网络, 前述 sigmoid 传递函数作用导致上游误差经过多层传递会出现梯度消失或梯度爆炸的问题将不再存在。这种逐层贪心预训练的方法很好地解决了深层网络训练的难题。

具体地，逐层贪心预训练首先将原来的标注数据 $(X, Y)$ 中的监督信号 $Y$ 去掉，代之以原始数据本身，即 $(X, X)$ 作为训练数据，训练一个三层 BP 网络。这样，根据前述 BP 算法的介绍，从输入层到隐层前向计算公式如下：

$$z^{(2)} = W^{(1)}X + b^{(1)}, \quad a^{(2)} = f(z^{(2)}) = f(W^{(1)}X + b^{(1)})$$

从隐层到输出层公式如下：

$$z^{(3)} = W^{(2)}X + b^{(2)}, \quad \hat{X}^{(3)} = a^{(3)} = f(z^{(3)}) = f(W^{(2)}a^{(2)} + b^{(2)})$$

这里跟前述唯一不同的部分是 $\hat{X}^{(3)}$。它与输入数据 $X$ 本身之间的偏差产生了误差信号。这样的网络由于输入输出均是数据 $X$ 本身，意味着网络要根据输入数据 $X$ 学习出关于 $X$ 本身的编码表示，因此这样的网络又被称为自编码网络。

由于训练数据是 $(X, X)$ 的形式，这意味着三层自编码网络输入层和输出层具有相同的节点数。此时，如果隐层节点与输入层和输出层具有相同节点数 $n$，那么只要令第一层和第二层连接矩阵均为单位矩阵，偏置项均为零向量，即 $W^{(1)} = W^{(2)} = I, b^{(1)} = b^{(2)} = \mathbf{0}$，则网络能准确无误地输出正确的 $X$，但这样的网络没有任何实际意义。事实上，这里关心的是隐层节点数小于输入层节点数和隐层节点数大于输入层节点数的情况，即 $S_2 < n$ 和 $S_2 > n$ 两种情况。

下面先分别介绍 $S_2 < n$ 和 $S_2 > n$ 两种情况下对应的压缩编码和稀疏编码，然后介绍逐层栈式自编码过程以及全局微调过程。

### 2.3.2.1　压缩编码与稀疏编码

当三层自编码网络的隐层节点数 $S_2 < n$ 时，意味着自编码网络的输入层到隐层学习的是关于将 $n$ 维数据 $\boldsymbol{X}$ 通过压缩矩阵 $\boldsymbol{W}^{(1)}$ 压缩表示成 $S_2$ 维的隐层低维向量 $\boldsymbol{a} = (a_1^{(1)}, a_2^{(1)}, \cdots, a_{S_2}^{(1)})^{\mathrm{T}}$（图 2.10 中是 $\boldsymbol{h} = (h_1^{(1)}, h_2^{(1)}, \cdots, h_{S_2}^{(1)})^{\mathrm{T}}$），而隐层到输出层则是要根据解压矩阵 $\boldsymbol{W}^{(2)}$ 从一个低维向量 $\boldsymbol{a} = (a_1^{(1)}, a_2^{(1)}, \cdots, a_{S_2}^{(1)})^{\mathrm{T}}$ 中尽可能无失真地还原真实的更高维的 $\boldsymbol{X}$。

因此，当 $S_2 < n$ 时，这样的神经网络称为压缩编码神经网络，即网络需要通过无监督学习形式学习数据的一个压缩表示。

人为地限定隐层神经元数，要求 $S_2 < n$ 并不符合神经科学中的相关结论。来自神经科学领域的研究表明，人体中枢神经系统内有亿万个神经元，其中输出神经元数目约十万，输入神经元是输出神经元的 $1 \sim 3$ 倍，而中间（隐层）神经元的数目最大。因此，更符合实际的是 $S_2 > n$，即隐层节点数大于输入层节点数的情况。

让三层自编码网络的隐层节点数大于输入神经元节点数，这不是要将原本低维空

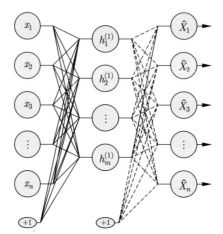

图 2.10　输入层到第一个隐层的稀疏自编码模型

间的 $n$ 维向量向一个更高维的 $S_2$ 维向量空间中映射吗? 这样做的意义何在? 奥秘就在于接下来要介绍的稀疏性的概念。

稀疏性的概念最早出现在 Olshausen 和 Field 对信号数据进行编码的研究中[39]，此后在卷积神经网络中被广泛使用并取得了非常好的效果。所谓稀疏性, 是指当接收到众多外界刺激信号后, 神经元细胞有选择地只对少部分外部刺激信号有响应, 处于激活 (活跃) 状态, 而对大多数刺激信号保持沉默, 处于不活跃的状态。神经元的这种稀疏性可以说是大脑神经元有效工作的内在要求, 人脑中亿万级别的神经元彼此相互联系, 组成一个复杂的网络。如果没有这种稀疏性, 信号在神经元间传递以及网络的学习记忆过程将会带来巨大的能量消耗。因此, Attwell 和 Laughlin[40] 基于大脑能量消耗的观察学习上, 推测神经元编码工作方式具有稀疏性和分布性。Lennie[41] 的工作进一步表明, 大脑同时被激活的神经元只有 $1\% \sim 4\%$。

当隐层神经元传递函数 (激活函数) 是 sigmoid 时, 神经元 $j$ 输出接近 1 表明被激活, 接近 0 表明受抑制。$a_j^{(2)}(x)$ 表示神经元 $j$ 输入为 $x$ 时的激活度, 公式 (2.3.4) 给出了神经元 $j$ 在给定训练集上的平均活跃度

$$\hat{\rho}_j = \frac{1}{m} \sum_{i=1}^{m} a_j^{(2)}(x^{(i)}) \tag{2.3.4}$$

类似前述大脑神经元工作的稀疏性, 这里希望人工神经元 $j$ 在给定训练集上的平均活跃度 $\hat{\rho}_j$ 可被限定在某一水平 $\rho$ 下, 即 $\hat{\rho}_j \leqslant \rho$。这里 $\rho$ 通常是一个预先设定的接近 0 的小值 (例如取 $\rho = 0.05$), 称为稀疏因子。为了能在优化目标函数中表示 $\hat{\rho}_j \leqslant \rho$ 这种稀疏性约束, 这里需要引入相对熵的概念。

相对熵的概念来自香农的《信息论》, 是衡量两个概率分布差异程度的量。$\hat{\rho}_j, \rho$

两个分布律的相对熵 (差异程度) 由式 (2.3.5) 给出。

$$\mathrm{KL}(\hat{\rho}_j \parallel \rho) = \rho \log \frac{\rho}{\hat{\rho}} + (1 - \rho) \log \frac{1 - \rho}{1 - \hat{\rho}} \tag{2.3.5}$$

表 2.3 给出稀疏因子 $\rho = 0.05$ 时不同的 $\hat{\rho}$ 下相对熵 $\mathrm{KL}(\hat{\rho}_j \parallel \rho)$ 的取值变化。图 2.11 更直观地给出了稀疏因子为 0.5 时, 神经元平均活跃度 $\hat{\rho}$ 变化时相对熵取值的变化曲线图, 当神经元平均活跃度 $\hat{\rho}$ 刚好等于稀疏因子的值时, 相对熵为零, $\hat{\rho}$ 越接近稀疏因子, 相对熵就越接近零, $\hat{\rho}$ 越远离稀疏因子, 相对熵就越大。

表 2.3　$\rho = 0.05$ 时不同的 $\hat{\rho}$ 下相对熵的取值

| $\hat{\rho}$ | $\mathrm{KL}(\hat{\rho}_j \parallel \rho)$ | $\hat{\rho}$ | $\mathrm{KL}(\hat{\rho}_j \parallel \rho)$ |
|---|---|---|---|
| 0.05 | 0 | 0.05 | 0 |
| 0.1 | 0.007 256 | 0.04 | 0.000 525 |
| 0.15 | 0.022 033 | 0.02 | 0.007 070 |
| 0.2 | 0.040 799 | 0.01 | 0.017 932 |
| 0.25 | 0.062 581 | 0.005 | 0.030 905 |
| 0.7 | 0.418 266 | 0.0005 | 0.079 044 |
| 0.9 | 0.866 074 | 0.000 05 | 0.128 858 |

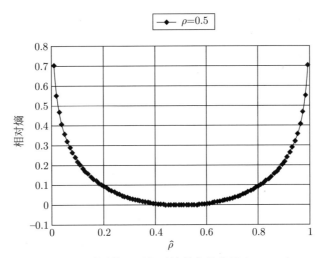

图 2.11　不同的 $\hat{\rho}$ 下相对熵的变化曲线 $(\rho = 0.5)$

有了相对熵的概念后, 可通过在式 (2.2.7) 中添加相对熵作为惩罚项, 得到新的优化目标函数 (式 (2.3.6))。

$$J_{\mathrm{sparse}}(W, b) = J(W, b) + \beta_1 \sum_{j=1}^{S_2} \mathrm{KL}(\rho \parallel \hat{\rho}_j) \tag{2.3.6}$$

式 (2.3.6) 中的 $\beta$ 项控制着稀疏因子的权重。由于隐层单元平均激活度 $\hat{\rho}_j$ 间接地取决于网络连接参数 $(W, b)$, 对式 (2.3.6) 的优化将迫使 $\hat{\rho}_j$ 接近 $\rho$。

请注意, 只有添加稀疏性限制的网络层的优化目标函数才需要改为式 (2.3.6) 的形式, 其他没有稀疏性限制的网络层的优化目标仍然采用原来的式 (2.2.7) 的形式。

随着稀疏层的优化目标函数的变化, 相应地稀疏层的神经元上游误差 $\delta$ 计算公式需要进行相应的调整。按照前述类似的隐函数求偏导数的路径 $J_{\text{sparse}}(W, b) \to \mathrm{KL}(\rho \parallel \hat{\rho}_j) \to \hat{\rho}_j \to a^{(3)} \to z^{(3)} \to a_j^{(2)} \to z_j^{(2)}$ (请注意, 这里只考虑了 $J_{\text{sparse}}(W, b)$ 关于相对熵部分的偏导数求导路径, $J(W, b)$ 求偏导部分与前述完全相同) 顺序反复使用隐函数求导可得

$$\delta_j^{(n_\ell - 1)} = \delta_j^{(2)} = \frac{\partial}{\partial z_j^{(2)}} J_{\text{sparse}}(W, b) = \left[ \sum_{i=1}^{S_3} (\delta_i^{(3)} W_{ij}^{(2)}) + \beta_1 \left( -\frac{\rho}{\hat{\rho}_j} + \frac{1-\rho}{1-\hat{\rho}_j} \right) \right] f'(z_j^{(2)})$$

$$(2.3.7)$$

输出层与其他的非稀疏层的神经元上游误差 $\delta$ 的计算仍然分别用前述的式 (2.2.15) 和式 (2.2.16) 进行计算。在计算出除输入层外的其他各层每个神经元的上游误差后, 即可利用式 (2.2.17) 按照上游误差 $\delta$ 和神经元输出 $a$ 进行权值更新。

由于按照式 (2.3.7) 计算上游误差时需要用到每个神经元的平均激活度 $\hat{\rho}_j$, 所以在计算任何神经元的上游误差之前, 需要对所有的训练样本计算一遍前向传播, 从而获取平均激活度。

总结上述关于隐层神经元稀疏性论述, 隐层神经元数一般远多于输入输出层神经元数, 这有相应的生物神经科学基础。出于能量节约和效率的考虑, 在受到某外界信号刺激后, 为数众多的隐层神经元呈现稀疏激活特性, 这同样具有相应的生物神经科学基础。对隐层神经元施加稀疏性约束, 相当于将优化目标函数由原来的式 (2.2.7) 改成式 (2.3.6) 的形式。相应地, 隐层神经元上游误差计算公式也由原来的式 (2.2.16) 调整为式 (2.3.7)。为计算稀疏隐层神经元的上游误差, 可能需要对所有训练样本计算两遍前向传播, 这会导致计算上的效率稍低一些。

最后, 隐层神经元数大于输入层神经元数, 并且施加了稀疏性限制的神经网络称为稀疏编码神经网络, 即网络需要通过无监督学习形式学习数据的一个稀疏表示。如果将稀疏编码网络中激活值低于某个阈值的神经元看作是不存在的零元素, 则稀疏编码与压缩编码在功能上具有某种程度的等价性。但相比硬性将隐层神经元数限定在小于输入层神经元数的做法, 稀疏编码比压缩编码具有更大的网络容量和更灵活的表示学习的优点。

### 2.3.2.2 逐层贪心预训练

2.3.2.1 节介绍了神经网络的压缩编码和稀疏编码两种表示, 并指出稀疏编码具有压缩编码所不具备的灵活性的优点。本节结合稀疏编码介绍逐层贪心预训练的过程。

假定要训练的是一个包含输入输出层共四层的神经网络, 网络每层神经元个数

为 $(n, S_1, S_2, S_3)$, 即第一、二隐层神经元数分别为 $S_1, S_2$, 输出层神经元数为 $S_3$。两个隐层采用相同的稀疏因子 $\rho = 0.05$。训练数据集为 $(X, Y) = [(X^{(1)}, Y^{(1)}), (X^{(2)}, Y^{(2)}), \cdots, (X^{(m)}, Y^{(m)})]$。

首先, 由于逐层贪心预训练是一种无监督训练算法, 其训练数据可通过在原训练数据集 $(X, Y) = [(X^{(1)}, Y^{(1)}), (X^{(2)}, Y^{(2)}), \cdots, (X^{(m)}, Y^{(m)})]$ 基础上, 将监督信号 $Y$ 出现的地方用 $X$ 代替得到, 这样最初的训练数据就变为 $(X, X) = [(X^{(1)}, X^{(1)}), (X^{(2)}, X^{(2)}), \cdots, (X^{(m)}, X^{(m)})]$ 的形式。然后构造一个 $(n, S_1, n)$ 形式的三层网络 (图 2.10), 调用算法 6 训练该三层网络。

---

**算法 6**　稀疏自编码神经网络训练算法

---

**输入**：训练数据: $(X, X) = [(X^{(1)}, X^{(1)}), (X^{(2)}, Y^{(2)}), \cdots, (X^{(m)}, X^{(m)})]$; 批数据大小:
　　　　　Batch\_size $= m_\xi$
　　　　　迭代精度: $\epsilon$; 学习步长: $\beta$; 最大迭代次数: $\max I$; 稀疏因子: $\rho$; 迭代次数: $I$
　　　　　网络参数: $(W, b) = [(W^{(1)}, b^{(1)}), (W^{(2)}, b^{(2)})]$
**输出**：输入层到隐层连接权 $(W^{(1)}, b^{(1)})$ 和隐层输出 $a^{(2)} = [a^{(2)}(X^{(1)}), a^{(2)}(X^{(2)}), \cdots,$
　　　　　$a^{(2)}(X^{(m)})]$

1: 对网络执行随机初始化 $(W^{(1)}(0), b^{(1)}(0)), I = 0$;
2: 从 $(X, X)$ 中随机选择 $m_\xi$ 个样本;
3: **repeat**
4: 　根据式 (2.2.3) 执行前向计算, 计算每个神经元在训练数据集 $(X, X)$ 上的平均活跃度 $\hat{\rho}$;
5: 　按照式 (2.2.3) 执行前向计算, 得到 $z^{(1)}, a^{(2)}, z^{(2)}, a^{(3)}$;
6: 　按照式 (2.2.7) 计算网络误差 $J(W, b)$;
7: 　按照式 (2.2.15) 计算第三层神经元上游误差 $\delta^{(3)}$;
8: 　按照式 (2.3.7) 和神经元平均活跃度 $\hat{\rho}$ 计算第二层神经元上游误差 $\delta^{(2)}$;
9: 　按照式 (2.2.17) 执行权值更新;
10: 　更新迭代次数 $I = I + 1$;
11: **until** $(J(W, b) < \epsilon \| (I > \max I))$

---

经过前面的训练后, 得到了输入层到隐层连接权 $(W^{(1)}, b^{(1)})$, 以及相应的以数据 $(X^{(1)}, X^{(2)}, \cdots, X^{(m)})$ 为网络输入产生的隐层输出 $a^{(2)} = [a^{(2)}(X^{(1)}), a^{(2)}(X^{(2)}), \cdots, a^{(2)}(X^{(m)})] = (a_1^{(2)}, \cdots, a_m^{(2)})$。接下来构造一个 $(S_1, S_2, S_1)$ 形式的三层网络 (图 2.12), 用 $(a^{(2)}, a^{(2)}) = [(a_1^{(2)}, a_1^{(2)}), (a_2^{(2)}, a_2^{(2)}), \cdots, (a_m^{(2)}, a_m^{(2)})]$ 作为训练数据调用算法 6 训练该三层网络。这里数据 $X^{(i)}$ 的上标 $i$ 代表第 $i$ 个样本, 隐层输出 $a_i^{(2)}$ 是 $a^{(2)}(X^{(i)})$ 的简写, 代表网络以 $X^{(i)}$ 为输入后产生的第 2 个隐层神经元的输出构成的列向量。其余符号的含义以此类推。

类似地, 经过前面的训练后, 得到了第一个隐层到第二个隐层的连接权 $(W^{(2)}, b^{(2)})$, 以及相应的以数据 $(a_1^{(2)}, a_2^{(2)}, \cdots, a_m^{(2)})$ 为网络输入产生的第二个隐层的输出 $a^{(3)} = [a^{(3)}(a_1^{(2)}), a^{(3)}(a_2^{(2)}), \cdots, a^{(3)}(a_m^{(2)})] = (a_1^{(3)}, a_2^{(3)}, \cdots, a_m^{(3)})$。接下来构造一个 $(S_2, S_3)$ 形式的两层网络 (图 2.13), 用 $(a^{(3)}, Y) = [(a_1^{(3)}, Y^{(1)}), \cdots, (a_m^{(3)}, Y^{(m)})]$ 作为训练数据

训练该两层网络。这是一个 softmax 多分类学习过程。

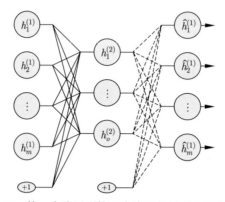

图 2.12　第一个隐层到第二个隐层的稀疏自编码模型

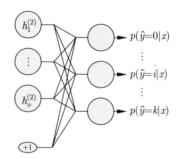

图 2.13　最后一个隐层到输出层的 softmax 分类模型

前述训练结果将得到第三个隐层到输出层的连接权 $(W^{(3)}, b^{(3)})$。至此, 通过逐层叠加的方式得到了整个网络的连接权值 $(W, b) = [(W^{(1)}, b^{(1)}), (W^{(2)}, b^{(2)}), (W^{(3)}, b^{(3)})]$。

### 2.3.2.3　全局微调

前述逐层贪心预训练阶段除最后一层输出层外, 以无监督预训练方式得到了一个预训练后的网络 $(W, b) = [(W^{(1)}, b^{(1)}), (W^{(2)}, b^{(2)}), (W^{(3)}, b^{(3)})]$。之所以称为预训练, 是因为从全局微调来看, 整个预训练阶段所起的作用可看作是对网络参数执行初始化。这种初始化相比于随机初始化而言, 各层初始权重会位于参数空间中较好的位置上。全局微调阶段则是从这些位置出发, 利用数据 $(X, Y)$ 对预训练后的网络进一步微调 (图 2.14)。已有的实验结果表明, 以预训练后的网络为出发点开始进行梯度下降, 更有可能收敛到比较好的局部极值点, 这是因为预训练阶段使用的无标注数据已经提供了大量输入数据中包含的模式的先验信息。

由于全局微调阶段使用的数据是标注数据 $(X, Y)$, 因此全局微调的作用主要体现

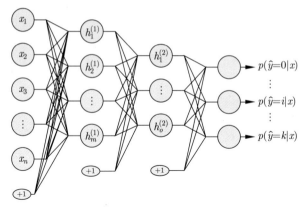

图 2.14　用训练数据 $(X, Y)$ 对整个网络进行全局微调

在标注数据也可以用来修正自编码阶段得到的网络连接权值 $[(W^{(1)}, b^{(1)}), (W^{(2)}, b^{(2)})]$，从而对隐层单元提取的特征做进一步调整。

至此，最初的逐层贪心预训练 + 全局微调训练深度网络的方法介绍完毕。

## 2.4　深度网络的进一步解释

逐层贪心预训练 + 全局微调方法的提出，使得训练深度网络成为可能。此后随着新的传递函数 ReLU 的提出，以及批正则化 (batch normalization, BN)、Dropout、残差网络等技术的应用，训练深度网络存在的梯度消失或梯度爆炸问题均以不同方式被解决。在技术日益完善的今天，训练一个具有强泛化能力的深层模型并不太困难，因此，越来越多的问题倾向于通过训练深度模型加以解决。

相比于浅层模型或其他机器学习方法，从目前来看，深度模型至少在以下几方面呈现其他机器学习无可比拟的优点。

(1) 自动特征提取能力。深度学习通过数学优化的形式从数据中自动提取特征，这些特征以连接权值的形式存在于神经网络中，可结合图 2.15 进行解释。

为了呈现前述逐层稀疏自编码的结果，斯坦福大学教授 Andrew 在其《无监督特征学习与深度学习基础教程》[42] 里，用 $10 \times 10$ 手写体数字图像作为输入以逐层贪心预训练的方式训练一个稀疏自编码器，然后追踪那些隐层激活值最大的神经元。那么如何追踪使隐层神经元激活值最大的输入呢？下面是具体的追踪方法。

前面的介绍中可知，在输入层 100 个神经元节点情况下，隐层某神经元 $j$ 的输出值为

$$a_j^{(2)} = f\Big(\sum_{k=1}^{100} W_{jk}^{(1)} x_k + b_j^{(1)}\Big)$$

追踪问题是要回答什么样的输入 $\boldsymbol{x}$ 能使根据上式产生的神经元 $j$ 的激活值 $a_j^{(2)}$ 最大, 追踪的线索依赖于隐层神经元 $j$ 的连接权 $\boldsymbol{W}_{j\cdot}^{(1)}$。具体地, 可按式 (2.4.1) 计算得到使神经元 $j$ 产生最大激活的输入 $\boldsymbol{x}$。

$$\boldsymbol{x}_k = \frac{\boldsymbol{W}_{jk}^{(1)}}{\sqrt{\sum_{k=1}^{100}(\boldsymbol{W}_{jk}^{(1)})^2}}, \quad k = 1, 2, \cdots, 100 \tag{2.4.1}$$

关于式 (2.4.1) 的一个几何解释是, 当输入向量 $\boldsymbol{x}$ 与神经元 $j$ 的连接权向量 $\boldsymbol{W}_{j\cdot}^{(1)}$ 平行或共线时, 神经元 $j$ 将有最大激活值。当输入向量 $\boldsymbol{x}$ 与连接权向量 $\boldsymbol{W}_{j\cdot}^{(1)}$ 间的夹角越大 (两向量越不相似), 神经元 $j$ 的激活值会越小。如果输入向量 $\boldsymbol{x}$ 与连接权向量 $\boldsymbol{W}_{j\cdot}^{(1)}$ 垂直 (夹角为 90°) 时, 神经元 $j$ 的激活值为零。关于这一点的进一步解释和相关证明将在第 3 章卷积神经网络部分给出。

这样, 要追踪隐层神经元学习到何种特征, 只要将这些神经元的 (这里共 100 个) 连接权归一化后以像素的形式重新排列成一幅子图像 (这里是 $10 \times 10$ 的规格, 对应图 2.15 中的每一小方块中的子图) 即可。图 2.15 显示的是 100 个隐层神经元按照这种方式所追踪到的特征。从中可以看出, 不同的隐层单元学会了在图像的不同位置和方向进行边缘检测。

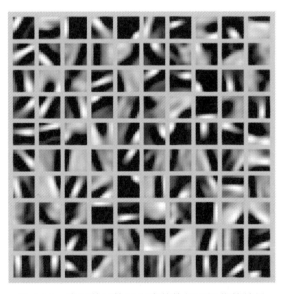

图 2.15　隐层单元检测出来的特征可视化的结果

从这里也可以看出, 神经元 $j$ 的激活值或者说输出, 本质上是输入 $\boldsymbol{x}$ 与该神经元学习到的权向量 $\boldsymbol{W}_{j\cdot}^{(1)}$ 的**相似程度**的一个反映。而通常说神经元 $j$ 学习到的某种**特征**,

指的是该神经元的**连接权** $\boldsymbol{W}_j^{(1)}$。而神经元的连接权 $\boldsymbol{W}_j^{(1)}$ 是通过极小化目标函数自动学习出来的。这就是深度神经网络的**自动特征提取**能力。

(2) 强大的表示学习能力。深度网络由于有足够深度的网络层，这使它能够从原始输入数据中逐层学习数据中存在的“层次型分组”或者“部分-整体分解”结构，这一点可结合图 2.16 进行解释。

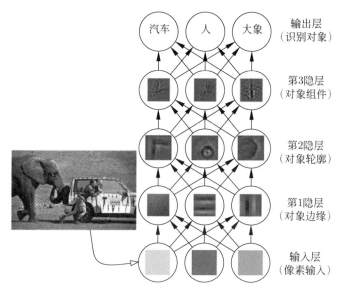

图 2.16　深度网络局部-整体逐层特征提取过程

前述的逐层贪心预训练过程本质上是一个表示学习的过程，从原始数据提取低层特征 (比如图片里的边缘)，再由低层特征逐步学习较高层特征，这些较高层的特征往往包含一些有意义的模式 (比如在构成轮廓或者角点时，什么样的边缘会共现)。较高层特征进一步组合出更高层特征，最终学习的结果将得到一个能更好地表示输入数据的特征。例如，图 2.16 中神经网络的输入是一幅包含背景的人物图像。网络的第一层会学习如何去识别边，第二层一般会学习如何去组合边，从而构成轮廓、角等，更高层会学习如何去组合更形象且有意义的特征，例如，如果输入数据集包含人脸图像，更高层会学习如何识别或组合眼睛、鼻子、嘴等人脸器官。

## 2.5　克服过拟合: 深度网络中的正则化技术

过拟合问题普遍存在于机器学习中的各种模型尤其是深度模型中，这是因为深度网络比浅层模型具有更多的网络层数，并且为了获得更佳的逼近能力和足够的识别精度，每层神经元数也往往为数众多，深度网络的连接参数往往数以千万计，甚至上亿个。例如, Krizhevsky 等人在 2012 年以 ImageNet 为基础的大型图像识别竞赛中使用的模型, 总共有八层的卷积神经网络, 有 65 万个神经元, 6000 万个自由参数 [18]。在这样规模的网络模型下, 如果训练数据比较少, 或者标注数据不足的情况下, 深度网络很容易过度地 "记住" 这些样本点细节, 而没能真正提取出数据内在的对新数据预测有用的规律, 从而陷入过拟合的情况。因此, 深度网络比任何其他机器学习模型均容易出现过拟合的情况。

本节介绍一类用来克服过拟合的称为正则化 (regularization) 的技术。Ian Goodfellow 等人在其 *Deep Learning* 一书中将正则化定义为任何试图减小算法的泛化误差而非训练误差的关于算法的修改。

## 2.5.1 模型约束技术

模型约束技术的主要思想是希望对神经网络模型施加某种限定或约束, 使得模型能呈现某种稀疏性。追求这种稀疏性最终目的是希望得到的稀疏网络模型能够呈现较强的泛化能力。

按照限定或约束的对象的不同, 这里介绍表示稀疏和参数稀疏两种模型约束技术。前者约束作用于各层神经元, 后者作用于网络连接权。但无论是表示稀疏还是参数稀疏, 约束最终都通过在式 (2.2.6) 中的优化目标函数中添加相应的罚函数项来体现。

### 2.5.1.1 表示稀疏

从数学的角度来看, 神经网络计算模型可被表示成矩阵运算的形式。式 (2.5.1) 给出了根据 $\ell - 1$ 层神经元输出 $a^{(\ell-1)}$ 计算 $\ell$ 层神经元输入 $z^{(\ell)}$ 的矩阵运算形式。

$$
\begin{bmatrix} -14 \\ 1 \\ 1 \\ 2 \\ 23 \end{bmatrix} = \begin{bmatrix} 3 & -1 & 2 & -5 & 4 & 1 \\ 4 & 2 & -3 & -1 & 1 & 3 \\ -1 & 5 & 4 & 2 & -3 & -2 \\ 3 & 1 & 2 & -3 & 0 & -3 \\ -5 & 4 & -2 & 2 & -5 & -1 \end{bmatrix} \cdot \begin{bmatrix} 0 \\ 2 \\ 0 \\ 0 \\ -3 \\ 0 \end{bmatrix} \tag{2.5.1}
$$

$$z^{(\ell)} \in \Re^{S_\ell} \qquad W^{(\ell-1)} \in \Re^{S_\ell \times S_{\ell-1}} \qquad a^{(\ell-1)} \in \Re^{S_{\ell-1}}$$

所谓表示稀疏就是希望代表神经元活跃程度的输出 $a^{(\ell)}$ 尽可能地接近零, 式 (2.5.1) 中最右端的列向量 (即 $a^{(\ell-1)}$) 有三个零元素两个非零项, 这就是一个表示稀疏的情况。

根据前面的分析可知, 神经元隐层激活值代表的是上一层输入数据具有某种特征的表示, 对神经元隐层施加某种稀疏性限制, 本质上是要求得到关于原始数据的某种稀疏表示, 这就是表示稀疏名称的由来。

为实现表示稀疏, 只要按照前述神经网络稀疏编码的做法, 对有表示稀疏限定的神经网络层引入稀疏因子 $\rho$, 然后将该层的优化目标函数改成式 (2.3.6) 的形式, 并按照式 (2.3.7) 计算表示稀疏层神经元的上游误差。权值修正公式等其他步骤与经典 BP 算法的做法完全相同, 训练好网络后, 即可得到表示稀疏的神经网络模型。

#### 2.5.1.2　参数稀疏

参数稀疏是将约束作用于神经元连接权, 强迫网络的参数尽可能多出现零元素的做法。式 (2.5.2) 即是参数稀疏的一种情况, 其中的连接矩阵 $\boldsymbol{W}^{(\ell-1)}$ 是有大量零元素的稀疏矩阵。

$$
\begin{bmatrix} 18 \\ 5 \\ 15 \\ -9 \\ -3 \end{bmatrix} = \begin{bmatrix} 4 & 0 & 0 & -2 & 0 & 0 \\ 0 & 0 & -1 & 0 & 3 & 0 \\ 0 & 5 & 0 & 0 & 0 & 0 \\ 1 & 0 & 0 & -1 & 0 & 4 \\ 1 & 0 & 0 & 0 & -5 & 0 \end{bmatrix} \cdot \begin{bmatrix} 2 \\ 3 \\ -2 \\ -5 \\ 1 \\ 4 \end{bmatrix} \tag{2.5.2}
$$

$$
\boldsymbol{z}^{(\ell)} \in \Re^{S_\ell} \qquad \boldsymbol{W}^{(\ell-1)} \in \Re^{S_\ell \times S_{\ell-1}} \qquad \boldsymbol{a}^{(\ell-1)} \in \Re^{S_{\ell-1}}
$$

为实现参数稀疏, 只要在式 (2.2.7) 基础上添加网络参数 $\boldsymbol{W} = (\boldsymbol{W}^{(1)}, \boldsymbol{W}^{(2)}, \cdots, \boldsymbol{W}^{(n_\ell)})$ 的范数 (常见的范数有 $\mathscr{L}_1, \mathscr{L}_2$ 范数) 作为惩罚项, 以迫使网络连接矩阵 $\boldsymbol{W}$ 中尽可能多的零元素出现。当使用 $\mathscr{L}_2$ 范数情况下, 新的优化目标函数由原来的式 (2.2.7) 变为式 (2.5.3) 的形式。

$$
\widetilde{J}(\boldsymbol{W}, b) = J(\boldsymbol{W}, b) + \frac{\beta_2}{2} \|\boldsymbol{W}\|_2^2
$$

$$
= \frac{1}{2m_\xi} \sum_{j=1}^{m_\xi} \|Y^{(j)} - H_{\boldsymbol{W},b}(X^{(j)})\|^2 + \frac{\beta_2}{2} \sum_{\ell=1}^{n_{\ell-1}} \sum_{j=1}^{S_\ell} \sum_{i=1}^{S_{\ell+1}} (W_{ij}^{(\ell)})^2 \tag{2.5.3}
$$

请注意, 式 (2.5.3) 中的惩罚项只针对网络连接参数 $\boldsymbol{W}$ 而没有对偏置项 $b = (b^{(1)}, b^{(2)}, \cdots, b^{(n_\ell)})$ 进行惩罚。所有的偏置项 $b$ 均不参加惩罚, 因为如果对偏置项进行惩罚会导致大量偏置项为零的情况出现, 这意味着强迫网络倾向于选择过原点的分类超平面会导致大量欠拟合的情况出现。

下面讨论优化目标函数由原来的式 (2.2.7) 变为式 (2.5.3) 后所带来的权重衰减效应。由于式 (2.5.3) 中添加了对 $\boldsymbol{W}$ 的惩罚项, 这导致在每次权值更新过程中网络连接 $\boldsymbol{W}$ 以常数因子缩减 (shrink), 从而经过足够多轮更新迭代 $\boldsymbol{W}$ 中会出现尽可能多的零元素。接下来的公式推导可以看出这一点。

对式 (2.5.3) 关于 $\boldsymbol{W}$ 求偏导数可得:

$$\frac{\partial \widetilde{J}(\boldsymbol{W}, b)}{\partial \boldsymbol{W}} = \frac{\partial J(\boldsymbol{W}, b)}{\partial \boldsymbol{W}} + \beta_2 \boldsymbol{W} \tag{2.5.4}$$

根据式 (2.2.8) 的迭代公式, 式 (2.5.3) 目标函数下的权值更新公式变为下面式 (2.5.5) 的形式。

$$\begin{aligned} W(t+1) &= W(t) - \gamma \frac{\partial \widetilde{J}(\boldsymbol{W}, b)}{\partial W(t)} \\ &= W(t) - \gamma \left( \frac{\partial J(\boldsymbol{W}, b)}{\partial W(t)} + \beta_2 W(t) \right) \\ &= (1 - \gamma \beta_2) W(t) - \gamma \frac{\partial J(\boldsymbol{W}, b)}{\partial W(t)} \end{aligned} \tag{2.5.5}$$

这样, 当式 (2.5.5) 中 $W(t)$ 的因子项 $(1 - \gamma\beta_2)$ 小于 1 时, 权值更新时每次迭代都会对连接权值 $W$ 进行常数因子 $(1 - \gamma\beta_2)$ 的衰减, 这就是所谓的权重衰减效应。通过这种衰减效应, 强迫算法能勘探到尽可能多零元素的解, 从而达到参数稀疏的效果, 最终达到减小测试误差, 提高模型泛化能力的目的。

值得一提的是, 除了表示稀疏和参数稀疏两种模型约束外, 还有一类设法迫使神经网络两参数集尽可能相近 (在损失函数中添加 $\|W_A - W_B\|_2^2$ 惩罚项迫使参数集 $W_B$ 与另一参数集 $W_A$, 这里 $W_A, W_B \subseteq (\boldsymbol{W}, b)$, 是神经网络参数集的两个不同子集)[43] 甚至限定两参数集相等的做法。其中限定两参数集相等会带来参数共享的概念的提出, 这一点将在第 3 章卷积神经网络部分进一步解释。

## 2.5.2 输入约束技术

提高深度网络泛化能力的另一个思路是从网络的输入角度做文章, 这又可分为对输入层训练数据进行约束和对各层神经元输入 (含输入层和隐层) 进行约束两类方法。

### 2.5.2.1 训练数据约束: 数据集增强

由于深度网络一般具有大量的连接参数, 这意味着深度网络的训练通常需要大量的数据。而实际应用中标注数据获取并不容易, 通常可用的标注数据并不多, 甚至这些标注数据可能是不平衡的 (某一类的数据特别多, 而某些其他类别的数据则很少)。在这种情况下, 数据不足或不平衡均会带来深度网络过拟合的情况出现。

设法给深度网络 "喂" 形式多样的数据, 让它能够见多识广, 这样自然网络的泛化能力就强。这就是数据增强的最初的想法。具体做法是在数据不足或原有的不平衡数据基础上, 通过对数据做几何变换, 例如剪切、旋转/反射/翻转变换、缩放变换、平移变换、尺度变换、对比度变换、极坐标变换、噪声扰动、颜色变换等一种或多种组合数据增强变换的方式来增加数据集的大小。这种做法可看作是对输入数据进行约束, 要求训练数据必须达到某一规模或者不允许数据出现不平衡的情况。

假如你的数据集只有 10 张 $256 \times 256$ 的图片, 你可以通过在每张 $256 \times 256$ 的图片上从左至右, 由上至下的方式裁剪出 $32 \times 32 = 1024$ 张 $224 \times 224$ 的图片, 然后再做一次水平翻转, 那么你的数据集就扩大了 2048 倍, 也就是说你现在有了一个 20 480 张图片的数据集。

那么数据增强的效果到底如何呢? 这里介绍 Hojjat 等人[44] 对输入数据做极坐标变换进行数据增强的最新论文结果。

Hojjat 等人用的对输入数据作极坐标变换的思路很简单, 假设要变换的数据是一幅 $256 \times 256$ 的图像, 在该图像上任意位置作为圆心作半径为 256 的同心圆来覆盖图片, 将该圆等分为 256 条像素辐条 (角度变化为 $2\pi/256$, 相当于式 (2.5.6) 中 $M = 256$)。这样原图像中每一像素都对应一 $(r, \theta)$ 对。再根据式 (2.5.7) 将每像素对应的 $(r, \theta)$ 计算二维直角坐标系中对应坐标 $(\hat{x}, \hat{y})$, 将原坐标 $(x, y)$ 处像素值放到相应的 $(\hat{x}, \hat{y})$ 即可得到新图。由于极坐标在靠近圆心位置像素粒度较大, 而远离圆心位置的像素粒度较小, 所以改变圆心位置, 将得到不同的图片。

$$\theta_m = 2\pi m/M, \quad m \in \{0, 1, \cdots, M-1\} \tag{2.5.6}$$

$$\hat{x} = \text{round}(r\cos(\theta_m)) \& \hat{y} = \text{round}(r\sin(\theta_m)) \tag{2.5.7}$$

Hojjat 等人选择了 MNIST (共 10 个类, 每个类分别为 $0 \sim 9$ 的手写体数字图片) 和多模医学影像数据集 (multimodal medical dataset, MMD, 共 9 个类别) 两个数据集进行试验。

对 MNIST 数据集, Hojjat 等人选择了每个类 20 张共 200 张大小的 MNIST-OR 数据集进行数据增强, 放大 100 倍, 得到 20 000 张图片 MNIST-RT。对 MMD 数据集, 同样 100 倍放大, 将每个类 20 张共 180 张大小的 MMD-OR 增强成 18 000 张的 MMD-RT 图片。图 2.17 给出变换前后的对比结果[44]。

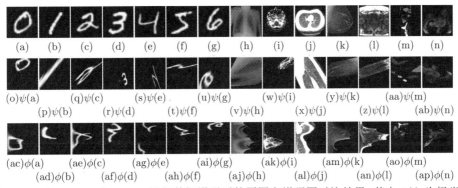

图 2.17　对 MNIST 和 MMD 进行数据增强后的原图和增强图对比结果, 其中 $\phi(\cdot)$ 为极坐标变换结果, $\psi(\cdot)$ 为仿射变换结果

随后 Hojjat 等人分别选用 AlexNet 和 GoogLeNet 两个深度学习模型对以上四个数据集进行训练, 其结果表明, 通过数据增强变换后的数据集能够更迅速地稳定收敛, 且精度较高。对具体细节感兴趣的读者可进一步阅读原文。

### 2.5.2.2 神经元输入约束: 批正则化

批正则化 (batch normalization, BN) 是 Sergey 和 Christian 为克服内部协方差波动 (internal covariate shift, ICS) 现象而提出的一种对各层神经元输入 (含输入层和隐层) 进行约束的方法[45]。

所谓 ICS 现象是指深度网络训练过程中, 随着参数不断被改变导致后续每层输入的分布也发生变化, 即深层神经网络 $\ell+1$ 层神经元输入值 $z^{(\ell+1)} = W^{(\ell)}a^{(\ell)} + b^{(\ell)}$ 会随着网络深度加深或者在训练过程中, 其分布逐渐发生偏移或者变动, 这种偏移或变动会使 $z^{(\ell+1)}$ 的整体分布逐渐往非线性函数的取值区间的上下限两端靠近 (对于 sigmoid 函数来说, 意味着激活输入值 $z^{(\ell+1)}$ 是大的负值或正值), 这会引起相应的神经元梯度信号变得微弱, 从而导致神经网络训练收敛速度越来越慢。为克服收敛速度越来越慢的问题, 不得不对学习率进行调整, 甚至要小心选择初始化策略, 使得深度网络的训练变成一个费时费力的调参工程。

针对前述的 ICS 问题, BN 的解决办法是在每个神经元的 $z^{(\ell+1)}$ 作为传递函数的输入之前, 先经过一个 BN 的节点进行标准化处理 (图 2.18)。BN 的这种标准化处理过程, 本质上是通过标准化变换将 $z^{(\ell+1)}$ 这个输入值原本越来越偏的分布强行拉回到均值为 0, 方差为 1 的标准正态分布, 使得激活输入值落在 sigmoid 非线性函数对输入比较敏感的区域, 这样输入的微小变化就会导致损失函数较大的变化 (具有较大的梯度), 而梯度变大意味着学习收敛速度加快。

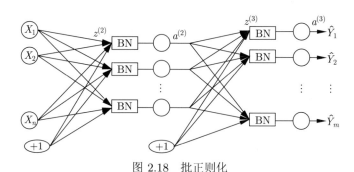

图 2.18  批正则化

每个神经元输入 $z^{(\ell)}$ 由原来的直接进入传递函数, 改成现在的先经过一个
批正则化变换后再作为传递函数的输入

与传统神经网络相比, 图 2.18 中每个神经元之前多了一个 BN 处理模块, 该模块的输入为 $z^{(\ell)}$, 输出为 $\hat{z}^{(\ell)}$, 两者的变换关系通过式 (2.5.8) 表示, 而其中 $\mu_B, \sigma_B^2$ 分别表示该神经元在输入为迷你批样本 (mini-batch)$\{x^{(1)}, \cdots, x^{(i)}, \cdots, x^{(m_\varepsilon)}\}$ 下产生的

$z^{(\ell)}$ 值的均值和方差, 可由式 (2.5.9) 计算得到. 请注意, 这里 $x^{(i)}$ 代表随机抽样得到的迷你批样本中的第 $i$ 号样本, 且 BN 一般要求用迷你梯度下降法, 而非随机梯度下降法训练网络.

$$\overline{z}^{(\ell)}(x^{(i)}) = \frac{z^{(\ell)}(x^{(i)}) - \mu_B}{\sqrt{\sigma_B^2 + \epsilon}}$$

$$\hat{z}^{(\ell)} = \psi \overline{z}^{(\ell)}(x^{(i)}) + \omega \tag{2.5.8}$$

由式 (2.5.8) 可以看出, $\overline{z}^{(\ell)}(x^{(i)})$ 本质上是对 $z^{(\ell)}$ 标准化, 而 $\hat{z}^{(\ell)}$ 则被称为缩放和平移 (scale and shift) 操作 (当 $\omega = \mu_B, \psi = \sigma_B^2$ 时, $\hat{z}^{(\ell)} = z^{(\ell)}$ 该操作就变成标准化的逆变换). BN 的最大奥秘就隐藏在 $\omega, \psi$ 这两个参数里面, 它们跟神经网络连接参数 $(W, b)$ 的地位一样, 是需要被优化的参数. 如果 $\omega, \psi$ 严格等于 $\mu_B, \sigma_B^2$, 意味着变换后的 $\overline{z}^{(\ell)}$ 又被反变换回去, 即 $\hat{z}^{(\ell)} = z^{(\ell)}$ 导致 BN 模块输入和输出相等, 这样的变换没有意义. 而由于 $\omega, \psi$ 是学习参数, 意味着每次迭代 $\omega, \psi$ 严格等于 $\mu_B, \sigma_B^2$ 的情况不会出现. 这样做的理由 (好处) 何在? 下面对此作进一步解释.

$$\mu_B = \frac{1}{m_\xi} \sum_{i=1}^{m_\xi} z^{(\ell)}(x^{(i)})$$

$$\sigma_B^2 = \frac{1}{m_\xi} \sum_{i=1}^{m_\xi} (z^{(\ell)}(x^{(i)}) - \mu_B)^2 \tag{2.5.9}$$

标准化变换将 $z^{(\ell)}$ 值强行拉回 $(-1, 1)$ 区间内, sigmoid 传递函数在该区间内的梯度变化显著, 近乎线性函数. 可以想象, 如果直接将标准化后的值 $\overline{z}^{(\ell)}$ 输入给 sigmoid 传递函数, 网络的学习或收敛速度将非常快, 与使用线性传递函数的网络相当. 但这样做是以牺牲网络的非线性建模能力为代价的, 因为当所有神经元的 $z^{(\ell)}$ 值均被拉回 $(-1, 1)$ 区间时, sigmoid 传递函数几乎变成线性函数, 而线性函数无论怎样组合和嵌套均没法表示非线性关系.

由 $\omega, \psi$ 两个学习参数定义的反变换起到部分恢复 sigmoid 传递函数非线性表达能力的效果, 因为原来处于 sigmoid 饱和区的大的负值或正值的 $z^{(\ell)}$, 在 $\omega, \psi$ 不严格等于 $\mu_B, \sigma_B^2$ 情况下被恢复成相对较小的负值或正值, 恢复后的 $\hat{z}^{(\ell)}$ 值落在 sigmoid 的介于线性区和饱和区的中间地段. 至于 $\hat{z}^{(\ell)}$ 靠近线性区多点还是靠近饱和区多点, 这是优化算法要解决的范畴.

因此, 公式 (2.5.8) 中两个学习参数 $\omega, \psi$ 的设计赋予了优化算法能在网络收敛速度和网络表达能力之间进行某种权衡的可能. 通过这种方式, BN 能巧妙地回避掉前述式 (2.3.3) 指出的梯度消失或爆炸问题, 这意味着可以用 BN, 而不用前述的逐层贪心预训练的方法, 也能训练一个以 sigmoid 为传递函数的深层网络.

BN 方法需要解决的另一个问题是如何在测试阶段进行批正则化操作? 因为测试阶段只有一个样本作为输入, 不像训练阶段有 Mini-Batch 的其他样本, 但只有一个样本是无法求出均值和方差的。Sergey 和 Christian 给出的解决办法是从所有训练样本中计算均值和方差来代替 mini-batch 中 $m_\xi$ 个随机样本的均值和方差[45]。这样做的合理性不难理解, 因为本来就打算用全局统计量, 只是因为避免计算量太大才用 mini-batch 随机样本来代替, 所以测试阶段直接用全局数据的均值和方差统计量即可。因此, 只要在每次做 mini-batch 训练时, 将每个 mini-batch 的均值和方差统计量一一记录, 然后求出这些均值和方差对应的数学期望即可得出全局统计量。式 (2.5.10) 给出了均值和方差的全局统计量的计算公式, 其中的 $\mu_B(t), \sigma_B^2(t)$ 分别代表第 $t$ 次迭代时 mini-batch 的均值和方差统计量, $T$ 为训练阶段最大的迭代次数。

$$E[z^{(\ell)}] = E_B(\mu_B) = \frac{\sum_{t=1}^{T} \mu_B(t)}{T}$$

$$\mathrm{Var}[z^{(\ell)}] = \frac{m}{m-1} E_B(\sigma_B^2) = \frac{m}{m-1} \frac{\sum_{t=1}^{\mathrm{T}} \sigma_B^2(t)}{T} \qquad (2.5.10)$$

最后, 将式 (2.5.10) 算出的结果代入式 (2.5.11), 求出测试阶段只有一个样本时 BN 模块的输出 $\hat{z}^{(\ell)}$。

$$\hat{z}^{(\ell)} = \frac{\psi}{\sqrt{\mathrm{Var}[z^{(\ell)}] + \epsilon}} z^{(\ell)} + \left( \omega - \frac{\psi E[z^{(\ell)}]}{\sqrt{\mathrm{Var}[z^{(\ell)}] + \epsilon}} \right) \qquad (2.5.11)$$

式 (2.5.11) 中的两个参数 $\psi, \omega$ 在网络训练阶段已被确定, 且式 (2.5.11) 与式 (2.5.8) 中关于 $\hat{z}^{(\ell)}$ 的计算是等价的, 之所以写成式 (2.5.11) 的形式是出于计算上的简便考虑, 式 (2.5.11) 中括号部分和 $z^{(\ell)}$ 的系数部分在测试阶段均是固定值, 只要预先计算好后直接使用就可以。

BN 的效果是非常好的, 它能极大地提升网络训练速度, 并提高精度。同时 BN 的使用降低了初始化的要求, 也简化了训练过程中的调参工作, 因为它允许使用相对较高的学习率。

## 2.5.3　模型集成技术

将多个模型 (子模型) 的分类结果进行集成得到一个最终的结果是有效降低过拟合的另一类方法。这种集成的思想并不难理解, 假设用前述的 BP 算法训练多个神经网络, 用的是完全相同的训练数据。由于随机初始化参数或其他原因, 训练得到的结果也许是不同的。此时这几种网络的平均结果会比单独一种网络的结果效果好。例如,训练五个不同的模型, 其中三个模型将数字判决为 3, 那么最终的结果这个数字是 3 的可能性更大一些, 其他的两个模型也许有些错误。这种平均的方法有效的原因可能是不同的模型在不同的方式上过拟合, 而通过平均可以排除或减小这种过拟合 (两把对射的手电筒射出的光线彼此帮对方消除盲点)。

　　模型集成技术按照集成的对象可分成不同网络的集成以及同一网络中不同子网的集成两类, 前者称为模型平均, 后者即为所谓的 dropout。

### 2.5.3.1　模型平均

　　大型深度网络存在的一个普遍问题是容易出现过拟合的情况, 尤其在数据量不足的情况下更是如此。模型平均的方法是解决过拟合问题的一类有效方法。这里代表性地介绍一种 bagging 的模型平均方法。

　　Bagging 的方法是采用有放回抽样方式从训练数据集中抽取 $m$ 份与原始训练数据大小相同的子训练集, 然后用这 $m$ 份子训练集训练得到 $m$ 个不同模型 $h_1, h_2, \cdots, h_m$。预测阶段, 对数据 $x$ 的预测结果由这 $m$ 个模型平均得到, 即 $H(x) = \dfrac{1}{m}\sum_{i=1}^{m} h_i(x)$。上述 bagging 的计算过程可直观表示成图 2.19 的形式。

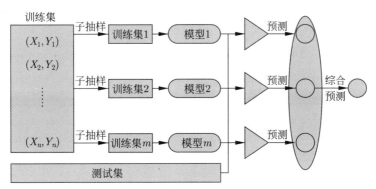

图 2.19　从训练数据集中按有放回抽样方式抽取若干份子数据集训练多个不同模型, 最终的判决通过多个模型 "投票" 的结果综合得到

　　由于子训练集与原始训练数据集大小相同, 因此, 子训练集中可能某些样本会重复, 而有些样本则缺失, 这意味着不同子训练集训练出来的模型在预测结果方面可能并不完全相同。$\varepsilon_i$ 表示第 $i$ 个模型产生的误差, 假定 $\varepsilon_i \sim \mathcal{N}(0, \sigma^2)$, 即模型误差服从均值为零方差为 $\sigma^2$ 的正态分布, 在均值为零的条件下, $E(\varepsilon_i^2) = \sigma^2$, 假定 $E(\varepsilon_i \varepsilon_j) = c$, $m$ 个模型误差均值平方的期望可根据式 (2.5.12) 计算得到。

$$E\left[\left(\frac{1}{m}\sum_i \varepsilon_i\right)^2\right] = \frac{1}{m^2}E\left[\sum_i\left(\varepsilon_i^2 + \sum_{i\neq j}\varepsilon_i\varepsilon_j\right)\right]$$

$$= \frac{1}{m}\sigma^2 + \frac{m-1}{m}c \qquad (2.5.12)$$

当不同模型间误差完全相关, 且 $c = \sigma^2$ 时, $m$ 个模型误差均值平方的期望等于 $\sigma^2$, 此时平均后的误差等同于单个模型的误差, 平均并没有带来误差的降低。当不同模型间误差彼此不相关, 且 $c = 0$ 时, $m$ 个模型误差均值平方的期望变成 $\sigma^2/m$。这意味着模型平均后其误差随模型数目线性减少, 换言之, 平均模型的性能至少不比其任何一个成员差。

图 2.20 给出了 bagging 方法能有效克服过拟合的直观的解释。假设原始数据集为 "9,6,8" 三个数字的手写体图片集。通过放回抽样可从中得到 "8,6,8" 和 "9,9,8" 两份训练样本。其中第一份训练样本缺失 "9", 重复 "8", 用该样本训练得到的第一个模型将学习数字 "8" 的一个特征: 数字上端有环。第二份样本缺失 "6", 重复 "9", 用该样本训练得到的第二个模型将学习数字 "8" 的另一特征: 数字下端有环。

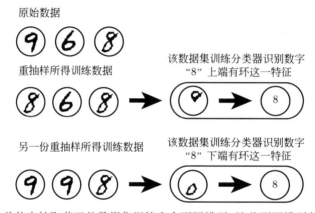

图 2.20　从同一总体中抽取若干份数据集训练多个不同模型, 这些不同模型各自擅长识别对象的不同特征, 最终的判决通过多个模型 "投票" 的结果综合得到

已有的实验结果表明, 模型平均的方法在控制过拟合问题有显著效果。Koren[46] 使用 20 多个模型进行平均, 取得了近 10.09% 的效率改进, 赢得了当年的 Netflix 推荐系统比赛冠军。Szegedy 等[36] 独立地训练了 7 个 GoogLeNet 神经网络模型 (7 个模型初始权重、网络结构完全相同, 甚至学习率等参数均一样, 唯一不同的是训练样本来自不同抽样方法) 进行平均, 赢得了当年的大规模视觉识别比赛 (ILSVRC) 桂冠。

模型平均是解决过拟合的一种有效办法。但模型平均的方法往往要训练多个模型, 同时测试阶段对每个样本均要用多个模型测试一次, 然后才能综合得到该样本的最终预测结果。因此, 如果这些模型均是大型深度网络, 那么模型平均将会是一个极为费时的方法。

费时和过拟合问题似乎成了大型深度网络方法难以调和的一对矛盾, 幸运的是, Hinton 等人[47,48] 创造性地提出了通过在大型深度网络中训练比原始网络更瘦的随机子网, 并在这些随机子网中进行模型平均的思想, 较好地平衡了费时和过拟合这对难题。这就是接下来要介绍的 dropout 方法。

### 2.5.3.2　深度网络中的 dropout 技巧

前面模型平均的方法需要训练多个模型, 测试阶段每个被测试样本也需要在不同模型上运行多次, 这是一个需要大量存储资源且较费时的任务, 尤其当模型是个大型极深网络时, 模型平均的方法就显得不那么有效率。实用中模型平均一般在 $5 \sim 10$ 个网络时使用, 再多则不易处理。

Dropout 这一富有创造性的概念的出现, 既与前面的模型平均的思想有关联, 又与模型约束中的参数稀疏和表示稀疏的做法有瓜葛, 同时它还是数据增强的 "远亲"。

下面先介绍 dropout 具体做法, 然后分析 dropout 与其他正则化技术的联系, 最后简述使用 dropout 所带来的实际效果。

训练大型极深网络往往面临费时且易过拟合的问题。对此, Krizhevsky 等人 [18,47,48] 创造性地提出在一个大型极深网络内部众多的随机子网之间进行模型平均的思想, 即随机临时关闭部分神经元节点 (与该节点连接的权值相应地暂时不起作用), 得到一个随机子网。然后用随机样本对该随机子网进行一次迭代。下一轮用另一批随机样本对以同样的方式产生的另一个随机子网进行训练。反复经过多轮训练后得到的全网络是一个众多子网平均后的结果。这就是 dropout 方法。

具体地, 图 2.21(a) 为 dropout 的基础网络, 基础网络中除输出单元 $y$ 外, 两个输入单元 $x_1, x_2$ 和两个隐层单元 $h_1, h_2$ 共四个单元参与 dropout。每次 dropout 时, 根据 $(x_1, x_2, h_1, h_2)$ 产生掩码向量 $\boldsymbol{\mu} = (\mu_1, \mu_2, \mu_3, \mu_4)$, 这里掩码向量 $\boldsymbol{\mu}$ 是一个根据 dropout 概率 $p$ (比如 $p$ 取 0.5) 产生的随机 0,1 二进制串。当某个掩码位取值为 0 时, 相应的神经元节点将被临时丢弃, 不参与这一轮训练。当某个掩码位取值为 1 时, 相应的神经元节点被保留。例如当掩码向量 $\boldsymbol{\mu} = (1, 0, 1, 0)$ 时, 节点 $x_2, h_2$ 被丢弃, 而 $x_1, h_1$ 被保留, 形成图 2.21 (b) 中第三行第一个子网。

图 2.21(b) 给出了 $2^4 = 16$ 种所有可能的子网。这些子网中存在一部分非法子网, 即在 dropout 时某一层所有神经元节点均被丢弃, 导致从输入层到输出层出现 "断路" 的情况。图 2.21(b) 第二行 2,3 列, 第三行最后一列以及第四行所有列均是非法子网的情况。但这种同一层所有神经元同时丢掉导致网络出现 "断路" 的情况将随着网络宽度增加而变得越来越小, 试想对于有 1000 个神经元的某层, 这 1000 个神经元同时被丢掉的概率为 $0.5^{1000}$=9.33226E-302 是一个几乎为零的数。因此, 大型深度网络 dropout 产生非法子网并不是一个严重的问题。

这样, 每个随机掩码向量 $\boldsymbol{\mu}$ 定义一个子网, 在该子网下的前向计算过程可用掩码向量 $\boldsymbol{\mu}$ 表示。

$$h_1 = a_1^{(2)} = f(W_{11}^{(1)} x_1 \mu_1 + W_{12}^{(1)} x_2 \mu_2 + b_1^{(1)})$$

$$h_2 = a_2^{(2)} = f(W_{21}^{(1)} x_1 \mu_1 + W_{22}^{(1)} x_2 \mu_2 + b_1^{(1)}) \tag{2.5.13}$$

$$\hat{y} = h_{W,b}(x) = a_1^{(3)} = f(W_{11}^{(2)} a_1^{(2)} \mu_3 + W_{12}^{(2)} a_2^{(2)} \mu_3 + b_1^{(2)})$$

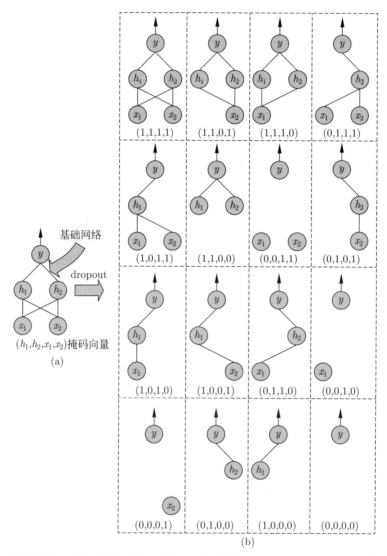

图 2.21　将基础网络 (a) 除输出节点外的其他四个节点随机 dropout, 共产生 $2^4$ 种可能的子网 (b)

根据式 (2.5.13) 不难定义代价函数 $J(\boldsymbol{W}, b, \boldsymbol{\mu})$。在代价函数 $J(\boldsymbol{W}, b, \boldsymbol{\mu})$ 下可按照与前述 BP 网络类似的方式求相应权值的偏导数, 进而完成迭代过程。

这里跟前述 BP 网络不同的地方是, 由于掩码 $\boldsymbol{\mu}$ 是一个随机向量, 这意味着 $\boldsymbol{\mu}$ 对应的子网出现的概率为 $p(\boldsymbol{\mu})$。换言之, 每次迭代训练的是一个随机子网。训练的目标函数不再是原来的 $\min\limits_{\boldsymbol{W}, b} J(\boldsymbol{W}, b)$, 而是 $\min\limits_{\boldsymbol{W}, b} E_{\boldsymbol{\mu}} J(\boldsymbol{W}, b)$, 等价于 $\max\limits_{\boldsymbol{W}, b} E_{\boldsymbol{\mu}} p(\boldsymbol{y}|\boldsymbol{x}; \boldsymbol{W}, b) = \max\limits_{\boldsymbol{W}, b} \sum\limits_{\boldsymbol{\mu}} p(\boldsymbol{\mu}) p(\boldsymbol{y}|\boldsymbol{x}; \boldsymbol{W}, b)$。也就是说, 优化的目标由原来的寻找网络参数 $(\boldsymbol{W}, b)$ 使网

络的代价函数 $J(W, b)$ 极小变为寻找网络参数 $(W, b)$ 使子网的期望代价 $E_\mu J(W, b)$ 最小 (等价于极大化子网在给定输入 $\boldsymbol{x}$ 条件下 $\boldsymbol{y}$ 的条件分布的期望)。

下面结合图 2.22 介绍训练完毕后如何将各子网的结果综合得到最终全网络的输出。图 2.22 是图 2.21 (a) 为基础网络产生的六个不同子网。假定参数初始化时连接权 $W_{h_2,y}$ 被置为 0。设按 $p = 0.4$ (指产生数字 1 的概率为 0.4) 的概率产生掩码的向量为 $\boldsymbol{\mu}_1 = (1, 1, 1, 1)$,得到图 2.22 中第一个子网。然后随机抽取一样本对该子网进行训练,经过一次迭代后,$W_{h_2,y}$ 的值增加 3。接下来按同样的方式产生图 2.22 中其余子网,并且对每一子网随机抽取样本进行一次训练。由于 6 个子网均包含连接权 $W_{h_2,y}$,因此每次训练均会对 $W_{h_2,y}$ 的值做一次修改 (在上一次权值的基础上),修改的具体值标在图 2.22 中相应连接权旁边。这样,经过 6 次训练后,全网络 (原来的基础网络) 下连接权 $W_{h_2,y}$ 的值将会是 6 个子网权值修改量的概率加权和,即 $0.4 \times (3 + 2 + 4 + 5 + 1 + 6) = 8.4$。这种将各子网得到的权值概率加权和的做法称为权值缩放推理规则 (weight scaling inference rule)。

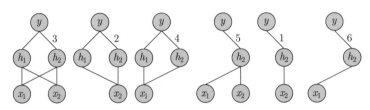

图 2.22 6 个子网均包含隐层节点 $h_2$ 到输出节点 $y$ 的连接权 $W_{h_2,y}$,连接权 $W_{h_2,y}$ 旁的数字为训练子网时该权值增加量

上述 dropout 的处理方法有点像将大量不同网络 (子网络) 进行平均后得到的结果,不同的子网络在不同的情况下发生过拟合,而平均可有效减少这种过拟合,这与前述模型平均的效果类似。只是 dropout 的这种平均是在大型网络内部的子网络之间进行平均,而前述模型平均的做法是在不同网络之间进行平均。

但 dropout 与前述模型平均的不同之处在于其共享参数属性,dropout 产生的不同子网继承自基础网络的不同参数子集,这一共享机制使得在有限内存表示指数级模型成为可能,对于一个有 $N$ 个节点的神经网络,使用 dropout 后,这个基础网络相当于 $2^N$ 个模型的集合,但此时要训练或保存的参数数目却是不变的。

在大型网络中将其中神经元节点随机丢弃的做法带来的另一个效应就是可极大减少不同神经元之间存在的复杂的共适性 [18],网络中任一神经元在下一次训练中均有可能不起作用,这迫使神经元得学会在不依赖其他特定神经元情况下仍能稳健地完成识别任务。例如在某次迭代中识别人眼睛这一特征的神经元被丢弃,这相当于要求在没有眼睛这一特征下子网仍能正确地识别人脸。

如果将基础网络中被丢弃的神经元相应的连接权看作 “零” 元素,则 dropout 产生的子网又可被看作基础网络的一个稀疏网络。因此,dropout 又融合了前述参数稀疏和表示稀疏两种模型约束技术。

Srivastava 等人 [48] 给出了 dropout 在 MINST, TIMIT, CIFAR-10, CIFAR-100, SVHN, ImageNet 等数据集上的实验效果。相比于经典的深度学习算法, 使用 dropout 后效果显著, 错误率下降了 $10\% \sim 30\%$ 不等。

# 2.6　深度网络发展史

最后, 作为本章的结尾, 本节简要梳理深度网络的发展史。

## 2.6.1　早期神经网络模型 ( 1958—1969 年 )

最早的神经网络的思想起源于 1943 年的 MP 人工神经元模型 [30], 当时是希望能够用计算机来模拟人的神经元反应过程, 该模型将神经元简化为三个过程: 输入信号线性加权、求和与非线性激活 (阈值法)。如图 2.23 所示。

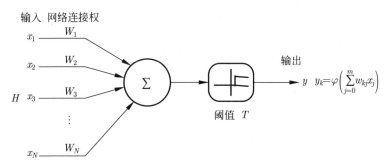

图 2.23　MP 人工神经元模型

在 MP 人工神经元模型基础上, 第一次将 MP 用于机器学习 (分类) 的当属 1958 年 Rosenblatt 发明的感知器 (perceptron) 算法 [26]。该算法使用 MP 模型对输入的多维数据进行二分类, 且能够使用梯度下降法从训练样本中自动学习更新权值。此后, 该方法被证明为能够收敛 [49], 其理论与实践效果引起第一次神经网络的浪潮。

然而学科发展的历史不总是一帆风顺的。1969 年, 美国数学家及人工智能先驱 Minsky 在其著作中证明了感知器本质上是一种线性模型, 只能处理线性分类问题, 就连最简单的 XOR (异或) 问题都无法正确分类 [8]。这等于直接宣判了感知器的死刑, 此后神经网络的研究陷入了近 20 年的低潮。1958—1969 年这段时间所提出的各种神经网络模型被认为是早期的神经网络模型。

## 2.6.2　深度学习萌芽期 (1969—2006 年)

学科发展的困难往往是孕育新概念新方法的沃土。1969—2006 年是神经网络模型发展的困难期, 但也是深度学习概念和方法产生的萌芽期。在这 30 多年里, 训练深度模型的本质困难——梯度消失和梯度爆炸问题被充分研究并得到了有效的解决, 这些努力最终打开了训练深度模型的大门。

首次将深度学习引入机器学习领域的是加利福尼亚大学欧文分校信息与计算机学院的 Dechter 教授[50]。Dechter 教授作为人工智能自动推理和约束可满足领域方面的专家, 她在解决一个约束可满足的问题中, 在求最小冲突集时引入了深层变量和深度学习的概念。

第一个有监督的前向多层网络是苏联 (现在的乌克兰) 数学家 Alexey Ivakhnenko 构造的。毕业于列宁格勒电工研究所的 Alexey Ivakhnenko 于 1971 年发表的论文中构造了一个 8 层的前向网络, 并提出了一个所谓数据处理的组方法 (group method of data handling, GMDH) 作为网络的训练算法[51]。由于这一贡献, Alexey Ivakhnenko 享有深度 "学习之父" 的美誉。

第一次打破非线性诅咒的当属现代深度学习先驱 Hinton, 其在 1986 年提出适用于多层感知器 (MLP) 的 BP 算法, 并采用 sigmoid 进行非线性映射, 有效解决了非线性分类和学习的问题[29]。

1989 年, Hecht-Nielsen 等证明了 MLP 的万能逼近定理[11-13], 即对于任何闭区间内的一个连续函数 $f$, 都可以用含有一个隐含层的 BP 网络来逼近。该定理的发现在困难期极大地鼓舞了神经网络的研究人员。

也是在 1989 年, LeCun 将卷积神经网络-LeNet 应用于手写体数字识别[52], 且取得了较好的成绩。不过由于神经网络模型一直缺少相应严格的数学理论支持, 导致神经网络模型普遍不被看好。

对神经网络模型更为糟糕的发现出现于 1991 年, Horchreiter 指出 BP 算法存在梯度消失问题[14], 即在误差梯度信号反向传递的过程中, 误差信号被以累乘方式叠加到上游端, 由于 sigmoid 函数的饱和特性, 误差梯度信号本来就小, 误差信号传到上游时几乎为零, 因此无法对接近输入层的上游端神经元连接权进行有效的学习, 该发现对本来就不被看好的神经网络的发展更是雪上加霜, 众多研究人员纷纷放弃对神经网络的研究, 转向更具有良好解释性的决策树方法及相应的改进方法[53-55] 以及更具有扎实理论基础的支持向量机 SVM[9]、集成方法 AdaBoost[56]、随机森林[57] 及其扩展[58]、能统一朴素贝叶斯、SVM 和隐马尔可夫模型的图模型框架[59] 的研究。

然而, 无论是决策树, 还是支持向量机, 或者图模型框架, 均不具备特征自动提取能力, 这些方法的性能好坏建立在预先给定的特征集上。这为神经网络模型乃至后来的深度模型重回数据分析的舞台中央埋下了伏笔。

希望从来都属于具有坚定信念不轻言放弃的人。1995 年, 加拿大多伦多大学Hinton 及其学生 Brendan Frey 发现利用一种所谓的醒眠算法 (Wake-Sleep algorithm)

可在几天内训练好一个具有六个全连接层, 每层具有几百个隐层节点的深层网络[60]。1997 年, Horchreiter 等人提出 LSTM 模型[61], 解决了长时间跨度下的时间序列学习难题。尽管该模型在序列建模上的特性非常突出, 但由于正处于神经网络的低潮期, 也没有引起足够的重视。

2006 年可看作是深度学习元年。这一年, Hinton 提出了深层网络训练中梯度消失问题的解决方案: 无监督预训练对权值进行初始化 + 有监督训练全局微调。其主要思想是先通过自学习的方法学习到训练数据的结构 (自动编码器), 然后在该结构上进行有监督训练微调[17,62]。但是由于没有特别有效的实验验证, 该论文的重要意义并没有立刻被大家意识到。

## 2.6.3 深度学习爆发期 (2006 年至今)

Hinton 的逐层贪心预训练 + 全局微调的方案从技术上解决了训练深层模型的困难。此后, 训练深度模型的众多难题 (梯度消失和梯度爆炸问题、前向网络缺乏长时间跨度下的时间序列学习能力、训练数据的缺乏、计算能力的缺乏等) 被逐一研究并得到了有效的解决, 这些努力最终推动了深度学习的发展。

对深层网络进行优化始终存在梯度消失或梯度爆炸的难题。逐层贪心预训练策略、ReLU 传递函数[63-65]和批量正则化 BN 模块[45]的引入, 起到了抑制深度神经网络优化时的梯度消失或梯度爆炸的效果。这些措施的提出和使用从技术层面解决了训练深层网络的困难。

Horchreiter 等人的 LSTM 与深度技术的结合自然诞生的深层 LSTM 则成为了时间序列学习的有力工具。深层 LSTM 弥补了前向神经网络在长时间跨度下的信息关联弱的不足。Google 利用深度 LSTM 构造的语音识别系统取得了 49% 的大幅度性能提升, 其 Google Voice 系统目前已被部署到智能手机上使用[66]。深层 LSTM 为语音识别、机器翻译等这样一类时间序列问题的有效处理提供了可能。

2009 年, 斯坦福大学华裔学者李飞飞通过众包的方式搭建了数据集 ImageNet, 该数据集包含 320 万张经过标记的共分成 5247 种类别的图片数据集[67]。这项工作解决了深度网络训练所需的高质量的标注数据缺乏的难题, 使得 ImageNet 后来成为包括深度模型在内的众多分类方法一比高低的竞技场。

训练深度模型需要的计算能力滞后的问题则随着硬件巨头英伟达 (Nvidia) 公司的介入而得以解决。英伟达的图形处理单元 (graphics processing units, GPUs) 是一种擅长进行矩阵/向量运算的处理器。2009 年, 当时任职 Google Brain 的吴恩达教授发现使用英伟达的 GPUs 训练深度网络能使速度提升上百倍。正是英伟达高效的GPUs 使得深度网络的训练速度得到极大的提升, 将原来动辄需要几周的训练时间降低为几天工夫即可完成。

计算能力的大幅提升引发了大量深度学习工程应用的出现。2010 年开始, 瑞士人

工智能实验室 (IDSIA) 的博士后研究员 Dan Ciresan 在英伟达的 CUDA 平台上利用 NVIDIA GTX 280 图形处理器训练九层的深度网络，成为深度网络实践方面的先行者，他们的系统在手写体识别[68]、图像分类[69] 和汉字识别[70]、交通信号灯识别[71]、乳腺癌病理图像理解[72]、电子显微镜图像神经元膜分割[73] 等方面取得了令人吃惊的效果。2012 年, Hinton 课题组为了证明深度学习的潜力，首次参加 ImageNet 图像识别比赛，通过构建的 CNNs 网络, AlexNet 一举夺得冠军，且碾压第二名 (SVMs 方法) 的分类性能[18]。也正是由于该比赛, CNNs 吸引到了众多研究者的注意。

深度技术的成功实践进一步促进学者们对深度学习背后的机理的思考。2015 年, LeCun 等人论证了局部极值问题对于深度学习的影响[22]，结果是损失函数 Loss 的局部极值问题对于深层网络来说影响可以忽略。该论断也消除了笼罩在神经网络上的局部极值问题的阴霾，具体原因是深层网络虽然局部极值非常多，但是通过深度学习的 BSGD 优化方法很难陷进去。而且就算陷进去，其局部极小值点与全局极小值点也是非常接近。但是浅层网络却不然，其拥有较少的局部极小值点，但是却很容易陷进去。且这些局部极小值点与全局极小值点相差较大。请注意，这些论述原文其实没有证明，只是简单叙述，而不是严格的证明结果。

在计算能力助推的深层网络构造潮流中，新的问题出现了。当对更深层的神经网络进行优化时，出现了新的退化问题。即通常来说，深层网络的潜在分类性能好于较浅层的网络，但实践并非严格如此。例如，如果在牛津大学开发的具有 13 个卷积层加 3 个全连接层叠加而成的称为 VGG16 深层网络后面继续加深网络，网络的输出特性将好于 (至少不差于) VGG16。然而实际效果与预期相反，如果只是简单的加深 VGG16 的话，分类性能会下降 (不考虑模型过拟合问题)。这一现象导致了 2015 年的深度残差网络的提出[74]。残差网络的提出者认为可通过引入跨层连接来解决更深网络的训练难题，由此诞生了残差网络。深度残差网络的提出使得训练高达 150 层甚至更深的网络变得毫无困难。

自 2012 年到现在，通过 ImageNet 图像识别比赛以及各种应用的拓展，带动了深度神经网络结构、训练方法、GPU 硬件的持续向前演化，这反过来又促使深度学习技术在其他领域不断得到应用[75,76], 图像识别系统[69,73,77–80]、语音识别系统[20,81,82]、唇读系统[83]、神经机器翻译系统[84,85]、推荐系统[86]、药物发现和药物毒性分析[87]、基因分析及疾病诊断[88,89]、市场行为分析[90]、新媒体热点预测[91]、围棋 AlphaGo 和 AlphaGo Zero[21,92] 等各种性能卓越的软件背后无一不含深度学习技术的影子。

# 参 考 文 献

[1] Francis G. Regression towards mediocrity in hereditary stature[J]. The Journal of the Anthropological Institute of Great Britain and Ireland, 1886, 15: 246–263.

[2] Cox D R. The regression analysis of binary sequences(with discussion) [J]. Journal of the Royal Statistical Society Series b-Methodological, 1958, 20: 215–242.

[3] Engel J. Polytomous logistic regression[J]. Statistica Neerlandica, 2010, 42(4): 233–252.

[4] Darmois G. Sur les lois de probabilites a estimation exhaustive[J]. Comptes Rendus de l'Acad é mie des Sciences,1935, 200: 1265–1266.

[5] Pitman E, Wishart J. Sufficient statistics and intrinsic accuracy[J]. Mathematical Proceedings of the Cambridge Philosophical Society, 1936, 32(4): 567–579.

[6] Koopman B O. On distributions admitting a sufficient statistic[J]. Transactions of the American Mathematical Society, 1936, 39(3): 399–409.

[7] McCullagh P, Nelder J. Generalized Linear Models[M]. 2nd ed.Boca Raton: Chapman and Hall, 1989.

[8] Minsky M, Papert S. Perceptrons: An Introduction to Computational Geometry[M]. Cambridge, MA: The MIT Press, 1969.

[9] Boser B E, Guyon I M, Vapnik V N. A training algorithm for optimal margin classifiers[C]. Proceedings of the Fifth Annual Workshop on Computational Learning Theory, Pittsburgh, Pennsylvania, USA. July 27–29, 1992: 144–152.

[10] Rumelhart D E, Hinton G E, Williams R J. Learning representations by back-propagating errors[J]. Nature, 1986, 323: 533–536.

[11] Hecht-Nielsen R. Theory of the backpropagation neural network[C]. Proceedings of International Joint Conference on Neural Networks, Washington, DC, USA. 1989, vol.1, 10.1109: 593–605.

[12] Cybenko G V. Approximation by superpositions of sigmoidal functions. Mathematics of Control, Signals, and Systems[J]. Mathematics of Control Signals and Systems, 1989, 2(4): 303–314.

[13] Hornik K. Approximation capabilities of multilayer feedforward networks[J]. Neural Networks, 1991, 4(2): 251–257.

[14] Hochreiter S. Untersuchungen zu dynamischen neuronalen Netzen[D]. Munich:Institut of Informatik, Technische University, 1991.

[15] Hochreiter S, Bengio Y,Frasconi P, et al. Gradient Flow in Recurrent Nets: The Difficulty of Learning Long-Term Dependencies[M]. Piscataway：IEEE Press, 2001.

[16] Hinton Ge E, Ruslan S. Reducing the dimensionality of data with neural networks[J]. Science, 2006, 313(5786): 504–507.

[17] Hinton G E, Osindero S, Teh Y W. A fast learning algorithm for deep belief nets[J]. Neural Computation, 2006, 18(7): 1527–1554.

[18] Krizhevsky A, Sutskever I, Hinton G E. ImageNet classification with deep convolutional neural networks[C]. Proceedings of International Conference on Neural Information Processing Systems, Lake Tahoe, Nevada, United States, December 3–6, 2012: 1106–1114.

[19] Russakovsky O, Deng J, Su H, et al. ImageNet large scale visual recognition challenge[Z]. arxiv, 2014, 1409: 0575.

[20] Alex G, Mohamed A, Hinton G E. Speech recognition with deep recurrent neural networks[C]. Proceedings of IEEE International Conference on Acoustics, Speech and Signal processing, Vancouver, British Columbia, Canada. May 26–31, 2013: 6645–6649.

[21] Silver D, Huang A, Maddison C J, et al. Mastering the game of Go with deep neural networks and tree search[J]. Nature, 2016, 529(7587): 484–489.

[22] LeCun Y, Bengio Y, Hinton G. Deep learning[J]. Nature, 2015, 521(7553): 436–444.

[23] Choromanska A, Henaff M, Mathieu M, et al. The loss surfaces of multilayer networks[C]. Proceedings of the 18th International Conference on Artificial Intelligence and Statistics 2015, San Diego, CA, USA. JMLR: W&CP volume 38.

[24] Dauphin Y, Pascanu R, Gulcehre C, et al. Identifying and attacking the saddle point problem in high-dimensional non-convex optimization[C]. Proceedings of Neural Information Processing Systems, Palais des Congrès de Montréal, Montréal Canada, Dec 8–13, 2014: 2933–2941.

[25] Kawaguchi K. Deep learning without poor local minima[J]. Advances in Neural Information Processing Systems, 2016: 586–594.

[26] Rosenblatt F. The perceptron: a probabilistic model for information storage and organization in the brain[J]. Psychological Review, 1958, 65(6), 386–408.

[27] Rumelhart D E, Hinton G E, Williams R J. Learning internal representations by error propagation[M]//Parallel Distributed Processing: Explorations in the Microstructure of Cognition. Cambridge, MA: The MIT Press, 1986: 318–362.

[28] Rumelhart D E, McClelland J L, Group P R. Parallel distributed processing: explorations in the microstructure of cognition[J]. Language, 1986, 63(4):45–76.

[29] Hinton G E, McClelland J, Rumelhart D E. Distributed representations[M]//Parallel Distributed Processing: Explorations in the Microstructure of Cognition. Cambridge, MA: The MIT Press, 1986(1): 77–109.

[30] McCulloch W S, Pitts W. A logical calculus of the ideas immanent in nervous activity[J]. The Bulletin of Mathematical Biophysics, 1943, 5(4): 115—133.

[31] Barron A E. Universal approximation bounds for superpositions of a sigmoidal function[J]. IEEE Transactions on Information Theory, 1993, 39(3): 930–945.

[32] Pascanu R, Montufar G, Bengio Y. On the number of inference regions of deep feed forward networks with piece-wise linear activations[Z]. arxiv, 2013, 1312: 6098.

[33] Montúfar G F. Universal approximation depth and errors of narrow belief networks with discrete units[J]. Neural Computation, 2014, 26: 538.

[34] Bengio Y, LeCun Y. Scaling learning algorithms toward AI[M]//Large-Scale Kernel Machines. Cambridge, MA: The MIT Press, 2007.

[35] Mesnil G, Dauphin Y, Glorot X, et al. Unsupervised and transfer learning challenge: a deep learning approach[J]. Journal of Machine Learning and Research, 2011, 7(195): 516, 522.

[36] Szegedy C, Liu W, Jia Y, et al. Going Deeper with Convolutions[Z]. arXiv, 2014, 1409: 4842.

[37] Nair V, Hinton G E. Rectified linear units improve restricted boltzmann machines[C]. Proceedings of the 27th International Conference on International Conference on Machine Learning, Haifa, Israel. Omnipress. June 21–24, 2010: 807–814.

[38] Michael N. Neural networks and deep learning[M/OL]. http://neuralnetworksand-deeplearning.com/chap5.html.

[39] Olshausen B A, Field D J. Sparse coding with an overcomplete basis set: a strategy employed by V1?[J]. Vision Research, 1997, 37: 3311–3325.

[40] Attwell D, Laughlin S B. An energy budget for signaling in the grey matter of the brain[J]. Journal of Cerebral Blood Flow and Metabolism, 2001, 21: 1133–1145.

[41] Lennie P. The cost of cortical computation[J]. Current Biology, 2003, 13: 493–497.

[42] Andrew Ng.UFLDL tutorial:unsupervised feature learning and deep learning[EB/OL]. http://ufldl.stanford.edu/wiki/index.php/UFLDL_Tutorial.

[43] Lasserre J A, Bishop C M, Minka T P. Principled hybrids of generative and discriminative models[C]. Proceedings of the Computer Vision and Pattern Recognition Conference. IEEE Computer Society, Washington, DC, USA. June 17–22, 2006: 87–94.

[44] Hojjat S, Shahrokh V, Timothy D, et al.Image augmentation using radial transform for training deep neural networks[C]. IEEE International Conference on Acoustics, Speech and Signal Processing, Calgary, Alberta, Canada. April 15–20, 2018.

[45] Sergey I, Christian S. Batch normalization: Accelerating deep network training by reducing internal covariate shift[C]. Proceedings of the 32nd International Conference on Machine Learning, Lille, France. July 6-11, 2015(37): 448–456.

[46] Koren Y. The BellKor Solution to the Netflix Grand Prize[EB/OL]. https://netflixprize.com/assets/GrandPrize2009_BPC_BellKor.pdf.

[47] Hinton G E, Srivastava N, Krizhevsky A, et al. Improving neural networks by preventing co-adaptation of feature detectors[Z]. ArXiv, 2012, 1207: 0580.

[48] Srivastava N, Hinton G, Krizhevsky A, et al. Dropout: a simple way to prevent neural networks from overfitting[J]. The Journal of Machine Learning Research, 2014, 15(1): 1929–1958.

[49] Aizerman M A, Braverman E M, Rozonoer L I. Theoretical foundations of the potential function method in pattern recognition learning[J]. Automation and Remote Control, 1964, 25: 821–837.

[50] Dechter R. Learning while searching in constraint-satisfaction problems[C]. Proceedings of the 5th National Conference on Artificial Intelligence, Philadelphia, PA, August 11-15, 1986(1): 178–183.

[51] Alexey I. Polynomial theory of complex systems[J]. IEEE Transactions on Systems, Man and Cybernetics, 1971, 1(4): 364–378.

[52] LeCun Y, Boser B, Denker J S, et al. Backpropagation applied to handwritten zip code recognition[J]. Neural Computation, 1989, 1(4): 541–551.

[53] Quinlan J R. Learning efficient classification procedures and their application to chess and games[J]. Machine Learning, 1983: 463–482.

[54] Quinlan J R. Induction of decision trees[J]. Machine Learning, 1986, 1(1): 81–106.

[55] Quinlan J R. Simplifying decision trees[J]. International Journal of Human-Computer Studies, 1987, 27(3): 221–234.

[56] Freund Y, Schapire R E. A decision-theoretic generalization of on-line learning and an application to boosting[J]. Journal of Computer and System Sciences. 1997, 55(1): 119–139.

[57] Ho T K. Random decision forests[C]. Proceedings of the 3rd International Conference on Document Analysis and Recognition, Montreal, QC, 14–16 August 1995: 278–282.

[58] Breiman L. Random forests[J]. Machine Learning, 2001, 45(1): 5–32.

[59] Jordan M I. Graphical models[J]. Statistical Science, 2004, 19(1): 140–155.

[60] Hinton G E, Dayan P, Frey B J, et al. The wake-sleep algorithm for unsupervised neural networks[J]. Science, 1995, 268(5214): 1158–1161.

[61] Hochreiter S, Schmidhuber J. Long short-term memory[J]. Neural Computation, 1997, 9(8): 1735–1780.

[62] Hinton G E. Learning multiple layers of representation[J]. Trends in Cognitive Sciences, 2007, 11: 428–434.

[63] Hahnloser R H, Sarpeshkar R, Mahowald M A, et al. Digital selection and analogue amplification coexist in a cortex-inspired silicon circuit[J]. Nature, 2000, 405: 947–951.

[64] Hahnloser R,Seung H S. Permitted and forbidden sets in symmetric threshold-linear networks[C]. Proceedings of Neural Information Processing Systems, Vancouver, British Columbia, Canada. Dec 3-8, 2001: 217–223.

[65] Glorot X,Bordes A,Bengio Y. Deep sparse rectifier neural networks[C]. Proceedings of the Fourteenth International Conference on Artificial Intelligence and Statistics, Fort Lauderdale, FL, USA. April 11–13, 2011, 15: 315–323.

[66] Sak H, Senior A, Kanishka R, et al. Google voice search: faster and more accurate[A]. Archived 9 March 2016 at the Wayback Machine, 2015.

[67] Jia D, Wei D, Socher R, et al. ImageNet: A large-scale hierarchical image database[C]. IEEE conference on Computer Vision and Pattern Recognition, Miami, FL, USA. June 20–25, 2009: 248–255.

[68] Ciresan D C, Meier U, Gambardella L M, et al. Deep, big, simple neural nets for handwritten digit recognition[J]. Neural Computation, 2010, 22(12): 3207–3220.

[69] Ciresan D C, Meier U, Schmidhuber J. Multi-column deep neural networks for image classification[C]. IEEE Conference on Computer Vision and Pattern Recognition.Providence, RI USA. June 16–21, 2012: 3642–3649.

[70] Ciresan D C, Meier U. Multi-Column deep neural networks for offline handwritten chinese character classification[C]. Proceedings of International Joint Conference of Neural Networks.Killarney, Ireland. July 12-17, 2015: 1-6.

[71] Ciresan D C, Meier U, Masci J, et al. Multi-column deep neural network for traffic sign classification[J]. Neural Networks, 2012, 32: 333–338.

[72] Mitko V, Paul J D, Stefan M W, et al. Assessment of algorithms for mitosis detection in breast cancer histopathology images[J]. Medical Image Analysis, 2015, 20(1): 237–248.

[73] Parag T,Ciresan D C,Giusti A.Efficient classifier training to minimize false merges in electron microscopy segmentation[C]. Proceedings of The IEEE International Conference on Computer Vision. Santiago, Chile. December 11–18, 2015: 657–665.

[74] He K, Zhang X, Ren S, et al. Deep residual learning for image recognition[C]. Proceedings of IEEE Conference on Computer Vision and Pattern Recognition, 2016.

[75] Schmidhuber J. Deep Learning in neural networks: an overview[J]. Neural Networks, 2015, 61: 85–117.

[76] Deng L, Yu D. Deep Learning: methods and applications[J]. Foundations and Trends in Signal Processing, 2014, 7(3–4): 1–199.

[77] Sermanet P, Kavukcuoglu K, Chintala S, et al. Pedestrian detection with unsupervised multi-stage feature learning[C]. Proceedings of International Conference on Computer Vision and Pattern Recognition, Portland, OR, USA, June 23–28, 2013.

[78] Farabet C, Couprie C, Najman L, et al. Learning hierarchical features for scene labeling[J]. IEEE Transactions on Pattern Analysis and Machine Intelligence, 2013, 22: 195.

[79] Couprie C, Farabet C, Najman L, et al. Indoor semantic segmentation using depth information[C]. Proceedings of International Conference on Learning Representations. Scottsdale, Arizona, USA, May 2–4, 2013.

[80] Goodfellow I J, Bulatov Y, Ibarz J, et al. Multi-digit number recognition from street view imagery using deep convolutional neural networks[C]. Proceedings of International Conference on Learning Representations, Banff, Cannada, April 14–16, 2014.

[81] Toth Laszlo. Phone recognition with hierarchical convolutional deep maxout net-works[J]. EURASIP Journal on Audio, Speech, and Music Processing. 2015, 25, doi:10.1186/s13636-015-0068-3.

[82] Hannun A, Case C, Casper J,et al. Deep Speech: Scaling up end-to-end speech recognition[Z]. arXiv:1412.5567.

[83] Yannis M A, Brendan S, Shimon W, et al. LipNet: end-to-end sentence-level lipreading[C]. In GPU Technology Conference, 2017.

[84] Yonghui W, Schuster M, Zhifeng C, et al. Google's neural machine translation system: bridging the gap between human and machine translation[Z]. arXiv:1609.08144.

[85] Vaswani A, Shazeer N, Parmar N, et al. Attention is all you need[C]. Proceedings of In Advances in Neural Information Processing Systems. Long Beach Conventon Center, Long Beach, California, USA, Dec 4–9, 2017: 6000–6010.

[86] Elkahky A M, Song Y, Xiaodong H. A multi-view deep learning approach for cross domain user modeling in recommendation systems[C]. Proceedings of the 24th International Conference on World Wide Web, Florence, Italy, 2015: 278–288.

[87] Wallach I, Dzamba M, Heifets A. AtomNet: a deep convolutional neural network for bioactivity prediction in structure-based drug discovery[Z]. 2015. arXiv:1510.02855.

[88] Chicco D, Sadowski P, Baldi P. Deep autoencoder neural networks for gene ontology annotation predictions[C]. Proceedings of the 5th ACM Conference on Bioinformatics, Computational Biology, and Health Informatics, Newport Beach, CA, USA, September 20–23, 2014: 533–540.

[89] Choi E, Schuetz A, Stewart W F, et al. Using recurrent neural network models for early detection of heart failure onset[J]. Journal of the American Medical Informatics Association, 2016, 24(2): 361–370.

[90] Tkachenko Y. Autonomous CRM control via CLV approximation with deep reinforcement learning in discrete and continuous action space[Z]. arXiv:1504.01840.

[91] Shaunak D, Abhishek M, Vritti G, et al. Predicting the popularity of instagram posts for a lifestyle magazine using deep learning[C]. Proceedings of 2nd IEEE Conference on Communication Systems, Computing and IT Applications, Mumbai, India, April 7-8, 2017: 174–177.

[92] Silver D, Schrittwieser J, Simonyan K, et al. Mastering the game of Go without human knowledge[J]. Nature, 2017, 550(7676): 354–359.

# 第 3 章    卷积神经网络

## 3.1    引    言

第 2 章深度模型中介绍的神经网络是一种全连接网络, 即网络的输入层与隐层、隐层与隐层、隐层与输出层均使用的是 "全连接" 的设计。这种全连接网络处理小规模问题时, 比如 $28 \times 28$ 的小幅图像, 可能问题不会太大。但当问题规模变大时, 比如要处理的图像是尺度更大的 $96 \times 96$ 的图像, 此时这种全连接网络从计算的角度会变得非常耗时。

此外, 网络的这种 "全连接" 的设计并不符合生物视觉信息处理系统。设想在您面前的一堵墙上挂着一幅巨画, 您的眼睛看这幅近在咫尺的巨画时, 首先看到的是画的某一局部 (您的注意力首先落在这个局部), 然后通过后退逐步将视觉拉远, 眼睛才慢慢地从局部扩展到图像的全局。这一过程最终使得脑海里形成了图像的全局信息, 但对任意的某个具体时间点, 您的注意力仍然只能落在某个局部。因此, 人是通过眼睛局部感受外界信息, 然后通过人脑的空间感知能力将局部感知的信息拼接形成整体认知的。两位神经生理学家 David Hubel 和 Torsten Wiesel 于 1959 年左右在灵长类视觉处理系统上的工作告诉我们, 生物视觉皮层的神经元亦是局部接受信息的[1-3]。在灵长类的一个称为基本视觉皮层 $V_1$ 上具有许多感光神经元, 这些感光神经元只对图像的局部反射光有响应, 即神经元具有局部感受区域。

基本视觉皮层 $V_1$ 上的神经元 (简单神经元) 感受图像某个局部反射回来的光信号, 这些光信号经过视觉信息处理系统处理后大脑形成了对图像的局部识别 (特征识别)。随着注意力从图像的某一局部逐步转移到其他局部, 视觉中心的神经元不断接收到不同局部反射进来的信号, 按照 "相同" 的处理过程形成了对不同局部的识别。如果图像某个局部具有的某一特征在其他地方也存在 (这种情况并不罕见, 比如同一幅图像中存在左右相同的两个杯子, 或者对于自然图像某一部分的统计特性与其他部分相同), 这意味着视觉中心神经元在某个局部子图像识别出来的特征, 确切地说是大脑对某个局部子图像识别出来的特征 (这些识别出来的特征对应神经网络的连接权值) 可原封不动地被应用到其他局部子图像的识别。

最后, 生物视觉信息处理系统具有很强的鲁棒性 (robustness)。这种鲁棒性体现在视觉信息处理系统能在不同光线条件、不同角度下, 甚至被识别对象在被扭曲、缩放、平移、被其他物体所遮挡的情况下都能进行有效识别。这种鲁棒性称为特征具有变换不变性 (transform invariance)。

本章要介绍的卷积神经网络 (CNNs) 由于成功地对以上描述的生物视觉系统的局部感受、权值共享、特征变换不变性三大机制进行了较好的建模, 因此在 20 世纪 90 年代到 2000 年传统 BP 网络处于低潮期, 唯独 CNNs 在图像识别上一枝独秀, 成为首个成功取得商业应用的神经网络系统[1]。

## 3.2 卷积的数学公式及其含义

3.1 节提到, 眼睛识别图像时, 注意力会从图像的某一局部逐步转移到其他局部, 眼睛这种通过扫描识别图像的过程其实可看作二维图像的一种卷积操作。卷积处理的数据并不局限于二维图像, 也可以是一维、三维甚至更高维的数据。下面分别给出一维卷积公式和二维卷积公式, 再结合具体例子对卷积的直观含义作进一步解释。

一维卷积公式可表示成式 (3.2.1) 的形式。

$$s(t) = (x * w)(t) = \sum_{a=-\infty}^{\infty} x(a)w(t-a) \tag{3.2.1}$$

其中, $x$ 为系统的外部输入, $w$ 为卷积核, 结果 $s(t)$ 为特征映射。

式 (3.2.1) 中的一维卷积公式的理解可用以下关于人体药物残留浓度的例子进行说明。假设某慢性病患者需要通过每天服用一种药物来进行控制, 否则有生命危险。药物在人体内浓度会按照一定的速度衰减。服药的第 1 天药物在人体内浓度达到 100%, 第 2 天将衰减为原来浓度的 4/9, 第 3 天将衰减为最初浓度的 1/9, 第 4 天药物将全部衰减完毕不再有剩余。药物衰减函数 $w(t)$ 可表示成下列形式

$$w(t) = \begin{cases} \left(\dfrac{t-3}{3}\right)^2, & \text{如果} 0 \leqslant t \leqslant 3 \\ 0, & \text{否则} \end{cases}$$

为确保病人没有生命危险, 病人需要每天定时服药。如果将病人定期服药看作人体系统持续接受外界输入 (刺激) 的过程, 则病人每天定时服药函数 $x(a)$ 可表示下列形式

---

1 LeCun 在 AT&T 工作期间将卷积神经网络技术应用到银行手写支票的识别, 到 20 世纪 90 年代末全美国 10% 的手写支票识别使用了他们开发的卷积神经网络系统[4,5]。

$$x(a) = \begin{cases} 1, & \text{如果} a = z^+ \cup 0 \\ 0, & \text{否则} \end{cases}$$

药物在患者体内的残留浓度可用式 (3.2.1) 的卷积公式进行计算。具体地, 患者第 0 天体内药物残留浓度为

$$s(0) = (x * w)(0) = \sum_{a=0}^{\infty} x(a)w(t-a) = x(0)w(0-0) = 1$$

患者第 1 天体内药物残留浓度为

$$\begin{aligned} s(1) = (x * w)(1) &= \sum_{a=0}^{\infty} x(a)w(t-a) \\ &= x(0)w(1-0) + x(1)w(1-1) \\ &= 1 \times \frac{4}{9} + 1 \times \frac{9}{9} \\ &= \frac{13}{9} \end{aligned}$$

患者第 2 天体内药物残留浓度为

$$\begin{aligned} s(2) = (x * w)(2) &= \sum_{a=0}^{\infty} x(a)w(t-a) \\ &= x(0)w(2-0) + x(1)w(2-1) + x(2)w(2-2) \\ &= 1 \times \frac{1}{9} + 1 \times \frac{4}{9} + 1 \times \frac{9}{9} \\ &= \frac{14}{9} \end{aligned}$$

患者体内第 3 天体内药物残留浓度为

$$\begin{aligned} s(3) = (x * w)(3) &= \sum_{a=0}^{\infty} x(a)w(t-a) \\ &= x(0)w(3-0) + x(1)w(3-1) + x(2)w(3-2) + x(3)w(3-3) \\ &= 1 \times \frac{0}{9} + 1 \times \frac{1}{9} + 1 \times \frac{4}{9} + 1 \times \frac{9}{9} \\ &= \frac{14}{9} \end{aligned}$$

因此, 患者体内药物浓度将在第 2 天达到峰值, 之后将稳定在 $\frac{14}{9}$ 这一峰值浓度水平。

从上述例子可以看出, 当卷积作用于一维数据, 比如时间序列数据时, 卷积的效果就是连续的外界刺激在某一时间点上的累积效应, 卷积的结果 $s(t)$ 就是这种累积效应

的定量描述。更为准确地说，卷积的效果是给定时间点 (这个时间点可理解成 3.1 节提过的注意力中心) 卷积核范围内接收到的连续的外界刺激的累积效应。

上述对卷积的解释让人完全看不出它与卷积神经网络里面涉及的特征检测有何关联。但如果稍微换个角度看待式 (3.2.1) 中的一维卷积公式，则可以看出些端倪出来。

卷积的结果 $s(t)$ 既受外界刺激模式 $x(a)$ (服药模式) 影响，也受卷积核 $w(t)$ (药物衰减特性) 影响。在系统接受相同外界刺激模式的条件下，不同的卷积核 (药物衰减特性) 会有不同的卷积结果。因此，从这一角度来看，卷积的结果可看作某一特定外界刺激模式具有哪些衰减特性的一种响应。反过来，如果固定卷积核而改变外界刺激输入模式，则卷积的结果也会相应地不同，此时卷积的结果是不同的输入对同一衰减特性的响应，相当于检查不同的输入是否有某一衰减特性。

如果上述解释仍然难以看出这里的卷积与卷积神经网络里面涉及的特征检测的关联性的话，那么下面的二维卷积公式将会更清晰地解释卷积以及 3.3 节将要介绍的卷积神经网络背后隐藏的特征检测原理。

二维卷积公式可表示成式 (3.2.2) 的形式。

$$S(i,j) = (\boldsymbol{I} * \boldsymbol{W})(i,j) = \sum_m \sum_n I(i+m, j+n) W(m,n) \tag{3.2.2}$$

其中，$\boldsymbol{I}$ 为二维输入，$\boldsymbol{W}$ 为卷积核，结果 $S(i,j)$ 为特征映射。

卷积公式 (3.2.2) 可用图 3.1 进行解释。输入数据 "$a\ b\ c\ d\ e\ f\ g\ h\ i\ j\ k$" 被表示成 $3 \times 4$ 的二维矩阵 $\boldsymbol{I}$ 的形式，卷积核里面的数据 "$w\ x\ y\ z$" 被表示成 $2 \times 2$ 的二维矩阵

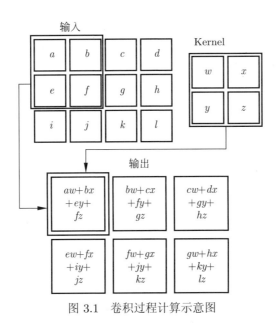

图 3.1　卷积过程计算示意图

$W$ 的形式。卷积的结果将得到一个 $2 \times 3$ 的二维矩阵 $S$ (图 3.1 下半部分)。$S$ 左上角元素 $S(0,0)$ 由 $I$ 左上角 $2 \times 2$ 子矩阵 (图 3.1 中被框住的部分) 与卷积核 $W$ 里面的元素对应相乘, 然后求和得到的结果, $S(0,1)$ 则是将图 3.1 中的框向右平移一列得到新的子矩阵与卷积核 $W$ 里面的元素对应相乘, 然后求和得到的结果, 依次类推可得到 $S$ 中的其他元素。

通常, 二维卷积处理的输入数据 $I$ 为图像数据。对于尺寸为 $r \times c$ 的大尺度图像 $I_{\text{large}}$, 如果卷积核 $W$ 尺寸为 $a \times b$, 卷积核移动的步长 (stride) 为 1 (卷积核每次右移一列), 则卷积的结果将得到一个 $(r - a + 1) \times (c - b + 1)$ 的二维矩阵。

在理解了上述关于卷积的计算过程后, 来看二维卷积操作到底有何实际意义。为此需要借助数字识别的例子进行解释。图 3.2(b) 是图 3.2(a) 数字 "7" 的计算机内表示, 换言之, 人眼中的一幅数字 "7" 的图像, 对计算机而言就是图 3.2 中右图所示的 "0" 和 "1" 构成的二进制数表, 这样的二进制数表被保存在计算机内存里面代表着数字 "7" 的二值灰度图像。

(a)　　　　　　　　　　　　(b)

图 3.2　数字 "7" 的黑白图像在计算机内被表示成 $7 \times 7$ 的二维 "0,1" 数字矩阵

图 3.3 给出了识别数字 "7" 的卷积运算的具体过程。图 3.3 中间的子图 $W$ 是卷积核, 代表数字 "7" 的某一局部特征 (图 3.4 中第 2 幅子图)。为更好地说明卷积运算结果的区分度, 这里不失一般性将图 3.4 中第 2 幅子图取值为 "1" 的灰色部分改为取值 "256", 其余保持不变, 得到图 3.3 中间的子图作为卷积核 $W$。该卷积核首先与图 3.3 中左上角的红色子图作 sumproduct 运算 (两个同型矩阵先对应位乘积, 然后将结果累加求和)。不难理解, 由于红色子图中存在较多 "0" 元素, sumproduct 运算结果 $(0 \times 0 + \cdots + 1 \times 256 + \cdots + 0 \times 0) = 256$ 将会是一个较低的响应值 (图 3.3 中最右边上半部分的数字), 表明这部分子图与卷积核代表的特征具有较低的匹配程度; 然后将卷积核向右平移两列, 与图 3.3 左图中绿色的子图作同样的 sumproduct 运算。此时, 由于图 3.3 左图中绿色的子图与卷积核完全匹配, sumproduct 运算结果 $(0 \times 0 + \cdots + 1 \times 256 + 1 \times 256 + 1 \times 256 + 0 \times 0 + \cdots + 0 \times 0 + \cdots + 1 \times 256) = 4 \times 256$ 将会是一个高的响应值 (图 3.3 中最右边下半部分的数字), 表明这部分子图与卷积核代表的特征具有很高的匹配程度。

以上从具体例子分析出来的结果并非巧合, 下面将上述分析过程总结成一个定理

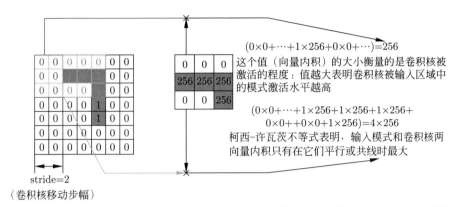

图 3.3　卷积核在图像上按一定顺序 (例如上从左到右, 从上到下) 卷积过程（见文后彩图）

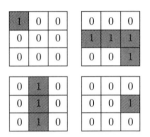

图 3.4　数字 "7" 的四个不同局部特征

的形式, 并给出相应的证明。

　　由于定理的描述和证明都是按照向量而非矩阵的形式。因此, 在给出定理及其证明前, 需要先将式 (3.2.2) 中的二维卷积公式中矩阵形式子图和卷积核转换成向量的形式。不失一般性, 式 (3.2.2) 中的 $M \times N$ 的卷积核 $\boldsymbol{W}$ 用行优先的方式表示成 $\hat{W}_{MN \times 1}$ 的向量形式, 输入图像的 $(i, j)$ 处的子图 $\boldsymbol{I}(i+m, j+n), m \in \{0, 1, \cdots, M-1\}, n \in \{0, 1, \cdots, N-1\}$ 同样用行优先的方式表示成 $X_{MN \times 1}$ 的向量形式。这样, 式 (3.2.2) 中的二维卷积公式可改写成 $S_{\boldsymbol{X}} = \sum_{i=1}^{MN} (\hat{W}_i \cdot X_i) = \hat{\boldsymbol{W}}^{\mathrm{T}} \cdot \boldsymbol{X}$ 的形式。于是有以下定理成立。

　　**定理 3**　如果 $\|\boldsymbol{X}\|^2 = \sum_{i=1}^{MN} X_i^2 \leqslant 1$, 则 $S_{\boldsymbol{X}}^2 = \left( \sum_{i=1}^{MN} (\hat{W}_i \cdot \boldsymbol{X}_i) \right)^2 = (\hat{\boldsymbol{W}}^{\mathrm{T}} \cdot X)^2 \leqslant (\hat{\boldsymbol{W}}^{\mathrm{T}} \cdot \hat{\boldsymbol{W}})(\boldsymbol{X}^{\mathrm{T}} \cdot \boldsymbol{X})$ 且不等式等号成立当且仅当 $X_i = \dfrac{\hat{W}_i}{\sqrt{\sum\limits_{i=1}^{MN} \hat{W}_i^2}}$。

　　定理 3 的证明并不困难, 直接使用柯西施瓦茨不等式证明即可。

**证明**　首先, 根据柯西施瓦茨不等式, 有 $(\boldsymbol{\beta}^{\mathrm{T}} \cdot \boldsymbol{\alpha})^2 \leqslant (\boldsymbol{\beta}^{\mathrm{T}} \cdot \boldsymbol{\beta})(\boldsymbol{\alpha}^{\mathrm{T}} \cdot \boldsymbol{\alpha})$。因此, 只要将卷积核向量 $\hat{\boldsymbol{W}}$ 看作 $\boldsymbol{\alpha}$, 将输入子图像 $\boldsymbol{X}$ 看作向量 $\boldsymbol{\beta}$, 定理 3 中的不等式显然成立。

进一步, 柯西施瓦茨不等式中等号成立的充分必要条件是 $k = \dfrac{\beta_i}{\alpha_i}$, 即两向量 $\boldsymbol{\beta}$ 和 $\boldsymbol{\alpha}$ 的对应分量成比例。因此定理 3 中的不等式等号成立的条件相应地为 $k = \dfrac{X_i}{\hat{W}_i}$, 故 $X_i^2 = \hat{W}_i^2 \cdot K^2$, 两边关于下标 $i$ 求和可得到 $\displaystyle\sum_{i=1}^{MN} X_i^2 = K^2 \sum_{i=1}^{MN} \hat{W}_i^2$。再由 $\displaystyle\sum_{i=1}^{MN} X_i^2 = 1$ 这一限定条件可得: $k = \dfrac{1}{\sqrt{\displaystyle\sum_{i=1}^{MN} \hat{W}_i^2}}$, 从而有 $X_i = \dfrac{\hat{W}_i}{\sqrt{\displaystyle\sum_{i=1}^{MN} \hat{W}_i^2}}$。　$\square$

定理 3 的结果给出了一个重要的结论, 输入子图像 $\boldsymbol{X}$ 与 $\overline{\boldsymbol{W}}$ 卷积的结果取值越大, 表明 $\boldsymbol{X}$ 与 $\overline{\boldsymbol{W}}$ 越接近。与卷积核 $\overline{\boldsymbol{W}}$ 里的特征最相似的子图像 $\boldsymbol{X}$ 将产生最大的卷积结果输出。因此, 将卷积核与图像中的某一局部子图作 sumproduct 运算本质上相当于进行特征匹配, 检查图像中的局部子图是否含有卷积核里面的特征, sumproduct 运算结果给出了局部子图含有卷积核里面的特征的可能性的定量结果。这就是卷积在图像识别问题中的实际含义。

至此, 分别介绍了一维和二维卷积公式, 并从一维时间维度和二维平面空间维度解释了两者的含义。当卷积作用于一维数据, 比如时间序列数据时, 卷积操作本质上是将数据沿时间维度进行整合, 其效果就是连续的外界刺激在某一时间点上的累积效应; 当卷积作用于二维数据, 比如 2D 平面图像时, 卷积操作本质上是将数据沿 $X, Y$ 两个空间维度进行整合, 其效果就是给出了局部子图含有卷积核里面的特征的可能性。

更一般地, 卷积是数据在 (时空) 维度分布上的某种综合效应, 卷积的结果就是这种综合效应的定量描述。

## 3.3　卷积神经网络的技术细节

CNNs 是模拟眼脑视觉处理系统而提出来的一种神经网络, 它最初是作为计算机处理图像的一种技术被提出, 由于 CNNs 性能卓越, 后期被应用于其他数据。为了解释 CNNs 内部的技术细节, 下面先介绍图像在计算机内部的表示的相关知识, 在此技术上讨论 CNNs 的技术细节。

### 3.3.1 计算机"眼"中的图像

图 3.2 给出了计算机"眼"中数字"7"的黑白图像, 它是一个 $7 \times 7$ 的"0,1"数字矩阵。这里用了"0,1"二值数字表示图像像素是白还是黑两种情况, 当数字矩阵中某位为"0"时, 显示器将在屏幕相应的位置显示黑色像素。反之, 如果某位为"1"时, 显示器将在屏幕对应位置显示白色像素。通过这种方式, 存储在计算机里面的 $7 \times 7$ 的"0,1"数字矩阵就以图 3.2(a) 的形式被显示在显示器上。

一般地, 计算机内表示图像的数字矩阵中的数字并非"0,1"二值数字, 而是"0 ~ 256"的数字, 称为灰度矩阵。灰度矩阵里的数字"0"代表纯黑, "256"代表纯白, 其余则介于纯白和纯黑之间, 数字越大, 代表灰度越小。显示器正是根据灰度矩阵里数字的大小来调节相应位置的像素明暗程度, 使得呈现在屏幕中的图像即为肉眼所看到的样子。

更一般地, 常见的彩色图像通常用 RGB 颜色模型进行表示, 即用红 (red)、绿 (green)、蓝 (blue) 三种原色以不同的比例混合产生各种颜色。各种绘图软件、文字处理软件中的调色板即是使用的 RGB 颜色模型, 红、绿、蓝三种原色在计算机中同样被表示成"0 ~ 256"之间的数字。这样, 原来单个矩阵就能表示的灰度图像, 在 RGB 颜色模型中就需要相应地扩展成有序排列的三个矩阵, 其中每个矩阵又叫作这个图片的一个通道 (channel), 对应红、绿、蓝三原色中的一种分量。所以, 人眼中的一幅彩色图像, 在计算机"眼"里就是一个由数字构成的可用宽 (width)、高 (height)、深 (depth 对应颜色通道) 描述的长方体。图 3.5 (a) 是人眼中的彩色数字"7", 图 3.5 (b) 是彩色数字"7"在计算机内的表示形式, 它是一个数字长方体。

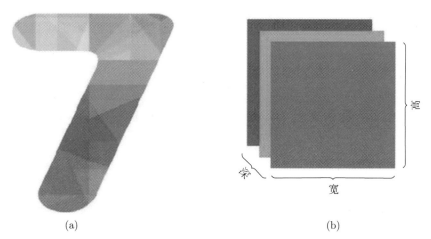

(a)            (b)

图 3.5 人眼中的彩色数字"7"(a) 在计算机内被表示成红、绿、蓝三个颜色分量构成的数字长方体形式 (b)(见文后彩图)

### 3.3.2　卷积神经网络

CNNs 是模拟眼脑视觉处理系统而提出来的一种神经网络。本节介绍 CNNs 有关的视觉识别机制。

3.2 节详细介绍了卷积的直观含义, 目前已知的生物神经信息处理知识表明, 生物视觉处理系统进行视觉识别时与前述介绍的卷积原理相似。眼睛能非常轻而易举地辨别出图 3.5(a) 是一个数字 "7", 达到这样高效准确的识别效果是人类视觉系统和脑神经计算系统高速协同运算的结果。视网膜捕捉到的外界物体反射的光线通过 LGN 的传输通道到达基本视觉皮层 $V_1$, 再依次通过处理图形与客体轮廓的 $V_2$、信息传递通道 $V_3$、处理颜色的 $V_4$, 最终到达大脑的下颞叶 (inferotemporal cortex, IC)。这一序列复杂的处理过程发生在看见物体瞬间的 100 ms 以内完成 (图 2.3)。

图 2.3 中 100 ms 内发生的过程涉及包含卷积运算在内的大量的复杂计算。正如 3.1 节引言部分提到的, 人眼识别图像的过程是一种从局部认识逐渐放大到全局的过程, 这其中涉及卷积的过程。想象一下, 如果呈现在眼前的不是一幅完整的数字 "7" 的图像, 而是从中抽出来的如图 3.4 中的任意一个子图, 恐怕人脑会很难判断出这是数字 "7"。但如果图 3.4 中四个子图都看过后, 作出全图是数字 "7" 的判断比单独看到其中一幅容易很多。

眼脑视觉处理系统在看到物体瞬间 100 ms 以内发生的计算过程可分成局部特征识别和全局判断两个阶段。

### 3.3.3　卷积神经网络的结构

眼脑视觉处理系统在进行视觉识别时其处理过程可分成局部特征识别和全局判断两个阶段。相应地, 图 3.6 代表的 CNNs 由局部特征识别和全局分类判决两部分构成。图 3.6 给出了以数字 "7" 的识别为例的卷积神经网络示意图 (请注意, 这里简洁起见, 只考虑图 3.4 中第 2 个子图一个局部特征的情况)。图 3.6 中输入层到全局分类判决层之间由多个交替出现的卷积层和池化层构成 CNNs 的局部特征识别阶段。图 3.6 中的全局分类判决部分则由 2 层以上的全连接层, 最后一层输出层为 logistic 层或 softmax 层构成。

图 3.6 给出了卷积神经网络中局部感受、权值共享、卷积核移动步长、池化核大小、池化核移动步长等大部分参数。图 3.6 中局部特征识别部分, 输入层是 $7 \times 7$ 的图像重成 $49 \times 1$ 的列向量, 第一个卷积层中隐层的每个神经元与输入层形成 $3 \times 3 = 9$ 的局部连接: 激活值为 256 的隐层神经元与输入层 9 个节点形成局部连接, 其连接权值 $\boldsymbol{W} = [0\ 0\ 0\ 256\ 256\ 256\ 0\ 0\ 256]^{\mathrm{T}}$ 重排成 $3 \times 3$ 的子矩阵, 即图 3.3 中间的 $\boldsymbol{W}$ 卷积核, 这部分对应图 3.3 中红色子矩阵与卷积核做卷积的结果。激活值为 $4 \times 256$ 的隐层神经元与输入层另一组 9 个节点 (这 9 个节点与前一组的 9 个节点有部分重叠) 形

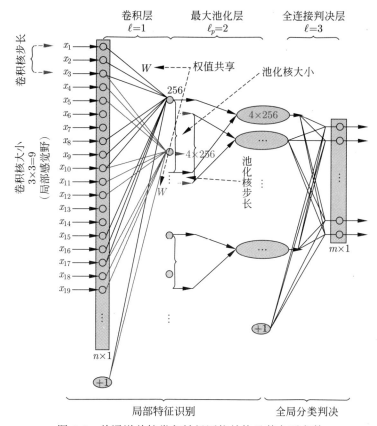

图 3.6 单通道单核卷积神经网络结构及其主要参数

成局部连接, 相当于将卷积核右移两列与图 3.3 中绿色的子矩阵做卷积的结果。网络的这种局部连接模拟了生物神经元的局部感受野属性。

图 3.6 中隐层激活值分别为 256 和 $4 \times 256$ 的两个神经元与输入层形成局部连接, 它们具有相同的连接权向量 $\boldsymbol{W} = [0\ 0\ 0\ 256\ 256\ 256\ 0\ 0\ 256]^{\mathrm{T}}$。这种在不同神经元之间共享相同的连接权值的属性称为权值共享。权值共享机制相当于用同一卷积核在不同的局部进行特征探测。

输入层与众多隐层单元通过共享的权值局部连接后形成的隐层输出构成了特征映射 (feature map), 整个隐层输出被称为特征平面。每一个卷积核将产生一个特征平面, 这里展示了只有一个卷积核的情况。

下面介绍卷积神经网络另一独特组成部分——池化层。正是由于池化层的存在, 使得卷积网络在识别图片中的物体时不会因为该物体所处的位置姿态不同、尺寸不同、光线明暗不同等因素而影响其对物体的识别, 这一性质被称为对象识别的不变性 (invariance), 例如图 3.7 中无论 "人脸" 处于图像中的什么位置, 是横的还是竖的, 大的还是小的, 或者是不同光线下拍出来的图片, 都会被识别为同一张人脸。再如人眼识别图 3.8 中不同形态的手写数字 5 并不困难, 无论数字 5 是正的, 还是倾斜的, 甚至带有某种程度的微小摄动, 人眼均能准确地识别该图片是数字 5。

图 3.7　对象识别的不变性

　　为了模拟生物眼脑视觉系统识别物体时所呈现的鲁棒性, CNNs 并没有将卷积后的特征映射结果直接使用, 而是经过池化层的操作, 例如图 3.8 中输入不同形态的手写体数字 5 后, 最大池化操作会捕捉到特征响应最大的单元作为输出。下面结合图 3.6 对池化层进行解释。

　　图 3.6 中卷积层的两个隐层节点在分别获得 256 和 $4 \times 256$ 的激活值后, 这些激活值 (特征映射) 紧接着作为下一层池化层 (pooling) 的输入。池化层又被称作下采样层 (down sampling), 其具体操作与卷积层的操作基本相同, 均只考虑某个局部。常用的池化操作有最大池化和平均池化两种。图 3.6 中对局部相邻两个节点进行最大池化, 池化的结果输出为 $4 \times 256$。值得强调的是, 这里池化层的连接权只起到对池化区域的 "标记" 作用, 并没有任何实际意义, 因此在反向传播阶段无须对池化层的连接权值进行修改, 这一点在 CNNs 训练算法部分可进一步看出。

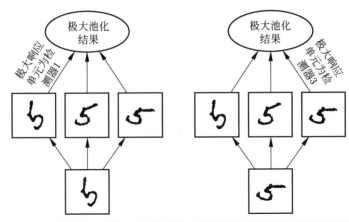

图 3.8　手写体数字 5 的极大池化操作建模人眼特征识别时呈现的鲁棒性

由于 CNNs 网络里出现了传统 BP 网络里没有的池化层, 因此, 为了描述的方便, 本书用 $\ell_p$ 表示池化层, 即加下标 $p$ 表示相应的 $\ell$ 层为池化层, 其余符号与第 2 章中符号约定相同。

CNNs 里的池化层的意义主要有以下两点:

(1) 参数约减。由于池化层与卷积层一样使用局部连接, 这相当于对上一层的特征映射层进行降维, 起到有效减少后续层需要的参数的效果。

(2) 变换不变性。无论是平均池化, 还是最大池化, 都意味着 Input 图像中的像素在领域内发生微小位移或变化, 但池化层的结果输出不会发生变化。这使 CNNs 具有一定的抗干扰能力, 呈现较强的鲁棒性。

CNNs 这种卷积层和池化层交替出现的网络结构安排, 客观上会逐渐增加靠近输出层的高层神经元的 "视野", 从而允许它们检测输入图像的较大区域的高阶特征。

CNNs 中的池化层带来上述优点的同时, 也带来了一定的负面效应。典型的负面效应就是池化操作会导致特征的空间位置信息的丢失, 例如图 3.6 中经过一个池化层后可得到一个 $4 \times 256$ 的激活值, 这个激活值可使我们知道原图像中具有卷积核 $\begin{pmatrix} 0 & 0 & 0 \\ 256 & 256 & 256 \\ 0 & 0 & 256 \end{pmatrix}$ 代表的这一特征, 但这个特征到底是在原图左上角子图中出现, 还是在右移两列后的其他位置出现, 无法知晓。

池化操作带来的特征的空间位置信息的丢失这一负面效应, 有时对于对象的识别不会有太大的问题, 但当某些特征或对象出现的位置信息对分类或识别起到非常重要的作用时, 池化操作带来的负面效应可能会导致最终识别的结果出现错误。例如人脸通过眼睛、鼻子、嘴巴等五官特征加以识别, 但这些器官的相对位置对于能否构成一张 "合法" 的人脸同样重要。对于 CNNs 而言, 图 3.9 中的两张图均是人脸。

深度学习先驱 Geoffrey Hinton 对池化操作带来的负面效应进行了批评, 他认为

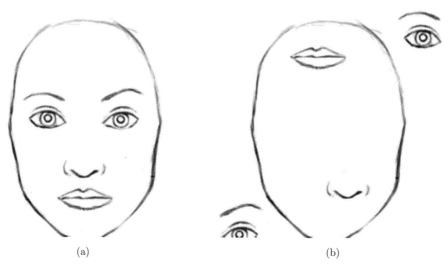

(a)　　　　　　　　　　　　　　　　　　　　(b)

图 3.9　合法人脸 (a) 与五官错位但会被 CNNs 误判为人脸的非法人脸 (b)

池化过程并没有很好地模拟大脑对外界的认知过程, 并由此发展了一套胶囊 (capsule) 的全新型神经网络 (CapsNets)。限于篇幅, 本书对此部分内容不作详述, 感兴趣的读者请参考文献 [6]。

为了简洁起见, 前面的介绍只考虑单通道图像且只有一个卷积核 (特征) 的情形, 实际的图像可能并非单通道的黑白图像, 更多的应是彩色图像。对于由 RGB 颜色模型表示的三通道彩色图像, 同一个特征会有三个卷积核与之对应 (每一通道对应一个卷积核)。图 3.10 中 (为了绘图方便和清晰, 除红色通道外, 绿色和蓝色通道被旋转后分别放置在红色通道的上下两端) 红、绿、蓝三个颜色通道分别通过 $W_r, W_g, W_b$ 三个不同卷积核进行卷积。卷积的结果被聚合到一个神经元节点, 并最终形成一个特征平面。

实际的图像识别问题比前两种情形要更复杂, 要处理的图像是多通道彩色图像, 识别的特征也不是单一特征, 而是有多个特征, 比如人脸识别有眼睛、鼻子、嘴巴等多个特征需要考虑。图 3.11 给出了针对三通道彩色图像有两个特征需要识别的情况。此时需要 $W_{r1}, W_{g1}, W_{b1}$ 和 $W_{r2}, W_{g2}, W_{b2}$ 两组核对应两个特征检测器进行卷积, 同一特征探测器在不同通道的卷积结果被汇合到一个神经元节点, 并最终形成两个特征平面。最后, 特征识别阶段完毕后到全局判决层, 不同特征平面的神经元输出数据以全连接的方式输出到分类判决层。

最后, 本节关于 CNNs 网络结构的介绍均假定在已有卷积核 $W$ 的前提下, 这给了读者一个错觉, 好像 CNNs 网络需要用其他方法预先设定好卷积核 $W$ 一样。事实上, CNNs 网络中用到的卷积核 $W$, 或者说 CNNs 网络中的连接权值 $W$ 不需要提前设计, 而是跟第 2 章的深度神经网络 DNN 一样利用随机梯度下降 (SGD) 或其他优化算法进行训练得到。

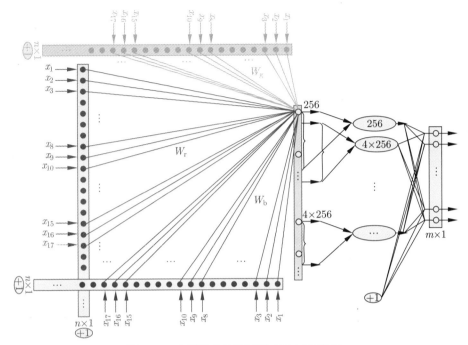

图 3.10　多通道单特征情形（见文后彩图）

红、绿、蓝三个颜色通道分别通过 $W_r, W_g, W_b$ 三个不同卷积核进行卷积，卷积结果被汇合到一个神经元节点，
并最终形成一个特征平面。椭圆代表池化后的结果

### 3.3.4　CNNs 训练算法

上文非形式地介绍了卷积神经网络的来龙去脉，接下来本节将进一步形式地介绍 CNNs 的技术细节。为避免介绍技术细节时过于复杂和抽象，本书设计了一个相对简单的只有一个卷积层、一个池化层和一个全连接层，连同输入层输出层共 5 层的 CNNs 网络 (图 3.12)，其中输入层有 $n$ 个节点，输出层共有 $m$ 个节点。

在针对图 3.12 形式地介绍 CNNs 算法前，需要特别说明的一点是，任何高维数据的卷积操作，都可以通过适当编码的形式转换成类似图 3.12 所示的一维卷积网络进行处理。例如图 3.13 给出了二维卷积的直观表示 [7]，卷积对象是一幅 1000×1000 爱因斯坦头像，可通过行扫描或列扫描的形式将该图像转换成 1 000 000 × 1 的一维向量形式进行处理。

一般地，如果输入图像是二维的黑白图片，输入 $X$ 就是一个矩阵，该矩阵可按行扫描或列扫描形式转化成一维向量的形式。如果输入图像是 RGB 的彩色图片，这样输入图像 $X$ 就是 3 个矩阵，即分别对应 R, G 和 B 的矩阵，或者说是一个张量。同样，对于 3D 的彩色图片之类的样本，输入 $X$ 可以是 4 维、5 维的张量。为避免过于抽象，本书没有用张量这一工具进行描述，虽然张量是更适合表示高维数据的工具。

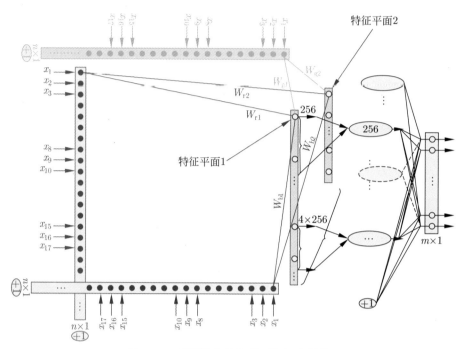

图 3.11　多通道多核情形 (见文后彩图)

红、绿、蓝三个颜色通道分别通过 $W_{r1}, W_{g1}, W_{b1}$ 和 $W_{r2}, W_{g2}, W_{b2}$ 两组核对应两个特征检测器进行卷积, 同一特征探测器在不同通道的卷积结果被汇合到一个神经元节点, 并最终形成两个特征平面。椭圆代表池化后的结果

　　图 3.12 几乎给出了 CNNs 算法所涉及的大部分参数, 包括卷积核大小 (kernel_size, 有时卷积核的长宽不等, 则需要用 kernel_h 和 kernel_w 分别设定)、移动卷积核的步长 (cstride, 同样, 二维情况下可用 cstrid_h 和 cstride_w 分别设定垂直和水平两个方向上的步长)、卷积核的个数 (filter_num)、池化核大小 (pool_size)、池化核步长 (pstride)。

　　图 3.14 是更为直观的以二维形式展示的卷积网络结构, 该图的网络输入是一幅含有小船的图, 经过两次的卷积池化交错后提取的特征输入两个全连接层, 最终输出层产生 dog,cat,boat,bird 四个类别的概率分布。

　　这里需要说明的一点是, 由于输入数据 (比如图像) 经过卷积特征提取后, 池化操作会导致特征平面的尺寸减小, 不再与原始图像大小一致。因此, 为使池化后的特征平面尺寸与原始图像尺寸保持一致, 有些卷积网络会对输入图像先做一个零填充 (zero padding) 的操作, 即在图像的边缘部分增补零元素, 填补的尺寸是个可设定的参数。简洁起见, 本书忽略这一零填充的操作。

　　除了 CNNs 中特有的权值共享和池化层的处理需要稍微调整外, CNNs 训练算法在本质上与传统的 BP 算法并没有太多差异, 均包含状态前向计算、误差反向传播和权值更新三大步骤。

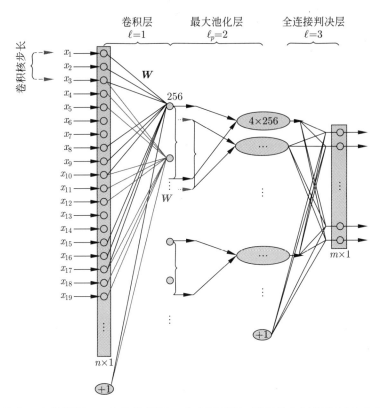

图 3.12　只有一个卷积层、一个池化层和一个全连接层, 连同输入层输出层共 5 层的 CNNs
网络

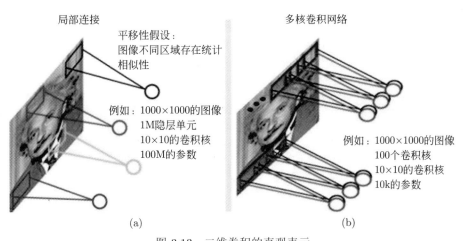

图 3.13　二维卷积的直观表示

(a) 单卷积核情况; (b) 多卷积核情况

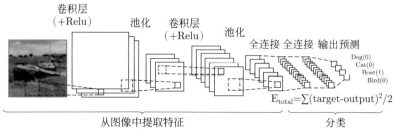

图 3.14　二维形式展示的卷积网络结构

网络输入是一幅含有小船的彩图经过两次卷积池化交错后提取的特征输入两个全连接层, 最终输出层产生
dog,cat,boat,bird 四个类别的概率分布

### 3.3.4.1　前向计算

按照第 2 章的约定, $a^{(1)} = X$ 表示输入层, 则给定 $\ell - 1$ 层激活值 $a^{(\ell-1)}$ 后, 第 $\ell$ 层激活值 $a^{(\ell)}$ 可按下列计算通式进行计算

$$
\begin{aligned}
z^{(\ell)} &= \boldsymbol{W}^{(\ell)} a^{(\ell-1)} + b^{(\ell-1)} \\
a^{(\ell)} &= f(z^{(\ell)}) = f(\boldsymbol{W}^{(\ell)} a^{(\ell-1)} + b^{(\ell-1)})
\end{aligned}
\tag{3.3.1}
$$

由于池化操作是在相邻两个隐层之间进行, 约定 $j$ 表示靠近上游的隐层节点索引, $j'$ 表示靠近下游的隐层节点索引, $P_{j'}$ 表示节点 $j'$ 的池化核内的节点集, 该节点集是上游隐层的节点 (相对于节点 $j'$ 而言)。

对于池化层 $\ell_p$ 层某节点 $j'$ 激活值 $a_{j'}^{(\ell_p+1)}$, 可按下列计算通式进行计算

$$
a_{j'}^{(\ell_p+1)} = \begin{cases} \displaystyle \max_{j \in P_{j'}} a_j^{(\ell_p)}, & \text{最大池化} \\[2ex] \displaystyle \frac{1}{|P_{j'}|} \sum_{j \in P_{j'}} a_j^{(\ell_p)}, & \text{平均池化} \end{cases}
\tag{3.3.2}
$$

这样, 网络的输出层输出 $a^{(n_\ell)}$ 后, 即可据此得到误差函数。

对于给定单个训练样本 $(X^{(j)}, Y^{(j)})$, 根据网络的实际输出模式与期望输出模式定义如下误差函数

$$
J(\boldsymbol{W}, b; X^{(j)}, Y^{(j)}) = \frac{1}{2} \| Y^{(j)} - a^{(n_\ell)}(X^{(j)}) \|^2
\tag{3.3.3}
$$

对于 $m_\xi$ 个训练样本产生的误差

$$
J(\boldsymbol{W}, b) = \frac{1}{m_\xi} \sum_{j=1}^{m_\xi} J(\boldsymbol{W}, b; X^{(j)}, Y^{(j)}) = \frac{1}{2m_\xi} \sum_{j=1}^{m_\xi} \| Y^{(j)} - a^{(n_\ell)}(X^{(j)}) \|^2
\tag{3.3.4}
$$

### 3.3.4.2 误差反向传播

得到网络的实际输出以及误差函数 $J(\boldsymbol{W}, b)$ 后，即可按照第 2 章类似的方式进行上游误差 $\delta$ 的反向计算。

对于网络输出层上游误差

$$\delta_i^{(n_\ell)} = \frac{\partial}{\partial z_i^{(n_\ell)}} J(\boldsymbol{W}, b; x, y) = -(y_i - a_i^{(n_\ell)}) f'(z_i^{(n_\ell)}) \tag{3.3.5}$$

对于网络非输出层上游误差

$$\delta_j^{(\ell-1)} = \frac{\partial}{\partial z_j^{(\ell-1)}} J(\boldsymbol{W}, b; x, y) = \sum_{i=1}^{S_\ell} (\delta_i^{(\ell)} W_{ij}^{(\ell-1)}) f'(z_j^{(\ell-1)}) \tag{3.3.6}$$

如果反向传播时遇到的是池化层 $\ell_p$，当池化层采取最大池化时，则上游误差

$$\delta_j^{(\ell_p-1)} = \begin{cases} \delta_{j'}^{(\ell_p)}, & \text{如果} a_{j'}^{(\ell_p)} = \max_{k \in P_{j'}} a_k^{(\ell_p)} \\ 0, & \text{其他} \end{cases} \tag{3.3.7}$$

当池化层采取平均池化时，相应的上游误差

$$\delta_j^{(\ell_p-1)} = \frac{\delta_{j'}^{(\ell_p)}}{|P_{j'}|} \tag{3.3.8}$$

### 3.3.4.3 权值更新公式

上述反向计算阶段求得各层上游误差后，即可按照第 2 章相关公式计算代价函数关于网络连接参数的偏导数，进而根据求得的偏导数进行权值更新。前面提到，卷积网络中池化层并非严格的网络连接权，只是起到对池化区域的标记作用，因此，对池化层的连接权不做权值更新操作。这样，卷积网络中需要进行权值更新的参数就分为全连接层网络连接权 $(W^{FC}, b^{FC})$ 和卷积层连接权 $(W^{CV}, b^{CV})$ 两部分。

对于全连接层网络连接权 $(W_{ij}^{(\ell)}, b_i^{(\ell)}) \in (W^{FC}, b^{FC})$，其权值更新公式 (式 (3.3.9)) 与第 2 章相应部分完全相同。

$$W_{ij}^{(\ell)}(t+1) = W_{ij}^{(\ell)}(t) - \gamma \frac{\partial J(\boldsymbol{W}, b; x, y)}{\partial W_{ij}^{(\ell)}} = W_{ij}^{(\ell)}(t) - \gamma \delta_i^{(\ell+1)} a_j^{(\ell)}$$

$$b_i^{(\ell)}(t+1) = b_i^{(\ell)}(t) - \gamma \frac{\partial J(\boldsymbol{W}, b; x, y)}{\partial b_i^{(\ell)}} = b_i^{(\ell)}(t) - \gamma \delta_i^{(\ell+1)} \tag{3.3.9}$$

对于卷积层连接权 $(W_{ij}^{(\ell)}, b_i^{(\ell)}) \in (W^{CV}, b^{CV})$，由于权值共享机制，使得图 3.14 中的卷积核 $\boldsymbol{W}$ 将被共享 $K = \lceil \frac{n - \text{kernel\_size}}{\text{cstride}} + 1 \rceil$ 次，这样卷积核 $\boldsymbol{W}$ 更新部分由 $K$ 处的梯度综合构成。对于第一个卷积核中的连接权 $W_{ij}$ 在第 $k(k = 0, 1, \cdots, K-1)$

个卷积核中相应的连接权为 $W_{i+k\times\text{cstride},j+k\times\text{cstride}}$。从而得到式 (3.3.10) 形式的卷积层连接权更新公式。

$$W_{ij}^{(\ell)}(t+1) = W_{ij}^{(\ell)}(t) - \gamma\frac{\partial J(\boldsymbol{W},b;x,y)}{\partial W_{ij}^{(\ell)}} = W_{ij}^{(\ell)}(t) - \gamma\sum_{k=0}^{K-1}\delta_{i+k\times\text{cstride}}^{(\ell+1)}a_{j+k\times\text{cstride}}^{(\ell)}$$

$$b_i^{(\ell)}(t+1) = b_i^{(\ell)}(t) - \gamma\frac{\partial J(\boldsymbol{W},b;x,y)}{\partial b_i^{(\ell)}} = b_i^{(\ell)}(t) - \gamma\delta_i^{(\ell+1)}$$

$$(3.3.10)$$

更新公式 (3.3.10) 偏置项部分与全连接层完全一样, 这是因为卷积层偏置项地位与全连接层完全一样, 无论是否是卷积核, 每个神经元均有一个偏置项。上式中唯一不同的是卷积核连接权的更新多了一个求和符号, 因为同一卷积核被共享了 $K$ 次。

算法 7 给出卷积网络算法的伪码描述。

---
**算法 7**　CNNs 算法
---
**输入:**　训练数据: $(X,Y) = [(X^{(1)},Y^{(1)}),(X^{(2)},Y^{(2)}),\cdots,(X^{(m)},Y^{(m)})]$; 批数据大小: Batch_size $= m_\xi$

　　　　迭代精度: $\epsilon$; 学习步长: $\gamma$; 最大迭代次数: $\text{max}I$; 当前迭代次数: $I$

　　　　网络参数: $(\boldsymbol{W},b) = [(W^{(1)},b^{(1)}),(W^{(2)},b^{(2)}),\cdots,(W^{(n_{\ell-1})},b^{(n_{\ell-1})})]$

**输出:**　训练好网络的 $(\boldsymbol{W},b) = [(W^{(1)},b^{(1)}),\cdots,(W^{(n_{\ell-1})},b^{(n_{\ell-1})})]$

1: 对网络执行随机初始化 $(W(0),b(0)) = [(W^{(1)}(0),b^{(1)}(0)),(W^{(2)}(0),b^{(2)}(0)),\cdots,(W^{(n_{\ell-1})}(0),b^{(n_{\ell-1})}(0))], I=0$;

2: 从 $(X,Y)$ 中随机选择 $m_\xi$ 个样本;

3: **repeat**

4:　按照式 (3.3.1)(非池化层), 式 (3.3.2)(池化层) 执行逐层前向计算, 得到每层神经元输入输出 $z^{(\ell)},a^{(\ell)}$ 并保存, 直到求得网络实际输出 $\hat{Y}$;

5:　按照式 (3.3.4) 计算网络误差 $J(W,b)$;

6:　按照式 (3.3.5) ~ 式 (3.3.7) 逐层反向计算神经元上游误差 $\delta^{(\ell)}$;

7:　按照式 (3.3.9), 式 (3.3.10) 执行权值更新;

8:　更新迭代次数 $I = I+1$;

9: **until** $(J(W,b) < \epsilon || (I > \text{max}I))$

---

### 3.3.4.4　CNNs 算例

上文对 CNNs 训练算法进行了介绍, 下面通过一个例子更直观具体地展示 CNNs 的各个计算细节。出于计算上的简便考虑, 这里网络中神经元传递函数统一使用线性传递单元。同样出于计算上简便考虑和为第 4 章介绍反馈神经网络作铺垫, 这里选用的例子是来自自然语言处理领域的一个关于语言词性标注 (part-of-speech tagging,POS) 的例子, 语言词性标注是指给定一段文字, 要求标出文字里的每个单词的词性。为此, 需要相应的"语料"作为训练数据。假定用作训练数据的"语料"只有一个句子"GDUFE is a great University here.", 这样, 可以根据这一语料, 构造表 (3.1) 形式的训练数据集 $(X,Y)$, 即表 3.1 中的 $Y_i$ 是相应的 $X_i$ 的词性。

表 3.1　句子的词性标注

| $X$: | GDUFE | is | a | great | University | here | . |
|---|---|---|---|---|---|---|---|
| $Y$: | Noun | Verb | measure | Adjective | Noun | adverb | period |

为了将上述训练数据编码表示成 CNNs 的网络输入, 使用一种在自然语言处理中常用的独热向量 (one-hot vector) 编码表示: 的词向量对训练集中的 $X_i$ 进行编码。为此, 通过扫描整个 "语料", 统计 "语料" 中出现的不同单词个数, 然后为该 "语料" 建立如下单词表:

$$\text{Vocabulary} = [a, \text{GDUFE}, \text{is}, \text{great}, \text{University}, \text{here.}]$$

有了上述单词表, 句子 "GDUFE is a great University here." 即可被编码成适合作为 CNNs 网络输入的独热向量形式的文本数据:

$$\boldsymbol{X}_1 = \begin{bmatrix} 0 \\ 1 \\ 0 \\ 0 \\ 0 \\ 0 \\ 0 \end{bmatrix}, \boldsymbol{X}_2 = \begin{bmatrix} 0 \\ 0 \\ 1 \\ 0 \\ 0 \\ 0 \\ 0 \end{bmatrix}, \boldsymbol{X}_3 = \begin{bmatrix} 1 \\ 0 \\ 0 \\ 0 \\ 0 \\ 0 \\ 0 \end{bmatrix}, \boldsymbol{X}_4 = \begin{bmatrix} 0 \\ 0 \\ 0 \\ 1 \\ 0 \\ 0 \\ 0 \end{bmatrix}, \boldsymbol{X}_5 = \begin{bmatrix} 0 \\ 0 \\ 0 \\ 0 \\ 1 \\ 0 \\ 0 \end{bmatrix}, \boldsymbol{X}_6 = \begin{bmatrix} 0 \\ 0 \\ 0 \\ 0 \\ 0 \\ 1 \\ 0 \end{bmatrix}, \boldsymbol{X}_7 = \begin{bmatrix} 0 \\ 0 \\ 0 \\ 0 \\ 0 \\ 0 \\ 1 \end{bmatrix}$$

理论上, 上述词性标注问题的监督信号 $\boldsymbol{Y}$ 中的类别数取决于语料 $\boldsymbol{X}$ 中有多少个不同的词性。但为简洁和计算方便, 这里用 $\begin{pmatrix} 1 \\ 0 \end{pmatrix}$ 表示 "Noun", $\begin{pmatrix} 0 \\ 1 \end{pmatrix}$ 表示 "Verb", 对其他词性, 一律用 $\begin{pmatrix} 0 \\ 0 \end{pmatrix}$ 表示。这样, 可得到如图 3.15 所示的输入层具有 7 个节点, 输出层具有 2 个节点的包含一个卷积层的 4 层卷积神经网络。

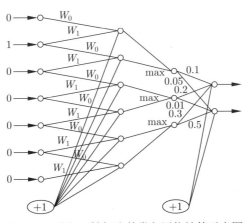

图 3.15　进行词性标注的卷积网络计算示意图

图 3.15 所示卷积网络的连接参数主要有卷积层的连接权 $\boldsymbol{W}^{(1)} = (\boldsymbol{W}_0, \boldsymbol{W}_1)$，偏置项 $\boldsymbol{b}^{(1)}$ 以及输出层的连接权 $\boldsymbol{W}^{(2)}$ 和偏置项 $\boldsymbol{b}^{(2)}$。下面给出训练这个网络时的具体计算过程。

(1) 首先，对这些连接参数执行随机初始化。

$$\boldsymbol{W}^{(1)} = (\boldsymbol{W}_0, \boldsymbol{W}_1)^{\mathrm{T}} = (0.1, 0.2)^{\mathrm{T}} \qquad \boldsymbol{b}^{(1)} = (0.01, 0, 0.05, 0.02, 0, 0.05)^{\mathrm{T}}$$

$$\boldsymbol{W}^{(2)} = \begin{bmatrix} 0.1 & 0.05 \\ 0.2 & 0.01 \\ 0.3 & 0.5 \end{bmatrix} \qquad\qquad \boldsymbol{b}^{(2)} = (0.1, -0.1)^{\mathrm{T}}$$

(2) 状态前向计算。在输入为 $\boldsymbol{X}_1 = [0\ 1\ 0\ 0\ 0\ 0\ 0]^{\mathrm{T}}$ 下进行前向计算。

| 输入层到卷积层 | 最大池化 | 池化输出 |
|---|---|---|
| $(0 \times 0.1 + 1 \times 0.2) + 0.01 = 0.21$ | | |
| $(1 \times 0.1 + 0 \times 0.2) + 0 = 0.1$ | max | 0.21 |
| $(0 \times 0.1 + 0 \times 0.2) + 0.05 = 0.05$ | | |
| $(0 \times 0.1 + 0 \times 0.2) + 0.02 = 0.02$ | max | 0.05 |
| $(0 \times 0.1 + 0 \times 0.2) + 0 = 0$ | | |
| $(0 \times 0.1 + 0 \times 0.2) + 0.05 = 0.05$ | max | 0.05 |

网络最终输出

$$(0.21 \times 0.1 + 0.05 \times 0.2 + 0.05 \times 0.3) + 0.1 = 0.146$$

$$(0.21 \times 0.05 + 0.05 \times 0.01 + 0.05 \times 0.5) - 0.1 = -0.064$$

(3) 误差反向传播。前向计算结束，在得到网络最终输出后，即可根据网络实际输出与监督信号计算误差，然后逐层反向传播。

$$\text{输出层误差}\,\boldsymbol{\delta}^{(n_\ell)} = \boldsymbol{\delta}^{(4)} = \begin{bmatrix} 1 \\ 0 \end{bmatrix} - \begin{bmatrix} 0.146 \\ -0.064 \end{bmatrix} = \begin{bmatrix} 0.854 \\ 0.064 \end{bmatrix}$$

$$\text{倒数第二层误差}\,\boldsymbol{\delta}^{(3)} = \begin{bmatrix} ((0.854 \times 1) \times 0.1 + (0.064 \times 1) \times 0.05) \times 1 \\ ((0.854 \times 1) \times 0.2 + (0.064 \times 1) \times 0.01) \times 1 \\ ((0.854 \times 1) \times 0.3 + (0.064 \times 1) \times 0.5) \times 1 \end{bmatrix} = \begin{bmatrix} 0.011\,74 \\ 0.017\,72 \\ 0.057\,62 \end{bmatrix}$$

$$\text{倒数第三层误差}\,\boldsymbol{\delta}^{(2)} = \begin{bmatrix} 0.011\,74 & 0 & 0.017\,72 & 0 & 0 & 0.057\,62 \end{bmatrix}^{\mathrm{T}}$$

(4) 权值更新。误差反向传播逐层计算得到各 $\ell$ 层上游误差 $\delta^{(\ell)}$ 后，即可据此计算误差函数关于各个连接权 $W_{ji}$ 的偏导数，然后沿负梯度方向更新相应的 $W_{ji}$ 值。

对于全连接层, 这里以 $W_{11}^{(3)}$ 的计算为例。

$$误差函数关于连接权偏导数 \nabla W_{11}^{(3)} = a_1^{(2)} \delta_1^{(3)} = 0.21 \times 0.854$$

$$设定学习率 \alpha = 0.01$$

$$W_{11}^{(3)} = W_{11}^{(3)} - \alpha \nabla W_{11}^{(3)} = (0.1 - 0.01 \times (0.21 \times 0.854)) = 0.098\,207$$

$$b_{11}^{(3)} = b_{11}^{(3)} - \alpha \delta_1^{(3)} = 0.1 - 0.01 \times 0.854 = 0.0146$$

池化层连接权不参与更新, 因此可以直接略过。对于卷积层, 这里以 $W_0$ 的更新为例。由于卷积核大小为 kerner_size $= 2$, 输入维数 $n = 7$, 卷积核步长 cstride$=1$ 条件下, 卷积核 $\boldsymbol{W} = (W_0, W_1)$ 被共享了 $K = \lceil \dfrac{n - \text{kernel\_size}}{\text{cstride}} + 1 \rceil = \lceil \dfrac{7 - 2}{1} + 1 \rceil = 6$ 次。按照式 (3.3.10) 更新公式, 可得

$$
\begin{aligned}
W_0^{(1)} &= W_0^{(1)} - \gamma \nabla W_0^{(1)} \\
&= W_0^{(1)} - \gamma \sum_{i=1}^{K-1} \delta_{1+i\times\text{cstride}}^{(2)} a_{1+i\times\text{cstride}}^{(1)} \\
&= W_{11}^{(1)} - \gamma \sum_{i=1}^{K-1} \delta_{1+i\times\text{cstride}}^{(2)} x_{1+i\times\text{cstride}}^{(1)} \\
&= 0.1 - 0.01 \times (0 \times 0.001\,174 + 1 \times 0 + 0 \times 0.017\,72 + 0 \times 0 + 0 \times 0 + 0 \times 0.057\,62) \\
&= 0.1
\end{aligned}
$$

反复执行上述前向计算、误差反向传播、权值更新的计算过程, 直到误差衰减到预设精度或者迭代次数超过预设上限为止。

## 3.3.5　卷积网提取特征的可视化

2012 年, 多伦多大学的 Krizhevsky 等人构造的一个超大型卷积神经网络 Alexnet 有 9 层共 65 万个神经元, 6 万个连接参数 [8]。该神经网络输入的是图片, 输出的是代表类似小虫、美洲豹、救生船等 1000 个类别图像的标签。训练这样的一个模型需要海量的图片, 一旦训练好后, 它的分类准确率也完全碾压之前的所有分类方法。

为了能对卷积网学习的特征有一个更直观的理解, 纽约大学的 Zeiler 和 Fergusi 等人 [9] 在 Alexnet 网络模型基础上, 用 Caltech-101 和 Caltech-256 等数据训练网络, 然后将训练好的网络的隐层特征进行可视化, 以便进一步直观理解卷积网背后的工作原理。当他们将隐层神经元特征可视化后发现中间层的神经元响应了某些十分抽象的特征。

图 3.16 是网络训练结束后, 将模型各个隐藏层提取的特征进行可视化的结果, 即将这些隐层所提取的特征, 转换成图像的像素形式进行显示。由图 3.16 可以清晰地看

出一组特定的输入特征将刺激卷积网产生一个固定的输出特征。图 3.16 中每层图的右边是对应的输入图片，与重构特征相比，输入图片和重构图片之间的差异性很大，重构特征只包含那些具有判别能力的纹理结构。例如，第 5 层第 1 行第 2 列的 9 张输入

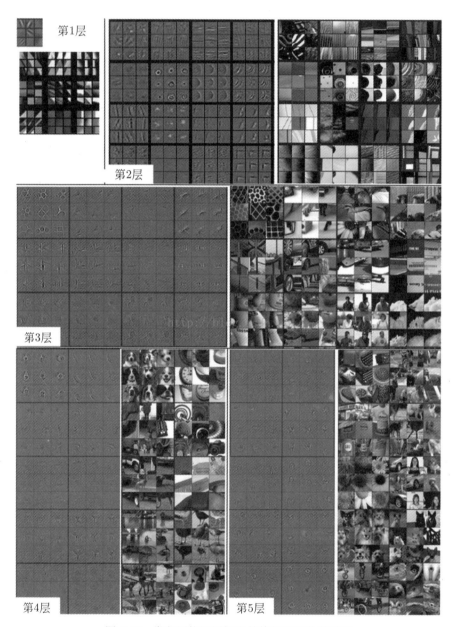

图 3.16　卷积网络逐层提取的特征可视化的结果

第 1 个卷积层检测了简单的图片边缘，第 2 层检测了物体的边缘和轮廓以及与颜色的组合，第 3 层展示了相似的
纹理，第 4 层开始体现了类与类之间的差异，第 5 层每组图片都展示了存在重大差异的一类物体

图片各不相同差异很大, 而对应的重构输入特征则都显示了背景中的草地, 没有显示不同的前景。

　　每一层的可视化结果都展示了网络的层次化特点。第 1 个卷积层只是表达了简单的图片的边缘而已, 第 2 层展示了物体的边缘和轮廓, 以及与颜色的组合, 第 3 层拥有了更复杂的不变性, 主要展示了相似的纹理, 第 4 层不同组重构特征存在着重大差异性, 开始体现了类与类之间的差异, 第 5 层每组图片都展示了存在重大差异的一类物体。

　　从可视化的结果可以看到, 每一层都是将一张图片从最基础的边缘, 逐层进行更复杂的特征提取, 直到最复杂的图片自己本身。

　　当卷积特征提取完毕后, 这些特征又如何被应用到分类识别过程呢? 换言之, 卷积特征提取如何影响到后续的全连接分类判决结果? Zeiler 和 Fergus 的结果 [9] 表明, 当图片卷积完成之后, 会把一个图片对于这一类本身最独特的部分凸显出来, 然后供后面的分类判决层去判断。图 3.17 所示实验很好地说明了这一点。

　　图 3.17(a) 是原图像。Zeiler 和 Fergus 通过盖住不同的区域, 来分析对于一张图片, 经过五次卷积之后算法是如何判断的。从图中可以看到卷积到最后 (图 3.17(c)), 比较凸显出来的是狗的头部。图 3.17(b) 和 (d) 表示的意思是, 当不同的区域被遮住时, 判断图像为狗的概率。红色区域代表概率很高, 蓝色区域代表概率很低。结果表明, 当遮挡住狗的头部时, 卷积网络将这个图像判断为狗的概率最低。这个结果从侧面证明卷积神经网络具备自动学习图片中最好的特征以及这些特征的组合方式, 即能学习出最好的特征表达, 然后根据学习出来的特征表达进行分类。

   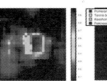

(a) 输入图像　　(b) 第5层最强　　(c) 第5层最强特征 (d) 正确分类概率　　(e) 最可能类别
　　　　　　　　特征映射　　　　　　　　　映射投影

图 3.17　狗的头部这一关键特征被遮挡住后, 图像被判断为 "狗" 的概率会极大降低 (见文后彩图)

图中红色区域代表概率很高, 蓝色区域代表概率很低

## 3.4　CNNs 的变体

　　由于 Alexnet 的分类准确率完全碾压之前的所有分类方法, 且分类准确度甚至超越了人对同类问题的识别精度, 这使得 CNNs 技术得到空前关注。众多关于 CNNs 的变体被提出来, 其中有代表性的改进工作主要有三类: 围绕卷积核的改进工作、围绕卷积层通道上的改进工作以及围绕卷积层连接方面的改进。

### 3.4.1　关于卷积核的变体

一般地，卷积核越大，意味着能看到的局部区域越大，进入视野被捕捉到的特征也就越多。但卷积核大了，意味着连接参数就多了，这对深度网络的构造显然并不有利。因此，如何设计卷积核的尺寸和形状就是一个值得关注的工作。

#### 3.4.1.1　小尺寸卷积核

AlexNet 中用到的卷积核是 $11 \times 11, 5 \times 5$ 卷积核。正如前所述，直觉上似乎卷积核越大，感受野 (receptive field) 越大，看到的图片信息越多，获得的特征越多，对分类识别效果应越好。然而大的卷积核会导致连接参数随网络深度增加而极大增加，反过来影响深层网络的有效训练。Simonyan 和 Zisserman[10,11] 在 VGG 方法中使用 $3 \times 3$ 的更小的卷积核，训练一个具有 19 层的卷积网络，取得了比使用 $5 \times 5$ 卷积核更佳的效果。并且他们的实验结果显示更小的卷积核对新数据集的泛化能力也更好。因此后来 $3 \times 3$ 的卷积核被广泛应用在各种模型中。

最小的卷积核莫过于 $1 \times 1$ 卷积核 (图 3.18(b))。由于 $1 \times 1$ 的感受野里只有一个像素，因此在单通道 $1 \times 1$ 卷积核情形下，式 (3.2.2) 的卷积公式变成 $S(i,j) = (\boldsymbol{I} * \boldsymbol{W})(i,j) = I(i,j) \times \boldsymbol{W}$ 的形式，即卷积结果为原始像素 $I(i,j)$ 乘以一个因子 $\boldsymbol{W}$。在 RGB 颜色模型下，图像有三个颜色通道，卷积公式变成 $S(i,j) = (\boldsymbol{I} * \boldsymbol{W})(i,j) = I_r(i,j) \times W_r + I_g(i,j) \times W_g + I_b(i,j) \times W_b$ 的形式，$I_r(i,j), I_g(i,j), I_b(i,j)$ 分别表示红、绿、蓝三个颜色通道位置 $(i,j)$ 像素值，$W_r, W_g, W_b$ 分别表示红、绿、蓝三个颜色通道上的连接权值。此时，三通道下卷积的结果为各通道像素值的加权和。

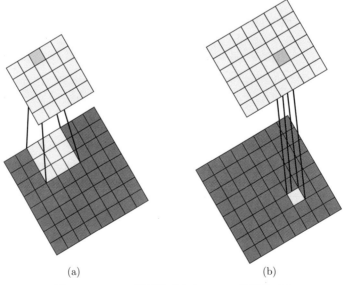

(a)　　　　　　　　　　　　　(b)

图 3.18　$3 \times 3$ 卷积核 (a) 与 $1 \times 1$ 卷积核 (b)

从 $1 \times 1$ 卷积核的定义中可以看出, $1 \times 1$ 卷积核是一个完全不考虑像素与周边其他像素关系的 "卷积" 操作, 这种卷积操作在单通道图像下并没有太多实质意义, 因此, $1 \times 1$ 卷积核一般不单独使用。但由于在多通道或者多特征平面下, $1 \times 1$ 卷积核的卷积效果可起到跨通道或跨特征平面融合的效果, 并通过卷积核的数量来调控卷积结果的维数, 起到数据降维或升维的作用。因此, $1 \times 1$ 卷积核常常与其他尺寸卷积核混合使用, 这就是接下来要介绍的 GoogLeNet 中的 inception 结构。

### 3.4.1.2　多尺寸卷积核

卷积核的尺寸大小对网络性能有重要影响, 但在实际的网络设计中, 选择何尺寸的卷积核才是最佳的并非易事, 这需要大量的实验和经验, 并且最佳卷积核尺寸也依赖于具体的任务。因此, 很自然的问题是有没有办法通过优化的方式让网络根据不同的识别任务自动找到一个最优尺寸的卷积核呢? 这个想法很好, 但要将卷积核的尺寸作为一个参数写到优化目标函数里并非易事, 所以, 一个替代的做法是将 $1 \times 1, 3 \times 3, 5 \times 5$ 不同尺寸的卷积核在网络结构设计时考虑进去, 至于这些不同尺寸的卷积核具体如何搭配能达到最佳效果, 由优化算法通过优化得到, 这就是使用多尺寸卷积核的称为 inception 结构的 GoogLeNet (图 3.19)。

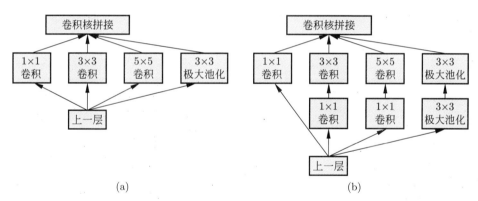

图 3.19　GoogLeNet 采用的 inception 结构

(a) 最初版本的 inception 模块; (b) 能降维的 inception 模块

在卷积层结构设计上使用多尺寸卷积核的做法赋予了网络根据不同的任务自动选择所需要的特征, 并能一次性使用多个不同尺寸的卷积核来抓取多个范围不同的特征, 客观上起到了消除卷积核尺寸对于识别结果的影响。

GoogLeNet 以 6.67% 的测试误差赢得了 ILSVRC2014 的冠军, 取得第 2 名的是 VGG, 其测试误差为 7.32%。

### 3.4.1.3　可变形卷积核

上文的介绍中可以看出, 出于数学上或者公式处理上的方便, 卷积核一般取规则的长方形或正方形的形式。但这种做法并不完全符合生物视觉识别系统, 人眼识别图

像中的物体, 尤其是不规则物体时, 可根据物体的形状来自动调整识别范围。基于此,
可变形卷积核的概念被提出 [12], 试图让卷积核能根据识别物体外形进行自适应变化。
这种可变形的卷积核能让模型只关注感兴趣的区域, 这样提取出来的特征或许可以给
分类识别带来更佳的效果。

具体地, 可变形卷积核可结合图 3.20 和图 3.21 进行解释。图 3.20(a) 子图是正常
的 $3 \times 3$ 卷积核 (9 个绿色的点), 后面 (b),(c),(d) 三个子图为可变形卷积核, 分别在
(a) 图基础上对其中 9 个点在不同方向上添加不同的位移量得到。可变形卷积核取决
于这个位移量, 而这个位移量是根据任务学习得到。

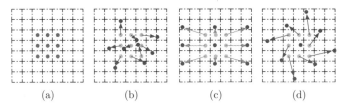

(a)                    (b)                    (c)                    (d)

图 3.20    可变形卷积核

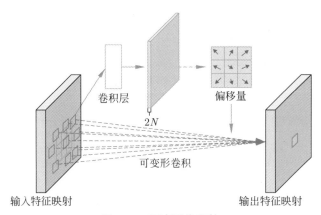

图 3.21    可变形卷积核

假定网格 $R = \{(-1, -1), (-1, 0), \cdots, (0, 1), (1, 1)\}$ 表示图 3.20(a) 的卷积区域。
对每个位置 $p_0$, 传统卷积的特征响应 $Y(p_0) = \sum\limits_{p_n \in R} W(p_n)X(p_0 + p_n)$。而可变形卷积

的特征响应为 $Y(p_0) = \sum\limits_{p_n \in R} W(p_n)X(p_0 + p_n + \Delta p_n)$, 这里 $\{\Delta p_n | n = 1, 2, \cdots, |R|\}$,
即在传统卷积基础上多了一偏移项 $\Delta p_n$。

可变形卷积核的偏移量 $\Delta p_n$ 通过学习得到, 这使得可变形卷积核的大小和位置
可以根据当前需要识别的图像内容进行动态调整。这种做法的直观效果就是不同位置
的卷积核采样点位置会根据图像内容发生自适应的变化, 以适应不同物体的形状、大
小等几何形变。图 3.22 可视化后的效果说明了这一点。

图 3.22　对可变形卷积的效果进行可视化（见文后彩图）

左、中、右图分别展示了绿点所代表的激活单元倒推三层可变形卷积层在背景、小物体、大物体上所采样的点

可变形卷积单元具有诸多良好的性质。它不需要任何额外的监督信号, 可以直接通过目标任务学习得到; 它可以方便地取代任何卷积神经网络中的若干个标准卷积单元, 并通过标准的反向传播进行端到端的训练。

可变形卷积可在仅增加很少的模型复杂度和计算量的情况下, 显著提高识别精度。例如, 在用于自动驾驶的图像语义分割数据集 (CityScapes) 上, 可变形卷积神经网络将准确率由 70% 提高到了 75%。

### 3.4.1.4　小型神经网络代替卷积核

上文的改进工作大多从卷积核大小、形状等方面着手。Lin 等人[13] 创造性地提出了将卷积核用一个小型的多层神经网络代替, 或者说他们的网络中的卷积核本身就是一个小型神经网络 (network in network, NIN)。

图 3.23(a) 是传统的卷积网络, 其中间代表卷积核的连接权被 (b) 图中 mlpconv 多层小型神经网络 (Lin 等人用的是一个三层感知网络) 代替。除此之外, 其余卷积操作与传统卷积完全一样。

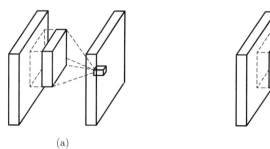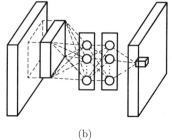

(a) (b)

图 3.23 传统卷积核 W 在 NIN 中被称为 mlpconv 的多层小型神经网络代替

(a) 线性卷积核; (b) 多层感知卷积层

NIN 的另一个新做法是将传统卷积网络中的全连接权放弃, 取而代之的是全局平均池化, 即将最后一个 mlpconv 的输出特征按照每个特征平面进行平均池化, 将平均池化的结果作为 softmax 的输入。

图 3.24 是 Lin 等人使用的具有三个卷积层, 最后一层为全局最大池化层, 输出层为 softmax 的 NIN 网络结构。Lin 等人[13] 的实验结果表明, 对于 CIFAR-10 数据集, 使用全局平均池化的 NIN 网络的测试误差为 10.41%, 比使用全连接层和 dropout 策略的 NIN 网络精度要高 0.47%, 有很好的过拟合抑制效果。

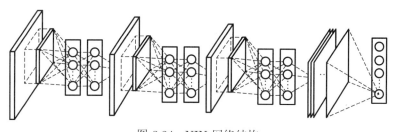

图 3.24 NIN 网络结构

## 3.4.2 关于卷积通道的变体

CNNs 关于卷积通道的变体主要可分为使用分组卷积、分组卷积前先进行通道重排 (channel shuffle)、使用 depthwise 可分离卷积代替标准卷积和对通道进行加权等几方面的改进。

### 3.4.2.1 分组卷积与通道重排

分组卷积 (grouped convolution) 最早出现在 AlexNet (图 3.25) 中, 当时因为显卡显存不够, 无法在一块显卡装载大规模卷积网络, 只能把网络分成两组子网, 以便能分别并行装载进两块不同的显卡里, 于是产生了分组卷积结构。

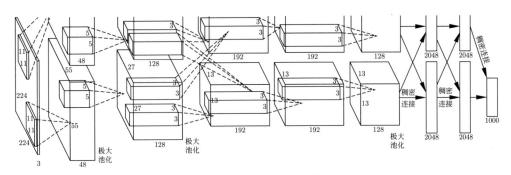

图 3.25　AlexNet 使用的分组卷积结构

上下两组卷积运算分别运行在两块不同的 1.5GB 内存的 Nvidia GPTX 580 GPUs 显卡计算单元上

分组卷积的做法是将输入通道分解成多个互不重叠的组 (grouped), 每个组分别进行传统的卷积操作, 然后将每个通道中的特征映射结果拼接起来作为最后的输出。

假设输入的特征平面数为 $N$, 卷积层共有 $M$ 个卷积核。在传统未分组情形下, 每个卷积核均要和 $N$ 特征平面进行卷积操作。但在分组情况下, 假设 $N$ 个特征平面被分成了 $g$ 组, 相应地 $M$ 个卷积核也被分成 $g$ 组。分组卷积就是用每组的卷积核与相应组的特征平面进行卷积, 即分组的特征平面第 $i$ 个组里有 $\dfrac{N}{g}$ 个特征平面与相应的第 $i$ 组的 $\dfrac{M}{g}$ 个卷积核进行卷积。经过多层的分组卷积操作后, 各组卷积特征在最后才被以全连接方式输入分类判决层。

由于分组后, 每个卷积核只对组内特征平面进行卷积, 而对不同组间的特征平面不做卷积, 这可极大地减少网络连接参数。但这样做的效果是卷积输出只与小部分特征平面有关, 学习出来的特征难免具有局限性。

分组卷积的效果如何? 图 3.26 给出了 AlexNet 采用不同分组数时的性能对比[14], 从中可以发现, 在分组数为 2 时, AlexNet 性能表现最好, 强于不分组的效果。

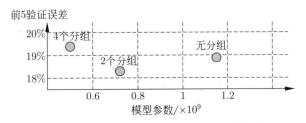

图 3.26　AlexNet 使用不同分组数时的性能比较

分组卷积下卷积出来的特征被平均分配到不同组里, 只在最后全连接层才进行特征融合, 不难想象这种设计会影响模型泛化能力。

为了解决分组卷积可能带来的泛化能力不足的问题, 通道重排 (ShuffleNet, 图 3.27) 在每一次进行分组卷积之前, 先进行一次通道重排, 再将重排过后的通道分配到不同组当中。分组卷积后, 再一次进行通道重排, 紧接着再进行分组卷积, 如此循环。这种经过通道重排后再进行分组卷积做法的好处在于分组卷积的输出特征能融合更多通道的信息, 这样卷积提取出来的特征质量会更高。此外, AlexNet 的分组卷积属于标准的卷积操作, 而通道重排的分组卷积操作融合了通道重排和后面接下来要介绍的 Depthwise 可分离卷积, 这使得通道重排能在超少量的参数下, 获得超越 mobilenet、媲美 AlexNet 的准确率。

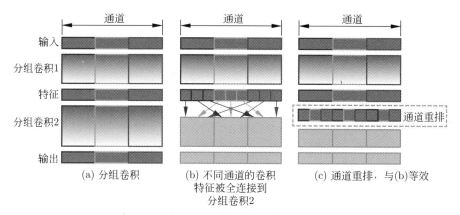

图 3.27  通道重排示意图

### 3.4.2.2  Depthwise 可分离卷积

图 3.28(a) 是传统卷积网络的做法, 不同的特征平面 (通道) 分别经过不同卷积核进行卷积操作, 卷积结果被聚合到一个特征平面上。传统的多通道卷积公式 (3.4.1) 可在式 (3.2.2) 基础上增加通道参数 $c$ 得到。

$$\text{PointWiseS}(i,j) = (\boldsymbol{I} * \boldsymbol{W})(i,j) = \sum_c \sum_m \sum_n \boldsymbol{I}(i+m, j+n, c)W(m,n,c) \quad (3.4.1)$$

上述传统多通道卷积公式使用的连接参数 $W(m,n,c)$ 起到两个作用: 在通道 $c$ 内进行特征提取以及在不同通道内进行特征融合。这种让同一参数 $W(m,n,c)$ 同时承担特征抽取和特征融合工作的做法效果并不理想。基于此, Laurent Sifre 在其博士学位论文 [15] 中首次提出 Depthwise 卷积的概念, 并在 Depthwise 卷积的基础上, 将特征提取和特征融合分别用两组不同的连接权来实现, 这就是 Depthwise 可分离卷积。

图 3.28(b) 即为 Depthwise 可分离卷积局部结构示意图。Depthwise 可分离卷积进行一个深度维卷积 (式 (3.4.3)), 即先从深度方向, 把不同的通道之间相互独立开, 分别进行卷积特征抽取。在完成深度维卷积后紧接着进行点卷积操作 (式 (3.4.2)), 通过一个 $1 \times 1$ 卷积核进行跨通道特征融合。整个 Depthwise 可分离卷积操作可用

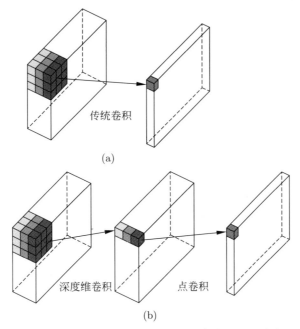

(a)

(b)

图 3.28　传统卷积 (a) 与深度可分离卷积 (b) 对比

式 (3.4.4) 进行表示, 其中 $\boldsymbol{W}_d$ 表示深度维卷积核, $\boldsymbol{W}_c$ 表示通道 $c$ 上的 $1 \times 1$ 的卷积核, 也就是通道 $c$ 的权值。

$$S(i,j) = (\boldsymbol{I} * \boldsymbol{W}_c)(i,j) = \sum_c I(i,j,c)\boldsymbol{W}_c \tag{3.4.2}$$

$$\text{DepthWise} S(i,j) = (\boldsymbol{I} * \boldsymbol{W}_d)(i,j) = \sum_m \sum_n I(i+m, j+n)\boldsymbol{W}_d(m,n) \tag{3.4.3}$$

$$\text{SepConv} S(i,j) = [(\boldsymbol{I} * \boldsymbol{W}_d) * \boldsymbol{W}_c](i,j) \tag{3.4.4}$$

Depthwise 可分离卷积这种将特征提取和特征融合分两步, 用不同的两组权值加以实现的做法的好处是可以充分利用模型参数进行表示学习, 客观上起到使用更少的参数学习到更好的特征效果。假设输入为 3 通道彩色图像, 要求输出通道数为 256, 传统卷积直接连接 $3 \times 3 \times 256$ 卷积核产生的参数量为 $3 \times 3 \times 3 \times 256 = 6912$, 而如果使用 Depthwise 可分离卷积, 先用 3 个 $3 \times 3$ 卷积核逐通道分别进行卷积, 然后 256 个 $1 \times 1$ 卷积核对 3 个通道的卷积特征进行跨通道融合, 这样产生的参数量为 $3 \times 3 \times 3 + 3 \times 1 \times 1 \times 256 = 795$, 远少于传统卷积参数量。

Howard 等人 [16] 使用的轻量级网络 MobileNets 是一个有 30 个网络层, 输入层是 $224 \times 224$ 的图像, 输出层 1000 个类别的 DepthWise 可分离卷积网络。由于网络的这种结构设计, 使得这种网络需要训练的参数只有 400 万 (4 million) 个, 相比于

Inception-V3 的 2400 万 (24 million) 个参数和 VGGNet-16 的 13 800 万 (138 million) 个参数, MobileNets 的网络规模要小得多。这使得 MobileNets 训练速度得到大幅提升, 训练时间耗费几乎是训练 Inception-V3 的 1/3 和 VGGNet-16 的 1/10。在训练速度大幅提升的同时, MobileNets 识别精度在 ImageNet 数据集上为 70.6%, 这一表现并不太差, 只略逊于 VGGNet-16 的 71.5%, 但好于 GoogleNet, AlexNet 模型。

### 3.4.2.3 SEnet 模型

上文的分组卷积、通道重排、可分离卷积以及大部分改进工作均认为特征通道彼此是平等的, Hu 等人[17] 对此进行了质疑, 认为特征通道对模型的作用是不同的, 并基于此提出了称为 SEnet 的模型。

SEnet 模型背后的核心思想就是设法对不同特征通道赋予不同的权重 $s_c$。权重 $s_c$ 是将传统的卷积结果经过 squeeze 操作和 excitation 操作让网络自动学习得到 (图 3.29)。

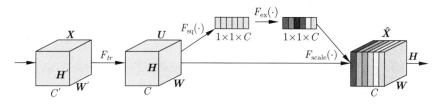

图 3.29　SEnet 模型通过 squeeze 和 excitation 操作实现对通道的权重学习

具体地, 假定 $F_{tr} : \boldsymbol{X} \to \boldsymbol{U}$ 为输入图像 (特征) $\boldsymbol{X} \in R^{H' \times W' \times C'}$ 到空间 $\boldsymbol{U} \in R^{H \times W \times C}$ 的卷积变换过程, 该变换可表示成式 (3.4.5) 的形式。

$$u_c = v_c * \boldsymbol{X} = \sum_{s=1}^{C'} v_c^s X^s \tag{3.4.5}$$

其中, $\boldsymbol{V} = [v_1, v_2, \cdots, v_c]$ 为卷积核, 输出 $\boldsymbol{U} = [u_1, u_2, \cdots, u_c]$ 为一个向量, 每一分量对应一个通道的输出。显然从式 (3.4.5) 可以看出, 卷积结果中每个通道 $u_c$ 为在所有 $C'$ 个通道上的卷积之和。因此通道之间的依赖关系被隐含在卷积结果 $u_c$ 里, 且这种通道依赖关系还与卷积核捕捉的空间依赖关系纠缠在一起。为了将隐藏在 $u_c$ 中的通道依赖关系提取出来, SEnet 先通过 squeeze 操作将 $u_c$ 在空间尺度 $\boldsymbol{H} \times \boldsymbol{W}$ 上进行压缩, 式 (3.4.6) 给出压缩过程。

$$z_c = F_{sq}(u_c) = \frac{1}{\boldsymbol{H} \times \boldsymbol{W}} \sum_{i=1}^{\boldsymbol{H}} \sum_{j=1}^{\boldsymbol{W}} u_c(i, j) \tag{3.4.6}$$

显然, 式 (3.4.6) 压缩算子将每个通道上一个 $\boldsymbol{H} \times \boldsymbol{W}$ 压缩成一个数字 (该数字就是像素的平均值), 最终得到一个 $C$ 维向量。

接下来, 前述得到的 $C$ 维向量通过 excitation 操作被转化成每个通道的权重向量 $\boldsymbol{S}$。式 (3.4.7) 给出了这一变换过程。

$$S = F_{ex}(z, w) = \sigma(g(z, w)) = \sigma(W_2 \delta(W_1 z)) \tag{3.4.7}$$

其中, $\delta$ 为 ReLU 变换函数。式 (3.4.7) 的作用主要体现在引入了两个网络连接参数 $W_1$ 和 $W_2$, 网络正是通过学习调节这组参数, 从而以一种自动的方式来获得通道的权重向量 $\boldsymbol{S}$。

最后, 将式 (3.4.7) 得到的权重向量以通道点积的形式作用到原来的卷积结果 $u_c$ 上, 实现对通道加权操作。式 (3.4.8) 给出了这一过程。

$$\tilde{\boldsymbol{x}}_c = F_{\text{scale}}(\boldsymbol{u}_c, \boldsymbol{s}_c) = \boldsymbol{s}_c \cdot \boldsymbol{u}_c \tag{3.4.8}$$

SEnet 模型是 ILSVRC 2017 的冠军, 其 top-5 误差为 2.251%, 这一结果比 ILSVRC 2016 冠军精度提高了 25%。

## 3.4.3 关于卷积层连接的变体

训练一个深层网络并非易事 [11, 18, 19], 对卷积层连接的改变主要是希望能有效地训练更深的网络。这类有代表性且取得较显著效果的是高速网络 (highway network)、残差网络 (resnet) 和稠密网络 (densenet)。

### 3.4.3.1 高速网络

1995 年, Horchreiter 和 Schmidhuber 等人 [20] 通过在反馈神经网络基础上引入各种"门"单元, 发展了能处理序列长期依赖问题的长短期记忆单元反馈神经网络 (LSTM)。受此启发, Srivastava 等人 [21] 通过引入"门"单元为每个隐层搭建直通输入层信息 $X$ 的连接通路, 通过该连接通路, 输入信息 $X$ 能高速直达相应的隐层。

高速网络模型可表示成式 3.4.9 的形式。

$$
\begin{aligned}
Y &= \boldsymbol{H}(X, [W_H, b_H]) \cdot T(X, [W_T, b_T]) + X \cdot C(X, [W_C, b_C]) \\
&= \boldsymbol{H}(X, [W_H, b_H]) \cdot T(X, [W_T, b_T]) + X \cdot (1 - T(X, [W_T, b_T]))
\end{aligned} \tag{3.4.9}
$$

其中, $\boldsymbol{H}(X, [W_H, b_H])$ 对应传统的网络模型, $T(X, [W_T, b_T]) = \sigma(W_T^T X + b_T)$ 为"变换门" (transform gate), $C = 1 - T$ 为"携载门" (carry gate)。

Srivastava 等人 [21] 用一个 19 层约 230 万个连接参数的高速网络, 在数据集 CIFAR-10 上取得 92.24% 的精度, 这是个不错的结果。

### 3.4.3.2 残差网络

受高速网络这种跨层搭建高速通路思想的启发, 为克服深度网络训练过程中梯度消失带来上游网络层连接权难以训练的问题, 微软亚洲研究院的中国学者何凯明提出了"残差网络"(resnet) 的思想[22]：在网络的某中间层建立与输入层有直接连接的捷径, 以方便反向传播的误差能够通过捷径回传到上游网络层。

图 3.30 是残差网络的基本模块。假定原来网络要学习的映射为 $\mathcal{H}(X)$, 现在改为让网络学习一个"残差" $\mathcal{F} = \mathcal{H}(X) - X$, 而不是原来的 $\mathcal{H}(X)$。而原来的映射可重新表示成"残差"与输入自身之和, 即 $\mathcal{H}(X) = \mathcal{F} + X$。"残差"与输入自身之和可通过网络输入层的捷径连接 (shortcut connections) 来实现 (图 3.30)。

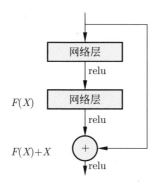

图 3.30　残差学习的基本模块

若 $X, Y$ 分别表示图 3.30 中所示的某个残差层 $i$ 的输入和输出, 则图 3.30 残差层 $i$ 的计算可表示成 $Y = \mathcal{F}(X, [W_i, b_i]) + X$ 的形式。图 3.30 中有两个连接层, 因此残差可表示成 $\mathcal{F} = W_2\sigma(W_1 X + b_1)$。

图 3.31 是根据图 3.30 的残差模块搭建的具有 34 层的残差网络。残差网络由于有了这种连接捷径, 反向回传的误差能通过捷径连接畅通无阻地到达各个残差模块。实验结果表明, 只要内存足够, 使用这类残差网络可以实现高达数百, 甚至数千层的深度网络的训练, 且仍能获得不错的性能。在 ILSVRC15 上, 残差网络以 153 层的深度 (此深度是上届冠军 VGG 深度的 8 倍), 获得了在 ImageNet 上 3.57% 的测试误差, 成为当年比赛的冠军。除此之外, 残差网络还参加了多项图像识别领域的各类比赛, 获得了微软 COCO 图像识别、图像检测、图像分割、对象定位等多项比赛的冠军。

由于残差网络提出后表现出出色的性能, 吸引了不少研究者的注意。Andreas 等人[23] 发现一个有趣的现象, 在训练残差网络过程中, 梯度信号主要通过捷径连接进行回传, 并且在网络测试阶段, 即便移除正常连接, 只保留捷径连接, 残差网络仍然能保持较高的识别率。

### 3.4.3.3　稠密网络

残差网络通过在不同网络层间添加跨层连接的捷径做法, 催生了稠密网络 (densnet)。既然跨层连接可以带来效率的改进, 为何不做得更彻底些? 于是, Huang 等人[24] 提出了在任意两层之间添加捷径, 使得层间可直接"沟通", 由此诞生了稠密网络。

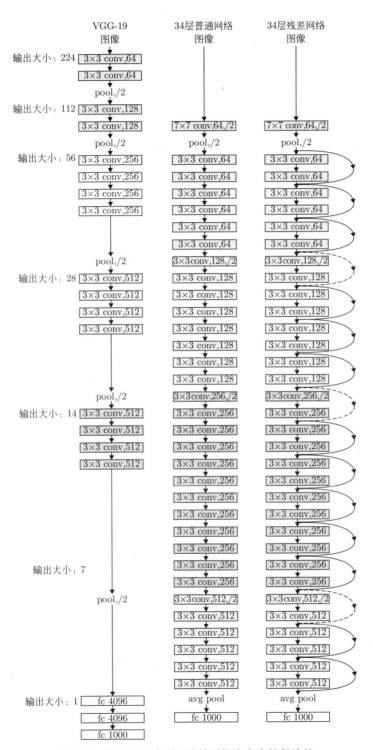

图 3.31 与 VGG 相比, 残差网络中存在捷径连接

图 3.32 是稠密网络的模块, 其中共有 5 个网络层, 任意两个不同网络层间均有捷径相连。约定用 $H_\ell(\cdot)$ 表示稠密网络中用到的 BN,ReLU,Pooling,Conv 四个操作的复合, $X_\ell$ 表示网络第 $\ell$ 层的输出, 则稠密网络第 $\ell$ 层的输出可按 $X_\ell = H_\ell([X_0, X_1, \cdots, X_{\ell-1}])$ 计算得到。这里 $[X_0, X_1, \cdots, X_{\ell-1}]$ 表示将前 $\ell-1$ 层的输出连接 (合并) 后作为第 $\ell$ 层的输入。图 3.33 是用 3 个稠密网络模块搭建的深度稠密网络, 稠密模块之间通过卷积层和池化层连接。

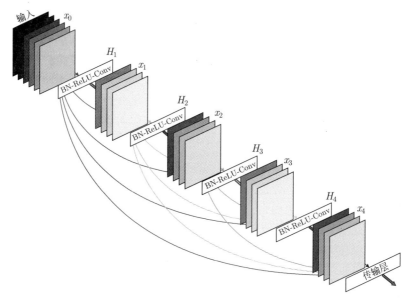

图 3.32　任意两层间均有捷径连接的五层稠密模块

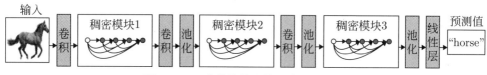

图 3.33　三个模块构成的深度稠密网络

由于稠密网络中每一层的输入来自前面所有层的输出, 因此对于总层数为 $L$ 层的稠密网络, 总的连接数为 $\dfrac{L(L-1)}{2}$。结构上的这种设计的好处在于可以保证网络中层与层之间最畅通的信息 (前向状态、反向梯度) 传输, 既保证了各层特征的充分有效利用, 又极大地缓解了梯度消失的问题。

稠密网络另一个优点是由于每一层均与输入层和最终输出层有直接连接, 使得训练更深参数更少的模型变得较容易, 网络也更不容易过拟合。实验结果表明, 在 C10,C100,SVHN 三个数据集上, 稠密网络比相同深度的残差网络具有更少的参数, 且取得更好的识别结果 (稠密网络在三个数据集的最好结果分别是 3.46%, 17.18%, 1.59%, 均远好于残差网络的结果)。

## 3.5　卷积网络在自动驾驶中的应用

自动驾驶是深度卷积网络重要且富有挑战性的一个应用领域。到目前为止, 虽然在深度学习技术的助推下, Google, Apple, Uber 等国际科技巨头公司纷纷宣布成立自动驾驶事业部, 但 Uber 2018 年 3 月在美国亚利桑那州坦佩市路测试无人驾驶车伤人致死这样一类事件表明, 自动驾驶技术尚处于发展期, 未到完全成熟的阶段。

深层卷积网络良好的特征自动提取能力使得开发端到端的无人驾驶系统成为可能。端到端的无人驾驶系统输入车载系统在线拍摄的实时路况图像以及其他车载传感系统获得的实时传感数据, 采用深度神经网络模型和强化学习模型, 通过在线或离线方式学习后, 系统能直接输出方向盘转动的角度, 作为正确安全的操控汽车的策略, 实现汽车的自动驾驶。

最早将神经网络技术应用于无人驾驶的是卡耐基·梅隆大学 (CMU) 机器人研究所的 Dean Pomerleau。早在 1989 年, Pomerleau 教授及其团队即设计了一台用三层 BP 全连接神经网络搭建的自动驾驶系统 (autonomous land vehicle in a neural network, ALVINN)[25], 该系统的输入为路面实时图像以及车载雷达获取的道路边缘信息, 训练后的神经网络能直接输出驾驶汽车所需的方向盘转角。为配合实时路况信息的采集, ALVINN 上安装了 3 台 Sun 公司的计算机, 一台 Warp 计算机 (CMU 研制的可编程序阵列机), 一台视频摄像机, 一台激光测距机 (laser range finder)。ALVINN 在 CMU 校园内实测的结果表明, 在无人驾驶状态下, ALVINN 能以 1.8km/h 的速度安全平稳地沿校园道路正确行驶, 行驶过程中还能在无人干预的情况下正确地避开路面行人和障碍物。在 CNNs 尚未诞生, 更谈不上深度学习的年代, ALVINN 的成功是了不起的成就, 它的出现表明了端到端的学习有形成自动驾驶系统的能力。

此后的 2005 年, CNNs 的提出者, 纽约大学的 LeCun 利用一个 6 层卷积神经网络训练一个小型 (长 50 cm) 的被称为 DAVE (DARPA autonomous vehicle) [1]的轻量式越野车, 使之能在野外复杂的地形环境下能学习如何避障并实现自动驾驶[26]。DAVE 通过机载两个约 1/3 英寸的 CCD 前向摄像头, 采集的图像能以远程无线传送方式传送给控制基站的计算机系统。DAVE 的数据收集阶段或者说训练阶段采用人类驾驶员有监督训练方法, 人类驾驶员戴上能收看到车载视频系统采集回来的实时视频的特制

---

1　DARPA: defense advanced research projects Agency 是美国国防先进研究项目局, 是美国国防部重大科技攻关项目的组织、协调、管理机构和军用高科技预研工作的技术管理部门, 主要负责高新技术的研究、开发和应用, 所承担的科研项目, 多为风险大而潜在军事价值也大的项目, 一般也是投资大、跨军种或三军不管的中、远期项目。DARPA 已为美军研发成功了大量的先进武器系统, 同时为美国积累了雄厚的科技资源储备, 并且引领着美国乃至世界军民高技术研发的潮流。

眼睛, 然后通过连接在基站控制系统计算机上的操纵杆遥控 DAVE。这样基站控制系统计算机以每秒 15 帧的速度收到机载双摄像系统传回来的视频信息, 连同人类驾驶员通过操纵杆产生的方向盘转角以及加速踏板数据构成了 DAVE 的训练数据。DAVE 的 6 层卷积神经网络训练输入层的数据是从 $320 \times 240$ 规格的原始采集视频数据进行裁剪后形成 $149 \times 59$ 规格的网络输入, 首个卷积层用 6 个 $3 \times 3$ 的卷积核形成 6 个特征平面。DAVE 的输出层共有两个节点 (其输出分别代表方向盘左转和右转指令), 与倒数第二层的 100 个节点形成全连接层。整个网络共有 315 万个连接权和 72 000 个训练参数。

经过约 95 000 次训练, 耗费了 3.0GHz Pentium/Xeron 机型约 4 天的 CPU 机时训练后, DAVE 能以 7.2km/h 的速度在野外实现路障自动侦测和避障。正如 LeCun 在该文指出, DAVE 是一个无须手工标定、校正、参数调整, 也不需要设计和选择合适的特征, 而是从原始图像到方向盘角度的端到端的自动驾驶系统, 它的主要优势是对野外环境中的各种情况具有鲁棒性。LeCun 的这项工作在当时是自动驾驶方面开创性的工作。

英伟达公司的无人驾驶研发团队的 DAVE2 系统 [27] 用 $9+2$ 层 (1 个标准化层, 5 个卷积层, 3 个全连接层, 外加输入层输出层共 11 层) 的卷积网络代替 ALVINN 的 3 层全连接 BP 网络。DAVE2 的输入层接收的是从 2016 Linkcoln MKZ 或 2013 Ford Focus 车载摄像系统以每秒 30 帧的速度采集的图像。DAVE2 的卷积网络的输入是 3 通道的 $66 \times 200$ 的彩色图像, 输出层唯一的神经元节点输出的是以米为度量单位的汽车转弯半径 $r$ 的倒数 $\dfrac{1}{r}$ ( 左转弯 $r$ 为负, 右转弯 $r$ 为正, $\dfrac{1}{r}$ 由正到负平滑转换。取 $\dfrac{1}{r}$ 为网络输出是为避免汽车直行时出现无穷大 ($\infty$) 的奇异值 )。训练数据由不同天气条件、不同路况 (有/无车道线的道路、高速公路、停车场、未铺砌的路面等)、不同亮度和风速条件下采集的约 72h 的实际驾驶数据。

DAVE2 采用的评价指标是自动化持续驾驶的时间占总时间的比例, 认为车辆偏离车道中心线大于 1m 时需要人工干预, 每次人工干预需要 6 s (人取回车辆控制权, 人工回正, 重新回到自动驾驶模式)。DAVE2 的测试结果表明, 在路况理想情况下, 可以无须人工干预情况下连续自动驾驶 10 mile。但如果路况并不理想, 则需要人工干预 (糟糕情况下 600 s 内需要人工干预 10 次)。英伟达强调他们的系统能在高速公路、乡村道路、停车场、未铺砌的土路等多种路况, 甚至视距不佳和没有行车线的情况下仍表现良好, 并且只需低于 100 h 的多样性数据下训练就足够了。

# 3.6　卷积网络发展史

卷积神经网络的提出起源于神经认知科学家 Hubel 和 Wiesel 获得诺贝尔奖的研究发现。他们在研究猫脑皮层时发现其用于视觉识别的神经元具有局部敏感和方向选择性[1-3]。这促使 Fukushima 后来提出并实现了当时被称为新的识别机卷积神经网络的雏形[28]。此后, 经过经 20 年的发展, LeCun 开发了首款经典的用于手写体数字识别的卷积神经网络系统 LeNet, 该系统被成功应用于美国银行支票和邮政编码上的手写体数字识别, 占据了近 10% 的市场份额[4,5]。

CNNs 在神经网络最为低潮的 20 世纪 90 年代一枝独秀, 并且随着计算机硬件和计算能力的增强, 不断展现出不俗的图像识别能力。2010 年, 在没有使用无监督预训练和卷积的情况下, Ciresan 等人将 MNIST 的测试误差刷新为 0.35%[29], 并在两年后 Ciresan 等人将这一结果进一步降低为 0.23%[30]。这些结果是一个极大的提高, 因为在这之前, 在 MNIST 上的测试误差已在 0.4% 左右徘徊了近 10 年。

几乎同时代, 支持向量机 SVM 方法被提出, 在高质量的手工特征辅助下, SVM 方法取得了不错的效果, 这使得 CNNs 并没有像今天那样引起广泛关注。转折点出现在 2012 年, 随着 ReLUs 和 dropout 的提出, 以及 GPU 和大数据带来的历史机遇, 使得用海量数据训练大型极深网络成为可能, 这促使 Alex Krizhevsky 等人[8] 设计了一个具有 5 个卷积层、3 个全连接层、65 万个神经元和 6000 万个参数的大型卷积网络 AlexNet, AlexNet 在 1000 个类别的图像识别大赛中测试误差为 15.3%, 以多出近 10 个百分点的优势碾压第二名的 26.2%, 获得大规模图像视觉识别大赛 (ILSVRC) 比赛冠军。

AlexNet 的出色表现引起了学术界和工业界对深度卷积神经网络技术的极大关注, 围绕深度卷积网络的各种变体如雨后春笋般涌现, 这些工作主要呈现追求精度的加深加宽的改进、平衡精度和训练速度得到的轻量级网络的改进两大趋势。

Simonyan 和 Zisserman[10,11] 在 VGG 方法中使用更小的卷积核, 并同时使用多尺寸卷积核等策略, 这使得训练更深的网络成为了可能 (将原来 AlexNet 的 8 层网络加深到现在的 19 层), 显然这是一种减少网络连接参数加深网络的一种做法。用 $3 \times 3$ 的更小的卷积核, 训练一个具有 19 层的卷积网络, 取得了比使用 $5 \times 5$ 卷积核更佳的效果。并且他们的实验结果显示, 更小的卷积核对新数据集的泛化能力也更好, 因此后来 $3 \times 3$ 的卷积核被广泛应用在各种模型中。

ILSVRC 2013 的冠军 ZF Net 在 AlexNet 结构基础上, 通过在最初的卷积层采用更小的卷积步幅和卷积核, 并使用更多的中间卷积层, 取得了进一步的性能改善。但 ZF Net 的另一个重要的贡献是提出了卷积网络结果的可视化, 这对理解卷积网络的工作机理有重要意义。

ILSVRC 2014 的冠军 GoogLeNet 在其 Inception Module 中通过引入 $1 \times 1$ 卷积核巧妙地将网络参数进行了极大约减。此后, 围绕 GoogLeNet 进行了一序列改进, 并且随着残差网络的提出, 使得训练极深网络成为了可能, Inception-v4 是将残差网络的思想与 Inception Module 融合得到的模型, 该模型在 ImageNet 上的测试误差为 3.08%(top-5 error)。

Howard 等人[16] 使用的轻量级网络 MobileNets 提出了一种 DepthWise 可分离

卷积技术, 这使 MobileNets 能以快得多的训练速度获得比 GoogleNet 和 AlexNet 等模型相当甚至略好的识别精度。

# 参 考 文 献

[1] Hubel D H, Wiesel T N.Receptive fields of single neurones in the cat's striate cortex[J]. The Journal of Physiology, 1959, 148(3): 574–591.

[2] Hubel D H, Wiesel T N.Receptive fields, binocular interaction and functional architecture in the cat's visual cortex[J]. The Journal of Physiology, 1962, 160(1): 106–154.

[3] Hubel D H, Wiesel T N.Receptive fields and functional architecture of monkey striate cortex[J]. The Journal of Physiology, 1968, 195(1): 215–243.

[4] LeCun Y, Bottou L, Bengio Y, et al. Gradient-based learning applied to document recognition[J]. Proceedings of IEEE, 1998, 86(11): 2278–2324.

[5] LeCun Y, Kavukcuoglu K,Farabet C. Convolutional networks and applications in vision[C]. Proceedings of 2010 IEEE International Symposium on Circuits and Systems, Paris, France, May 30—June 2, 2010: 253–256.

[6] Sabour S, Frosst N, Hinton G E. Dynamic routing between capsules[Z]. arXiv:1710.09829.

[7] Ranzato A. Neural network for vision[EB/OL].https://cs.nyu.edu/~fergus/ tutorials/deep_learning_cvpr12/tutorial_p2_nnets_ranzato_short.pdf.

[8] Krizhevsky A, Sutskever I, Hinton G E. ImageNet classification with deep convolutional neural networks[C]. Proceedings of International Conference on Neural Information Processing Systems. Lake Tahoe, Nevada, United States, December 3–6, 2012: 1106–1114.

[9] Zeiler M D, Fergus R. Visualizing and Understanding Convolutional Networks[M]. Berlin:Springer International Publishing, 2014.

[10] Simonyan K, Zisserman A. Very deep convolutional networks for large-Scale image Recognition[C]. The 3rd International Conference on Learning Representationss, ICLR 2015, San Diego, CA, USA, May 7–9, 2015.

[11] Simonyan K, Zisserman A. Very deep convolutional networks for large-scale image recognition[C]. Proceedings of International Conference on Learning Representations, San Diego, USA, May 7–9, 2015.

[12] Dai Jifeng, Qi Haozhi, Xiong Yuwen, et al. Deformable Convolutional Networks[C]. In Proceedings of IEEE International Conference on Computer Vision, Venice, Italy, Oct 22–29, 2017.

[13] Lin Min, Chen Qiang, Yan Shuicheng. Network in network[C]. In Proceedings of International Conference on Learning Representations, Banff, Canada, April 14–16, 2014.

[14] Ioannou Y. A tutorial on filter groups (grouped convolution)[EB/OL]. https://blog.yani.io/filter-group-tutorial/.

[15] Sifre L. Rigid-motion scattering for image classification[D]. Ecole Polytechnique, CMAP, 2014.

[16] Howard A G, Zhu Menglong, Chen Bo, et al. MobileNets: Efficient convolutional neural networks for mobile vision applications[Z]. arXiv:1704.04861.

[17] Hu Jie, Shen Li, Sun Gang. Squeeze-and-Excitation Networks[C]. Proceedings of IEEE Conference on Computer Vision and Pattern Recognition, Salt Lake City, Utah, USA, June 18-22, 2018: 7132–7141.

[18] Saxe A M, McClelland J L,Ganguli S[C]. Exact solutions to the nonlinear dynamics of learning in deep linear neural networks[C]. Proceedings of 2nd International Conference on Learning Representations, Banff, Canada, April 14 16, 2014.

[19] He K, Zhang X, Ren S, et al. Delving deep into rectifiers: Surpassing human-level performance on ImageNet classification[C]. Proceedings of IEEE International Conference on Computer Vision, Santiago, Chile, Dec 7–13, 2015.

[20] Hochreiter S, Schmidhuber J. Long Short-Term Memory[J]. Neural Computation, 1997, 9(8): 1735–1780.

[21] Srivastava R K, Greff K, Schmidhuber J. Highway networks[J]. The 32nd International Conference on Machine Learning, ICML 2015, Lille, France, July 6–11, 2015.

[22] He Kaiming, Zhang Xiangyu, Ren Shaoqing, et al. Deep residual learning for image recognition[C]. Proceedings of IEEE Conference on Computer Vision and Pattern Recognition, Las Vegas, NV, USA, June 27–30, 2016.

[23] Andreas V, Michael W, Serge B. Residual Networks Behave Like Ensembles of Relatively Shallow Networks[Z]. arXiv:1605.06431.

[24] Huang Gao, Liu Zhuang, Laurens van der M, et al. Densely connected convolutional networks[C]. Proceedings of IEEE Conference on Computer Vision and Pattern Recognition, Honolulu, HI, USA, July 21–26, 2017.

[25] Pomerleau D A. ALVINN: an autonomous land vehicle in a neural network[C]. Proceedings of Neural Information Processing Systems,San Francisco, CA, USA, 1989(1): 305–313.

[26] LeCun Y, Muller U, Ben J, et al. Off-road obstacle avoidance through end-to-end learning[C]. Proceedings of the 18th International Conference on Neural Information Processing Systems, Cambridge, MA, USA, 2005: 739–746.

[27] Bojarski M, Testa D D, Dworakowski D, et al. End to end learning for self-driving cars[C]. Proceedings of IEEE Intelligent Vehicles Symposium, Los Angeles, CA, USA, June 11–14, 2017.

[28] Fukushima K. Neocognitron: A self-organizing neural network model for a mechanism of pattern recognition unaffected by shift in position[J]. Biological Cybernetics, 1980, 36(4): 193–202.

[29] Ciresan D C, Meier U,Gambardella L M, et al. Deep, big, simple neural nets for hand-written digit recognition[J]. Neural Computation, 2010, 22(12): 3207–3220.

[30] Ciresan D C, Meier U, Schmidhuber J. Multi-column deep neural networks for image classification[C]. IEEE Conference on Computer Vision and Pattern Recognition, Providence, RI USA, June 16-21, 2012: 3642–3649.

# 第 4 章 反馈神经网络

## 4.1 引　言

依靠深度学习技术, 卷积神经网络使得计算机能够在规模为 100 万张图片, 具有 1000 个不同类别的 ImageNet 数据集上识别图片的误差率降低为 3.08%, 这一准确率已经远超人类。因此, 深度卷积网络技术赋予了计算机识别静态图片的能力。

与静态图片中的对象识别问题相比, 另一个更贴近实际但也更富有挑战性的问题是视频 (动态图片) 理解。如果说计算机在识别静态图片上已经超越人类, 那么计算机在视频理解这一问题上与人的能力相比尚有不小的差距。人类观看视频时, 对视频中出现的人物所做的各种动作、行为、甚至表情的理解毫无困难, 但计算机却很难理解。如果将静态图像看作 2D 图像数据, 则动态的视频可以看作在原来静态 2D 图像基础上增加一个时间维的 3D 数据。因此, 将处理静态图像很成功的卷积网络技术直接移植来处理动态视频是一个自然的想法。付诸这一实践的是美国顶尖工程院校得克萨斯 A&M 大学的 Ji Shuiwang 等人。AlexNet 问世的次年, Ji 等人利用了一种被称为 3D-CNNs 的网络结构[1], 该网络接收视频流中的连续 9 帧数据堆叠成的 3D 视频数据作为输入, 试图要网络学会识别出这 9 帧短视频里人物的动作。他们使用的数据是一个 KTH 视频数据, 该数据集中的视频大概有 25 个不同的人在进行拳击、鼓掌、挥手、慢跑、跑步、走路等多种不同动作。在只使用卷积网络, 而没有使用其他技术辅助的情况下, 3D-CNNs 对 KTH 视频流中动作的识别率只有 90% 的识别精度。

Karpathy 等人[2] 则针对大规模视频分类问题设计了不同的卷积网络。他们使用的训练数据是从 YouTube 采集的规模达 100 万的视频数据, 这些视频数据经过处理后形成共 487 个具有层次结构的不同类别的标注数据, 比如拳击类运动视频下面有 6 个不同的子类, 美式足球下面有 7 个不同的类别, 台球下面有 23 种不同的子类, 等等。每种类别大概有 1000~3000 个视频, 并且大概有 5% 的视频被标注为多于一个类别。在约 70 万视频训练集下经过约一个月的训练, Karpathy 等人的系统在对约 20 万个视频的测试数据上最好的正确识别率只有 63.9%。

本质上, 在静态图片基础上加入时间维度的动态视频属于时间序列数据。根据第 3 章卷积神经网络部分对卷积的表述可知, 卷积是数据在 (时空) 维度分布上的某种综合效应, 卷积的结果是这种综合效应的定量描述。因此, 在时间维度上进行卷积操作完全没有问题。但卷积操作的这种局部性限制了它在时间序列处理问题上的能力, 因为对于时间序列问题而言, 常常会出现需要将长时间跨度上的信息有效关联起来的情况。显然, 卷积神经网络模拟人眼的局部感受这一特性表明卷积网络无法有效学习长时间跨度上的特征。

时间序列数据处理中存在的另一特点是重要的信息可能出现在序列中的任意位置。例如, 句子 "2019 年我在广州参加深度学习学术会议" "我参加了广州举行的 2019 年深度学习学术会议" "我参加了广州举行的深度学习学术会议, 时间是 2019 年", 上述三个句子年份信息分别出现在句子开端、中间和末尾。假如关心的是时间信息, 需要一个机器学习模型读完上述三个句子信息后将重要的时间信息从句子中提取出来。如果使用传统的前向全连接网络, 则意味着需要在序列的不同位置采用不同的连接权值, 这使得网络需要为句子的每个不同的位置建立不同的映射规则。这种直接用全连接的前向 BP 网络处理自然语言为代表的时间序列问题的方案, 会在处理长句子或长时间序列情况下变得不可行。

时间序列处理中存在的感兴趣信息在序列中出现的位置的不确定性以及长时间跨度下的信息关联难题, 导致直接用前面的全连接网络和卷积网络处理时间序列问题显得力不从心。美国认知心理学家 David Rumelhart 于 1986 年提出的反馈神经网络 RNNs[3] 与传统的前向 BP 网络不同, 它除了保留 BP 网络前向连接的基本框架不变之外, 还在网络的隐层节点添加了侧连接或者称为反馈连接 (这个反馈连接相当于图论中的环)。文献中有时候将这样一类带有反馈连接的网络称为反馈网络 (feedback neural networks), 而将前面介绍过的 BP,CNNs 这些无反馈连接的网络统称为前向网络 (feedforward neural networks)。这种结构上的变化既实现了不同时间步之间的参数共享, 也为不同时间步之间的信息关联提供了可能。正因如此, RNNs 及后期发展起来的各种变体成为时间序列问题处理的首选工具, 其效果也在实验室中被证实。早在 2011 年, Baccouche 等人 [4] 将 3D-CNNs 结合一种被称为长短期记忆 (long-short term memory,LSTM) 的反馈神经网络[1]处理同样的 KTH 视频数据, 其最佳识别精度达到 94.39%, 比单纯使用 3D-CNNs 的精度提高了 4.39%。

相比第 3 章的图像识别问题, 时间序列处理问题具有更为广泛的应用背景, 视频理解、自然语言处理 (机器翻译、文本生成和摘要、自动问答)、语音识别、图片摘要等均属于时间序列问题范畴。这些问题大多数已经在各自的细分学科里有过或长或短的研究历程, 但总体来讲解决的效果并不理想。近年来, 随着深度学习的发展, 这些问题越来越多地通过大数据集训练极深网络来获得性能上的明显改善和提高 [5-10]。RNNs 及其各种变体作为处理时间序列问题的有力工具, 在深度技术的助推下产生的深度反

---

1　本书将长短期记忆单元反馈神经网络简称为 LSTM。

馈网络及各种变体有望在时间序列处理难题上取得更加卓越的性能表现。

本章下文内容安排如下。

4.2 节介绍 RNNs 神经网络。这部分首先介绍一个用来预测下一单词的统计语言模型, 通过该语言模型, 明确训练 RNNs 所需要的数据, 并介绍语言模型中常用到的关于单词的独热向量 (one-hot vector) 的编码表示。然后给出一种更为直观的 RNNs 结构, 并发展了一套符号体系, 在该符号体系下, 严格地给出了 BPTT(backward propogate through time) 算法的状态前向计算、误差反向传播以及相应的权值更新公式。在明确 RNNs 算法的基础上, 总结了误差沿时间轴传播的一般公式, 该公式很好地解释了 RNNs 中存在的梯度消失或爆炸问题。

4.3 节在 RNNs 神经网络基础上, 介绍了为克服 RNNs 梯度消失或爆炸问题不足而提出的门控 RNNs 网络, 即长短期记忆单元反馈神经网络 LSTM。与前述 RNNs 的介绍类似, 对 LSTM 的介绍使用的仍是独有的符号体系, 并且介绍重点放在网络的结构、状态前向计算公式、误差反向传播公式以及权重更新公式的介绍, 给出了 LSTMs 算法的伪码实现, 并理论上分析了 LSTMs 的门机制在抑制梯度消失或爆炸上的优点和尚存的不足。最后通过已公开的实验结果来理解 LSTM 作为一种长时间序列建模工具所取得的效果。

4.4 节介绍了三种在时间序列处理中常与 RNNs/LSTM 混合搭配使用的技术: 编码器-解码器模型、注意力机制、连接主义时序分类 (connectinonist temporal classification, CTC) 技术。这些技术与 RNNs/LSTM 的搭配使用使得序列处理中输入输出序列长短不一问题、对齐问题等均能被有效处理, 使得 RNNs/LSTM 能以一种更灵活有效的方式面对各种复杂应用场合下的序列处理问题。

4.5 节则在前述介绍的技术基础上, 介绍如何将这些技术揉合并应用于解决实际的时间序列处理问题。这部分关于应用的介绍主要聚焦在机器翻译和语音识别两个领域, 从中可以看出, Google 公司的翻译系统和语音识别系统均是 LSTMS 和 CTC 通力合作的杰作。

4.6 节简要回顾了 RNNs/LSTM 神经网络的发展历史。对 RNNs/LSTM 的研究和发展衍生了不少变体, 但这些为数众多的变体并没有某种变体能取得明显压倒性优势。

## 4.2 反馈神经网络

反馈神经网络 (RNNs) 的首个字母是单词 recurrent 的首字母。recurrent 由单词 current (当前, 现在) 加上前缀 re 构成, 直接翻译的字面意思是重复出现, 即已经过去的信息不断重新出现在当前时刻, recurrent 非常准确地刻画了 RNNs 神经网络中将过去的信息与当前时刻进行关联的机制。本书将 RNNs 神经网络统一翻译成**反馈**神经网络, 指过去的信息不断被**反馈**到当前时刻。不少关于 RNNs 神经网络的中文文献将之翻译成循环神经网络, 这种翻译或者叫法其实并不太准确, 因为循环这种译法更容易让人联想起 cycle 这个单词。

　　RNNs 结构设计中存在专门将过去的信息与当前时刻进行关联的机制, 这使得它成为适合用来处理时间序列问题的有力工具。与大多数其他神经网络类似, RNNs 处理时间序列问题建立在一个统计语言模型下。下面从统计语言模型出发, 逐一介绍 RNNs 的输入输出、网络结构、RNNs 训练算法、RNNs 的基本变体。

## 4.2.1　统计语言模型

　　自然语言处理是时间序列处理中的经典问题, 也是人工智能机器学习研究的一个基本问题。通俗地可将自然语言处理理解成让计算机在阅读文章、收听广播、观看视频后 (学习或训练过程), 像人一样产生自然的、逻辑通顺的、符合目标格式的语句、语音, 甚至输出文章 (4.5.3 节)。自然语言处理中最基本且易理解的问题当属**机器翻译**问题, 即让机器在保持意思准确、没有语法错误、符合人类表达习惯的前提下将一种语言转换成另外一种语言, 比如将中文翻译成英文, 或者法文翻译成英文等。在没有明确说明的情况下, 读者可将时间序列处理问题想象成一个**机器翻译**问题。

　　20 世纪 90 年代之前的机器翻译系统是一个基于规则的系统 (rule-based system)。该类系统本质上是从逻辑学派的观点看待人类的自然语言生成问题, 认为人类大脑输出的语言是符合一套语法规则下产生的符号序列, 形式语言和自动机自然地成为逻辑学派专家们基本的语言建模工具。在这样的观点下, 不同语言之间的翻译问题被看作是从一种语言下的语法规则到另一种语言的语法规则的映射过程。但受限于不同语言中语法规则的复杂多变, 由此引发规则映射过程中出现的搜索空间指数爆炸问题, 使得基于规则的机器翻译系统效果并不如意。

　　20 世纪 90 年代, 正是统计学家 V. Vapnik 的统计机器学习理论下发展起来的支持向量机如日中天的时期, 基于语料 (corpus-based), 或者说基于统计的语言模型 (statistical language model, SLM) 逐渐取代之前的基于规则的模型变得流行起来。此后, SLM 被逐渐广泛应用于各种自然语言处理问题, 如语音识别、机器翻译、分词、词性标注, 等等。

　　通俗地讲, 统计语言模型就是向机器提供足够多的语言材料 (即所谓的语料) 供机器 "阅读", 然后当要表达某个意思或完成某个任务时, 机器 "学会" 从语料中挑选最 "常用" 的, 也是最自然的表达方式。

　　统计语言模型的本质是要统计序列在语料中出现的概率, 即 $P(S_1, S_2, \cdots, S_k)$, 这里符号 $S_i$ 表示序列 (sequence) 中的第 $i$ 个符号。符号既可以是一个字符, 也可以是整个单词。利用语言模型, 可以确定哪个符号序列构成的单词或句子的可能性更大。

　　以音字转换问题为例, 假设输入拼音串为 "ni xian zai gan shen mo", 对应的输出既可以是"你现在干什么",也可以是"你西安再干什么",那么到底哪个才是正确的转换结果呢? 利用统计语言模型,我们知道前者的概率大于后者,因此转换成前者在多数情况下比较合理。再如机器翻译的例子,给定一个汉语句子为"安迪正在家里看电视",可以翻译为 "Andy is watching TV at home" 或 "Andy at home is watching TV",同样根据语言模型,前者的概率大于后者,所以翻译成前者比较合理。

统计语言模型的核心是对符号或单词的序列出现的联合概率 $P(S_1, S_2, \cdots, S_k)$ 进行建模。这样,经过人类自然语言为语料构成的训练集进行训练后,那些合法的语句/单词,或者贴近人类自然语言表达习惯的语句,将会取得更高的概率。

基于统计语言模型的机器翻译,则是要让机器能够在阅读足够的语料后,形成关于句子的联合概率 $P(S_1, S_2, \cdots, S_k)$ 的知识。然后利用这个学习得来的知识,在需要表达某个意思 (比如含某种意义的源语言序列作为输入) 时,机器能自动挑选那些高出现概率的句子,生成符合目标语言表达习惯的语言序列,并忠实地表达源语言序列里表达的含义。

"教会"机器掌握语料中句子的概率,即关于单词序列的联合概率 $P(S_1, S_2, \cdots, S_k)$ 并非易事。下面介绍几种训练机器掌握语料中句子概率的方法。

第一种最为直接的学习语料中句子的概率的办法是按照式 (4.2.1) 的方式计算句子出现的概率。显然,这可理解为一种逐句死记硬背的办法。由于句子长短不一,死记硬背短句子勉强可以,但长句子则恐怕有点勉为其难。想象一下,秘书连夜赶工写出来的文采横溢的稿子,怎么能难为领导在短时间内逐句硬背下来,然后在次日一早媒体聚焦的公开场合脱稿演讲?

$$P(S_1, S_2, \cdots, S_k) = P(S_1)P(S_2|S_1)P(S_3|S_1, S_2) \cdots P(S_k|S_1, \cdots, S_{k-1}) \qquad (4.2.1)$$

式 (4.2.1) 中给出了一种按照链式法则根据条件概率计算整个句子概率的办法。其中用到的条件概率 $P(S_i|S_1, S_2, \cdots, S_{i-1})$ 表示的含义是指句子中第 $i$ 个单词出现的概率依赖于前面长度为 $i-1$ 的序列 $S_1, S_2, \cdots, S_{i-1}$。随着句子长度的增加,这个条件概率 $P(S_i|S_1, S_2, \cdots, S_{i-1})$ 计算起来就越来越不方便,当单词 $S_i$ 为句子的最后一个单词时,记住这个条件概率的难度不亚于记住整个句子的概率。一种降低领导逐句死记硬背长句子难度的办法是将句子 (序列) 的长度限定在长度为 $n(n < k)$ 的水平,即假定 $P(S_i|S_1, S_2, \cdots, S_{i-1}) = P(S_i|S_{i-n+1}, S_{i-n}, \cdots, S_{i-1})(n < k)$。显然,这个假设认为句子中第 $i$ 个单词出现的概率依赖于从位置 $i$ 往回溯 $n-1$ 个单词,而与该句子更早的单词无关,熟悉统计或者随机过程的读者不难明白,这一假设就是马尔可夫过程假设。关于马尔可夫过程的定义及直观解释,将在第 5 章深度强化学习部分加以介绍。

马尔可夫过程假设认为,句子中第 $i$ 个单词出现的概率,只依赖于之前的 $n(n < k)$ 个单词,而与更早出现的单词无关。这一假设表明,只要计算长度为 $n-1$ 的子序列下某个单词出现的概率 $P(S_i|S_{i-1}, S_{i-2}, \cdots, S_{i-n+1})$,然后按照式 (4.2.2) 即可得到整个

句子出现的概率。

$$P(S_1, S_2, \cdots, S_k) = \quad P(S_1)P(S_2|S_1)P(S_3|S_1, S_2)\cdots P(S_k|S_{k-1}, \cdots, S_{k-n+1})$$
$$(4.2.2)$$

有了式 (4.2.2) 后, 计算句子出现概率的焦点就转化为计算 $P(S_i|S_{i-1}, S_{i-2}, \cdots, S_{i-n+1})$ 这个条件转移概率。一般地, 式 (4.2.3) 形式的马尔可夫过程假设的模型在自然语言处理领域被称为 Ngram 模型。Ngram 模型背后的意义在于, 为了记住整个句子出现的概率, 只要记住长度为 $n$ 的子序列出现的概率就可以了。这极大地降低了领导整句背秘书稿子的难度, 毕竟记短句子远比记长句子容易得多。

$$P(S_i|S_1, S_2, \cdots, S_{i-1}) = P(S_i|S_{i-1}, S_{i-2}, \cdots, S_{i-n+1})(n < k) \qquad (4.2.3)$$

式 (4.2.2) 表明, 为了领导能在次日脱稿演讲那篇文采横溢的稿子, 秘书只需要每次让领导看长度为 $n-1$ 的序列, 然后让领导猜出句子中的第 $n$ 个单词是啥, 通过这种方式对领导进行反复练习, 领导即可记住那篇秘书代写的发言稿。

Ngram 模型中代表序列长度的参数 $n$ 取值为 2 时, 式 (4.2.2) 将变成式 (4.2.4) 的形式, 这就是 bigram 模型。

$$P(S_1, S_2, \cdots, S_k) = P(S_1)P(S_2|S_1)P(S_3|S_2)\cdots P(S_k|S_{k-1})$$
$$= \prod_{i=2}^{k} P(S_i|S_{i-1}) \qquad (4.2.4)$$

式 (4.2.4) 中的 bigram 模型表明, 为了领导能在次日脱稿演讲那篇文采横溢的稿子, 秘书只需要让领导在只看到一个单词的情况下猜测句子中的下一个单词, 通过这种方式对领导进行反复练习, 领导即可记住那篇秘书代写的发言稿。

Ngram 模型中代表序列长度的参数 $n$ 取值为 1 时, 式 (4.2.2) 将变成式 (4.2.5) 的形式, 这就是 unigram 模型。Unigram 模型认为句子中各单词的出现彼此相互独立, 整个句子出现的概率等于句子中各单词出现概率的累乘。

$$P(S_1, S_2, \cdots, S_k) = P(S_1)P(S_2)P(S_3)\cdots P(S_k)$$
$$= \prod_{i=1}^{k} P(S_i) \qquad (4.2.5)$$

式 (4.2.5) 中的 unigram 模型则有点像不负责任的秘书, 把讲话稿写完后撂给领导一句话, 稿子写好了, 请领导自己逐字背诵。

显然, unigram 模型和 bigram 模型是 ngram 模型的特殊情况。随着参数 $n$ 从 $1, 2, \cdots, n$ 逐渐增大, 根据前 $n-1$ 个单词预测第 $n$ 个单词的准确率会越高。但 $n$ 的不断增大会增加学习的难度。

现实中的秘书一般都是对领导非常负责任的, 为了让领导能够记住自己费了不少心血连夜赶出来的稿子, 秘书们想了不少有效的办法对领导进行培训。式 (4.2.6) 代表的连续词袋 (continuous bag of words, CBOW) 的模型就是秘书们设计出来的一种有效方法。该方法不同于前面的让领导看完 $n-1$ 个词序列后猜测句子第 $n$ 个词的做法, 而是将讲话稿中长度为 $m$ 的上下文中间的第 $c$ 个单词抠掉, 留下空格, 要领导将抠掉的单词正确地补回来。通过这种让领导完成填空的方式, 反复地训练领导, 使他记牢秘书代写的发言稿。

$$P(S_c|S_{c-m}, \cdots, S_{c-1}, S_{c+1}, \cdots, S_{c+m}) \tag{4.2.6}$$

秘书们想出来的另一种培训方法是只给领导提示一个单词, 要求领导能背出围绕该单词前后出现的上下文 (上下文长度为 $m$)。这种培训方式对应式 (4.2.7) 中的 skipgram 模型。显然, skipgram 模型与前面的连续词袋模型刚好相反, 只给出一个单词的提示就要能准确地说出围绕这个单词前后的上下文, 这种培训领导的方式简直要了领导的命。

$$P(S_{c-m}, \cdots, S_{c-1}, S_{c+1}, \cdots, S_{c+m}|S_c) \tag{4.2.7}$$

总结以上介绍的各种统计语言模型, 为了让领导能够熟记秘书连夜赶出的稿子, ngram 模型用的是根据前 $n-1$ 个词序列猜测第 $n$ 个词的培训方式, CBOW 模型用的是完成填空式的以多补少的填词培训方式, skipgram 模型则用的是与 CBOW 模型相反的以少补多的培训方式。这三类模型都是要通过扫描语料从中统计出相应的条件概率, 根据得到的条件概率, 即可以在需要时产生高质量的句子输出。

通过扫描语料库, 利用统计词频这种朴素的统计办法来估计前述 ngram 模型、CBOW 模型和 skipgram 模型中相应的条件概率是一种办法。但更为自然也更为有效的办法是用前向神经网络去逼近这些模型中的条件概率, 将式 (4.2.3)、式 (4.2.6) 和式 (4.2.7) 这三个条件概率中 "|" 右边的部分作为前向神经网络 $W$ 的输入, "|" 左边的部分作为网络 $W$ 的目标输出。经过足够语料训练后得到的神经网络 $W$ 将会有能力逼近这些条件分布。关于前向网络 $W$ 具体的输入输出形式, 由于依赖于具体的关于单词的编码方案, 将在 4.2.2 节介绍网络结构部分详述。

读者难免对这些模型的效果产生疑惑, 但不要小看这些模型, 各种手机输入法的输入提示功能, 以及搜索引擎、网站中输入某个词后, 会弹出若干候选序列供用户选择等功能都是这些模型, 特别是 ngram 模型的功劳。后文将进一步看到, 使用字符级别的 bigram 模型训练一个 RNNs 类的网络, 就能实现让机器写书、编程等很酷的功能。

在明确了上述各种统计语言模型的基础上, 接下来要讨论的是如何设计比前向神经网络 $W$ 更为有效地逼近统计语言模型中条件概率的方式。虽然前向神经网络可被用来逼近统计语言模型中的条件概率, 但前面关于时间序列问题的特点的分析表明, 为了将任意长度的时间序列的前后信息进行关联, 前向神经网络并不是最佳的工具,

RNNs 及其变体才是更好的选择。

## 4.2.2 RNNs 的网络结构

为了搞清楚 RNNs 的工作原理, 首先需要搞清楚 RNNs 的网络结构。下面先介绍一种面向单词的独热向量的编码方案, 然后在一个独热向量 (one-hot vector) 的编码下讨论用前向神经网络实现的 CBOW 模型, skipgram 模型, bigram 模型, 并在分析前向网络表示这些模型存在的不足基础上导出更自然的 RNNs 网络结构。

统计语言模型建立在语料基础上。假定用作训练数据的语料只有以下一个句子:

$$\text{GDUFE is a great university here.} \tag{4.2.8}$$

不难根据这个语料建立一个包含句子开始符 "⊢" 和句子结束符 "⊣" 的单词表 $V$:

$$\text{Vocabulary} = [\vdash, \text{GDUFE, is, a, great, University, here}, \dashv] \tag{4.2.9}$$

在上述单词表基础上, 可对语料中的每个单词进行独热向量编码。独热向量是自然语言处理领域流行的且被实验证明效果不错的一种编码方案。假设单词表的大小为 $|V|$, 在独热向量编码方案下, 每个单词被表示成 $|V| \times 1$ 的列向量, 该列向量只有一个分量为 1 (该单词在单词表中的位置所指示的分量为 1), 其余全为 0。例如前述语料中的单词 "is", 在单词表中处于第 3 个位置, 则该单词被表示成 $[0\,0\,1\,0\,0\,0\,0\,0]^\mathrm{T}$ 形式的向量。即第 3 个分量为 1, 其余分量全为 0 的向量。式 (4.2.10) 给出了单词表 (4.2.9) 中单词的独热向量表示。

$$\boldsymbol{X}_1 = \begin{bmatrix} 1 \\ 0 \\ 0 \\ 0 \\ 0 \\ 0 \\ 0 \\ 0 \end{bmatrix}, \ \boldsymbol{X}_2 = \begin{bmatrix} 0 \\ 1 \\ 0 \\ 0 \\ 0 \\ 0 \\ 0 \\ 0 \end{bmatrix}, \cdots, \boldsymbol{X}_8 = \begin{bmatrix} 0 \\ 0 \\ 0 \\ 0 \\ 0 \\ 0 \\ 0 \\ 1 \end{bmatrix} \tag{4.2.10}$$

显然, 独热向量的维数取决于单词表的大小 $|V|$。不难看出, 用独热向量编码的单词, 它们之间的任意两个向量内积恒为零, 即 $\boldsymbol{X}_i^\mathrm{T} \cdot \boldsymbol{X}_j = 0, i \neq j$, 这表明独热向量编码下的单词彼此之间并不含任何相似信息, 无论两个单词含义是异常接近还是完全相反, 抑或是完全不相干。

需要特别强调的是, 用独热向量对 "单词" 编码并不是唯一的做法, 也可以用独热

向量对 "字符" 进行编码。例如, 如果对语料 (4.2.8) 中的字符用独热向量进行编码, 则由于语料 (4.2.8) 中在区分大小写、不包括空格的情况下总共有 17 个不同符号, 则需要 $17 \times 1$ 的列向量, 而不是式 (4.2.10) 中 $8 \times 1$ 的列向量。简洁起见, 本书使用面向单词的独热向量编码。

有了单词的独热向量表示, 就可以用前向神经网络实现 CBOW 模型、skipgram 模型、bigram 模型。例如, 在式 (4.2.6) 所示的 CBOW 模型下, 如果模型中的窗口宽度参数 $m = 1$, 则可根据 (4.2.8) 中的语料, 将句子中连续的三个单词中间那个词抠掉用空格代替, 然后将抠掉的词作为监督信号/答案 $Y$, 由此得到 (4.2.11) 形式的 CBOW 模型训练数据。

$$
\begin{bmatrix}
X & Y \\
\hline
\text{GDUFE\_\_\_a} & \text{is} \\
\hline
\text{is\_\_\_great} & \text{a} \\
\hline
\vdots & \\
\hline
\text{great\_\_\_here} & \text{university}
\end{bmatrix}
\tag{4.2.11}
$$

在独热向量编码方案下, 图 4.1 给出了用于逼近式 (4.2.6) 条件分布的一个三层前向网络。图 4.1 中所画网络的输入和期望输出对应训练数据 (4.2.11) 中第一条记录。

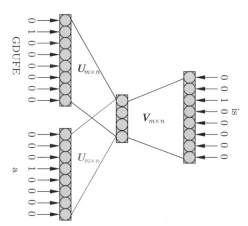

图 4.1　用三层前向网络实现的 CBOW 模型

图中画的是词汇表大小 $n$ 取为 8, 隐层节点数 $m$ 取为 4 的示意图

Skipgram 模型使用的训练数据与 CBOW 模型刚好相反, 要求看到一个单词, 能够说出单词前后的词。同样在式 (4.2.7) 中窗口宽度参数 $m = 1$ 情况下, 将 (4.2.11) 中

的 $X, Y$ 两列数据互换位置, 得到 skipgram 模型的训练数据 (4.2.12)。

$$
\begin{bmatrix}
\begin{array}{c|c}
X & Y \\
\hline
\text{is} & \text{GDUFE, a} \\
\hline
\text{a} & \text{is, great} \\
\hline
\vdots & \\
\hline
\text{university} & \text{great, here}
\end{array}
\end{bmatrix}
\tag{4.2.12}
$$

相应地, 图 4.2 给出了用于逼近式 (4.2.7) 条件分布的一个三层前向网络。图 4.2 中所画网络的输入和期望输出对应训练数据 (4.2.12) 中第一条记录。

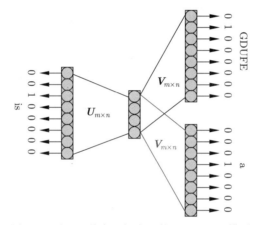

图 4.2　用三层前向网络实现的 Skipgram 模型

图中画的是词汇表大小 $n$ 取为 8, 隐层节点数 $m$ 取为 4 的示意图

如果使用 bigram 模型, 则要预测的是句子中下一个单词, 不难构造式 (4.2.13) 只有一个句子的训练数据集 $(X, Y)$:

$$
\begin{array}{llllllll}
X^{(1)}: & \vdash & \text{GDUFE} & \text{is} & \text{a} & \text{great} & \text{university} & \text{here} \\
Y^{(1)}: & \text{GDUFE} & \text{is} & \text{a} & \text{great} & \text{university} & \text{here} & \dashv
\end{array}
\tag{4.2.13}
$$

即上述 $Y_i^{(1)}$ 是句子中相应的 $X_i^{(1)}$ 的下一个单词, 符号 "$\vdash$" 和 "$\dashv$" 分别表示句子开始符和句子结束符。

约定用带上标的 $(X^{(i)}, Y^{(i)})$ 表示训练数据集 $(X, Y)$ 中的第 $i$ 条训练数据。在 bigram 模型下, 每条记录中的 $X^{(i)}$ 对应一个句子, 而 $X_j^{(i)}$ 代表句子中的第 $j$ 个单词。若用长度为 1000 个句子的文章作为训练集, 则意味着数据集 $(X, Y)$ 的大小 $m = 1000$。

图 4.3 给出了用于逼近式 (4.2.4) 中的条件分布的一个三层前向网络。图 4.3 中所画网络的输入和期望输出对应 bigram 模型训练数据 (4.2.13) 中的第二条记录。

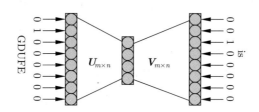

图 4.3　用三层前向网络实现的 bigram 模型

图中画的是词汇表大小 $n$ 取为 8, 隐层节点数 $m$ 取为 4 的示意图

上述所有方法都是用前向神经网络去逼近各种语言模型要求的条件概率。前面关于时间序列问题的特点的分析表明, 时间序列问题的一个显著特点就是重要的信息可以出现在序列中的任意位置。前向神经网络方法并不具备将任意长度的时间序列的前后信息进行关联的能力, 为解决这一难题, 反馈神经网络通过在图 4.3 中前向网络的隐层加上侧连接, 或者说反馈连接, 来实现不同时间步之间的信息关联。下面以 bigram 模型来说明 RNNs 的基本结构。

假定 RNNs 需要训练一个 bigram 语言模型, 该语言模型在给定若干个词的情况下, 可以预测下一个最可能出现的词语。图 4.4 是三层 RNNs 网络, 最左边部分是 RNNs 在时间轴上展开的形式, 网络的输入输出分别是独热向量形式的 $\boldsymbol{X}_i, \boldsymbol{Y}_i$ 的词向量。图 4.4 最右边部分是 RNNs 未按时间轴展开的形式, 也是现有关于 RNNs 的文献中常见的形式。

比较图 4.4 中左边部分和图 4.3 不难发现, 除前向连接权 $\boldsymbol{U}, \boldsymbol{V}$ 外, 前者比后者多了一个侧连接/反馈连接 $\boldsymbol{W}$。因此, RNNs 本质上是在图 4.3 前向网络的基础上添加侧连接/反馈连接 $\boldsymbol{W}$ 得到的。

由于在前向网络基础上引入了侧连接, 这样的结构变化使得 RNNs 能够逐字读入句子序列。例如, 句子 4.2.8 中加上句子开始符号和结束符号总共有 8 个符号序列, RNNs 能够将这 8 个符号按顺序读取进来, 整个读入信息过程中使用的是相同的网络连接参数 $\boldsymbol{U}, \boldsymbol{V}, \boldsymbol{W}$, 换言之, $\boldsymbol{U}, \boldsymbol{V}, \boldsymbol{W}$ 在不同时间步之间共享连接参数。通过这样的参数共享机制, 实现不同时间步之间的信息关联。

为方便后续推导 RNNs 的迭代公式, 这里约定最大时间步用 $t$ 表示, 时间步索引用 $\tau$ 表示, 符号 $k_{(\tau)}, j_{(\tau)}, i_{(\tau)}$ 分别表示时间步 $\tau$ 的输入层、隐层和输出层节点的索引。$U^p, W^p, b^p, V^p, c^p$ 表示 $p$ 步迭代时的各参数, 简洁起见在不引起歧义时会省略上标 $p$。

值得强调的是, 为计算和推导的方便, 这里画的是只有一个隐层的三层 RNNs 网络, 实际的网络并不局限于三层, 可能有多个隐层甚至可以是一个深层 RNNs 网络, 这取决于实际问题的需要。

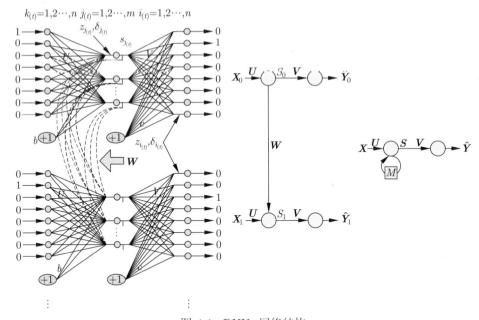

图 4.4 RNNs 网络结构

左图是未作任何简化并且按时间步展开后的图, 中间图和右图是左图经过简化后的结果,
文献中能看到的大多是右图

## 4.2.3 RNNs 的训练算法: BPTT

本节将介绍 RNNs 的训练算法, 与传统 BP 算法不同之处在于 RNNs 多了一个时间轴。因此, 在 RNNs 上进行状态前向计算时, 需要考虑时间轴上的前向计算。同样地, 在执行误差反向传播时, 也要考虑误差沿时间轴的反向传播过程。正因如此, RNNs 的训练算法被称为沿时间轴上的反向传播算法。

### 4.2.3.1 状态前向计算

Bigram 语言模型要求训练 RNNs 能准确预测句子中的下一个单词, 为此, RNNs 采用的是逐句读取进行训练的过程, 每次从训练数据集 $(X, Y)$ 中选择某条记录 $(X^{(i)}, Y^{(i)})$, 然后将该记录中的句子 $X^{(i)}$ 逐字读取, 进行前向计算。前向计算过程中输入层到隐层的计算公式如式 (4.2.14) 所示。

$$S_{j_{(\tau)}} = \tanh(Z_{j_{(\tau)}}) = g\Big( \sum_{k_{(\tau)}} U_{j_{(\tau)}, k_{(\tau)}} X_{k_{(\tau)}} + \sum_{j_{(\tau-1)}} W_{j_{(\tau)}, j_{(\tau-1)}} S_{j_{(\tau-1)}} + b_{j_{(\tau)}} \Big)$$

$$(4.2.14)$$

熟悉线性代数的读者不难将式 (4.2.14) 表示成更简洁的式 (4.2.15) 中的向量形式。

$$\boldsymbol{S}_{(\tau)} = \tanh(\boldsymbol{Z}_{(\tau)}) = g(\boldsymbol{U}\boldsymbol{X}_{(\tau)} + \boldsymbol{W}\boldsymbol{S}_{(\tau-1)} + \boldsymbol{b}) \tag{4.2.15}$$

式 (4.2.14) 和式 (4.2.15) 中作为时间步出现的下标索引 $\tau$ 代表句子 $X^{(i)}$ 中第 $\tau$ 个单词, 式 (4.2.15) 中的中间项 $\boldsymbol{W}\boldsymbol{S}_{(\tau-1)}$ 体现的是 RNNs 状态沿时间轴上传播。

在获得隐层节点的下游输出 $\boldsymbol{S}_{(\tau)}$ 后, 即可据此计算从隐层到输出层的结果, 其计算公式如式 (4.2.16) 所示。

$$\hat{Y}_{i_{(\tau)}} = \text{softmax}(Z_{i_{(\tau)}}) = f\Big(\sum_{j_{(\tau)}} V_{i_{(\tau)}, j_{(\tau)}} S_{j_{(\tau)}} + c_{i_{(\tau)}}\Big) \tag{4.2.16}$$

同样, 式 (4.2.16) 亦可写成式 (4.2.17) 形式的向量形式。从式 (4.2.16) 和式 (4.2.17) 不难看出, RNNs 的输出层采用的是浅层模型中的 softmax 多分类回归模型。如果按 3500 个常用汉字来计算, RNNs 的输出层需要 3499 个节点。

$$\hat{\boldsymbol{Y}}_{(\tau)} = \text{softmax}(\boldsymbol{Z}_{(\tau)}) = f(\boldsymbol{V}\boldsymbol{S}_{(\tau)} + \boldsymbol{c}) \tag{4.2.17}$$

前向计算结束后, 隐层每个节点的上游输入 $Z_{j_{(\tau)}}$, 下游输出 $S_{j_{(\tau)}}$, 以及输出层每个节点的上游输入 $Z_{i_{(\tau)}}$ 和网络的实际输出 $\hat{Y}_{i_{(\tau)}}$ 都将被记录保存下来, 后面在反向计算上游误差和权值更新求梯度时, 这些信息都需要被用到。

### 4.2.3.2　误差反向传播

本节先定义误差 (损失) 函数, 然后在最大时间步 $t = 2$ 时针对权矩阵 $\boldsymbol{U}$ 分析误差 (损失) 函数关于 $\boldsymbol{U}$ 的偏导数, 从中总结出神经元节点的上游误差计算公式。

前向计算结束后, 即可根据网络的实际输出 $\hat{Y}_{i_{(\tau)}}$ 和监督信号 $Y_{i_{(\tau)}}$ 定义误差 (损失) 函数, 式 (4.2.18) 给出了单个时间步的最小二乘误差。

$$E_\tau = \frac{1}{2} \sum_{i_{(\tau)}} (Y_{i_{(\tau)}} - \hat{Y}_{i_{(\tau)}})^2 \tag{4.2.18}$$

请注意, 式 (4.2.18) 中求和项是关于 $i_{(\tau)}$ 这个输出层节点的索引。而一个时间序列或者说一个句子总的误差 (损失) 函数则是要对时间步 $\tau$ 进行求和, 这就是式 (4.2.19) 所表示的情况。

$$E = \sum_\tau E_\tau = \frac{1}{2} \sum_\tau \sum_{i_{(\tau)}} (Y_{i_{(\tau)}} - \hat{Y}_{i_{(\tau)}})^2 \tag{4.2.19}$$

考虑当 $t = 2$ 时的简化情况, 有 $E_2 = \frac{1}{2} \sum_{i_{(2)}} (Y_{i_{(2)}} - \hat{Y}_{i_{(2)}})^2$, $E_1 = \frac{1}{2} \sum_{i_{(1)}} (Y_{i_{(1)}} - \hat{Y}_{i_{(1)}})^2$, 此时总损失函数关于 $\boldsymbol{U}$ 的偏导数可以写成式 (4.2.20) 两个时间步的偏导数之

和的形式。

$$\frac{\partial E}{\partial U_{jk}} = \frac{\partial E_1}{\partial U_{jk}} + \frac{\partial E_2}{\partial U_{jk}} \tag{4.2.20}$$

在误差反向传播的思想下，以逆序的方式先考虑第 2 个时间步损失函数 $E_2$ 关于 $U$ 的偏导数 $\dfrac{\partial E_2}{\partial U_{jk}}$ 的情况，式 (4.2.21) 给出了反复使用隐函数求偏导的链式推导偏导数 $\dfrac{\partial E_2}{\partial U_{jk}}$ 的过程。

$$
\begin{aligned}
\frac{\partial E_2}{\partial U_{jk}} &= \frac{\partial\Big(\frac{1}{2}\sum_{i_{(2)}}(Y_{i_{(2)}}-\hat{Y}_{i_{(2)}})^2\Big)}{\partial U_{jk}} = -\sum_{i_{(2)}}(Y_{i_{(2)}}-\hat{Y}_{i_{(2)}})\frac{\partial \hat{Y}_{i_{(2)}}}{\partial U_{jk}} \\
&= -\sum_{i_{(2)}}(Y_{i_{(2)}}-\hat{Y}_{i_{(2)}})\frac{\partial \hat{Y}_{i_{(2)}}}{\partial Z_{i_{(2)}}}\frac{\partial Z_{i_{(2)}}}{\partial S_{j_{(2)}}}\frac{\partial S_{j_{(2)}}}{\partial Z_{j_{(2)}}}\left[\frac{\partial Z_{j_{(2)}}}{\partial U_{j_{(2)}k_{(2)}}}+\frac{\partial Z_{j_{(2)}}}{\partial S_{j_{(1)}}}\frac{\partial S_{j_{(1)}}}{\partial Z_{j_{(1)}}}\frac{\partial Z_{j_{(1)}}}{\partial U_{j_{(1)}k_{(1)}}}\right] \\
&= -\sum_{i_{(2)}}\underbrace{\overbrace{(Y_{i_{(2)}}-\hat{Y}_{i_{(2)}})f'(Z_{i_{(2)}})}^{\delta_{i_{(2)}}}V_{i_{(2)}j_{(2)}}g'(Z_{j_{(2)}})}_{\delta_{j_{(2)}}}\left[X_{k_{(2)}}+\sum_{j_{(2)}}W_{j_{(2)}j_{(1)}}g'(z_{j_{(1)}})X_{k_{(1)}}\right]
\end{aligned}
$$

$$\tag{4.2.21}$$

式 (4.2.21) 中的推导过程展现出了第 2 个时间步下隐层节点 $j_{(2)}$ 的上游误差 $\delta_{j_{(2)}}$ 沿时间轴往回传递的过程，该式的最后结果中，上游误差 $\delta_{j_{(2)}}$ 经过侧连接通道回传到节点 $j_{(1)}$ 的上游端 $\sum_{j_{(2)}}\delta_{j_{(2)}}W_{j_{(2)}j_{(1)}}g'(z_{j_{(1)}})$。

再看第 1 个时间步损失函数关于偏导数的情况，同样使用隐函数求偏导的链式推导规则可得到式 (4.2.22) 的结果。

$$
\begin{aligned}
\frac{\partial E_1}{\partial U_{jk}} &= \frac{\partial\Big[\frac{1}{2}\sum_{i_{(1)}}(Y_{i_{(1)}}-\hat{Y}_{i_{(1)}})^2\Big]}{\partial U_{jk}} = -\sum_{i_{(1)}}(Y_{i_{(1)}}-\hat{Y}_{i_{(1)}})\frac{\partial \hat{Y}_{i_{(1)}}}{\partial U_{jk}} \\
&= -\sum_{i_{(1)}}(Y_{i_{(1)}}-\hat{Y}_{i_{(1)}})\frac{\partial \hat{Y}_{i_{(1)}}}{\partial Z_{i_{(1)}}}\frac{\partial Z_{i_{(1)}}}{\partial S_{j_{(1)}}}\frac{\partial S_{j_{(1)}}}{\partial Z_{j_{(1)}}}\frac{\partial Z_{j_{(1)}}}{\partial U_{j_{(1)}k_{(1)}}} \\
&= -\sum_{i_{(1)}}\underbrace{\overbrace{(Y_{i_{(1)}}-\hat{Y}_{i_{(1)}})f'(Z_{i_{(1)}})}^{\delta_{i_{(1)}}}V_{i_{(1)}j_{(1)}}g'(Z_{j_{(1)}})}_{\delta_{j_{(1)}}}X_{k_{(1)}}
\end{aligned}
\tag{4.2.22}
$$

这样就可以得到总损失函数关于 $U$ 的偏导数, 它是各个时间步关于 $U$ 的偏导数的累加。由此可得到式 (4.2.23) 的结果。

$$
\begin{aligned}
\frac{\partial E}{\partial U_{jk}} = \frac{\partial E_1}{\partial U_{jk}} + \frac{\partial E_2}{\partial U_{jk}} = & \sum_{i_{(2)}} \overbrace{(Y_{i_{(2)}} - \hat{Y}_{i_{(2)}})f'(Z_{i_{(2)}})}^{\delta_{i_{(2)}}} \underbrace{V_{i_{(2)}j_{(2)}}g'(Z_{j_{(2)}})[X_{k_{(2)}} + }_{\delta_{j_{(2)}}} \\
& \sum_{j_{(2)}} W_{j_{(2)}j_{(1)}}g'(Z_{j_{(1)}})X_{k_{(1)}}] + \\
& \sum_{i_{(1)}} \overbrace{(Y_{i_{(1)}} - \hat{Y}_{i_{(1)}})f'(Z_{i_{(1)}})}^{\delta_{i_{(1)}}} V_{i_{(1)}j_{(1)}}g'(Z_{j_{(1)}})X_{k_{(1)}} \\
= & \ \delta_{j_{(2)}}X_{k_{(2)}} + \overbrace{\left( \sum_{j_{(2)}} \delta_{j_{(2)}}W_{j_{(2)}j_{(1)}} + \sum_{i_{(1)}} \delta_{i_{(1)}}V_{i_{(1)}j_{(1)}} \right)g'(Z_{j_{(1)}})}^{\delta_{j_{(1)}}} X_{k_{(1)}} \\
= & \ \delta_{j_{(2)}}X_{k_{(2)}} + \delta_{j_{(1)}}X_{k_{(1)}} \\
= & \ \sum_{\tau=1}^{2} \delta_{j_{(\tau)}}X_{k_{(\tau)}}
\end{aligned}
\tag{4.2.23}
$$

由式 (4.2.23) 最后的等式可以看出长度为 $t = 2$ 的序列 (句子) 下, 总损失函数 $E$ 关于 $U$ 的偏导数的表达式是一个非常规整且简洁的结果, 只要将每个时间步 $\tau$ 下隐层节点的上游误差乘以同一时间步 $\tau$ 下的输入层节点的输入, 然后将所有时间步得到的结果累加, 就是 $E$ 关于 $U$ 的偏导数。

上述结果可以推广到 $t$ 取任意值的一般情况。但计算偏导数还需要先总结出上游误差的计算公式。事实上, 确定上游误差 $\delta$ 的一般计算公式是反向传播阶段的主要任务, 而上游误差的计算公式已经在前面一序列的公式中用花括号标注出来。考查上述横向花括号中的关于 $\delta_{i_{(2)}}, \delta_{i_{(1)}}, \delta_{j_{(2)}}, \delta_{j_{(1)}}$ 的表达式, 可总结出训练 RNNs 网络的误差反向传播的一般计算公式。以只有一个隐层的三层 RNNs 网络为例, 其误差反向传播公式可分为以下三种情况：

(1) 输出层节点上游误差

$$
\delta_{i_{(\tau)}} = -(Y_{i_{(\tau)}} - \hat{Y}_{i_{(\tau)}})f'(Z_{i_{(\tau)}})
\tag{4.2.24}
$$

(2) 隐层节点最后一个时间步 $t$ 的上游误差

$$
\delta_{j_{(t)}} = \sum_{i_{(t)}} \delta_{i_{(t)}}V_{i_{(t)}j_{(t)}}g'(Z_{j_{(t)}})
\tag{4.2.25}
$$

(3) 隐层节点其他时间步 $\tau$ 的上游误差

$$\delta_{j_{(\tau)}} = \Big( \sum_{j_{(\tau+1)}} \delta_{j_{(\tau+1)}} W_{j_{(\tau+1)} j_{(\tau)}} + \sum_{i_{(\tau)}} \delta_{i_{(\tau)}} V_{i_{(\tau)} j_{(\tau)}} \Big) g'(Z_{j_{(\tau)}}) \tag{4.2.26}$$

这样, 可得到用上游误差 $\delta_{j_{(\tau)}}$ 表示的总损失函数关于 $U$ 的偏导数的表达式

$$\frac{\partial E}{\partial U_{jk}} = \sum_t \frac{\partial E_t}{\partial U_{jk}} = \delta_{j_{(t)}} X_{k_{(t)}} + \sum_{\tau=1}^{t-1} \delta_{j_{(\tau)}} X_{k_{(\tau)}} = \sum_{\tau=1}^{t} \delta_{j_{(\tau)}} X_{k_{(\tau)}} \tag{4.2.27}$$

使用类似的推导方式, 可得到用误差 $\delta_{i_{(\tau)}}$ 表示的总损失函数关于 $V$ 的偏导数的表达式

$$\frac{\partial E}{\partial V_{ij}} = \sum_\tau \frac{\partial E_\tau}{\partial V_{ij}} = \frac{\partial \Big( \frac{1}{2} \sum\limits_{i_{(\tau)}} (Y_{i_{(\tau)}} - \hat{Y}_{i_{(\tau)}})^2 \Big)}{\partial V_{ij}}$$

$$= -\sum_\tau \sum_{i_{(\tau)}} (Y_{i_{(\tau)}} - \hat{Y}_{i_{(\tau)}}) \frac{\partial \hat{Y}_{i_{(\tau)}}}{\partial V_{ij}}$$

$$= -\sum_\tau \sum_{i_{(\tau)}} (Y_{i_{(\tau)}} - \hat{Y}_{i_{(\tau)}}) \frac{\partial \hat{Y}_{i_{(\tau)}}}{\partial Z_{i_{(\tau)}}} \frac{\partial Z_{i_{(\tau)}}}{\partial V_{ij}}$$

$$= \sum_\tau \overbrace{- \sum_{i_{(\tau)}} (Y_{i_{(\tau)}} - \hat{Y}_{i_{(\tau)}}) f'(Z_{i_{(\tau)}})}^{\delta_{i_{(\tau)}}} S_{j_{(\tau)}}$$

$$= \sum_\tau \delta_{i_{(\tau)}} S_{j_{(\tau)}} \tag{4.2.28}$$

同样, 用类似的推导方式, 可得到用误差 $\delta_{j_{(\tau)}}$ 表示的总损失函数关于 $W$ 的偏导数的表达式

$$\frac{\partial E}{W_{jj'}} = \sum_{\tau=1}^{t} \frac{\partial E_\tau}{W_{j_{(\tau)} j'_{(\tau-1)}}} = \sum_{\tau=1}^{t} \delta_{j_{(\tau)}} S_{j_{(\tau)} j'_{(\tau-1)}} \tag{4.2.29}$$

最终, 通过复合函数的链式求导法则, RNNs 的误差函数关于网络连接参数 $U, W, V$ 的偏导数可被分别表示成式 (4.2.27)、式 (4.2.29) 和式 (4.2.28) 的形式, 这三个表达式具有非常一致的形式: 下游神经元节点的上游误差乘以上游神经元节点的下游输出。

### 4.2.3.3 权值更新

前面经过反向传播计算阶段后, 获得的最重要的信息就是输出层和隐层神经元的上游误差, 再结合更早的前向计算阶段获得的隐层神经元的下游输出, 以及已知的输

入层神经元的下游输出信息 (这个信息对应训练数据中的 $X$), 即可进行 RNNs 网络连接参数 $U, W, V$ 的更新 (式 (4.2.30))。

$$
U_{jk}^{p+1} = U_{jk}^p - \beta \sum_{\tau=1}^{t} \delta_{j_{(\tau)}} X_{k_{(\tau)}}
$$

$$
W_{jj'}^{p+1} = W_{jj'}^p - \beta \sum_{\tau=1}^{t} \delta_{j_{(\tau)}} S_{j_{(\tau)} j'_{(\tau-1)}} \qquad (4.2.30)
$$

$$
V_{ij}^{p+1} = V_{ij}^p - \beta \sum_{\tau=1}^{t} \delta_{i_{(\tau)}} S_{j_{(\tau)}}
$$

显然, 与前向网络相比, 式 (4.2.30) 中关于 RNNs 的参数更新公式多了一项关于反馈连接 $W$ 的更新公式。

#### 4.2.3.4　训练 RNNs 网络的 BPTT 算法

最后, 作为本节的总结, 下面将在再次明确训练数据的前提下, 给出训练 RNNs 的 BPTT 算法。与前向网络的训练类似, 训练 RNNs 的 BPTT 算法同样可以采用随机梯度 SGD 、全梯度 FGD 和介于两者之间的批量随机梯度 BSGD 三种。由于 SGD 和 FGD 可看作 BSGD 的特殊情况, 因此, 这里只介绍用 BSGD 训练 RNNs 网络的算法。

如前所述, 训练 RNNs 同样需要 $(X, Y)$ 形式的训练数据。在 bigram 模型下, 训练集中的第 $i$ 条记录 $(X^{(i)}, Y^{(i)})$ 中的 $X^{(i)}$ 对应一个句子, 而 $X_j^{(i)}$ 代表句子中的第 $j$ 个单词。若以长度为 1000 个句子的文章作为训练集, 则意味着数据集 $(X, Y)$ 的大小 $m = 1000$。

每次训练, BSGD 将从大小为 $m$ 的训练集 $(X, Y)$ 中随机抽取 $m_\xi$ 个训练样本, 按照式 (4.2.31) 对网络参数进行更新。

$$
U_{jk}^{p+1} = U_{jk}^p - \frac{\beta}{m_\xi} \sum_{\ell=1}^{m_\xi} \sum_{\tau=1}^{t} \delta_{j_{(\tau)}}^{(\ell)} X_{k_{(\tau)}}^{(\ell)}
$$

$$
W_{jj'}^{p+1} = W_{jj'}^p - \frac{\beta}{m_\xi} \sum_{\ell=1}^{m_\xi} \sum_{\tau=1}^{t} \delta_{j_{(\tau)}}^{(\ell)} S_{j_{(\tau)} j'_{(\tau-1)}}^{(\ell)} \qquad (4.2.31)
$$

$$
V_{ij}^{p+1} = U_{ij}^p - \frac{\beta}{m_\xi} \sum_{\ell=1}^{m_\xi} \sum_{\tau=1}^{t} \delta_{i_{(\tau)}}^{(\ell)} S_{j_{(\tau)}}^{(\ell)}
$$

式 (4.2.31) 比式 (4.2.30) 各个上游误差和下游输出项多了一个上标 $(\ell)$, 表明这是第 $\ell$ 个样本进行计算得到的结果。

算法 8 给出了训练 RNNs 的 BPTT 算法伪码实现。

**算法 8　BPTT 算法**

**输入**：训练数据: 长度不等的 $m$ 个句子构成的句子集合 $(X,Y)=[(X^{(1)},Y^{(1)}),(X^{(2)},Y^{(2)}),\cdots,$
$(X^{(m)},Y^{(m)})]$

优化参数: 批数据大小 $\text{Batch\_size}=m_\xi$; 迭代精度 $\epsilon$; 学习步长 $\gamma$; 最大迭代次数 $\max I$;
当前迭代次数 $I$

网络参数: $\text{Net}_\text{R}=(U,W,b,V,c)$

**输出**：训练好网络的 $\text{Net}_\text{R}=(U,W,b,V,c)$

1: 对网络执行随机初始化 $\text{Net}_\text{R}(0)=(U(0),W(0),b(0),V(0),c(0)),I=0$;

2: 从 $(X,Y)$ 中随机选择 $m_\xi$ 个样本;

3: **repeat**

4:　按照式 (4.2.15) 执行输入层到隐层的前向计算, 得到隐层节点的上游输入 $Z_\tau$ 和下游
　　输出 $S_\tau$ 并保存;

5:　按照式 (4.2.17) 计算网络实际输出;

6:　按照式 (4.2.24) 计算输出层各节点的上游误差;

7:　按照式 (4.2.25) 计算隐层节点最后一个时间步 $t$ 的上游误差;

8:　按照式 (4.2.26) 计算隐层节点其他时间步 $\tau$ 的上游误差;

9:　$m_\xi$ 个样本全部计算完毕后, 按照式 (4.2.31) 执行权值更新;

10:　更新迭代次数 $I=I+1$;

11: **until** ((算法收敛)$\|(I>\max I)$)

### 4.2.3.5　理解 RNNs 网络: 词嵌入

前面在面向单词的独热向量编码方案下, 通过仅看前一单词预测下一单词的 bigram 模型, 向读者介绍了 RNNs 的结构及其训练算法。

那么如何理解 RNNs 的学习效果呢? 或者说 RNNs 通过 BPTT 算法从训练数据集中学习到何种知识呢? 为理解 RNNs 学习到的知识, 需要从 RNNs 的输出层产生的输出和隐层的输出两个层面进行考查。从 RNNs 的输出层的输出考查 RNNs 所学知识将会介绍完长短期记忆网络后再介绍。这里先考查 RNNs 的隐层输出。

RNNs 从输入层到隐层映射会带来一种所谓词嵌入的效果。前面已经指出, 使用独热向量表示的任意两个向量内积恒为零, 即 $X_i^\text{T}X_j=0,i\neq j$。这意味着词的这种独热向量表示仅仅起到了将词符号化而不包含任何语义相关的信息, 独热向量表示的任意两个词之间都是孤立的, 完全没有词语之间在语义层面的任何相关信息。

美国著名语言学家、数理句法学家哈里斯 (Zellig Sabbettai Harris) 于 1954 年提出的分布假设认为 "上下文相似的词, 其语义也相似"[11]。1957 年, 利兹大学的英国语言学家弗思 (Firth) 的 "词的语义由其上下文决定 (a word is characterized by the company it keeps)" 论述使得这一分布假设广为人知[12]。这些学说为语义嵌入词向量中提供了理论基础。下面解释基于分布假设基础上的词嵌入过程, 从中可以理解 RNNs 中间隐层节点所学知识。

当独热向量编码的词序列输入 RNNs 网络后, 如果独热向量的维数 $|V|=n$ 大于 RNNs 隐层节点数 $m$, 那么网络优化的结果会将高维的独热向量映射到一个低维

的空间, 这样的过程被形象地称为词嵌入 (word embeddings)。图 4.5 直观地展示了将三维立体空间中独热向量表示的词嵌入二维平面上的过程。这样, 原来三维独热向量形式的词 $\boldsymbol{W}_1 = (1,0,0)^{\mathrm{T}}$, 经过词嵌入后将被映射为二维实向量 $\boldsymbol{W}_1' = (0.2,0.5)^{\mathrm{T}}$ 的形式。

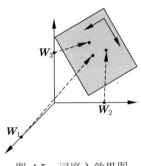

图 4.5　词嵌入效果图

词嵌入带来的效果之一是原来不包含任何语义相关信息的独热向量被嵌入低维空间后, 语义信息也被嵌入了进来。换言之, 低维实向量表示的词建模了语义信息, 含义相近的词在低维空间中的距离也会挨得更近。例如图 4.6 是将低维实向量表示的词投影到二维平面上的效果图, 从该图可以看出, 语义相近的词, 比如 "these, those" "leader, president, chairman" 彼此距离更近, 而语义相关度不高的单词, 比如 "both" 和 "president" 则彼此距离比较远。这一性质为自然语言处理带来了非常多的便利, 例如可以通过用语义相近的词来替换句子中相应的部分, 从而带来更为丰富自然的输出结果。例如将句子 "a few people sing well" 中的 "a few" 用与之相近的 "a couple" 代替, 产生新的句子输出 "a couple people sing well"。

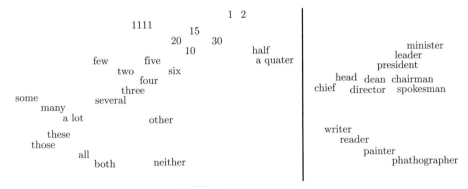

图 4.6　词嵌入效果图

语义相近的词将被嵌入低维相邻的位置

词嵌入带来的另一效果是赋予了语义处理系统一种通过类比建模复杂关系并

将之泛化的能力。例如, 如果用 W("woman")-W("man") 表示 "woman,man" 这两个单词的低维实向量表示在低维空间中的距离, 则词嵌入会带来 W("woman")-W("man")≈W("aunt")-W("uncle") 并且 W("woman")-W("man")≈ W("queen")-W("king") 这样的效果。即男女区别这种语义信息被编码成低维实向量在低维空间中的距离 W("woman")-W("man"), 且这种语义信息被泛化到 "aunt, uncle" 和 "queen, king" 这两对单词。通过单词的低维实向量的 "差" 实现单词之间的比较, 这种 "差" 值可建模复杂的语义关系。表 4.1 列出了词嵌入所建模的各种复杂的语义和语法上的关系 [13], 这些关系既包含 "首都-国家, 男-女" 等这样一类语义上的关系, 也包含 "形容词-副词, 比较级, 现在进行时" 等这样一类语法上的关系。

表 4.1　词嵌入所建模的各种复杂的语义和语法上的关系

| 关系类别 | 词组 1 | | 词组 2 | |
| --- | --- | --- | --- | --- |
| Common capital city | Athens | Greece | Oslo | Norway |
| All capital cities | Astana | Kazakhstan | Harare | Zimbabwe |
| Currency | Angola | Kwanza | Iran | rial |
| City-in-state | Chicago | Illinois | Stockton | California |
| Man-Woman | brother | sister | grandson | granddaughter |
| Adjective to adverb | apparent | apparently | rapid | rapidly |
| Opposite | possibly | impossibly | ethical | unethical |
| Comparative | great | greater | tough | tougher |
| Superlative | easy | easiest | lucky | luckiest |
| Present Participle | think | thinking | read | reading |
| Nationality adjective | Switzerland | Swiss | Cambodia | Cambodian |
| Past tense | walking | walked | swinming | swam |
| Plural nouns | mouse | mice | dollar | dollars |
| Plural verbs | work | works | speak | speaks |

　　词嵌入既可以在同一语种实现, 也可以跨语种实现。图 4.7 给出了中英词嵌入的平面投影效果 [14], 从中可以看到, 含义相近的中英文单词被嵌入非常接近的位置。

　　词嵌入亦可以跨媒体实现。图 4.8 给出了图片和文字互相嵌入的投影效果 [15], 从中不难看出狗的图像会被映射到 "狗" 的单词向量附近, 马的图像会被映射到 "马" 的单词向量附近, 汽车的图像会被映射到 "汽车" 的单词向量附近, 以此类推。

　　限于篇幅, 跨媒体和跨语种的词嵌入的具体实现细节, 本书未作详细描述, 感兴趣的读者请参考相关文献。

## 4.2.4　RNNs 的误差沿时间轴传播公式

　　从 4.2.3 节给出的 RNNs 的训练算法可以看出, RNNs 的误差信号除了跟传统 BP 网络一样会从输出层反向传播到隐层, 同时, 由于存在反馈连接, 误差信号还会通过反

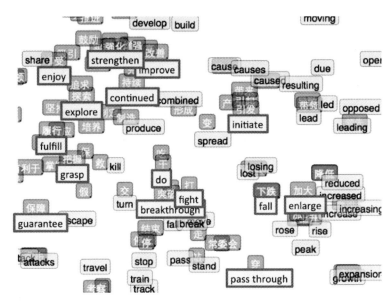

图 4.7　中英文相近词将被嵌入低维相邻位置的双语词嵌入效果

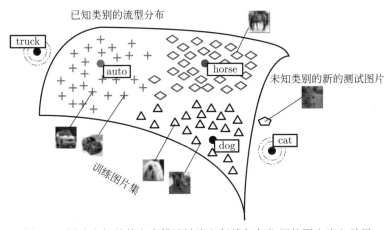

图 4.8　图片和相关的文字描述被嵌入低维相邻位置的图文嵌入效果

馈连接沿时间轴不断往回传播。事实上, 标准的 RNNs 的误差沿时间轴反向传播时, 误差会被不断放大或缩小, 这导致 RNNs 只能处理 5 ~ 10 个时间步长以内的序列, 再长则处理效果不佳。

　　为看清 RNNs 的误差在时间步上传播的一般规律, 将式 (4.2.26) 表示的误差进一步往前传一个时间步, 得到式 (4.2.32) 形式的根据 $\delta_{j_{(\tau)}}$ 求 $\delta_{j_{(\tau-1)}}$ 的公式。

$$\delta_{j_{(\tau-1)}} = \left( \sum_{j_{(\tau)}} \delta_{j_{(\tau)}} W_{j_{(\tau)} j_{(\tau-1)}} + \sum_{i_{(\tau-1)}} \delta_{i_{(\tau-1)}} V_{i_{(\tau-1)} j_{(\tau-1)}} \right) g'(Z_{j_{(\tau-1)}}) \qquad (4.2.32)$$

将式 (4.2.26) 表示的 $\delta_{j_{(\tau)}}$ 代入式 (4.2.32) 即可得到根据 $\delta_{j_{(\tau+1)}}$ 求 $\delta_{j_{(\tau-1)}}$ 的公式 (4.2.33)。

$$
\begin{aligned}
\delta_{j_{(\tau-1)}} &= \Big( \sum_{i_{(\tau)}} \Big( \sum_{i_{(\tau+1)}} \delta_{j_{(\tau+1)}} W_{j_{(\tau+1)}j_{(\tau)}} + \sum_{i_{(\tau)}} \delta_{i_{(\tau)}} V_{i_{(\tau)}j_{(\tau)}} \Big) g'(Z_{j_{(\tau)}}) W_{j_{(\tau)}j_{(\tau-1)}} + \\
&\quad \sum_{i_{(\tau-1)}} \delta_{i_{(\tau-1)}} V_{i_{(\tau-1)}j_{(\tau-1)}} \Big) g'(Z_{j_{(\tau-1)}}) \\
&= \sum_{j_{(\tau)}} \sum_{j_{(\tau+1)}} \underline{\delta_{j_{(\tau+1)}} W_{j_{(\tau+1)}j_{(\tau)}} g'(Z_{j_{(\tau)}}) W_{j_{(\tau)}j_{(\tau-1)}} g'(Z_{j_{(\tau-1)}})} + \\
&\quad \sum_{i_{(\tau)}} \delta_{i_{(\tau)}} V_{i_{(\tau)}j_{(\tau)}} g'(Z_{j_{(\tau)}}) W_{j_{(\tau)}j_{(\tau-1)}} g'(Z_{j_{(\tau-1)}}) + \\
&\quad \sum_{i_{(\tau-1)}} \delta_{i_{(\tau-1)}} V_{i_{(\tau-1)}j_{(\tau-1)}} g'(Z_{j_{(\tau-1)}})
\end{aligned}
$$

$$(4.2.33)$$

考查式 (4.2.33) 中 $\delta_{j_{(\tau+1)}}$ 系数项 (画线部分), 不难看出该上游误差沿时间轴回传两个时间步后被缩放了一个因子 (式 (4.2.34))。

$$W_{j_{(\tau+1)}j_{(\tau)}} g'(Z_{j_{(\tau)}}) W_{j_{(\tau)}j_{(\tau-1)}} g'(Z_{j_{(\tau-1)}}) \qquad (4.2.34)$$

对式 (4.2.34) 进行推广, 可得到 RNNs 的误差 $\delta_{j_{(\tau+1)}}$ 沿时间轴传递 $q$ 个时间步后的缩放因子可表示成式 (4.2.35) 的形式。

$$\delta_{j_{(\tau+1-q)}} = \delta_{j_{(\tau+1)}} \prod_{m=0}^{q} W_{j_{(\tau+1-m)}j_{(\tau-m)}} g'(Z_{j_{(\tau-m)}}) \qquad (4.2.35)$$

式 (4.2.35) 表明, 误差 $\delta_{j_{(\tau+1)}}$ 回传 $q$ 个时间步后按 $\prod_{m=0}^{q} W_{j_{(\tau+1-m)}j_{(\tau-m)}} g'(Z_{j_{(\tau-m)}})$ 这一缩放因子进行缩放。根据这个缩放因子的不同取值, RNNs 的误差沿时间轴传递会出现以下几种情况:

(1) 对所有 $m$, $|W_{j_{(\tau+1-m)}j_{(\tau-m)}} g'(Z_{j_{(\tau-m)}})| > 1.0$, 误差将不断被放大 (关于 $q$ 指数增长), 此时会出现梯度爆炸的现象, 导致网络学习不稳定;

(2) 对所有 $m$, $|W_{j_{(\tau+1-m)}j_{(\tau-m)}} g'(Z_{j_{(\tau-m)}})| < 1.0$, 误差将不断被衰减 (关于 $q$ 指数衰减), 此时会出现梯度消失的现象, 导致网络无法有效学习;

(3) 对所有 $m$, $|W_{j_{(\tau+1-m)}j_{(\tau-m)}} g'(Z_{j_{(\tau-m)}})| = 1.0$, 误差可沿时间轴无限传递。

## 4.2.5  RNNs 的变体

本节简要介绍两种文献中或实用中经常用到的 RNNs 的两种变体: 双向 RNNs 和多层双向 RNNs。

前面关于 RNNs 的介绍是基于 ngram 或 bigram 统计语言模型的, ngram 或 bigram 模型的一个共同特点是均是根据序列或句子前面的信息来预测下一个单词。

但有时候, 当句子中某个位置的单词空缺后, 要想补齐或正确填写所缺单词, 除了要看空缺位置之前的信息, 还要看空缺位置之后的信息。

例如中国文学巨著《红楼梦》中, 宝玉跟黛玉表白时有段经典对白:宝玉瞅了她半天, 方说道 "＿＿＿" 三个字, 林黛玉听了, 愣了半天, 方说道: "我有什么不放心的? 我不明白这话, 你倒说说, 怎么是放心不放心?"。这段场景描写, 如果只看空格前面的文字, 而不看空格后面的文字, 你是难以猜测宝玉到底会对黛玉说出哪三个字。但如果读完空格后面黛玉对宝玉所言的反问, 不难知道宝玉说的是 "你放心" 这三个字。

因此, 为了能正确预测/补齐空格中所出现的内容, 除了要考查空缺前的信息, 很多时候还得参考空缺后的信息, 进行综合分析后才能得出正确的结果。基于此, 一种自然的 RNNs 变体是在原来 RNNs 从历史到现在的反馈连接基础上添加一组从未来到现在的反馈连接, 这就是双向 RNNs。

图 4.9 给出了双向 RNNs 的结构, 与单向 RNNs 相比, 双向 RNNs 多了一组灰色线条表示的从未来到现在的反馈连接。如果将图 4.9 中的灰色线条去掉, 该图就变成了单向 RNNs。

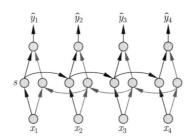

图 4.9　双向 RNNs 网络结构

请注意, 双向 RNNs 不同方向采用两组不同的连接参数, 它们并不共享参数。因此, 在原来单向 RNNs 参数 $\boldsymbol{U}, \boldsymbol{W}, \boldsymbol{V}$ 基础上, 需要多一组参数。形象直观起见, 这里在参数符号上方分别添加 "→, ←" 符号来表示不同方向上的连接参数。即 $\overrightarrow{\boldsymbol{U}}, \overrightarrow{\boldsymbol{W}}, \overrightarrow{\boldsymbol{V}}$ 表示从历史到现在的连接参数 (图 4.9 中黑色箭头), $\overleftarrow{\boldsymbol{U}}, \overleftarrow{\boldsymbol{W}}, \overleftarrow{\boldsymbol{V}}$ 表示从未来穿越到现在的连接参数 (图 4.9 中灰色箭头)。

$$\overrightarrow{\boldsymbol{S}}_{(\tau)} = \tanh(\overrightarrow{\boldsymbol{Z}}_{(\tau)}) = g(\overrightarrow{\boldsymbol{U}} \boldsymbol{X}_{(\tau)} + \overrightarrow{\boldsymbol{W}} \overrightarrow{\boldsymbol{S}}_{(\tau-1)} + \overrightarrow{\boldsymbol{b}}) \tag{4.2.36}$$

如果将式 (4.2.36) 中上方的箭头去掉, 则与前面单向 RNNs 的前向计算公式 (4.2.15) 完全一样。式 (4.2.36) 产生的隐层输出 $\overrightarrow{\boldsymbol{S}}_{(\tau)}$ 包含了历史信息通过反馈连接 $\overrightarrow{\boldsymbol{W}}$ 传导到当前时间步 $\tau$ 的信息。

双向 RNNs 比单向 RNNs 多了一组公式 (4.2.37), 这组公式负责将未来的信息通过连接参数 $\overleftarrow{\boldsymbol{W}}$ 穿越回传到现在, 这些未来的信息被保存在式 (4.2.37) 产生的输

出 $\overleftarrow{\boldsymbol{S}}_{(\tau)}$ 中。

$$\overleftarrow{\boldsymbol{S}}_{(\tau)} = \tanh(\overleftarrow{\boldsymbol{Z}}_{(\tau)}) = g(\overleftarrow{\boldsymbol{U}}\boldsymbol{X}_{(\tau)} + \overleftarrow{\boldsymbol{W}}\overleftarrow{\boldsymbol{S}}_{(\tau-1)} + \overleftarrow{\boldsymbol{b}}) \tag{4.2.37}$$

在获得了两组隐层输出 $\overrightarrow{\boldsymbol{S}}_{(\tau)}$ 和 $\overleftarrow{\boldsymbol{S}}_{(\tau)}$ 后, 双向 RNNs 利用输出层的两组参数 $\boldsymbol{V} = [\overrightarrow{\boldsymbol{V}}; \overleftarrow{\boldsymbol{V}}]$ 和偏置项 $\boldsymbol{c} = [\overrightarrow{\boldsymbol{c}}; \overleftarrow{\boldsymbol{c}}]$, 产生双向 RNNs 网络的实际输出 (式 (4.2.38))。

$$\hat{\boldsymbol{Y}}_{(\tau)} = \mathrm{softmax}(\boldsymbol{Z}_{(\tau)}) = f(\boldsymbol{V}[\overrightarrow{\boldsymbol{S}}_{(\tau)}; \overleftarrow{\boldsymbol{S}}_{(\tau)}] + \boldsymbol{c}) \tag{4.2.38}$$

无论是单向 RNNs 还是双向 RNNs, 均可以搭建相应的深度模型。一般地, 构建多层甚至深层模型更多是出于表示学习的需要, 多层甚至深层模型更有利于从原始数据中逐层提取高层抽象特征。图 4.10 给出了一个具有三个隐层的五层双向 RNNs 网络。

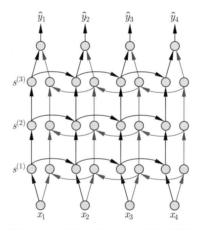

图 4.10 多层双向 RNNs 网络结构

相应地, 多层或深层模型下, 需要在原来符号体系的基础上引入上标 $(i)$ 来表示第 $i$ 层的输入输出和网络连接参数。例如 $\overrightarrow{\boldsymbol{S}}_{(\tau)}^{(i)}$, $\overleftarrow{\boldsymbol{S}}_{(\tau)}^{(i)}$ 分别表示第 $(i)$ 层两个方向的隐层节点输出。$\overrightarrow{\boldsymbol{U}}^{(i)}, \overrightarrow{\boldsymbol{W}}^{(i)}, \overrightarrow{\boldsymbol{V}}^{(i)}$ 和 $\overleftarrow{\boldsymbol{U}}^{(i)}, \overleftarrow{\boldsymbol{W}}^{(i)}, \overleftarrow{\boldsymbol{V}}^{(i)}$ 分别表示两个不同方向下第 $i$ 层的网络连接参数。

在这样的符号体系下, 式 (4.2.36) 和式 (4.2.37) 形式的双向 RNNs 两个不同方向上的隐层输出可被分别改写成式 (4.2.39) 和式 (4.2.40) 的形式, 以适应表示多层双向 RNNs 在第 $i$ 层两个不同方向上的隐层输出的需要。

$$\overrightarrow{\boldsymbol{S}}_{(\tau)}^{(i)} = \tanh(\overrightarrow{\boldsymbol{Z}}_{(\tau)}^{(i)}) = g(\overrightarrow{\boldsymbol{U}}^{(i)}\overrightarrow{\boldsymbol{S}}_{(\tau)}^{(i-1)} + \overrightarrow{\boldsymbol{W}}^{(i)}\overrightarrow{\boldsymbol{S}}_{(\tau-1)}^{(i)} + \overrightarrow{\boldsymbol{b}}^{(i)}) \tag{4.2.39}$$

$$\overleftarrow{\boldsymbol{S}}_{(\tau)}^{(i)} = \tanh(\overleftarrow{\boldsymbol{Z}}_{(\tau)}^{(i)}) = g(\overleftarrow{\boldsymbol{U}}^{(i)}\overleftarrow{\boldsymbol{S}}_{(\tau)}^{(i-1)} + \overleftarrow{\boldsymbol{W}}^{(i)}\overleftarrow{\boldsymbol{S}}_{(\tau+1)}^{(i)} + \overleftarrow{\boldsymbol{b}}^{(i)}) \tag{4.2.40}$$

最终, 总共有 $n_\ell$ 层的深层双向 RNNs 的实际输出 $\hat{\boldsymbol{Y}}_{(\tau)}$ 可按式 (4.2.41) 产生。

$$\hat{\boldsymbol{Y}}_{(\tau)} = \text{softmax}(Z^{(n_\ell-1)}_{(\tau)}) = f(V[\overrightarrow{S}^{(n_\ell-1)}_{(\tau)}; \overleftarrow{S}^{(n_\ell-1)}_{(\tau)}] + \boldsymbol{c}) \qquad (4.2.41)$$

至此, 双向 RNNs 和多层双向 RNNs 这两种 RNNs 变体的前向计算公式介绍完毕, 关于这两种变体的反向计算和权值更新两个阶段的公式推导和相应的训练算法, 本书限于篇幅不在此赘述, 感兴趣的读者请自行推导。这里值得强调的是, 图 4.10 的深层双向 RNNs 架构中, 上游误差或者说梯度信号既沿水平方向上的时间轴不断传播, 也沿垂直方向逐层传播。因此在深层 RNNs 模型下, 梯度消失或爆炸问题将会在水平方向和垂直方向上同时存在。

## 4.3　长短期记忆单元反馈神经网络

前面提到, 深层 RNNs 模型将会在图 4.10 中的水平方向和垂直方向上同时存在梯度消失或梯度爆炸问题。对于上游误差或梯度信号沿垂直方向逐层传播所带来的梯度消失或梯度爆炸问题, 前述章节的深度神经网络、卷积神经网络部分已经介绍了多种解决方案, 例如逐层贪心预训练策略、批正则化策略 (batch normalization, BN)、引入跨层连接思想的高速网络和残差网络等, 这些策略均可有效抑制或回避上游误差沿垂直方向逐层传播所带来的梯度消失或梯度爆炸问题。本节开始重点讨论上游误差或梯度信号沿时间轴水平方向传播时带来的梯度消失或爆炸问题的解决。

针对上游误差沿时间轴传播带来的潜在难题, 德国计算机科学家 Jurgen Schmidhuber 与他的学生 Sepp Hochreiter 在 1991 年提出了用门控 RNNs (gated RNNs, GRNNs) 的方案来克服上游误差无法沿长时间跨度传播的难题, 他们的长短期记忆单元神经网络方案在 1997 年发表在 *Neural Computation* 上。由于在这方面的突出贡献, Jurgen Schmidhuber 享有反馈神经网络之父的美誉。

随着技术的不断发展, LSTM 有不少变体, 但这些变体, 连同 LSTM 本身均是在原来的 RNNs 模型基础上添加一个记忆单元, 然后利用若干由输入输出信号控制的门单元来控制记忆单元中信息的读取 (记忆) 和擦拭 (忘记) 的模型演变得到的。因此, 本书将 LSTM 及其各种变体统称为门控 RNNs。

式 (4.2.35) 中关于误差沿时间轴回传的传递公式表明, RNNs 的误差沿时间轴传递会出现梯度消失或梯度爆炸的情况。无论是梯度消失, 还是梯度爆炸, 均会导致学习的困难。这一本质缺陷导致了 RNNs 在处理长时间跨度的序列问题时显得力不从心, 而长时间序列问题的处理是在自然语言处理中普遍存在的任务。下面的例子说明了这一点。

对于有些时间序列处理问题, 可能只需要简单地通过考查邻近的上下文, 即可有效地确定下一单词是什么。例如句子 "The clouds are in the **sky**", 最后一个单词的预测, 只要看到第二个单词 "clouds" 这一关键信息, 就不难确定应该为 "sky", 而无须更早的其他上下文信息。但对于有些时间序列处理问题, 则可能需要考查更长时间窗口外的信息, 才能准确地找到合适的词进行填空。例如句子 "I grew up in **France**, ..., I speak fluent **French**", 这段话开头交代了一句说话人在 "France" 长大, 紧接着省略号部分可能说话人说了一大段根本不出现 "France" 字眼, 或者完全与 "France" 无关的信息, 直到句子结尾部分, 说话人才交代他讲一口流利的 "French"。这样, 同样是最后一单词的预测, 根据前几个单词的信息提示, 下一单词很可能是语言的名字, 但如果要进一步确定是何种语言的名字, 则需要用到更早的信息。这一现象称为序列的长期依赖问题。

　　长期依赖问题的存在意味着 ngram 模型的式 (4.2.3) 形式的条件概率中代表时间跨度 $n$ 的取值过大, 在存在梯度消失或梯度爆炸的情况下, 过大的时间跨度 $n$ 使得式 (4.2.3) 中的条件概率无法被有效建模, 这导致标准 RNNs 无法将距离过大的信息联系起来。自 RNNs 提出以来, 序列的长期依赖问题一直困扰学术界将近 10 年, 直到 1997 年 Hochreiter 和 Schmidhuber 两人共同提出了 LSTM 才较好地解决了序列的长期依赖难以有效学习的难题。LSTM 能处理超过 1000 个时间步的序列, 可以说记住长期信息是 LSTM 与生俱来的本领。

　　下面先介绍早期为解决长时间序列学习难题所提出的朴素方法, 在分析朴素方法固有缺陷的基础上, 引出 LSTM 网络结构, 并讨论训练 LSTM 的相关算法。

## 4.3.1　早期解决长时间序列学习难题的朴素方法

　　前面提到, 时间序列处理中关键信息或者说感兴趣的信息可能出现在序列的任意位置, 要准确地补齐或预测某个空缺所需要的信息既可以仅用局部邻域内的上下文信息, 也可能需要用到长时间跨度下的信息。在 RNNs 的网络结构下, 序列上不同位置的信息是依赖反馈连接 $W$ 沿时间轴进行传递的。如果任意时间步 $m$, 均有 $|W_{j_{(\tau+1-m)}j_{(\tau-m)}}g'(Z_{j_{(\tau-m)}})| = 1.0$, 则 RNNs 的误差可沿时间轴无限传递。从而使得式 (4.2.3) 中的条件概率不会由于时间跨度 $n$ 过大而难以建模。

　　一种使 $|W_{j_{(\tau+1-m)}j_{(\tau-m)}}g'(Z_{j_{(\tau-m)}})| = 1.0$ 简单的方法是令传递函数 $g(x) = x$ 为恒等函数, 然后设法要求反馈连接权 $W = 1$。这样, 当误差沿图 4.4 右图中的自环 $W$ 传递一圈 (相当于传递了一个时间步) 后会毫发无损地保持原样。这个被传递的误差有点像儿童游乐园中坐在旋转木马上的儿童, 旋转木马转一圈后, 孩子仍然保持原样, 没有变胖也没有变瘦, 而且坐在旋转木马上的孩子可以无限旋转并保持原样。正因如此, 这样的设计机制被形象地称为恒定误差旋转木马 (constant error carrousel, CEC)。在 CEC 装置下, 误差可沿时间轴 (图 4.4 中最右边部分的旋转木马) 无限传递, 这就是朴素的解决长时间序列学习难题的想法 (naive approach, NA)。

　　NA 的想法并不复杂, 但实现起来效果不佳, 主要是因为 NA 沿用的是传统的输入输出共享隐层、不同时间步共享连接参数的 RNNs 结构, 这种结构安排会导致长时间序列学习过程中产生输入权冲突和输出权冲突问题, Hochreiter 和 Schmidhuber 在其提出 LSTM 的论文中指出了 NA 存在的这两大问题。为了理解输入权和输出权冲突问题, 可以暂时把 RNNs 当作通过输入权 $U$ 将源序列读入隐层, 然后利用一个输出权 $V$ 从隐层提取/检索信息产生目标序列输出的装置。输入输出共享隐层、不同时间步共享连接参数的 RNNs 不可避免地会带来以下两种冲突。

(1) 输入权 $U_{jk}$ 冲突。网络学习过程中 $U_{jk}$ 会收到两种矛盾信号: ①要求节点 $j$ 处于打开状态, 以保存特定输入 (比如前述例子中, 需要从输入序列中把关键单词 France 保存下来); ②要求节点 $j$ 处于关闭状态以保护特定输入不被别的不相关的后期输入干扰 (在前面把关键单词 France 成功保存后, 需要在后续序列的读取中, 把该节点关闭, 以避免被其他无关信息覆盖)。

(2) 输出权 $V_{ij}$ 冲突。网络学习过程中 $V_{ij}$ 会收到两种矛盾信号: ①要求打开节点 $j$ 以检索其内容 (比如前述例子中句子最后一个单词 French 的确定, 需要根据将前述保存关键信息 France 的节点打开以读取所需信息, 再结合句子局部上下文而得出); ②要求关闭节点 $j$, 以阻止 $j$ 被来自 $i$ 的干扰 (保存 French 这一关键信息的节点 $j$, 在误差反向传播阶段, 来自节点 $i$ 的反向误差信号如果会擦除节点 $j$ 的信息, 则需要将连接节点 $j,i$ 的权值暂时关闭以避免其干扰)。

以上两种冲突均会带来学习的困难, 因而需要一种上下文敏感机制来控制通过输入权引发的写操作, 或通过输出权引发的读操作。

为解决这种输入权冲突和输出权冲突问题, 有必要改变这种输入输出共享隐层的结构。Hochreiter 和 Schmidhuber 创造性地提出了通过引入输入门单元 (还有遗忘门单元, 这部分模拟人的记忆具有遗忘特性) 和输出门单元来分别控制输入输出的读写操作, 并在 RNNs 原有隐层单元基础上, 增加一个专门的存储元 $C$, 彻底解决了这种输入输出共享隐层带来的输入权冲突和输出权冲突的难题。

Hochreiter 和 Schmidhuber 的方法称为 LSTM。顾名思义, LSTM 在 RNNs 原有隐层单元基础上, 增加一个专门的存储元 $C$, 这个存储元可用来有选择地记忆序列中与任务有关的关键信息, 而不受时间长短的影响, 因而该存储元被称为长短期记忆单元。

为搞清楚 LSTM 的技术细节, 下面首先介绍 LSTM 的内部网络结构。

## 4.3.2　LSTM 网络结构

为了清楚简洁地给出 LSTM 的网络结构图, 对图 4.4 中最左边的 RNNs 网络结构图进行适当简化。图 4.11(a) 是图 4.4 左图中 RNNs 网络结构图, 图 4.11(b) 是图 4.11(a) 的简化版。图 4.11 中的两幅图是同一个 RNNs 网络, 只不过图 (b) 中用黑点代表左图中的全连接边, 即图 (b) 中每一个黑点代表 (a) 图中的一种全连接。约定线与线交叉处如出现黑点, 表示这是一个全连接。

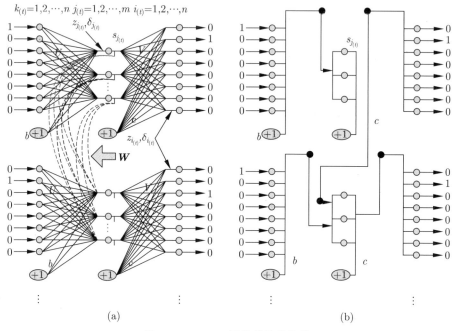

(a)                            (b)

图 4.11　RNNs 网络结构的简化

　　根据这种简化约定, LSTM 网络可表示成图 4.12 的形式。宏观上图 4.12 中上下两层是沿时间轴展开后的结果, 每层的虚线框代表 LSTM 节点。LSTM 节点的输出以反馈连接的方式连接到下一时间步 (图 4.12 中蓝色线)。

　　考查 LSTM 单元内部可知, LSTM 单元从上往下有四个全连接部件, 分别是遗忘门 $F$、输入门 $I$ 以及一个地位和角色类似于 RNNs 中隐层的 $\bar{C}$ 和输出门 $O$(遗忘门、输入门和输出门对应图 4.12 中的三个 $\circledast$, 这三个门产生的输出均为 $0\sim1$ 的数字, 与相应的信息相乘后, 起到了开关的效果)。图 4.12 中间从上往下的红色箭头代表着存储元状态 $C$ 沿时间轴的演化, 该存储元状态受遗忘门 $F$、输入门 $I$ 以及 $\bar{C}$ 所控制。存储元状态 $C$ 具体计算公式后文将详细介绍。长短期单元最终状态 $S$ 由输出门 $O$ 和存储元状态 $C$ 决定, 并且该状态 $S$ 作为反馈连接到下一时间步中, 以全连接的形式成为遗忘门 $F$、输入门 $I$ 隐层 $\bar{C}$ 和输出门 $O$ 的输入。

　　LSTM 的计算总体框架与传统 BP 算法相同, 均是由状态前向计算、误差反向传播和权值更新三大步骤构成。这三部分的逻辑关联为: 状态前向计算部分要确定网络的中间状态 (LSTM 隐层的输出 $S$) 和网络的实际输出 $\hat{Y}$。其中网络的中间状态部分是为第三部分进行梯度方向权值更新做准备, 而网络的实际输出部分是为后面第二部分定义误差函数做准备; 误差反向传播阶段根据前一阶段的网络实际输出 $\hat{Y}$ 和来自数

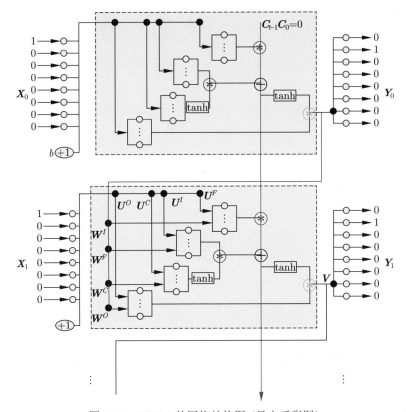

图 4.12　LSTM 的网络结构图（见文后彩图）

虚线框内部是一个 LSTM 单元。LSTM 单元内部由遗忘门、输入门、隐层单元、输出门 (四个门虚线框内由上
到下排列) 和存储单元 (向下的红色箭头) 构成

据的监督信号 $Y$ 之间的偏差测度 (极小二乘误差或交叉熵) 定义误差函数, 然后反向逐层确定输出层和隐层每个神经元节点的上游误差 $\delta$; 最后, 误差函数关于某个神经元连接权的梯度偏导数等于后一层神经元节点的上游误差 $\delta$ 与前一层的神经元节点的输出 $S$ 的乘积, 一旦梯度偏导数确定, 即可完成权值更新的迭代过程。下面分别介绍这三部分的具体计算细节。

## 4.3.3　LSTM 的前向计算

前面已经提到, LSTM 的状态前向计算部分要确定网络的中间状态 (LSTM 隐层的输出 $S$) 和网络的实际输出 $\hat{Y}$。其中网络的中间状态部分是为第三部分梯度方向进行权值更新做准备, 而网络的实际输出部分是为后面第二部分定义误差函数做准备。下面对这部分进行详细叙述和解释, 并给出前向计算的具体公式。

LSTM 的输入值有两个: 当前时刻网络输入值 $x_\tau$, 上一时刻网络状态 $S_{\tau-1}$。这些输入分别流过遗忘门 $F$、输入门 $I$、隐层单元 $\bar{C}$ 和输出门 $O$。这里的三个门, 本质上与传统的神经元节点没有区别, 有传递函数和阈值。只不过这三个门的传递函数取了特殊的 sigmoid 函数 $\sigma(z) = y = \dfrac{1}{1 + \mathrm{e}^{-z}}$。因此, 网络的输入信息流经三个门后, 均产生 $0 \sim 1$ 的数值。这样, 当网络输入值流过某个门后, 比如遗忘门, 如果遗忘门的某个神经元产生的激活输出接近于 0, 则与该神经元按位相乘 (逻辑 "与" 操作) 的存储元节点中的信息就被清除掉 (被遗忘) 了。反之, 如果遗忘门的某个神经元产生的激活输出接近于 1, 则与该神经元按位相乘 (逻辑 "与" 操作) 的存储元节点中的信息就几乎全部通过得以保留下来。

至于哪些信息应该完整地记录下来, 哪些信息应该完全忘记, 这一切都是 "优化" 的结果, 神经网络的训练过程本质上是对训练数据定义下的误差函数进行最优化的过程。

下面是 LSTM 的前向计算公式。

(1) 遗忘门

$$\boldsymbol{F}_{(\tau)} = f(\boldsymbol{Z}_{(\tau)}^F) = \sigma(\boldsymbol{Z}_{(\tau)}^F) = \sigma(\boldsymbol{U}^F \boldsymbol{X}_{(\tau)} + \boldsymbol{W}^F \boldsymbol{S}_{(\tau-1)} + \boldsymbol{b}^F) \tag{4.3.1}$$

信息流经遗忘门时, 在 sigmoid 传递函数作用下, 产生 $0 \sim 1$ 的输出, 该输出与存储元中的信息按位相乘 (图 4.12 中红色的 ⊛), 起到开关效应, 控制着存储元中信息的存弃。$\boldsymbol{U}^F, \boldsymbol{W}^F, \boldsymbol{b}^F$ 分别表示遗忘门的输入连接矩阵、反馈连接 (侧连接) 矩阵和偏置项。

(2) 输入门

$$\boldsymbol{I}_{(\tau)} = f(\boldsymbol{Z}_{(\tau)}^I) = \sigma(\boldsymbol{Z}_{(\tau)}^I) = \sigma(\boldsymbol{U}^I \boldsymbol{X}_{(\tau)} + \boldsymbol{W}^I \boldsymbol{S}_{(\tau-1)} + \boldsymbol{b}^I) \tag{4.3.2}$$

信息流经输入门时, 在 Sigmoid 传递函数作用下, 产生 $0 \sim 1$ 的输出, 该输出与隐层输出的信息按位相乘 (图 4.12 中蓝色的 ⊛), 起到开关效应, 控制着隐层输出的信息的存弃。$\boldsymbol{U}^I, \boldsymbol{W}^I, \boldsymbol{b}^I$ 分别表示输入门的输入连接矩阵、反馈连接 (侧连接) 矩阵和偏置项。

(3) 隐层单元

$$\bar{\boldsymbol{C}}_{(\tau)} = \tanh(\boldsymbol{Z}_{(\tau)}^{\bar{C}}) = \tanh(\boldsymbol{U}^{\bar{C}} \boldsymbol{X}_{(\tau)} + \boldsymbol{W}^{\bar{C}} \boldsymbol{S}_{(\tau-1)} + \boldsymbol{b}^{\bar{C}}) \tag{4.3.3}$$

隐层单元的传递函数不再是 Sigmoid 传递函数, 而是与 RNNs 隐层完全一样的双曲正切 tanh 作为传递函数。这样安排是为了能将输入的独热向量形式的词向量映射到实向量空间中, 形成语义嵌入的效果。这里 $\boldsymbol{U}^C, \boldsymbol{W}^C, \boldsymbol{b}^C$ 分别表示隐层单元的输入连接矩阵、反馈连接 (侧连接) 矩阵和偏置项。

(4) 存储元状态更新

$$\boldsymbol{C}_{(\tau)} = \boldsymbol{F}_{(\tau)} \circ \boldsymbol{C}_{(\tau-1)} + \boldsymbol{I}_{(\tau)} \circ \bar{\boldsymbol{C}}_{(\tau)} \tag{4.3.4}$$

上一时刻存储元中信息 $C_{(\tau-1)}$ 与遗忘门相乘 (按位 "与") 的结果和隐层输出信息 $\bar{C}_{(\tau)}$ 与输入门相乘 (按位 "与") 的结果相加 (按位相加), 得到新的存储元状态。

(5) 输出门

$$\boldsymbol{O}_{(\tau)} = f(\boldsymbol{Z}_{(\tau)}^O) = \sigma(\boldsymbol{Z}_{(\tau)}^O) = f(\boldsymbol{U}^O \boldsymbol{X}_{(\tau)} + \boldsymbol{W}^O \boldsymbol{S}_{(\tau-1)} + \boldsymbol{b}^O) \tag{4.3.5}$$

信息流经输出门时, 在 sigmoid 传递函数作用下, 产生 $0 \sim 1$ 的输出, 该输出与更新后的存储元的信息经 tanh 传递函数作用后的结果按位相乘 (图 4.12 中绿色的 ⊛), 起到开关效应, 控制着 LSTM 隐层输出的信息的存弃。$\boldsymbol{U}^O, \boldsymbol{W}^O, \boldsymbol{b}^O$ 分别表示输出门的输入连接矩阵、反馈连接 (侧连接) 矩阵和偏置项。

(6) LSTM 隐层输出

$$\boldsymbol{S}_{(\tau)} = \boldsymbol{O}_{(\tau)} \circ \tanh(\boldsymbol{C}_{(\tau)}) \tag{4.3.6}$$

存储元的信息 $\boldsymbol{C}_{(\tau)}$ 经 tanh 传递函数作用后的结果与输出门相乘 (按位 "与"), 得到 LSTM 隐层输出。请注意, LSTM 隐层输出 $\boldsymbol{S}_{(\tau)}$ 是后续求梯度偏导数要用到的。

(7) 网络输出

$$\hat{\boldsymbol{Y}}_{(\tau)} = \text{softmax}(\boldsymbol{Z}_{(\tau)}) = f(\boldsymbol{V}\boldsymbol{S}_{(\tau)} + \boldsymbol{b}) \tag{4.3.7}$$

最终, LSTM 隐层输出通过连接矩阵 $\boldsymbol{V}$ 送到 softmax 输出层, 得到网络的实际输出 $\hat{\boldsymbol{Y}}_{(\tau)}$。

## 4.3.4　LSTM 的反向计算

这部分的任务是要根据前一阶段的网络实际输出 $\hat{Y}$ 和来自数据的监督信号 $Y$ 之间的偏差测度 (极小二乘误差或交叉熵) 定义误差函数, 然后反向逐层确定输出层、隐层以及各个门单元每个神经元节点的上游误差 $\delta$。

前向计算结束后, 可以得到 LSTM 的网络实际输出 $\hat{Y}$, 据此, 即可定义误差函数 (式 (4.3.8))。

$$\boldsymbol{E} = \sum_{\tau} \boldsymbol{E}_\tau = \sum_{\tau} \frac{1}{2}(\hat{\boldsymbol{Y}}_{(\tau)} - \boldsymbol{Y}_{(\tau)})^2 \tag{4.3.8}$$

式 (4.3.8) 中 $\boldsymbol{Y}_{(\tau)}$ 一般是来自数据的标注信号。LSTM 中的优化目标函数更常用的是交叉熵, 但本书为简洁起见, 网络的优化目标函数统一取极小二乘误差形式。

定义 $\tau$ 时刻误差项 $e_{(\tau)} \stackrel{\text{def}}{=} \dfrac{\partial E}{\partial \boldsymbol{S}_{(\tau)}}$ (下游误差), 这样定义是因为 LSTM 有四个加权输入, 分别为 $\boldsymbol{F}_{(\tau)}, \boldsymbol{I}_{(\tau)}, \bar{\boldsymbol{C}}_{(\tau)}, \boldsymbol{O}_{(\tau)}$, 这里希望往上一层传递一个误差项, 而不是四个。

根据定义, 对于最后一个时间步 $t$, 下游误差 $e_{(t)}$ 可按式 (4.3.9) 进行计算。

$$e_{(t)} = \frac{\partial \boldsymbol{E}}{\partial \boldsymbol{S}_{(t)}} = \frac{\partial \sum\limits_{\tau=1}^{t} \boldsymbol{E}_\tau}{\partial \boldsymbol{S}_{(t)}} = \frac{\partial \boldsymbol{E}_t}{\partial \boldsymbol{S}_{(t)}} = \overbrace{(\hat{\boldsymbol{Y}}_{(t)} - \boldsymbol{Y}_{(t)}) \boldsymbol{f}'(\boldsymbol{V}\boldsymbol{S}_{(t)} + \boldsymbol{b})}^{\delta_t} \boldsymbol{V} \qquad (4.3.9)$$

式 (4.3.9) 中黑体加粗部分的 $t$ 换成 $\tau$，即成为时间步 $\tau$ 下的误差 $\boldsymbol{E}_\tau$ 关于隐层输出 $\boldsymbol{S}_\tau$ 偏导数的计算公式。

对于其他时间步 $\tau$，相应的下游误差则可以按照式 (4.3.10) 进行计算。

$$e_{(\tau)} = \frac{\partial \boldsymbol{E}}{\partial \boldsymbol{S}_{(\tau)}} = \frac{\partial \sum\limits_{\tau=1}^{t} \boldsymbol{E}_\tau}{\partial \boldsymbol{S}_{(\tau)}} = \frac{\partial \boldsymbol{E}_{\tau+1}}{\partial \boldsymbol{S}_{(\tau)}} + \frac{\partial \boldsymbol{E}_\tau}{\partial \boldsymbol{S}_{(\tau)}} \qquad (4.3.10)$$

式 (4.3.10) 表明，某时间步 $\tau$ 的下游误差可分解成两部分：后一时间步 $\tau+1$ 返流回来的误差 $\dfrac{\partial \boldsymbol{E}_{\tau+1}}{\partial \boldsymbol{S}_{(\tau)}}$ 以及同一时间步 $\tau$ 的误差 $\dfrac{\partial \boldsymbol{E}_\tau}{\partial \boldsymbol{S}_{(\tau)}}$。

式 (4.3.10) 第二项，即同一时间步 $\tau$ 的误差 $\dfrac{\partial \boldsymbol{E}_\tau}{\partial \boldsymbol{S}_{(\tau)}}$ 的计算公式已由公式 (4.3.9) 的黑体加粗部分给出。

考查式 (4.3.10) 中 $\dfrac{\partial \boldsymbol{E}_{\tau+1}}{\partial \boldsymbol{S}_{(\tau)}}$ 项，结合前向计算中式 (4.3.1) $\sim$(4.3.7) 对 $\dfrac{\partial \boldsymbol{E}_{\tau+1}}{\partial \boldsymbol{S}_{(\tau)}}$ 反复使用链式法则求偏导数，可得到下游误差 $e_{(\tau+1)}$ 如何通过遗忘门 $F$、输入门 $I$ 以及 LSTM 的隐层 $\bar{C}$ 和输出门 $O$ 反向传播到上一个时间步的过程。公式 (4.3.11) 是反复使用链式法则得到的结果。

$$\frac{\partial \boldsymbol{E}_{\tau+1}}{\partial \boldsymbol{S}_{(\tau)}} = \frac{\partial \boldsymbol{E}_{\tau+1}}{\partial \boldsymbol{S}_{(\tau+1)}} \frac{\partial \boldsymbol{S}_{\tau+1}}{\partial \boldsymbol{S}_{(\tau)}} = e_{(\tau+1)} \frac{\partial \boldsymbol{S}_{\tau+1}}{\partial \boldsymbol{S}_{(\tau)}}$$

$$= e_{(\tau+1)} \overbrace{\frac{\partial \boldsymbol{S}_{(\tau+1)}}{\partial \boldsymbol{O}_{(\tau+1)}} \frac{\partial \boldsymbol{O}_{(\tau+1)}}{\partial \boldsymbol{Z}_{(\tau+1)}^O}}^{\delta_{(\tau+1)}^O} \frac{\partial \boldsymbol{Z}_{(\tau+1)}^O}{\partial \boldsymbol{S}_{(\tau)}} + e_{(\tau+1)} \overbrace{\frac{\partial \boldsymbol{S}_{(\tau+1)}}{\partial \boldsymbol{C}_{(\tau+1)}} \frac{\partial \boldsymbol{C}_{(\tau+1)}}{\partial \boldsymbol{F}_{(\tau+1)}} \frac{\partial \boldsymbol{F}_{(\tau+1)}}{\partial \boldsymbol{Z}_{(\tau+1)}^F}}^{\delta_{(\tau+1)}^F} \frac{\partial \boldsymbol{Z}_{(\tau+1)}^F}{\partial \boldsymbol{S}_{(\tau)}} +$$

$$e_{(\tau+1)} \overbrace{\frac{\partial \boldsymbol{S}_{(\tau+1)}}{\partial \boldsymbol{C}_{(\tau+1)}} \frac{\partial \boldsymbol{C}_{(\tau+1)}}{\partial \boldsymbol{I}_{(\tau+1)}} \frac{\partial \boldsymbol{I}_{(\tau+1)}}{\partial \boldsymbol{Z}_{(\tau+1)}^I}}^{\delta_{(\tau+1)}^I} \frac{\partial \boldsymbol{Z}_{(\tau+1)}^I}{\partial \boldsymbol{S}_{(\tau)}} +$$

$$e_{(\tau+1)} \overbrace{\frac{\partial \boldsymbol{S}_{(\tau+1)}}{\partial \boldsymbol{C}_{(\tau+1)}} \frac{\partial \boldsymbol{C}_{(\tau+1)}}{\partial \bar{\boldsymbol{C}}_{(\tau+1)}} \frac{\partial \bar{\boldsymbol{C}}_{(\tau+1)}}{\partial \boldsymbol{Z}_{(\tau+1)}^{\bar{C}}}}^{\delta_{(\tau+1)}^{\bar{C}}} \frac{\partial \boldsymbol{Z}_{(\tau+1)}^{\bar{C}}}{\partial \boldsymbol{S}_{(\tau)}}$$

$$= \delta_{(\tau+1)}^O \frac{\partial \boldsymbol{Z}_{(\tau+1)}^O}{\partial \boldsymbol{S}_{(\tau)}} + \delta_{(\tau+1)}^F \frac{\partial \boldsymbol{Z}_{(\tau+1)}^F}{\partial \boldsymbol{S}_{(\tau)}} + \delta_{(\tau+1)}^I \frac{\partial \boldsymbol{Z}_{(\tau+1)}^I}{\partial \boldsymbol{S}_{(\tau)}} + \delta_{(\tau+1)}^{\bar{C}} \frac{\partial \boldsymbol{Z}_{(\tau+1)}^{\bar{C}}}{\partial \boldsymbol{S}_{(\tau)}}$$

$$= \delta_{(\tau+1)}^O \boldsymbol{W}^O + \delta_{(\tau+1)}^F \boldsymbol{W}^F + \delta_{(\tau+1)}^I \boldsymbol{W}^I + \delta_{(\tau+1)}^{\bar{C}} \boldsymbol{W}^{\bar{C}}$$

$$(4.3.11)$$

将式 (4.3.11) 中间过程略去, 即可得到 $\dfrac{\partial \boldsymbol{E}_{\tau+1}}{\partial \boldsymbol{S}_{(\tau)}}$ 反向传播到上一个时间步得到的最终结果 (式 (4.3.12))。

$$\frac{\partial \boldsymbol{E}_{\tau+1}}{\partial \boldsymbol{S}_{(\tau)}} = \delta^O_{(\tau+1)}\boldsymbol{W}^O + \delta^F_{(\tau+1)}\boldsymbol{W}^F + \delta^I_{(\tau+1)}\boldsymbol{W}^I + \delta^{\bar{C}}_{(\tau+1)}\boldsymbol{W}^{\bar{C}} \tag{4.3.12}$$

由传递函数 sigmoid 的表达式 $y = \sigma(z) = \dfrac{1}{1+\mathrm{e}^{-z}}$ 和双曲正切函数表达式 $y = \tanh(z) = \dfrac{\mathrm{e}^z - \mathrm{e}^{-z}}{\mathrm{e}^z + \mathrm{e}^{-z}}$ 不难确定这两个传递函数的导函数分别为 $\sigma'(z) = y(1-y)$ 和 $\tanh'(z) = 1 - y^2$。这样, 根据式 (4.3.11) 中间过程中横向花括号部分, 式 (4.3.12) 中的各上游误差项 $\delta^O_{(\tau+1)}, \delta^F_{(\tau+1)}, \delta^I_{(\tau+1)}, \delta^{\bar{C}}_{(\tau+1)}$ 可按式 (4.3.13) 分别计算。

$$\delta^O_{(\tau+1)} = e_{(\tau+1)} \circ \underline{\tanh(\boldsymbol{C}_{(\tau+1)}) \circ \boldsymbol{O}_{(\tau+1)} \circ (1 - \boldsymbol{O}_{(\tau+1)})}$$

$$\delta^F_{(\tau+1)} = e_{(\tau+1)} \circ \underline{\boldsymbol{O}_{(\tau+1)} \circ (1 - \tanh^2(\boldsymbol{C}_{(\tau+1)})) \circ \boldsymbol{C}_{(\tau)} \circ \boldsymbol{F}_{(\tau+1)} \circ (1 - \boldsymbol{F}_{(\tau+1)})}$$

$$\delta^I_{(\tau+1)} = e_{(\tau+1)} \circ \underline{\boldsymbol{O}_{(\tau+1)} \circ (1 - \tanh^2(\boldsymbol{C}_{(\tau+1)})) \circ \bar{\boldsymbol{C}}_{(\tau+1)} \circ \boldsymbol{I}_{(\tau+1)} \circ (1 - \boldsymbol{I}_{(\tau+1)})}$$

$$\delta^{\bar{C}}_{(\tau+1)} = e_{(\tau+1)} \circ \underline{\boldsymbol{O}_{(\tau+1)} \circ (1 - \tanh^2(\boldsymbol{C}_{(\tau+1)})) \circ \boldsymbol{I}_{(\tau+1)} \circ (1 - (\bar{\boldsymbol{C}}_{(\tau+1)})^2)}$$

$$\tag{4.3.13}$$

上述计算过程可总结为下游误差和上游误差两阶段交替计算的过程。首先, 阶段一是在同一时间步 $t$ 或 $\tau$ 内根据下游误差计算上游误差, 根据式 (4.3.9) 计算最后一个时间步的下游误差, 根据这个下游误差, 利用式 (4.3.13) 计算遗忘门、输入门、隐层和输出门在最后一个时间步的上游误差。然后, 阶段二是相邻时间步上游误差计算下游误差, 根据阶段一求得的时间步 $\tau+1$ 的上游误差计算上一时间步 $\tau$ 的下游误差。具体地, 可由式 (4.3.12) 计算得到式 (4.3.10) 中的第一项, 进而可算出上一时间步的下游误差。上述阶段一阶和段二交替进行, 最终要求得每个时间步对应的遗忘门、输入门、隐层和输出门的上游误差, 为参数更新做好必要准备。

那么, 如何从前述的误差信号的递推计算中看出 LSTM 内在的对梯度消失或梯度爆炸问题的抑制效果? 这可通过图 4.13 中下游误差 $e_\tau$ 在 LSTM 结构内部的流动路线中看出来。当下游误差 $e_\tau$ 尝试沿垂直向上的玫红色箭头指示的方向通过存储元 $C$ (图 4.13 中红色向下的箭头代表的是存储元) 往回传递时, 被存储元上的遗忘门拦腰截断 (这个误差信号是否允许通过遗忘门的总开关由神经网络的优化算法控制, 优化算法通过调节遗忘门连接权 $\boldsymbol{W}^F$ 使得遗忘门的输出值是 0 还是 1 来控制是否允许误差信号通过)。

但是 LSTM 是否能完全抑制梯度消失或梯度爆炸问题呢? 答案恐怕是未必, 因为下游误差 $e_\tau$ 虽然无法通过存储元 $C$ 往回传递, 但它还有机会通过输出门旁流回传的

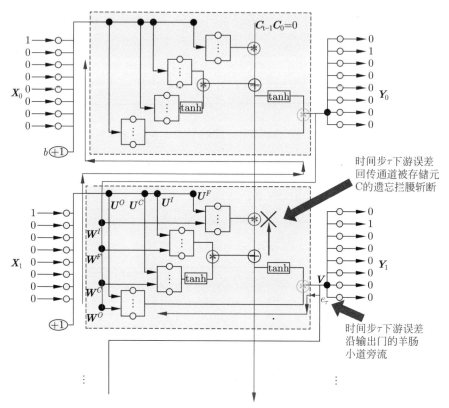

图 4.13 下游误差 $e_\tau$ 在 LSTM 结构内部的流动路线图 (玫红色箭头指示, 见文后彩图)

机会。图 4.13 中玫红色的横向箭头指示的是下游误差 $e_\tau$ 沿输出门往回传递的流动路径, 式 (4.3.13) 中第一个等式的横线部分正是下游误差沿此路径流动时被缩放的因子, 这个不完全由门单元控制的因子在下游误差 $e_\tau$ 不断回传的过程中被累乘, 同样会带来梯度消失或梯度爆炸问题。

虽然 LSTM 无法完全在理论上杜绝梯度消失或梯度爆炸问题, 但由于 LSTM 中引入的门机制, 这些控制门总开关最终由优化算法控制, 使得优化算法能通过有效的调节手段缓解甚至回避梯度消失或梯度爆炸带来的学习困难。正因如此, LSTM 在解决复杂的语音识别、机器翻译等问题上取得了显著的效果, 众多大型科技公司如 Google,Microsoft 等争先将之应用于各自的人工智能系统。

## 4.3.5　LSTM 的权值更新

在反向计算过程中, 已经计算得到了每个时间步遗忘门、输入门、隐层和输出门的上游误差, 与这些部件相关联的连接权参数的更新公式就可根据这些误差, 再结合前向计算中得到的各神经元的输出值进行确定。

遗忘门连接参数更新按照公式 (4.3.14) 进行。该式中各参数的更新部分均对时间步 $\tau$ 进行求和, 且和式中每项格式都高度一致, 均是上游端节点的下游输出乘以下游端节点的上游误差 (偏置项只需用到相应的上游误差)。这种格式跟前面的深度神经网络、卷积网络的更新是一致的。

$$
\begin{cases}
\boldsymbol{U}^F(p+1) = \boldsymbol{U}^F(p) - \beta \sum_{\tau} \delta^F_{(\tau)} \boldsymbol{X}_{(\tau)} \\
\boldsymbol{W}^F(p+1) = \boldsymbol{W}^F(p) - \beta \sum_{\tau} \delta^F_{(\tau)} \boldsymbol{S}_{(\tau-1)} \\
\boldsymbol{b}^F(p+1) = \boldsymbol{b}^F(p) - \beta \sum_{\tau} \delta^F_{(\tau)}
\end{cases}
\tag{4.3.14}
$$

类似地, 输入门连接参数更新按照公式 (4.3.15) 进行。

$$
\begin{cases}
\boldsymbol{U}^I(p+1) = \boldsymbol{U}^I(p) - \beta \sum_{\tau} \delta^I_{(\tau)} \boldsymbol{X}_{(\tau)} \\
\boldsymbol{W}^I(p+1) = \boldsymbol{W}^I(p) - \beta \sum_{\tau} \delta^I_{(\tau)} \boldsymbol{S}_{(\tau-1)} \\
\boldsymbol{b}^I(p+1) = \boldsymbol{b}^I(p) - \beta \sum_{\tau} \delta^I_{(\tau)}
\end{cases}
\tag{4.3.15}
$$

隐层连接参数更新按照公式 (4.3.16) 进行。

$$
\begin{cases}
\boldsymbol{U}^c(p+1) = \boldsymbol{U}^c(p) - \beta \sum_{\tau} \delta^c_{(\tau)} \boldsymbol{X}_{(\tau)} \\
\boldsymbol{W}^c(p+1) = \boldsymbol{W}^c(p) - \beta \sum_{\tau} \delta^c_{(\tau)} \boldsymbol{S}_{(\tau-1)} \\
\boldsymbol{b}^c(p+1) = \boldsymbol{b}^c(p) - \beta \sum_{\tau} \delta^c_{(\tau)}
\end{cases}
\tag{4.3.16}
$$

输出门连接参数更新按照公式 (4.3.17) 进行。

$$
\begin{cases}
\boldsymbol{U}^o(p+1) = \boldsymbol{U}^o(p) - \beta \sum_{\tau} \delta^o_{(\tau)} \boldsymbol{X}_{(\tau)} \\
\boldsymbol{W}^o(p+1) = \boldsymbol{W}^o(p) - \beta \sum_{\tau} \delta^o_{(\tau)} \boldsymbol{S}_{(\tau-1)} \\
\boldsymbol{b}^o(p+1) = \boldsymbol{b}^o(p) - \beta \sum_{\tau} \delta^o_{(\tau)}
\end{cases}
\tag{4.3.17}
$$

上面给出了 LSTM 单元内部遗忘门、输入门、隐层和输出门各连接参数的更新公式, LSTM 输出连接参数 $V, b$ 的更新公式与 RNNs 的完全一样, 简洁起见, 这里不再重复。

最后, 作为总结, 算法 9 给出训练 LSTM 算法的伪码。为了避免过度符号化, 算法 9 用的是随机梯度 SGD 版本的实现, 而没有像 RNNs 那样使用批量随机梯度版本。

**算法 9**  LSTM 训练算法

**输入**: 训练数据: 长度不等的 $m$ 个句子构成的句子集合 $(X, Y) = [(X^{(1)}, Y^{(1)}), (X^{(2)}, Y^{(2)}), \cdots, (X^{(m)}, Y^{(m)})]$

迭代精度: $\epsilon$; 学习步长: $\gamma$; 最大迭代次数: $\max I$; 当前迭代次数: $I$

LSTM 网络参数: $\text{Net}_L = \langle (U^F, W^F, b^F), (U^I, W^I, b^I), (U^C, W^C, b^C), (U^O, W^O, b^O), (V, c) \rangle$

**输出**: 训练好网络的 $\text{Net}_L = \langle (U^F, W^F, b^F), (U^I, W^I, b^I), (U^C, W^C, b^C), (U^O, W^O, b^O), (V, c) \rangle$

1: 对网络执行随机初始化 $\text{Net}_L(0), I = 0$;

2: 初始化长短期记忆单元 $C_0 = 0$ (长短期记忆单元节点数与隐层或各种门单元的节点数相同);

3: 从 $(X, Y)$ 中随机选择一个样本;

4: **repeat**

5:　按照式 (4.3.1)、式 (4.3.2)、式 (4.3.3) 分别计算遗忘门、输入门、隐层的下游输出 $F_\tau, I_\tau, \bar{C}_\tau$, 并保存备用;

6:　按照式 (4.3.4) 更新长短期记忆单元状态 $C_{(\tau)}$;

7:　按照式 (4.3.5) 计算输出门输出 $O_{(\tau)}$;

8:　根据输出门 $O_{(\tau)}$ 和记忆单元状态 $C_{(\tau)}$ 按式 (4.3.6) 计算 LSTM 隐层单元输出 $S_{(\tau)}$;

9:　按照式 (4.3.7) 产生往来的实际输出 $\hat{Y}_{(\tau)}$, 并按式 (4.3.8) 计算网络的总体误差;

10:　利用式 (4.3.13)、式 (4.3.12)、式 (4.3.10) 按照前面介绍的两阶段法计算遗忘门、输入门、隐层、输出门在各时间步 $\tau$ 上的上游误差;

11:　利用式 (4.3.14)~(4.3.17) 对遗忘门、输入门、隐层、输出门各连接参数执行权值更新;

12:　利用式 (4.3.9) 中的 $\delta_t$ 公式计算各时间步下的 $\delta_\tau$, 然后据此对输出层的参数 $V$ 按公式

$$V_{ij}^{p+1} = V_{ij}^p - \beta \sum_{\tau=1}^{t} \delta_{i_{(\tau)}} S_{j_{(\tau)}} \quad (\text{式 (4.2.30) 中最后一个等式}) \text{ 执行参数更新};$$

13:　更新迭代次数 $I = I + 1$;

14: **until** $((\text{算法收敛}) || (I > \max I))$

## 4.3.6　理解 LSTM 网络

前面在介绍完 RNNs 后, 从词嵌入角度解释了 RNNs 隐层节点所学习到的知识。LSTM 网络的隐层节点同样具有与 RNNs 类似的词嵌入的效果。本节在前面词嵌入基础上, 从 LSTM 的实际输出考查 LSTM 所学知识。

理解 LSTM 学习效果的一个更为直接的办法是观察 LSTM 的输出结果。特斯拉 AI 总监 Andrej Karpathy 在字符级别的 bigram 模型下, 让 LSTM 阅读俄罗斯伟大作家列夫·托尔斯泰的《战争与和平》这一世界文学巨著。下面是 LSTM 经过 100 次迭代训练后产生的输出结果。

LSTM 经过 100 次迭代训练后产生的输出

```
tyntd-iafhatawiaoihrdemot lytdws e , tfti, astai f ogoh eoase rrranbyne 'nhthnee e
plia tklrgd t o idoe ns,smtt h ne etie h,hregtrs nigtike,aoaenns lng
```

　　显然输出的这一段文字没有任何意义, 输出的符号序列既不是有意义的单词, 也没有掌握逗号后面一般紧跟着一个空格。但仔细观察会发现, 仅仅经过 100 次迭代训练的 LSTM 初步形成了用空格进行分词的概念, 当然个别地方还会出现连续两个空格的情况。

LSTM 经过 300 次迭代训练后产生的输出

```
"Tmont thithey" fomesscerliund
Keushey.   Thom here
sheulke, anmerenith ol sivh I lalterthend Bleipile shuwy fil on aseterlome
coaniogennc Phe lism thond hon at.  MeiDimorotion in ther thize."
```

LSTM 经过 500 次迭代训练后产生的输出

```
we counter.  He stutn co des.  His stanted out one ofler that concossions and was
to gearang reay Jotrets and with fre colt otf paitt thin wall.  Which das stimn
```

　　接下来是经过 300 次迭代训练后 LSTM 的输出。观察这段输出可以看出, LSTM 基本学会了用空格正确分词, 同时掌握了双引号和句号的使用, 形成了在句子的末尾使用句号的概念。

　　经过 500 次迭代训练后 LSTM 能输出如下文字, LSTM 学会了正确地拼写短的常用词如 "we" "He" "His" "Which" "and" 等。

LSTM 经过 1200 次迭代训练后产生的输出

```
"Kite vouch!" he repeated by her
door.   "But I would be done and quarts, feeling, then, son is people...."
```

　　1200 次迭代训练后 LSTM 的输出逐渐接近英文句子的文字。并掌握了双引号、感叹号等标点符号的使用, 也逐渐掌握了长单词的使用。

LSTM 经过 2000 次迭代训练后产生的输出

```
"Why do what that day," replied Natasha, and wishing to himself the fact the
princess, Princess Mary was easier, fed in had oftened him.
Pierre aking his soul came to the packs and drove up his father-in-law women.
```

　　2000 次迭代训练后 LSTM 的输出能够正确地拼写单词, 生成人名, 正确地使用引号等标点符号, 输出的文字逐渐接近人类正常的语言表达水平。

最后, 作为对前面介绍的 RNNs 和 LSTM 网络的一个总结, 图 4.14 给出了 bigram 模型下 RNNs 和 LSTM 的统一框架图。图 4.14 中的符号 $X_i$ 代表序列中第 $i$ 个位置的符号, $Y_i$ 是序列中 $X_i$ 的下一个符号, 符号的编码采用独热向量的形式。

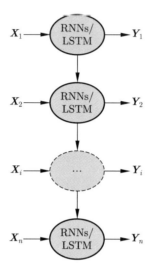

图 4.14　RNNs 和 LSTM 的统一框架图

其中输出 $Y_i$ 是序列中 $X_i$ 的下一个符合, 它们均是独热向量形式的符号

## 4.4　时间序列处理中的几种重要机制

前面在独热向量编码下, 基于 bigram 模型, 介绍了 RNNs 和 LSTM 两种网络。由于 bigram 模型要求预测序列中的下一个符号, 因此只要将待处理的源序列 $X$ 往后移一个符号, 即可获得充当监督信号的目标序列 $Y$, 训练样本 $(X, Y)$ 相对容易构造得到, $X$ 和 $Y$ 序列长度相等且一一对应。因此, 基于 bigram 模型介绍 RNNs 和 LSTM 两种网络显得相对简单易懂。这给人种错觉, 好像 RNNs 和 LSTM 这两种网络只能处理长度相等的两种序列。事实上, 情况并非如此, RNNs 和 LSTM 所能处理的序列范围相当广泛, 并不局限于 bigram 模型下源序列目标序列长度严格相等的情况。

事实上, 时间序列处理问题中, 类似 bigram 模型两序列长度严格相等的情况毕竟是少数, 更多的是源序列和目标序列长度不等的情况。比如将麦克风捕捉的说话人音频转换成文字的语音识别问题, 在说话人带口吃、语气词、发音拖拉等情形下, 会出现音频信号与文字序列无法一一对应的情况。再如翻译问题, 同一个意思的不同语言表达会出现长度不等的序列。文本摘要问题本身就要求给定一长串的句子集合构成的文章后, 产生能精炼概括长文的短序列输出。问答系统中问题可能很长, 而答案可能很短。这些例子都表明实际的序列处理问题更多的是源序列和目标序列长短不一的情况。

本节在前述 RNNs 和 LSTM 模型基础上, 着重讨论源序列和目标序列长度不等情形下的各种处理机制, 包括编码器-解码器模型、注意力机制和 CTC 的序列自动对齐方法。

## 4.4.1　处理变长序列的编码器-解码器模型

Kyunghyun Cho 在蒙特利尔大学博士后期间, 与其导师 Yoshua Bengio 共同提出了一种用于处理源序列和目标序列长度不等情形下的序列处理问题的编码器-解码器 (encoder-decoder, ED) 模型的神经网络架构 [16,17]。

本质上, ED 模型模拟了人类的认知过程: 人感知外界信息的过程中会在大脑中形成对外来信息的记忆和理解, 并将外界信息加工提炼形成一个记忆载体 $C$, 这个从外界信息到大脑的记忆载体 $C$ 的加工过程被称为编码过程; 编码过程是理解外界信息并形成综合认知的过程, 这种认知的结果被保存在中间记忆载体 $C$ 中。解码过程则是在理解的前提下, 从 $C$ 里面提取合适的信息, 产生预期的目标输出。

例如, 中英文机器翻译问题, 在编码器-解码器模型下, 编码器接受中文句子作为输入, 将中文句子所表达的意思嵌入到中间记忆体 $C$ 中; 在翻译阶段, 解码器根据 $C$ 中的语义信息构造合适的英文句子作为输出, 从而完成中英文机器翻译任务。

编码器-解码器模型中的中间记忆体 $C$ 通常被称为上下文向量, 符号 $C$ 是英文单词 context (上下文, 语境) 的首字母。上下文向量 $C$ 是连接源序列和目标序列的纽带, 正因为有了这个纽带, 编码模块和解码模块得以有相对独立的方式工作, 编码模块和解码模块既可以采用相同的技术, 也可以采用不同的技术, 同时也不要求源序列和目标序列有严格的一一对应关系。这使得编码器-解码器模型适合用来处理源序列和目标序列长度不等情形下的序列处理问题。

假定具有 $N$ 条记录的训练集 (语料) $(X, Y) = \{(X^{(1)}, Y^{(1)}), (X^{(2)}, Y^{(2)}), \cdots, (X^{(N)}, Y^{(N)})\}$ 中, 每条记录中的源序列长度 $n$ 不等于目标序列长度 $m$。统计语言模型下, 希望构造一个神经网络模型从数据集 $(X, Y)$ 中学习式 (4.4.1) 形式的条件概率分布。一旦获得该条件概率分布, 在给定源序列 $\{X_1, X_2, \cdots, X_n\}$ 的前提下, 可据此挑选条件概率最大的目标序列 $\{Y_1, Y_2, \cdots, Y_m\}$ 作为输出, 从而完成类似机器翻译这样的序列处理任务。

$$P(Y_1, Y_2, \cdots, Y_m | X_1, X_2, \cdots, X_n) \qquad (4.4.1)$$

图 4.15 给出了用 RNNs 将长度为 $n$ 的序列 $X$ 编码成上下文向量 $C$ 的结构示意图, 其中 $X_i$ 为独热向量形式的序列中的第 $i$ 个符号。图 4.15 中隐层节点的输出 $\boldsymbol{S}_{(\tau)}$ 按照式 (4.4.2) 给出, 显然, 这就是前面式 (4.2.15) 表示的 RNNs 的隐层输出。

$$\boldsymbol{S}_{(\tau)} = \tanh(\boldsymbol{Z}_{(\tau)}) = g(\boldsymbol{U}\boldsymbol{X}_{(\tau)} + \boldsymbol{W}\boldsymbol{S}_{(\tau-1)} + \boldsymbol{b}_1) = g(\boldsymbol{X}_\tau, \boldsymbol{S}_{\tau-1}) \qquad (4.4.2)$$

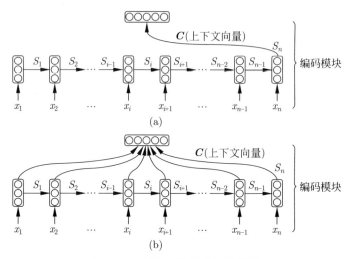

图 4.15  神经网络的编码器模型

有了隐层输出后, 上下文向量 $\boldsymbol{C}$ 可按照图 4.15 (b) 那样, 根据隐层输出序列 $\{S_1, S_2, \cdots, S_n\}$ 与连接矩阵 $\boldsymbol{W}^{sc}$ 加权和后通过传递函数 $q$ 产生得到 (式 (4.4.3))。简洁起见, 也可将最后一个隐层输出 $S_n$ 直接作为上下文向量 $\boldsymbol{C}$, 即 $\boldsymbol{C} = S_n$ (如图 4.15(a) 所示), 但这种做法在实际应用中效果并不太好。

$$\boldsymbol{C} = q(W^{sc}(S_1, S_2, \cdots, S_n)^{\mathrm{T}} + b_2) = q(\{S_1, S_2, \cdots, S_n\}) \tag{4.4.3}$$

接下来解码器的任务是要在前述编码阶段产生的上下文向量 $\boldsymbol{C}$ 中提取必要的信息, 以生成目标序列的输出。具体地, 解码器试图获得式 (4.4.4) 形式的序列概率 $P(Y_1, Y_2, \cdots, Y_m)$, 以便根据这个序列概率挑选合适的序列作为目标输出。

$$P(Y_1, Y_2, \cdots, Y_m) = \prod_{t=1}^{m} P(Y_t | \{Y_1, Y_2, \cdots, Y_{m-1}\}, \boldsymbol{C}) \tag{4.4.4}$$

为获得式 (4.4.4) 形式的序列概率 $P(Y_1, Y_2, \cdots, Y_m)$, 解码器对该式右端项中的条件概率 $P(Y_t | \{Y_1, Y_2, \cdots, Y_{m-1}\}, \boldsymbol{C})$ 按照式 (4.4.5) 进行建模。

$$
\begin{aligned}
P(Y_t | \{Y_1, Y_2, \cdots, Y_{t-1}\}, \boldsymbol{C}) &= f(Y_{t-1}, S_t^d, \boldsymbol{C}) \\
&= f(V(\overbrace{U^{ys}Y_{t-1} + W^{ss}S_{t-1}^d + W^{cs}\boldsymbol{C} + b_3}^{S_t^d}) + b_4) \\
&= f(VS_t^d + b_4)
\end{aligned}
\tag{4.4.5}
$$

式 (4.4.5) 中用带上标的 $S_t^d$ 代表解码器隐层输出, 带上标的参数 $U^{ys}, W^{ss}, W^{cs}$ 分别表示解码器输出 $Y$ 到隐层 $S$ 的连接参数 (用小写的上标 $ys$ 作标记)、隐层自连

接参数 (用小写的上标 $ss$ 作标记) 和上下文向量 $\boldsymbol{C}$ 到隐层 $S$ 的连接参数 (用小写的上标 $cs$ 作标记), $V$ 是隐层与最终输出层的连接参数, $b_3$ 和 $b_4$ 分别代表偏置项。横向花括号部分给出了解码器隐层节点输出 $S_t^d$ 的计算公式, 与图 4.16 中的解码器部分相对应。

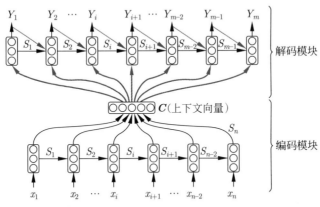

图 4.16　神经网络的编码器-解码器模型

在明确了图 4.16 中编码器和解码器的结构以及各部分的计算公式后, 可以看出, 由编码器和解码器两部分构成的整个模型参数 $\theta = \{\overbrace{\boldsymbol{U}, \boldsymbol{W}, b_1, \boldsymbol{W}^{sc}, b_2}^{\text{编码器参数}},$ $\overbrace{\boldsymbol{U}^{ys}, \boldsymbol{W}^{ss}, \boldsymbol{W}^{cs}, b_3, \boldsymbol{V}, b_4}^{\text{解码器参数}}\}$。最终, 整个模型两部分被联合优化, 优化的目标是极大化式 (4.4.6) 中的条件对数似然函数。

$$\max_{\theta} \frac{1}{N} \sum_{i=1}^{N} \log P_{\theta}(Y^{(i)} | X^{(i)}) \tag{4.4.6}$$

编码器-解码器模型并非一个具体的模型, 而更像是一类框架。编码器-解码器里使用的具体技术依赖于具体问题, 比如图像标注问题 (image caption), 要求对给定的图片给出一小段文字进行简短描述, 对于这样的问题, 编码模块适合于使用第 3 章介绍的卷积神经网络进行处理, 而在解码部分, 由于输出要求的是一段文字, 因此, 解码器部分适合用 RNNs 或者 LSTM。图 4.17 给出了 RNNs/LSTM 配置下的编码器-解码器一般框架。

编码器-解码器模型这种用中间的上下文向量 $\boldsymbol{C}$ 将两个模块分割开来的结构安排, 使得两个模块能够以相对独立的方式工作, 这在一定程度上给模型带来了灵活性, 使得该模型在提出之后不久就成为序列处理中的流行方法。但这种结构安排也使这个上下文向量 $\boldsymbol{C}$ 成为整个系统性能进一步提升的瓶颈, 源序列的信息被强行压缩成为一个具有固定长度的向量, 解码器解码的质量则完全依赖于这个固定长度的向量 $\boldsymbol{C}$。

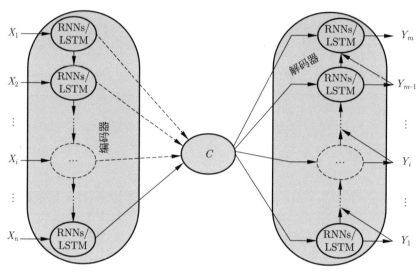

图 4.17　神经网络的编码器-解码器模型

但这个固定长度的上下文向量 $C$ 太长或太短均会带来问题: 从解码器的角度来看, 从较短的 $C$ 中提取信息要比从长的 $C$ 中提取信息要容易; 从编码器角度来看, 较长的 $C$ 比较短的 $C$ 能容纳更多的源序列中的信息。

编码器-解码器模型将源序列信息压缩到固定长度的上下文向量 $C$, 这种僵化刻板的方法使得该模型在处理长序列时性能有限, 尤其是当要处理的序列长度超过训练语料中所出现过的最长序列的长度时, 编码器-解码器模型这一缺点尤为明显。

接下来介绍的一种注意力机制摒弃了这个固定长度的上下文向量 $C$, 通过直接对源序列有针对性地关注特定输入, 并将之与输出序列中的项相关联, 从而产生高质量的目标输出。换言之, 注意力机制下, 输出序列中的每一项都取决于输入序列中被选中的项。

## 4.4.2　注意力机制

人脑识别和理解外部信息是非常依赖注意力的。图 4.18 这张考眼力的图里面隐藏有不少人脸, 在没有足够注意力投入, 将周围像素按照不同取舍方式进行组合的情况下, 很多隐蔽的人脸根本不可能被发现。

另一个与注意力有关的例子可从典型的鸡尾酒会问题中看出, 在一个宾朋云集但嘈杂的鸡尾酒会场, 来宾们各自在跟自己感兴趣的朋友聊天交谈, 您作为来宾之一也正跟人聊天, 但与此同时您时不时竖起耳朵旁听邻座嘉宾的交谈。您的选择性听觉注意力帮助您将感兴趣的语音信号从嘈杂的背景中分离出来。

图 4.18　注意力与隐蔽的人脸

　　语言翻译过程也常常与注意力有关。人进行翻译, 尤其是进行长句子翻译时, 一般也是在通读整个句子或段落, 形成上下文的宏观结构和长句子序列背后所要表达的总体意思之后, 才产生目标语言的输出, 每次目标语言的一个单词输出都是根据源序列中某个特定位置 (注意力集中在某个特定位置或某个结构) 的内容而产生。整个输出目标语言的过程会不断调整注意力的位置, 最终得到翻译结果。

　　人类这种天生具有的注意力机制使人能轻易地同时进行多种任务, 甚至具备完成类似驾驶过程中接听电话、收取短信等不安全的分心驾驶行为的能力。人类对注意力机制的研究甚至在心理学科诞生之前就已在哲学领域里进行, 所以早期的注意力机制的认识都是由哲学家所完成的。20 世纪 90 年代, 借助现代医学成像技术 PET 和 fMRI, 神经科学家和心理学家联合开展了注意力机制与脑神经细胞活动之间的关联性研究 [18]。

　　较早将注意力机制引入机器学习领域的是 Larochelle 等人的工作 [19–21]。Google DeepMind 团队的 Mnih 等人用反馈神经网络实现的视觉注意力模型 [22], 取得了在图像分类和视频中物体动态追踪良好的性能, 这使注意力机制得到了极大关注。

　　Bahdanau 等人将注意力机制应用于机器翻译, 使得机器翻译的目标输出与源语言序列自动对齐, 从而产生高质量的翻译结果 [23]。Google 于 2016 年部署上线的机器翻译系统, 在 ED 框架下 (编码器解码器分别利用 8 层 LSTM 堆叠形成) 结合注意力机制, 将翻译错误率降低了 60%, 翻译质量达到专业人员翻译的水平[24]。此后, Google 的机器翻译团队更是进一步发展了自注意力模型用来改善机器翻译[25]。

下面主要结合 Bahdanau 等人[23] 的工作介绍注意力机制。Bahdanau 等人认为将源序列 $X_1, X_2, \cdots, X_n$ 进行词嵌入时, 为了让嵌入的标记能够概括源序列中该单词前后所携带的语义信息, 需要使用双向的 RNNs (BiRNNs)。因此他们在编码器模块使用了 BiRNNs, 图 4.19 给出了使用 BiRNNs 进行编码的计算示意图。

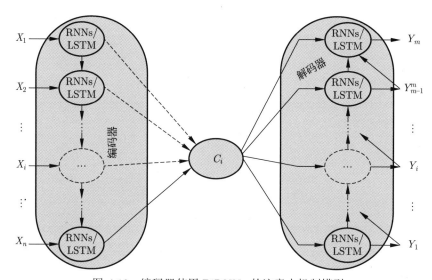

图 4.19    编码器使用 BiRNNs 的注意力机制模型

这样, 利用式 (4.2.36) 和式 (4.2.37) 分别产生前向和反向隐层输出 $\overrightarrow{S}_j, \overleftarrow{S}_j$, 将之连接后得到的隐层输出 $S_j = [\overrightarrow{S}_j, \overleftarrow{S}_j]^{\mathrm{T}}$ 概括了源序列中第 $j$ 个位置上单词前后的信息。

图 4.19 与图 4.17 之间的另一个区别体现在编码器与解码器的中间部分。图 4.17 的中间部分是一个固定长度的上下文向量 $C$, 图 4.19 中间部分的 $C_i$ 是一个从编码器隐层输出序列 $S_1, S_2, \cdots, S_j, \cdots, S_n$ 中通过有选择地注意某些部分信息得到的结果, $C_i$ 的计算根据式 (4.4.7) 得到。

$$C_i = \sum_{j=1}^{n} a_{ji} S_j \tag{4.4.7}$$

式 (4.4.7) 中的参数 $a_{ji}$ 是连接图 4.19 解码器中第 $j$ 个隐层节点与编码器第 $i$ 个隐层节点之间的注意力对齐参数, 它是一个 $0 \sim 1$ 的标量, 代表的含义是目标单词 $Y_i$ 被对齐到 (或者说翻译自) 源单词 $X_i$ 的概率。注意力参数 $a_{ji}$ 的作用主要是从源序列中选择最相关的单词进行翻译。

$$\begin{cases} a_{ji} = \dfrac{\exp(e_{ji})}{\displaystyle\sum_{k=1}^{n} \exp(e_{ki})} \\ e_{ji} = a(S_{i-1}^d, S_j) \end{cases} \tag{4.4.8}$$

注意力参数 $a_{ji}$ 按照公式 (4.4.8) 进行计算, 该式中 $e_{ji}$ 的字母 $e$ 取的是能量 energy 的首字母, 与误差 error 无关, $a_{ji}$ 和 $e_{ji}$ 均是衡量将编码器隐层输出 $S_j$ 结合解码器隐层输出 $S_{i-1}^d$ 来预测解码器下一时间步隐层输出 $S_i^d$ 重要性程度的量。本质上, 注意力对齐参数用的是一个 softmax 回归模型, 其输入是长度为 $n$ 的编码器隐层输出 $S_1, S_2, \cdots, S_n$ 外加解码器某个时间步的隐层输出 $S_{i-1}^d$, 输出是具有 $n$ 个节点的 softmax 层, 每个节点输出的 $0 \sim 1$ 的值就是注意力参数 $a_{ji}$ 的取值。因此, 式 (4.4.8) 可被等价地写成式 (4.4.9) 的形式。

$$a_{ji} = \mathrm{softmax}(\boldsymbol{W}^a[S_1, S_2, \cdots, S_n, S_{i-1}^d]^T + \boldsymbol{b}^a) \tag{4.4.9}$$

式 (4.4.9) 中 $\boldsymbol{W}^a$ 是一个 $n \times (n+1)$ 规格的参数矩阵, $\boldsymbol{b}^a$ 是一个 $n \times 1$ 的偏置向量。注意力参数集 $[\boldsymbol{W}^a, \boldsymbol{b}^a]$ 会连同编码器-解码器中的参数通过联合训练得到。

$$P(Y_i|\{Y_1, Y_2, \cdots, Y_{i-1}\}, X_1, X_2, \cdots, X_n)$$

$$= f(Y_{i-1}, S_i^d, C_i)$$

$$= f(V(\overbrace{\boldsymbol{U}^{ys}Y_{i-1} + \boldsymbol{W}^{ss}S_{i-1}^d + C_i + b_3}^{S_i^d}) + b_4)$$

$$= f(VS_i^d + b_4) \tag{4.4.10}$$

最后, 解码器建模了给定之前解码输出以及源序列 $X$ 的条件下输出当前单词的概率 $P(Y_i|\{Y_1, Y_2, \cdots, Y_{i-1}\}, X)$, 该概率的计算不再依赖类似式 (4.4.5) 中的上下文向量 $\boldsymbol{C}$, 而是依赖一个注意力向量 $\boldsymbol{C}_i$。式 (4.4.10) 给出了图 4.19 中解码器的输出计算公式。

## 4.4.3　序列自动对齐的 CTC 技术

编码器-解码器模型放宽了 bigram 模型下要求源序列和目标序列必须等长的要求, 使得编码器-解码器模型能被大量应用于源序列和目标序列长度不等情形下的实际问题处理中。在编码器-解码器模型基础上引入的注意力机制使得模型既能考虑目标序列与源序列的对齐关系, 同时又能有选择地关注源序列的局部, 以产生高质量的目标输出。

本节开始介绍适合于语音识别和手写体图片文字识别等领域的另外一种重要的技术——connectionist temporal classification (CTC), 该技术同样具有序列自动对齐能力。但 CTC 的序列自动对齐技术与注意力机制下的序列自动对齐能力并不相同。注意力机制下的序列自动对齐更多的是源于不同语言表达习惯的差异。例如 "您在干什么?" 和 "What are you doing?" 这两句, 由于中英文表达上的差异, 中文句末的 "什么" 在英文句子中对应的词 "What" 则出现在句首。注意力机制使得模型具备根据源序列的语义信息按照符合目标语言表达习惯的方式 (对齐) 产生目标输出。CTC 的序列自动对齐技术主要是针对语音识别场合中由于说话人语速快慢、延迟、停顿等因素或者手写体中连笔、草书等因素带来的对齐需要。

CTC 的字面直译为 "连接主义时序分类", 是一种结合 RNNs 进行序列标注的技术, 该技术由 Alex Graves 与 LSTM 创立者之一的 Graves 等人共同提出, 用来解决语音识别和手写体识别中需要对序列数据进行手工分割的难题 [27, 28]。CTC 提出之前, 为了将用监督学习技术用于解决语音识别和手写体识别问题, 构造训练数据时, 需要预先对原始数据进行手工分割, 然后将文本与语音进行严格的对齐操作, 费时费力且效果不佳。CTC 的提出使得这类问题不再需要预先进行手工分割和对齐操作, 为端到端的系统的构造提供了可能。

#### 4.4.3.1  CTC 的应用场合及其优点

本质上 CTC 是一种基于概率的对齐方法, 它非常适合于应用在图片格式的手写体文字的识别 (图 4.20(a)) 场合和语音识别 (图 4.20(b))。前者接收图片格式的手写体, 要求输出相应的文字。后者接收说话人的声音波形信号作为输入, 要求输出相应的文字。

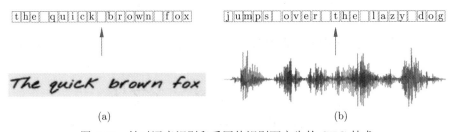

(a)                                          (b)

图 4.20   针对语音识别和手写体识别而产生的 CTC 技术

人类的听觉系统是一个具有非常强的鲁棒性的功能器官。说话人交谈时, 纵使其中一方口齿不灵、吐字不清或者语速时快时慢, 交谈的另一方亦能准确地听清楚对方的意图。但在 CTC 被提出来之前, 计算机在这方面的能力难以企及人类。

图 4.21(a) 中的人说话语速比较慢, 其发音声带振动通过空气介质产生的声波信号对应的符号序列可能是 "$\pi_{\text{fast}} = {\sqcup}\text{HEEE} \sqcup \text{LL} \sqcup \text{LLOOOOOOOOOO} \sqcup \sqcup$", 而图 4.21(b) 中的人说话语速比较快, 其说话产生的声波信号对应的符号序列则可能

是 "$\pi_{slow} = \sqcup HE \sqcup L \sqcup LOO \sqcup \sqcup \sqcup \sqcup \sqcup \sqcup \sqcup \sqcup \sqcup \sqcup \sqcup \sqcup \sqcup \sqcup \sqcup$"。这两种情况下, 人耳朵捕捉这两种不同波形信号, 都能准确地听出来说话人说的是 "HELLO" 这个单词, 并据此知道说话人背后代表的是打招呼的意思。

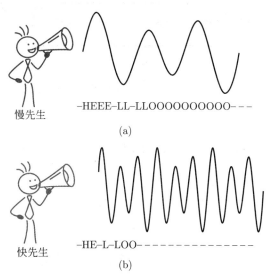

图 4.21　说话人语速快慢不同会产生不同的符号序列

　　人类语音交互时听觉系统能稳健地捕捉声波信号并将之解码提交给大脑中枢神经系统, 大脑进而从解码的符号序列中提取其所携载的语义信息, 从而完成信息交换过程。CTC 的出现建模了人类听觉系统进行语音识别时所呈现出来的稳健性。

　　类似的问题同样出现在手写体字符识别领域。图 4.22 中左半部分手写的 "heeelloo", 可能书写者本意是要拼写单词 "hello", 但显然由于某种原因导致字母 e 被重复了三次, 字母 o 被重复了两次。人如果看到图 4.22 中左半部分的手写体时, 一般不会有太

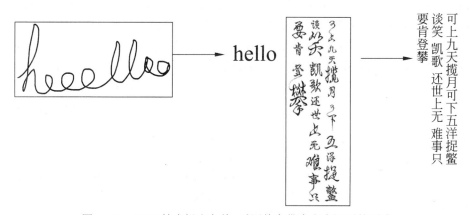

图 4.22　CTC 技术提出之前, 手写体会带来文字识别的困难

大困难识别出书写者本身想写的是"hello"这个单词。图 4.22 中右半部分是手写版中文诗词。类似识别这样不同风格的手写体文字显然要比识别规范书写的文字困难不少。但如果没有 CTC，计算机完成这样的任务是困难的。

深度学习的进展极大地提升了计算机的识别能力，但单纯依赖深度学习的计算机系统无法做到像人类一样自然地进行收听和阅读。人类强大的视听系统使得语音和视觉成为人类最为自然的与外界进行交互的两种方式，人在收听和阅读过程中具有非常自然的跟踪、侦测并理解目标区域内容的能力。深度学习的进展使得计算机在具有良好的标注数据 $(X, Y)$ 的情况下获得了超越人类识别精度的能力。换句话说，如果要用之前介绍的深度学习技术来进行手写体识别，为了获得超越人类的识别精度，需要将手写体预先手工分割成若干子图 SubI，然后将每个子图对应的字母 c 构成训练样本 (SubI,c) (图 4.23)。如果能够获得足够的训练样本，则可以构造一个深度神经网络或者深度卷积网络，从而得到足够精度要求的字符识别系统。但这样的方式与人类自然的收听和阅读过程还有非常大的差距。

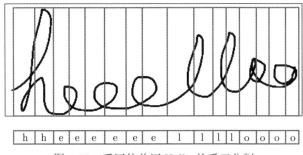

图 4.23　手写体单词 Hello 的手工分割

首先，图 4.23 中将待识别的图片或语音信号预先进行分割就是一种不"自然"的方式，这需要知道手写体图片中每个确切的位置 (或者说时间步) 上真实的字符。以图 4.23 含有"heeelloo"字符串的手写体图片为例，为了按字符分割图像，需要声明字符 h 的开始位置和结束位置，比如字符 h 在第 10 个像素位置开始，直到第 25 个像素位置结束，其他字符类似。这样的分割过程费时费力且非常繁琐。

其次，纵使花了大量心血获得了足够的分割良好的标注数据集 $(X, Y)$，在语音识别和手写体识别领域仍然存在另一个问题，在图 4.21 所示的说话人语速不同情况下，利用深度学习技术产生"␣HEEE␣LL␣LLOOOOOOOOOO␣␣␣"和"␣HE␣L␣LOO␣␣␣␣␣␣␣␣␣␣␣␣"的不同识别结果，或者在书写者连笔狂草的情况下，利用深度学习技术识别出"hhhhheeeeeelllllloooo"这样的字符序列后，如何最终得到正确输出，而不会产生类似"helo"这样的错误结果。

Alex Graves 提出的 CTC 较好地解决了上述难题，使得用 CTC 武装下的深度学习系统能以一种无须预先手工分割且较接近人类的方式自然地进行语音识别或手写体文字识别。配备 CTC 的深度学习系统接受图 4.24 形式的训练数据 $(X, Y)$，其中 $X$ 可以是一段音频信号，也可以是一行图片格式的手写体，监督信号 $Y$ 则是对应的正确的文字。$Y$ 中字符在 $X$ 中的起止位置无须预先给定。在获得足够的训练数据后，CTC 方法会提供一个损失函数作为训练深度神经网络系统的优化目标。最后，经过充分训练后，CTC 的解码器会将训练好的深度神经网络的输出转换成正确的文字输出。

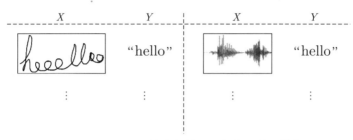

图 4.24　基于 CTC 技术的神经网络使用的训练数据

　　图 4.25 中给出了 CTC 与 CNNs,RNNs/LSTM 联合共同打造的端到端的语音/文字识别系统框架。从这个框架中可以看出 CTC 与 CNNs,RNNs/LSTM 三个模块彼此之间的作用和相互关系：CNNs 部分负责提取图像或者音频的特征；RNNs/LSTM 则按照顺序逐一读取 CNNs 提取出来的特征，从中提取图像或音频里的时序特征；CTC 模块根据 RNNs/LSTM 形成的输出归纳出正确的符号序列作为最终结果。

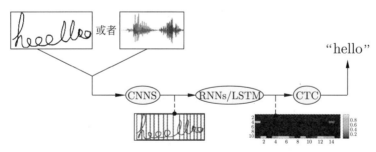

图 4.25　手写体识别中的 CTC（见文后彩图）

　　CTC 模块在整个系统中的作用主要体现在两个方面。在训练阶段，CTC 模块会利用 RNNs/LSTM 的输出和监督信号 $Y$ 构造一个 CTC 损失函数。CNNs 和 RNNs/LSTM 这两个子系统构成的神经网络参数通过极小化 CTC 损失函数联合训练得到；在测试或使用阶段，CTC 利用样本图片或音频输入系统后 RNNs/LSTM 模块产生的输出归纳出正确的符号序列。

　　CTC 本质上是一种基于概率的对齐方法，它的优点主要是无须预先对原始数据进行手工分割和对齐。正因为此优点，CTC 常与其他方法，比如深度神经网络系统联合使用以构造端到端的语音或手写体识别系统，使系统以一种贴近人类耳朵和眼睛的自然的方式进行收听和阅读。接下来的关于 CTC 原理的介绍展示了 CTC 模块如何在整个端到端系统中发挥作用。

#### 4.4.3.2 CTC 原理

图 4.24 中的训练数据表明, 配备 CTC 的深度学习系统需要从一段音频数据或者一张手写体图片中, 在没有严格对齐的情况下正确地识别出其中所包含的文字序列。

下面假定使用的数据是一段长度为 24 帧的音频数据 (这里帧是音频数据的一个基本计量单位, 大众熟知的 MP3 格式的音频数据每帧约 1152 个字节, 正常播放 MP3 的速度是每帧约 25ms。因此 24 帧约能持续 0.6s 的播放时间), 读者可以近似地将这里的一帧看作图 4.23 中的一个分割框。

由于说话人语速的差异, 同样是 24 帧的音频数据作为输入提交给图 4.25 中的 CNNs 模块, 经由 RNNs/LSTM 处理后产生的输出序列可能是 "␣HEEE␣LL␣LLOOOOOOOOOOO␣␣␣" 和 "␣HE␣L␣LOO␣␣␣␣␣␣␣␣␣␣␣␣␣␣␣" 这样两种长度仍为 24 但不同的结果, 这里 "␣" 代表说话人短暂停顿导致音频里无信号。显然, 这两种都属于正确的计算结果。为此, 要求 CTC 能够在无论 RNNs/LSTM 输出的是哪种序列时, 均能将序列转变成 "HELLO" 这一正确结果作为输出。

约定 $(X,Y) = \{(X^{(1)},Y^{(1)}),(X^{(2)},Y^{(2)}),\cdots,(X^{(N)},Y^{(N)})\}$ 表示 CTC 深度学习系统的规模为 $N$ 的训练数据, 其中 $(X^{(i)},Y^{(i)})$ 中的 $X^{(i)} = \{X_1^{(i)},X_2^{(i)},\cdots,X_T^{(i)}\}$, 表示记录 $i$ 中长度为 $T$ 帧的音频数据, 每一帧的数据是 $m$ 维向量 (例如 $m=1152$), 即 $X_j^{(i)} \in R^m$。$(X^{(i)},Y^{(i)})$ 中的 $Y^{(i)} = \{Y_1^{(i)},Y_2^{(i)},\cdots,Y_U^{(i)}\}$, 表示充当监督信号角色的长度为 $U$ 的符号 (标签) 序列。

序列 $Y = \{Y_1,Y_2,\cdots,Y_U\}$ 中的符号来自字母表 $A$。为了模拟正常说话时可能存在短暂停顿的现象, 需要在字母表 $A$ 的基础上引入空格符号, 因此, 取 $A' = A \cup \{\text{blank}\}$。记 $A'$ 中元素个数为 $n$, 即 $n = |A'|$。

在以上符号设定下, 图 4.25 的 RNNs/LSTM 的输出层 softmax 层具有 $n$ 个神经元节点, 对应 $A'$ 中的 $n$ 个符号。这样, RNNs/LSTM 输出层每个节点输出值代表的是 $A'$ 中相应符号的概率, 约定最后一个神经元输出的是空格符号, 即 "␣" 的概率。以 LSTM 为例, 这个概率值是网络 CNNs+LSTM 产生的实际输出 $\hat{Y}$, 其计算公式可按照式 (4.3.7) 计算得到。

根据公式 (4.3.7), 序列 $X = \{X_1,X_2,\cdots,X_T\}$ 每个帧 $\tau$ (时间步) $X_\tau$ 被网络 CNNs+LSTM 生成一个相应的输出 $\hat{Y}_\tau$。$\hat{Y}_\tau$ 是一个 $n$ 维实向量, 每个分量是一个 $0 \sim 1$ 的概率值, 表示帧 $X_\tau$ 中含 $A'$ 相应符号的可能性。记 CNNs+LSTM 所有的参数集为 $W$, 则这个网络所定义的映射函数 $f_W : (R^m)^T \to (R^n)^T$ 将一个 $m$ 维向量空间中长度为 $T$ 的序列映射为 $n$ 维向量空间中等长的序列。

这样, 序列 $X = \{X_1,X_2,\cdots,X_T\}$ 经 CNNs+LSTM 处理后将产生一个规格为 $n \times T$ 的概率矩阵 $\mathbf{Pr}$。图 4.25 中介于 CNNs+LSTM 与 CTC 之间的彩色矩阵 (矩阵

中黄色越深表示越接近 1, 蓝色越深表示越接近 0) 表示的正是这个概率矩阵 $\mathbf{Pr}$。在 $A' = \{H, E, L, O, \sqcup\}$ 只有 5 个字符的情况下, 长度为 $T$ 的序列下 CNNs+LSTM 生成的概率矩阵 $\mathbf{Pr}$ 如表 4.2 所示。

表 4.2　字符表 $A' = \{H, E, L, O, \sqcup\}$ 下长度为 $T$ 的序列对应的概率矩阵 $\mathbf{Pr}$

|   | 1 | 2 | $\cdots$ | $\cdots$ | T |
|---|---|---|---|---|---|
| H | $p_{11}$ | $p_{12}$ | $\cdots$ | $\cdots$ | $p_{1T}$ |
| E | $p_{21}$ | $p_{22}$ | $\cdots$ | $\cdots$ | $p_{2T}$ |
| L | $p_{31}$ | $p_{32}$ | $\cdots$ | $\cdots$ | $p_{3T}$ |
| O | $p_{41}$ | $p_{42}$ | $\cdots$ | $\cdots$ | $p_{4T}$ |
| $\sqcup$ | $p_{51}$ | $p_{52}$ | $\cdots$ | $\cdots$ | $p_{5T}$ |

如果作为监督信号的目标序列 $Y = \{Y_1, Y_2, \cdots, Y_U\}$ 与源序列 $X = \{X_1, X_2, \cdots, X_T\}$ 一一对应, 问题就变得简单了, 此时只要根据网络的实际输出 $\hat{Y}$ 与监督信号 $Y$ 按照极小二乘或极大化似然函数去优化网络即可。这正是 bigram 语言模型下介绍 RNNs/LSTM 的做法。然而语音识别和手写体识别场合目标序列 $Y = \{Y_1, Y_2, \cdots, Y_U\}$ 与源序列 $X = \{X_1, X_2, \cdots, X_T\}$ 并不严格对应, 目标序列中的首字符在源序列中具体哪个位置并不知道, 并且源序列中的多帧数据可能对应目标序列中同一个字符 (多对一的情况)。此时情况变得更复杂。

CTC 的核心是要构造一个 CTC 损失函数, 来代替大多数神经网络中使用的极小二乘或似然函数, 作为优化网络参数使用的目标函数。CTC 损失函数的构造或计算需要用到表 4.2 形式的概率矩阵和监督信号 $Y$。

有了表 4.2 形式的概率矩阵, 任意长度为 $T$ 的序列均可找到概率矩阵上的唯一路径与之对应。例如图 4.26 中实线箭头指示的路径代表的是序列 "$\pi^r = \text{HHELL}$"。在 $p_{11} = 0.1, p_{12} = 0.2, p_{23} = 0.3, p_{34} = 0.4, p_{35} = 0.5$ 的条件下, 路径 $\pi^r$ 的概率为路径通过的所有点的概率的累乘, 即 $P(\pi^r|X) = p_{11} \times p_{12} \times p_{23} \times p_{34} \times p_{35} = 0.1 \times 0.2 \times 0.3 \times 0.4 \times 0.5 = 0.0012$。这里路径 $\pi^r$ 的概率之所以以条件概率的形式出现是因为表 4.2 的概率矩阵是在给定输入 $X$ 的条件下产生的。

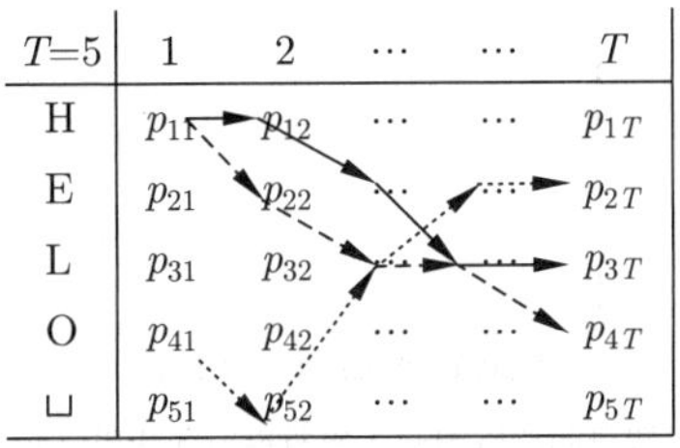

图 4.26　概率矩阵上的任意一路径对应一个特定的序列

序列的概率即为路径的概率, 是路径通过的所有点的概率的累乘

图 4.26 中另外两条线代表的不同路径的概率可以按照类似的方式计算得到。约定路径用符号 $\pi$ 表示，$\pi_\tau$ 表示路径 $\pi$ 第 $\tau$ 个时间步的符号。图 4.25 中 LSTM 的输出 $\hat{Y}$ 这个随机变量的取值用 $\hat{y}$ 表示，$\hat{y}_\tau^{\pi_\tau}$ 表示时间步 $\tau$ 下取 $\pi_\tau$ 对应的符号的概率。若 $\pi_\tau$ 对应的符号为概率矩阵中第 $i$ 行的符号，则 $\hat{y}_\tau^{\pi_\tau} = p_{i\tau}$。在这样的符号约定下，路径 $\pi$ 出现的概率可统一用式 (4.4.11) 进行计算。

$$P(\pi|X) = \prod_{\tau=1}^{T} \hat{y}_\tau^{\pi_\tau} \tag{4.4.11}$$

式 (4.4.11) 隐含一个条件独立性的假定，在给定输入 $X$ 这一条件下，路径 $\pi$ 出现的概率等于路径上各符号出现的概率的累乘。

前面语速不同的两个发言人产生的两个不同的序列 $\pi_{\text{fast}}, \pi_{\text{slow}}$ 同样对应表 4.2 概率矩阵上的两条路径。任意长度为 $T$ 的序列均可找到概率矩阵上的唯一路径与之对应，这些路径中有些路径能被"辨认"出说话人所要说的单词或句子来的，这样的路径为有效路径。而有些则无法被"辨认"为说话人所要说的单词或句子，这样的路径是无效路径。例如，图 4.26 中虚线箭头代表的路径是一条能被"辨认"为"HELLO"这个单词的有效路径，其他两条路径均不能被"辨认"为"HELLO"，是无效路径。尤其是图 4.26 中蓝色箭头代表的路径，说话人张口的第一个发音被识别为字符"O"，显然他想说的不可能是"HELLO"这个单词。

概率矩阵很好地建模了语音识别中由于字母发音相近、说话人 (比如语速、口齿不清、情境表意需要等原因)、交流背景噪声等因素带来的识别的不确定性。例如，中文"挨打"的"挨"字发音，与英文第一人称主格"I"的发音完全一样，均读成"/ai/"音。在单独捕捉到这个"/ai/"音时，图 4.25 中的 LSTM 模块会将这个音以各 0.5 的概率识别为"挨"或者"I"。再如由于说话人语速快慢不同会导致单词中某个字母的发音被重复多次 (例如前面的"$\pi_{\text{fast}}$"中的字母"O"被重复了多次)，这种同一字母的重复发音可能会出现语调上的差异，或者说话人本身出于想引起别人特别注意这一情景表意需要，故意将字母"O"以不同的语调重复了多次，这些原因均会导致字母"O"的发音在不同时间步重复时被以不同的概率识别为字母"O"。交流背景噪声也同样可以带来符号识别上的不确定性。这些单个符号识别的不确定性都被概率矩阵有效且合理地加以建模。正是对这种不确定性的合理建模，同一单词"HELLO"在不同人、不同情境、不同背景下说出来的音频信号，经由 LSTM 处理后生成的概率矩阵会有多条"合理"的路径与之对应。

单一发音的准确识别可能会存在某种不确定性，但一段声音连起来后准确识别的概率就会大为提高。人的听觉系统具备轻易地从不同人不同语速、不同情境、不同背景下说出来的声音中"听出"说话人所想表达的意思，这是大自然赋予人类自然、自如地交谈的能力。CTC 试图建模人类的这种能力，其做法是将概率矩阵上所有的针对监督信号 $Y$ 而言是"合理"的路径 (即前面提过的有效路径) 进行"合并"。这种合并过程本书将之形象地称为"辨认"过程。

面对概率矩阵上的"$\pi_{\text{fast}} = {\sqcup}\text{HEEE}{\sqcup}\text{LL}{\sqcup}\text{LLOOOOOOOOOO}{\sqcup}{\sqcup}{\sqcup}$"和"$\pi_{\text{slow}} = {\sqcup}\text{HE}{\sqcup}\text{L}{\sqcup}\text{LOO}{\sqcup}{\sqcup}{\sqcup}{\sqcup}{\sqcup}{\sqcup}{\sqcup}{\sqcup}{\sqcup}{\sqcup}{\sqcup}$"这样两条路径, 如何才能将之"辨认"为"HELLO"这样的正确序列? Alex Graves 提出了一个"辨认"函数的办法来实现这一过程。

"辨认"函数是一个从路径 $\pi$ 到序列 $L$ 的多对一压缩映射, 即 $\mathcal{F}: A'^T \mapsto A^{\leqslant T}$。这个辨认函数做的事情很简单, 就是将路径 $\pi$ 中的符号序列执行先去重、后去空格两种操作, 得到结果序列 $L$。去重操作将 $\pi$ 中重复出现的符号删除, 只保留一个。去重操作之后, 再执行去空格操作将余下的空格去掉。读者不难验证经过这样的辨认函数 $\mathcal{F}$ 后, 前面的两个"$\pi_{\text{fast}}$"和"$\pi_{\text{slow}}$"均能被准确地辨认为"HELLO"。

但读者可能对这个辨认函数提出质疑, 对于书法家疯狂草书写出来的"hhhhhheeeeeelllllooo", 辨认函数 $\mathcal{F}$ 会将这个序列辨认为"helo", 而无法得出"hello"这样的正确结果。类似需要重复两次字符"l"才算正确的单词, 会被辨认函数的去重操作错误地删除, 而无法得到正确的结果。为了容纳正确单词中正常重复字母的需要, Alex Graves 提出通过在监督信号 $Y$ 代表的序列中首尾加入空格, 并在序列 $Y$ 中任意两个符号之间插入空格, 得到一个新的序列 $Y'$, 然后利用这个新序列 $Y'$ 从概率矩阵上搜索合法路径 $\pi$。从概率矩阵上搜索合法路径 $\pi$ 的过程本质上是路径 $\pi$ 与 $Y'$ 生成的模式进行匹配的过程。

例如以监督信号 $Y$=hello 为例, 对应的 $Y' = {\sqcup}\text{h}{\sqcup}\text{e}{\sqcup}\text{l}{\sqcup}\text{l}{\sqcup}\text{o}{\sqcup}$。如果用通配符"$*$"表示允许字符集 $A'$ 中任意符号重复出现任意次, 则前面搜索合法路径的过程本质上是从概率矩阵中寻找能与模式"${\sqcup}*\text{h}{\sqcup}*\text{e}{\sqcup}*\text{l}{\sqcup}*\text{l}{\sqcup}*\text{o}{\sqcup}*{\sqcup}$"匹配的路径。凡与该模式能匹配的路径, 都被认为是包含正确单词"hello"的合法路径, 或者说有效路径。

为与 Graves 等人论文中的符号体系尽可能保持一致 [27], 以方便读者理解, 对于给定序列 $L$, 可按照前面根据监督信号 $Y$ 构造 $Y'$ 类似的方式构造 $L'$ (这样取符号的直观意义很显然, 因为这个符号是单词 label (标签) 或 labelling (标注) 的首字母 $L$, 代表它是分类问题中的标签/标注信号)。这样, 将路径 $\pi$ 被辨认为序列 $L$ 的过程就可被归纳成式 (4.4.12) 形式的简洁的路径概率和公式。

$$P(L|X) = \sum_{\pi \in \mathcal{F}^{-1}(L)} P(\pi|X) \qquad (4.4.12)$$

式 (4.4.12) 中求和符号下面的 $\pi \in \mathcal{F}^{-1}(L)$ 直观含义是显然的, 对序列 $L$ 执行辨认函数的反操作 $\mathcal{F}^{-1}$ (先加空格后重复字符) 生成的路径, 都是要逐一加以求和的合法路径。或者反过来说, 所有合法路径 $\pi$ 都必须考虑齐全以便能准确地归纳出预期的输出结果。如果 $\mathcal{F}$ 这个函数被看作是辨认的过程, 该函数的反函数 $\mathcal{F}^{-1}$ 则是混淆的过程, 这个混淆过程建模了说话人说话或书写者书写过程中可能存在的不确定性。

式 (4.4.12) 的求和公式, 使得 CTC 能够很好地在无须预先手工分割的情况下完成序列识别任务, 因为式 (4.4.12) 中的求和项考虑了所有可能的能产生预期目标输出的源序列 $X$ 与目标序列 $Y$ (或 $L$) 的对齐方式。同时也因为式 (4.4.12) 这个求和式, 使得 CTC 不适于处理那些要求明确指出目标序列在源序列出现的确切起止位置的场合。

给式 (4.4.12) 显式地加上深度神经网络的连接参数 $W$, 使之变成式 (4.4.13) 的形式, 以表明给定源序列 $X$ 下被辨认 (标注) 为序列 $L$ 的条件概率 $P(L|X)$ 的实质是图 4.25 中深度神经网络模块 CNNs,RNNs/LSTM 努力工作外加 CTC 模块助力的结果。

$$P(L|X; \boldsymbol{W}) = \sum_{\pi \in \mathcal{F}^{-1}(L)} P(\pi|X; \boldsymbol{W}) \tag{4.4.13}$$

假定从 $(X,Y)$ 搜索的样本集 $D = \{(x^{(1)}, y^{(1)}), (x^{(2)}, y^{(2)}), \cdots, (x^{(N)}, y^{(N)})\}$ [1], 训练图 4.25 中整个系统的任务是要求利用训练数据 $D$, 通过相应的优化方法不断调整网络的连接参数 $W$, 使得网络根据输入 $X$ 产生的标注序列 $L$ 不断逼近数据集中充当监督信号的目标序列 $Y$。最终的目标是希望网络 $\boldsymbol{W}$ 产生的标注序列等于目标序列, 即 $L = Y$。根据概率论相关知识, 对于给定的网络参数 $\boldsymbol{W}$, 可以写出式 (4.4.14) 形式的数据集 $D$ (或某样本 $(x,l)$) 被网络辨识 (标注) 的似然概率。

$$L(D; \boldsymbol{W}) = \prod_{i=1}^{N} P(l^{(i)}|x^{(i)}; \boldsymbol{W})$$

或
$$\tag{4.4.14}$$

$$L(x, l; \boldsymbol{W}) = P(l|x; \boldsymbol{W})$$

对式 (4.4.14) 取负对数, 用监督信号 $y^{(i)}$ 代替其中的 $l^{(i)}$ (令网络的辨识结果等于监督信号), 并将其极小化, 即可得到式 (4.4.15) 形式的优化网络 $\boldsymbol{W}$ 所需要的目标函数。式 (4.4.15) 这个优化目标被称为 CTC 损失函数, 对它的计算是整个 CTC 方法的核心。

$$\arg\min_{\boldsymbol{W}} \mathcal{L}(D; \boldsymbol{W}) = \arg\min_{\boldsymbol{W}} -\ln \prod_{i=1}^{N} P(y^{(i)}|x^{(i)}; \boldsymbol{W})$$
$$= \arg\min_{\boldsymbol{W}} -\sum_{i=1}^{N} \ln P(y^{(i)}|x^{(i)}; \boldsymbol{W})$$

或
$$\tag{4.4.15}$$

$$\arg\min_{\boldsymbol{W}} \mathcal{L}(x, y; \boldsymbol{W}) = \arg\min_{\boldsymbol{W}} -\ln P(y|x; \boldsymbol{W})$$
$$= \arg\min_{\boldsymbol{W}} -\ln P(y|x; \boldsymbol{W})$$

---

1　这里用大写的 $(X,Y)$ 代表总体 (随机变量), 小写的 $(x,y)$ 代表样本 (随机变量的取值)。

优化目标式 (4.4.15) 中最后求和项 $P(y^{(i)}|x^{(i)};\boldsymbol{W})$ 的计算是关键, 该项由 $L = Y$ 演化而来, 因此该项概率的计算就是式 (4.4.13) 或式 (4.4.12) 概率的计算。而式 (4.4.13) 或式 (4.4.12) 概率的计算又需要用到式 (4.4.11) 对路径概率的计算。整个计算过程中, 式 (4.4.11) 中已知路径情况下计算路径概率并不困难, 复杂的是式 (4.4.13) 或式 (4.4.12) 中用求和项作路径归纳时涉及辨识函数 $\mathcal{F}$ 或其反函数 $\mathcal{F}^{-1}$ 的处理。为简洁起见, 有时直接用 $\mathcal{L}(x,y;\boldsymbol{W})$ 甚至 $\mathcal{L}(x,y)$ 来表示训练集 $D$ 中某一样本 $(x,y)$ 对应的损失函数。

由于 CTC 方法无须对源序列预先手工分割, 也无须对源序列和目标序列进行对齐, 可自动学习如何对齐数据以生成目标序列, 降低了训练数据获取的难度, 因此 CTC 方法适合处理语音识别或手写体识别这样一类序列识别问题。它通常作为一个处理模块与深度神经网络混合使用 (图 4.25)。CTC 模块的输入是 LSTM 输出的概率矩阵和来自数据中的监督信号 $Y$, 产生的输出是用式 (4.4.15) 中损失函数计算得到的误差信号 (系统训练阶段), 这个误差信号将被反向传播用来训练前面的深度神经网络模块。

### 4.4.3.3　CTC 损失函数的计算

式 (4.4.15) 的 CTC 损失函数的计算是整个 CTC 方法的核心, 其难点体现在式 (4.4.13) 中用求和项作路径归纳时涉及辨识函数 $\mathcal{F}$ 或其反函数 $\mathcal{F}^{-1}$ 的处理。这涉及关于目标序列或者说给定的标注序列 $L$ 下所有合法路径 $\pi$ 的枚举问题。一般而言, 满足 $\pi \in \mathcal{F}^{-1}(L)$ 的合法路径数目 $|\mathcal{F}^{-1}(L)|$ 会随着路径 $\pi$ 长度 $T$ 和序列 $L$ 长度 $U$ 以 $O(6^{TU})$ 指数爆炸 (文献 [27] 给出了合法路径总数为 $2^{T-U^2+U(T-3)}3^{(U-1)(T-U)-2}$)。这里不对这个合法路径数的计算作过多阐述, 但合法路径的指数爆炸这一结果表明靠穷举所有合法路径来计算式 (4.4.13) 这个概率是不现实的。对此, Alex Graves 提出用前向-反向算法 (forward-backward algorithm, FBA) 来解决式 (4.4.13) 这个概率的计算问题。

推导公式 (4.4.13) 的计算公式, 目的是通过这个公式得到式 (4.4.15) 这个优化目标函数关于网络连接参数的偏导数, 即 $\dfrac{\partial \mathcal{L}(D;\boldsymbol{W})}{\partial \boldsymbol{W}}$, 一旦获得这个偏导数, 即可进行神经网络训练。下面将从一段音频信号 $x$ 中识别序列 l=HELLO 为例着手介绍 Alex Graves 提出的 FBA 算法。

前面的内容表明, 可以根据图 4.26 中的方法为序列 l=HELLO 在概率矩阵上找到一条相应的路径, 并且在长为 $T$ 的音频序列生成的概率矩阵上, 能找到多条可被辨认函数 $\mathcal{F}$ 辨认为 l=HELLO 的路径。同时, 为了允许 l=HELLO 中重复字符的出现, 又构造了辅助的 $l' = \sqcup\text{H}\sqcup\text{E}\sqcup\text{L}\sqcup\text{L}\sqcup\text{O}\sqcup$。如果 $l$ 长度为 $U$, 则 $l'$ 的长度为 $U' = 2U + 1$。约定用小写字符 $u$ 表示序列 l 和 $l'$ 的位置索引, 例如如果 $u=1$, 则 $l_u = H, l'_u = \sqcup$。在序列 l 位置 $u$ 出现的字符对应序列 $l'$ 的位置是 $2u$, 即 $l_u = l'_{2u}$。利用这个辅助序列 $l'$, Alex Graves 将图 4.26 中直接在概率矩阵上表示的路径改用图 4.27 这种更清晰明了的形式加以表示。因为类似图 4.27 这样根据 $l'$ 画出来的路径只能向右或向下移动, 路径中重复出现的字符一律在同一水平线上。

图 4.27 中左右两边分别标出了序列 $l$ 和 $l'$，中间标出了黑、灰两条长度均为 $T = 12$ 的路径 $\pi^{(b)} = \sqcup\sqcup\text{HEEL}\sqcup\text{L}\sqcup\sqcup\sqcup\text{O}, \pi^{(r)} = \text{HHE} \sqcup \text{LLL} \sqcup \text{LLO}\sqcup$。显然，这两条路径对于序列 l=HELLO 而言均是合法路径，因为 $\mathcal{F}(\pi^{(b)}) = \mathcal{F}(\sqcup\sqcup\text{HEEL}\sqcup\text{L}\sqcup\sqcup\sqcup\text{O}) = $ HELLO, $\mathcal{F}(\pi^{(r)}) = \mathcal{F}(\text{HHE} \sqcup \text{LLL} \sqcup \text{LLO}\sqcup) = $ HELLO，两者均能被辨认函数 $\mathcal{F}$ 辨认为说话人说的话 $x$ 是"HELLO"这个单词。

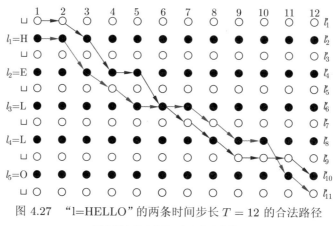

图 4.27 "l=HELLO"的两条时间步长 $T = 12$ 的合法路径

图中黑点代表字符，白点代表空格

根据公式 (4.4.11)，这两条路径的概率可表示成式 (4.4.16)。这里符号 $\hat{y}_L^6$ 是 LSTM 的实际输出，代表的是在第 6 个时间步出现符号 L 的概率，其他符号的含义类推。

$$
\begin{aligned}
P(\pi^{(b)}|x) &= \hat{y}_1^{\sqcup} \cdot \hat{y}_2^{\sqcup} \cdot \hat{y}_3^{\text{H}} \cdot \hat{y}_4^{\text{E}} \cdot \hat{y}_5^{\text{E}} \cdot \hat{y}_6^{\text{L}} \cdot \hat{y}_7^{\sqcup} \cdot \hat{y}_8^{L} \cdot \hat{y}_9^{\sqcup} \cdot \hat{y}_{10}^{\sqcup} \cdot \hat{y}_{11}^{\sqcup} \cdot \hat{y}_{12}^{\text{O}} \\
P(\pi^{(r)}|x) &= \hat{y}_1^{\text{H}} \cdot \hat{y}_2^{\text{H}} \cdot \hat{y}_3^{\text{E}} \cdot \hat{y}_4^{\sqcup} \cdot \hat{y}_5^{\text{L}} \cdot \hat{y}_6^{\text{L}} \cdot \hat{y}_7^{L} \cdot \hat{y}_8^{\sqcup} \cdot \hat{y}_9^{L} \cdot \hat{y}_{10}^{L} \cdot \hat{y}_{11}^{\text{O}} \cdot \hat{y}_{12}^{\sqcup}
\end{aligned}
\tag{4.4.16}
$$

图 4.27 中两条路径 $\pi^{(b)}, \pi^{(r)}$ 在第 $t = 6$ 时间步经过一个共同点 L，这导致公式 (4.4.16) 中的两个计算式有公共项 $\hat{y}_6^{\text{L}}$。可以看出 $\pi_6 = \pi_{t=6} = $ L 也可用 l,l′ 的位置索引来表示，即 $\pi_{t=6} = l_{\frac{u}{2}=3} = l'_{u=6} = $ L。对式 (4.4.16) 中两个条件概率求和，即 $P(\pi^{(b)}|x) + P(\pi^{(r)}|x)$，则可得到式 (4.4.17) 形式的结果。

$$
P(\pi^{(b)}|x) + P(\pi^{(r)}|x) = \underbrace{\begin{pmatrix} \hat{y}_1^{\sqcup} \cdot \hat{y}_2^{\sqcup} \cdot \hat{y}_3^{\text{H}} \cdot \hat{y}_4^{\text{E}} \cdot \hat{y}_5^{\text{E}} \\ + \\ \hat{y}_1^{\text{H}} \cdot \hat{y}_2^{\text{H}} \cdot \hat{y}_3^{\text{E}} \cdot \hat{y}_4^{\sqcup} \cdot \hat{y}_5^{\text{L}} \end{pmatrix}}_{\alpha(6,6)} \cdot \hat{y}_6^{\text{L}} \cdot \underbrace{\begin{pmatrix} \hat{y}_7^{\sqcup} \cdot \hat{y}_8^{\text{L}} \cdot \hat{y}_9^{\sqcup} \cdot \hat{y}_{10}^{\sqcup} \cdot \hat{y}_{11}^{\sqcup} \cdot \hat{y}_{12}^{\text{O}} \\ + \\ \hat{y}_7^{\text{L}} \cdot \hat{y}_8^{\sqcup} \cdot \hat{y}_9^{\text{L}} \cdot \hat{y}_{10}^{\text{L}} \cdot \hat{y}_{11}^{\text{O}} \cdot \hat{y}_{12}^{\sqcup} \end{pmatrix}}_{\beta(6,6)}
$$

$$
\begin{aligned}
&= \alpha(t = 6, u = 6) \cdot \beta(t = 6, u = 6) \\
&= [\alpha(t, u) \cdot \beta(t, u)]|_{t=6, u=6}
\end{aligned}
\tag{4.4.17}
$$

显然，可被辨认为序列 l=HELLO 的有效路径不可能只有两条，应该是存在大量

有效路径. 约定经过辨认函数 $\mathcal{F}$ 变换后结果是 l=HELLO 且在 $\pi_6 = $ L ($t = 6$ 时间步经过 L) 的路径集合表示为 $\{\pi | \pi \in \mathcal{F}^{-1}(l), \pi_6 = \text{L}\}$. 这样, 所有第 $t = 6$ 时间步经过一个共同点 L 的这些有效路径的概率总和可以表示成 $\sum\limits_{\{\pi | \pi \in \mathcal{F}^{-1}(l), \pi_6 = \text{L}\}} P(\pi | x)$ 的形式,

这个多项和式与式 (4.4.17) 有相同的格式, 即有式 (4.4.18) 成立.

$$\sum_{\{\pi | \pi \in \mathcal{F}^{-1}(l), \pi_6 = \text{L}\}} P(\pi | x) = \sum_{\{\pi | \pi \in \mathcal{F}^{-1}(l), \pi_6 = l'_{u=6}\}} P(\pi | x)$$

$$= \alpha(t = 6, u = 6) \beta(t = 6, u = 6)$$

$$= [\alpha(t, u) \beta(t, u)]|_{t=6, u=6} \tag{4.4.18}$$

式 (4.4.18) 归纳了图 4.27 中所有经过第 $t = 6$ 列中黑、灰两路径交汇点的路径的概率和. 所有经过第 $t = 6$ 列中其他点的路径可作类似的归纳, 从而可得到式 (4.4.19).

$$P(l|x) = \sum_{\{\pi | \pi \in \mathcal{F}^{-1}(l)\}} P(\pi | x)$$

$$= \sum_{\{\pi | \pi \in \mathcal{F}^{-1}(l), \pi_6 = l'_{u=1:|l'|}\}} P(\pi | x)$$

$$= \sum_{u=1}^{|l'|} [\alpha(t, u) \beta(t, u)]|_{t=6} \tag{4.4.19}$$

上述分析不限于特定时间步 $t$, 可对图 4.27 中任意列作同样的归纳. 因此可得到式 (4.4.20) 这个更一般的结果.

$$P(l|x) = \sum_{\{\pi | \pi \in \mathcal{F}^{-1}(l)\}} P(\pi | x)$$

$$= \sum_{u=1}^{|l'|} \alpha(t, u) \beta(t, u) \tag{4.4.20}$$

式 (4.4.17) 中横向花括号的两个变量 $\alpha(6,6), \beta(6,6)$ 来得有点突然, 尤其是括号里两个数字 6, 事实上它们有特殊含义. 这两个变量的公式可分别简写成式 (4.4.21) 和式 (4.4.23) 的形式, 前者被称为前向变量, 后者被称为后向变量.

$$\alpha(6,6) = \sum_{\{\pi | \mathcal{F}(\pi_{1:t=6}) = l_{1:\frac{u}{2}=3}\}} \prod_{\tau=1}^{6} \hat{y}_\tau^{\pi_\tau} \tag{4.4.21}$$

式 (4.4.21) 表示的前向变量的求和项 $\{\pi | \mathcal{F}(\pi_{1:t=6}) = l_{1:\frac{u}{2}=3}\}$ 是指路径中前 6 个

符号序列能被辨认函数 $\mathcal{F}$ 辨认为序列 $l$ 中前 $\frac{u}{2}=3$ 个符号序列的所有路径集合。将这两个数字分别用索引变量 $t,u$ 代替，即可得到式 (4.4.22) 形式的前向变量的一般表达式，它是路径中前 $t$ 个符号序列能被辨认函数 $\mathcal{F}$ 辨认为序列 $l$ 中前 $\frac{u}{2}$ 个符号序列的所有路径的前 $t$ 个子序列的概率和。

$$\alpha(t,u) = \sum_{\{\pi|\mathcal{F}(\pi_{1:t})=l_{1:\frac{u}{2}}\}} \prod_{\tau=1}^{t} \hat{y}_\tau^{\pi_\tau} \tag{4.4.22}$$

类似地，式 (4.4.23) 表示的后向变量的求和项 $\{\pi|\mathcal{F}(\pi_{6+1:T})=l_{3+1:U}\}$ 是指路径中第 $t=6$ 个符号之后 (不含第 6 个符号) 直到结尾的后缀子序列能被辨认函数 $\mathcal{F}$ 辨认为序列 $l$ 中第 $\frac{u}{2}=3$ 个符号之后 (不含第 3 个符号) 直到结尾的后缀子序列的所有路径集合。

$$\beta(6,6) = \sum_{\{\pi|\mathcal{F}(\pi_{6+1:T})=l_{3+1:U}\}} \prod_{\tau=1}^{T-6} \hat{y}_\tau^{\pi_\tau} \tag{4.4.23}$$

同样，可以将式 (4.4.23) 中 6,6 这两个数字分别用索引变量 $t,u$ 代替，即可得到式 (4.4.24) 形式的后向变量的一般表达式，它是路径中后 $T-t$ 个后缀子序列能被辨认函数 $\mathcal{F}$ 辨认为序列 $l$ 中后 $U-\frac{u}{2}$ 个后缀子序列的所有路径的 $T-t$ 个后缀子序列的概率和。

$$\beta(t,u) = \sum_{\{\pi|\mathcal{F}(\pi_{t+1:T})=l_{\frac{u}{2}+1:U}\}} \prod_{\tau=1}^{T-t} \hat{y}_\tau^{\pi_\tau} \tag{4.4.24}$$

至此，式 (4.4.20) 中用到的前向和后向变量表达式被分别严格地表示成式 (4.4.22) 和式 (4.4.24) 的形式。式 (4.4.12) 或式 (4.4.13) 也被表示成了式 (4.4.20) 的形式。接下来的任务是要解决式 (4.4.22) 和式 (4.4.24) 如何被递归地高效计算的问题。

为方便寻找式 (4.4.22) 和式 (4.4.24) 的递归表达式，图 4.28 在图 4.27 基础上画出了所有长为 $T=12$ 能被辨认为 l=HELLO 的合法路径。

单独考查图 4.28 中 $t=7$ 所在列，该列除第一行的白点和第二行的黑点代表序列起点的边界特殊情况外，其余所有黑点有三条箭头汇入，白点则只有两条箭头汇入。图 4.29 是将图 4.28 中 $t=6$ 和 $t=7$ 两列单独列出，旁边的两个子图分别清晰地展示出白、黑两种节点箭头汇入模式。

出现这种现象并不难理解，这是保证路径能被辨认的有效路径的要求。因为如果 $t=7$ 时间步出现的是字符 L，则上一时间 $t=6$ 只可能是字符 E,␣,L 这三种情况之一，不可能是字符 H,O 或其他符号，否则会导致路径无法被辨认函数辨认为序

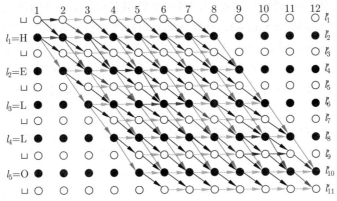

图 4.28　能被辨认为 "1=HELLO" 的所有长为 $T=12$ 的合法路径

图中黑点代表字符, 白点代表空格

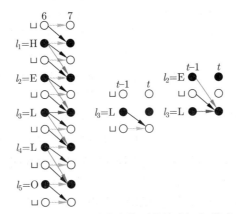

图 4.29　白黑两种节点的两种箭头汇入模式

列 "1=HELLO"。

$$\alpha(t,u) = \hat{y}_t^{l'_u} \sum_{i=f(u)}^{u} \alpha(t-1,i) \tag{4.4.25}$$

因此, 综合图 4.29 中的两种箭头汇入模式, 可得到式 (4.4.22) 中前向变量 $\alpha(t,u)$ 的递归表达式。这就是式 (4.4.25), 其中求和索引 $i=f(u)$ 的计算函数按照式 (4.4.26) 给出。

$$f(u) = \begin{cases} u-1, & \text{如果} l'_u = \sqcup \text{或} l'_{u-2} = l'_u \\ u-2, & \text{否则} \end{cases} \tag{4.4.26}$$

另外, 再考虑边界条件。首先式 (4.4.27) 确保当类似图 4.28 中 $t=7$ 所在列第一行的白点和第二行的黑点这样的边界点出现时, 按照索引公式 (4.4.26) 处理时会出现

$u-1<0$ 或 $u-2<0$ 的情况。此时就用式 (4.4.27) 进行边界处理。

$$\alpha(t,0) = 0, \quad \forall t \tag{4.4.27}$$

另外, 从图 4.28 中 $t=1$ 列可以看出, 所有有效路径要么是从空格 ⊔ 开始, 要么是从序列首字符 $l_1$ 开始。因此可得到式 (4.4.25) 递归表达式的初始值 (式 (4.4.28))。

$$\begin{cases} \alpha(1,1) = \hat{y}_1^{\sqcup} \\ \alpha(1,2) = \hat{y}_1^{l_1} \\ \alpha(1,u) = 0, \quad \forall u > 2 \end{cases} \tag{4.4.28}$$

表达式 (4.4.28) 中最后一行代表的是图 4.28 中左下角第一列无边连接的孤立点集合。

$$\alpha(t,u) = 0, \quad \forall u < U' - 2(T-t) - 1 \tag{4.4.29}$$

最后, 式 (4.4.29) 给出了图 4.28 中右上角无边连接的孤立点集的前向变量全为零的情况, 因为有效路径不可能经过这些点。例如, 如果图 4.28 中第一行的空格重复了 $t=8$ 个时间步, 后面只剩下 $T-t=12-8=4$ 个时间步, 已无法容纳长度为 5 的 l=HELLO 序列。

$$\beta(t,u) = \hat{y}_{t+1}^{l'_i} \sum_{i=u}^{g(u)} \beta(t+1,i) \tag{4.4.30}$$

通过使用与前向变量类似的分析方法, 可以得到式 (4.4.30) 形式的后向变量 $\beta(t,u)$ 的递归表达式, 以及递归表达式中的索引计算公式 (4.4.31)。

$$g(u) = \begin{cases} u+1, & \text{如果} l'_u = \sqcup \text{或} l'_{u+2} = l'_u \\ u+2, & \text{否则} \end{cases} \tag{4.4.31}$$

类似地, 式 (4.4.32) 保证在索引函数 $g(u)$ 计算结果出现 $u > U'$ 这样越界的情况时能正常递归计算

$$\beta(T,U'+1) = 0 \tag{4.4.32}$$

从图 4.28 中 $T=12$ 列可以看出, 所有有效路径终结于 $(U',T)$ 或 $(U'-1,T)$ (第 $T$ 列倒数第一和第二个节点), 因此得到式 (4.4.33) 的初始值。

$$\begin{cases} \beta(T,U') = 1 \\ \beta(T,U'-1) = 1 \\ \beta(T,u) = 0, \quad \forall u < U'-1 \end{cases} \tag{4.4.33}$$

最后, 式 (4.4.34) 给出了图 4.28 中左下角无边连接的孤立点集的后向变量全为零的情况, 因为有效路径不可能经过这些点。

$$\beta(t, u) = 0, \quad \forall u > 2t \tag{4.4.34}$$

至此, 前向变量和后向变量的递归计算表达式及递归的初始值均介绍完毕。利用 FBA 算法求得前向变量和后向变量后, 即可根据式 (4.4.20) 计算出式 (4.4.13) 或式 (4.4.12) 中的 $P(L|X)$ 这个条件概率。

值得强调的是, 相比于从 $O(6^{TU})$ 这样一个指数级的状态空间中穷举路径 $\pi$ 来计算 $P(L|X)$ 的方法, FBA 算法要快速高效得多。事实上, FBA 是一个时间复杂性为 $O(TU)$ 的线性快速算法。为看出穷举法和 FBA 算法在这种复杂性上的差异, 可将图 4.28 看作横躺在地上的一棵左右两端分别为根和叶子节点的被压缩后的树。在未被压缩前, 这是棵高度为 $T$, 节点均是二叉或三叉节点构成的树, 其所有可能从根节点到叶子节点构成的路径的数量级为 $O(6^{TU})$, 这就是穷举法需要搜索的空间。然而, 通过将穷举法搜索的规模为 $O(6^{TU})$ 的树中所有相同的节点合并, 变成图 4.28 形式后, 众多不同的路径如果经过相同的节点将在图 4.28 这棵被压缩后的树上共享同一个节点, 这一性质使得图 4.28 中每列最多有 $2U$ 个节点被合法路径穿过, 从而 FBA 最多只需计算 $2TU$ 个节点的前向反向变量, 因此 FBA 是一个复杂性为 $O(TU)$ 的线性快速算法。

关于算法复杂性的讨论并非本书的重点, 对于缺乏算法复杂性相关知识的读者可忽略这部分内容, 只要记住 FBA 是一个快速有效计算 $P(L|X)$ 这个条件概率的算法即可。

这样, 式 (4.4.15) 或式 (4.4.14) 这个定义在 $P(L|X)$ 之上的 CTC 损失函数的计算也就有了有效可行的计算算法。接下来将讨论如何利用 CTC 损失函数计算训练 LSTM 所需的误差信号。

#### 4.4.3.4 利用 CTC 损失函数计算 LSTM 输出层上游误差

本节讨论 CTC 损失函数与 LSTM 模块的衔接问题, 核心是根据 CTC 损失函数表达式, 使用链式法则对复合函数求偏导, 得到 CTC 损失函数关于 LSTM 输出层上游误差 $\delta$ 的计算表达式。

回顾前面 LSTM 的内容, 符号 $\hat{y}_t$ 表示 LSTM 时间步 $t$ 的输出 (式 (4.3.7)), 符号 $\hat{y}_t^k$ 则表示 LSTM 时间步 $t$ 输出字符表 $A'$ 中第 $k$ 个符号, 即符号 $k$ 的概率。假定这个符号 $k$ 在图 4.28 中序列 $l'$ 的第 $u$ 个位置, 即 $l'_u = k$。按照定义, CTC 损失函数关于这个节点的下游误差为 $e_t^k = \dfrac{\partial \mathcal{L}(x, y)}{\partial \hat{y}_t^k}$。

根据式 (4.4.15) 中的单样本的代价函数表达式, 可得到式 (4.4.35) 关于下游误差

$e_t^k$ 的中间结果。

$$e_t^k = \frac{\partial \mathcal{L}(x,y)}{\partial \hat{y}_t^k} = \frac{\partial \ln P(y|x)}{\partial \hat{y}_t^k}$$

$$= -\frac{1}{P(y|x)}\frac{\partial P(y|x)}{\partial \hat{y}_t^k} \tag{4.4.35}$$

集合 $\{\pi|\pi \in \mathcal{F}^{-1}(y)\}$ 可被分成 $\{\pi|\pi \in \mathcal{F}^{-1}(y), \pi_t = k\}$ 和 $\{\pi|\pi \in \mathcal{F}^{-1}(y), \pi_t \neq k\}$ 两个互不相交的子集, 前者是时间步 $t$ 出现符号 $k$ 的路径集, 后者是时间步 $t$ 不出现符号 $k$ 的路径集。例如图 4.28 中可被辨认为序列 l=HELLO 的有效路径集可分成两个互不相交的子集, 包含第 $\tau = 6$ 时间步经过点 $L$ 的路径集 $\{\pi|\pi \in \mathcal{F}^{-1}(l), \pi_6 = L\}$ 和第 $\tau = 6$ 时间步不经过点 $L$ 的路径集 $\{\pi|\pi \in \mathcal{F}^{-1}(l), \pi_6 \neq L\}$。

在令标注信号等于监督信号, 即 l=y (相应地有 l'=y') 的情况下, 时间步 $t$ 出现符号 $k$ 的路径集 $\{\pi|\pi \in \mathcal{F}^{-1}(y), \pi_t = k\}$ 可用 $B(y,k) = \{u : y_u' = k\}$ 这样的索引集来标记。

这样, 根据式 (4.4.20), 式 (4.4.35) 中 $\frac{\partial P(y|x)}{\partial \hat{y}_t^k}$ 部分可被分解成两部分, 从而得到式 (4.4.36) 的计算结果。

$$
\begin{aligned}
\frac{\partial P(y|x)}{\partial \hat{y}_t^k} &= \frac{\partial\left[\sum_{\{\pi|\pi\in\mathcal{F}^{-1}(y)\}} P(\pi|x)\right]}{\partial \hat{y}_t^k}\\
&= \frac{\partial\left[\sum_{\{\pi|\pi\in\mathcal{F}^{-1}(y),\pi_t=k\}} P(\pi|x)\right]}{\partial \hat{y}_t^k} + \frac{\partial\left[\sum_{\{\pi|\pi\in\mathcal{F}^{-1}(y),\pi_t\neq k\}} P(\pi|x)\right]}{\partial \hat{y}_t^k}\\
&= \frac{\partial\left[\sum_{\{\pi|\pi\in\mathcal{F}^{-1}(y),\pi_t=k\}} P(\pi|x)\right]}{\partial \hat{y}_t^k} + 0\\
&= \frac{\partial \sum_{u\in B(y,k)} \alpha(t,u)\beta(t,u)}{\partial \hat{y}_t^k}\\
&= \frac{1}{\hat{y}_t^k}\sum_{u\in B(y,k)} \alpha(t,u)\beta(t,u)
\end{aligned}
\tag{4.4.36}
$$

式 (4.4.36) 中第 2 个等式到第 3 个等式成立是因为加号后面项中分子部分的路径概率总和不含 $\hat{y}_t^k$ 项, 所以求偏导时为 0。第 4 个等式到第 5 个等式成立是因为时间步 $t$ 出现符号 $k$ 的路径概率总和有式 (4.4.17) 的形式, 求偏导后仍用前向反向变量 $\alpha(t,u)\beta(t,u)$ 的形式表示的话, 前面就多了个 $\frac{1}{\hat{y}_t^k}$。

$$e_t^k = \frac{\partial \mathcal{L}(x,y)}{\partial \hat{y}_t^k} = \frac{\partial \ln P(y|x)}{\partial \hat{y}_t^k}$$

$$= -\frac{1}{P(y|x)\hat{y}_t^k} \sum_{u \in B(y,k)} \alpha(t,u)\beta(t,u) \qquad (4.4.37)$$

把式 (4.4.36) 最后等式的结果代回式 (4.4.35), 可以得到式 (4.4.37) 形式的计算下游误差的公式。但求损失函数关于网络连接权 $\boldsymbol{W}$ 偏导数 $\dfrac{\partial \mathcal{L}(x,y;\boldsymbol{W})}{\partial \boldsymbol{W}}$ 时需要用到的是上游误差 $\delta_t^k$。因此, 还需要设法根据这个下游误差进一步得到上游误差 $\delta_t^k$。

$$\delta_t^k = \frac{\partial \mathcal{L}(x,y)}{\partial z_t^k} = \sum_{k'} \frac{\partial \mathcal{L}(x,y)}{\partial \hat{y}_t^{k'}} \frac{\partial \hat{y}_t^{k'}}{\partial z_t^k} = \sum_{k'} e_t^{k'} \frac{\partial \hat{y}_t^{k'}}{\partial z_t^k} \qquad (4.4.38)$$

LSTM 的 softmax 输出层神经元节点 $k$ 在时间步 $t$ 的上游输入 $z_t^k$, 在 softmax 函数作用下产生网络实际输出 $\hat{y}_t^k$。上游误差 $\delta_t^k$ 正是损失函数关于上游输入 $z_t^k$ 的偏导数, 它按照式 (4.4.38) 给出。

$$\frac{\partial \hat{y}_t^{k'}}{\partial z_t^k} = \begin{cases} \hat{y}_t^{k'}(1-\hat{y}_t^k), & \text{如果}k'=k \\ \hat{y}_t^{k'}\hat{y}_t^k, & \text{如果}k' \neq k \end{cases} = \hat{y}_t^{k'}1\{k'=k\} - \hat{y}_t^{k'}\hat{y}_t^k \qquad (4.4.39)$$

把式 (4.4.37) 中的下游误差和式 (4.4.39) 给出的 softmax 函数 $\hat{y}_t^k = \dfrac{e^{z_t^k}}{\sum\limits_{k'} e^{z_t^{k'}}}$ 的导数代入式 (4.4.38) 并整理, 得到式 (4.4.40) 形式的计算上游误差公式。

$$\delta_t^k = \frac{\partial \mathcal{L}(x,y)}{\partial z_t^k}$$

$$= \sum_{k'} \left[ \left(-\frac{1}{P(y|x)\hat{y}_t^{k'}} \sum_{u \in B(y,k')} \alpha(t,u)\beta(t,u)\right)(\hat{y}_t^{k'}1\{k'=k\} - \hat{y}_t^{k'}\hat{y}_t^k) \right]$$

$$= -\frac{1}{P(y|x)} \sum_{k'} \left[ (1\{k'=k\} - \hat{y}_t^k) \sum_{u \in B(y,k')} \alpha(t,u)\beta(t,u) \right]$$

$$= -\frac{1}{P(y|x)} \left[ (1-\hat{y}_t^k) \sum_{u \in B(y,k)} \alpha(t,u)\beta(t,u) + (0-\hat{y}_t^k) \sum_{u \in B(y,k'),k'\neq k} \alpha(t,u)\beta(t,u) \right]$$

$$= -\frac{1}{P(y|x)} \left[ \sum_{u \in B(y,k)} \alpha(t,u)\beta(t,u) - \right.$$

$$\left. \hat{y}_t^k \underbrace{\left( \sum_{u \in B(y,k)} \alpha(t,u)\beta(t,u) + \sum_{u \in B(y,k'),k'\neq k} \alpha(t,u)\beta(t,u) \right)}_{P(y|x)} \right]$$

$$= -\frac{1}{P(y|x)} \left[ \sum_{u \in B(y,k)} \alpha(t,u)\beta(t,u) - \hat{y}_t^k \underbrace{\sum_{u=1}^{|y'|} \alpha(t,u)\beta(t,u)}_{P(y|x)} \right]$$

$$= -\frac{1}{P(y|x)} \left[ \sum_{u \in B(y,k)} \alpha(t,u)\beta(t,u) - \hat{y}_t^k P(y|x) \right]$$

$$= \hat{y}_t^k - \frac{1}{P(y|x)} \sum_{u \in B(y,k)} \alpha(t,u)\beta(t,u) \tag{4.4.40}$$

式 (4.4.40) 中最重要的一步是第 5 个等式中的横向花括号框住的两项和, 这是所有路径的概率和 $P(y|x)$。该式最后一个等式是求上游误差 $\delta_t^k$ 的最终公式。

获得了输出层节点的上游误差后, LSTM 以及图 4.25 中 CNNs 的各层神经元的上游误差, 则可按照相应的网络模型中介绍过的反向传播算法逐层回传进行计算。

最后, 作为对前面介绍过的内容的总结, 算法 10 给出了以概率矩阵 $\mathbf{Pr}$ 和监督信号 $y$ 为输入后, 产生上游误差 $\delta_t^k$ 为输出的伪码实现。

---

**算法 10** CTC 损失函数的上游误差计算算法

---

**输入:** 概率矩阵 $\mathbf{Pr}_{n \times T}$ (由 CNNs+LSTM 接受训练样本 $(x,y)$ 中的 $x$ 产生)

   样本 $(x,y)$ 中的监督信号 $y$

**输出:** 上游误差 $\delta_t^k$

1: 初始化 $l = y$, 并构造 $l' = y'$;
2: 置 $U = |l|, U' = |l'|$;
3: 按式 (4.4.28) 设置前向变量 $\alpha(t,u)$ 初始值;
4: **for all** $t \in 1:T$ **do**
5:   **for all** $u \in 1:U'$ **do**
6:     **if** $u-1 < 0$ or $u-2 < 0$ **then**
7:       $\alpha(t,u=0) = 0$ (式 (4.4.27)), continue;
8:     **end if**
9:     **if** $u < U' - 2(T-t) - 1$ **then**
10:       $\alpha(t,u) = 0$ (式 (4.4.29)), continue;
11:     **end if**
12:     利用式 (4.4.25) 式 (4.4.26) 递归地计算前向变量 $\alpha(t,u)$ 的值;
13:   **end for**
14: **end for**
15: 按式 (4.4.33) 设置反向变量 $\beta(t,u)$ 初始值;
16: 置 $\beta(T,U'+1) = 0$ (式 (4.4.29));
17: **for all** $t \in T:1$ **do**

18:　　**for all** $u \in U' : 1$ **do**
19:　　　**if** $u > 2t$ **then**
20:　　　　$\beta(t, u) = 0$ (式 (4.4.34)), continue;
21:　　　**end if**
22:　　　**if** $u + 1 > U'$ **or** $u + 2 > U'$ **then**
23:　　　　$\beta(t, u + 1) = \beta(t, u + 2) = 0$, continue;
24:　　　**end if**
25:　　　利用式 (4.4.30) 和式 (4.4.31) 递归地计算反向变量 $\beta(t, u)$ 的值;
26:　　**end for**
27: **end for**
28: 利用 $\alpha(t, u), \beta(t, u)$ 值, 计算 $P(y|x) = \displaystyle\sum_{u=1}^{|l'|} \alpha(t, u)\beta(t, u)$ (式 (4.4.20) 最后一个等式);
29: 利用 $\alpha(t, u), \beta(t, u), P(y|x)$ 值, 计算 $\delta_t^k = \hat{y}_t^k - \dfrac{1}{P(y|x)} \displaystyle\sum_{u \in B(y,k)} \alpha(t, u)\beta(t, u)$ (式 (4.4.40)
最后一个等式)

一旦根据 CTC 损失函数提供的误差信号训练好一个网络, 对于未知的数据 $x$ 输入训练好的网络后, 将产生关于这个输入 $x$ 的概率矩阵 **Pr**, 一个称为 CTC 解码器的模块会根据这个概率矩阵解释出序列 l, 作为对这个输入 $x$ 的预测值。

一个最为简单直接的 CTC 解码算法是最佳路径解码 (best path decoding, BPD) 的近似算法, 该算法简单地从概率矩阵中每个时间步 $t$ 均挑选概率值最大的符号作为输出, 得到最佳路径 $\pi^*$, 然后用辨认函数将这个最佳路径辨认为预测序列 $l = \mathcal{F}(\pi^*)$。

BPD 是一种近似算法, 它不能总保证输出的是最佳标注序列。Alex Graves 在提出 CTC 方法的论文中给出了另一种效果更佳的前缀搜索解码 (prefix search decoding, PSD) 的近似算法。关于如何从概率矩阵中解码出标注序列的问题, 这里不作进一步展开, 感兴趣的读者请参考 Alex Graves 的 CTC 方法的文献 [27]。

## 4.4.4　小结

本节在 bigram 语言模型下的 RNNs 和 LSTM 技术基础上, 引入了编码器-解码器模型、注意力机制、CTC 三种不同的机制, 这些机制的引入使得 RNNs 和 LSTM 技术能更灵活地应付各类序列处理问题。

编码器-解码器模型的核心是将源序列编码成一个上下文向量 $C$, 然后解码器从上下文向量 $C$ 中解码出目标序列。编码器-解码器模型优点是不要求源序列和目标序列一一对应, 可以处理任意长短的序列对之间的识别问题。但固定长度的上下文向量 $C$ 并不太合理, 是编码器-解码器模型性能进一步提升的瓶颈。

注意力机制则放弃了固定长度的上下文向量 $C$, 引入的注意力参数允许解码器学习从整个源序列范围中提取所需的信息, 并能自动地根据目标语言的表达习惯与源序列进行对齐, 因而产生的输出结果比传统的编码器-解码器模型质量更高。

CTC 并不是一种神经网络技术, 它更多的是与 RNNs,LSTM 等其他基于数学优化的序列处理技术混合使用, 为它们提供损失函数。CTC 武装下的 RNNs,LSTM 非常适合处理语音识别、手写体识别/图片转文字、唇读等这样一类原始数据 $X$ 不易手工分割的应用场合, 它更像是学习如何从质量不高、含混不清的语音、图片中辨认是否存在目标序列 $Y$, 而不要求明确指出 $Y$ 中某个字符在 $X$ 中确切的位置。

CTC 方法的核心是 RNNs,LSTM 输出的概率矩阵。模型训练阶段 CTC 利用一个快速高效的前向反向算法从这个概率矩阵中归纳出 $P(Y|X)$, 这个概率值实质上是反映源序列含有目标序列 $Y$ 的可能性得分。CTC 的主要任务是要根据 $P(Y|X)$ 这个可能性得分得到能用来训练 RNNs,LSTM 的上游误差; 模型的预测阶段, CTC 利用这个概率矩阵解码出目标序列作为预测输出。

# 4.5 深度反馈网络在时间序列处理中的应用

广义的时间序列处理是一个非常宽泛的概念, 机器翻译、语音识别、自动编程、机器人写作、图片摘要 (给定一幅图片, 要求给出简短的一段文字对图像内容进行描述)、文本摘要 (给定一篇文章, 要求生成特定字数限定的摘要)、股指时间序列预测等均属于时间序列处理的研究范畴。Hirschberg 和 Manning 对自然语言处理这一特殊的时间序列问题近年来的进展进行了介绍, 他们综述了机器翻译、语音识别与合生、口语对话系统、语音到语音的翻译引擎、面向社交媒体的健康和金融信息挖掘系统、情感分类识别系统等方面的进展 [29]。由于 RNNs,LSTM 在长时间跨度下的信息关联能力, 再联合深度学习的特征自动提取能力, 使得深度 RNNs,LSTM 技术成为时间序列处理问题的首选工具。下面着重介绍深度 RNNs,LSTM 技术如何被用来解决机器翻译、语音识别、自动编程和写作这样的序列处理问题。

## 4.5.1 Google 神经机器翻译系统

机器翻译是指计算机自动地将一种语言表示的文字转换成用另一种语言。如果将文本看作单词或句子的序列, 那么机器翻译显然属于时间序列处理的范畴。目前 Google 上线的基于 LSTM 的神经机器翻译系统 Google Translate 已能提供 100 多种语言之间的翻译。

机器翻译的研究历史悠久。翻译的思想最早可追溯到 17 世纪, 1629 年, 法国哲学家 Rene Descartes 设想能否构造一种通用语言, 使得不同语言表达相同的意思时能共用一种符号。但机器翻译作为一个独立的研究领域则起源于数学家 Warren Weaver, 他在 1947 年写给控制论专家 Norbert Wiener 的信中提出用数字计算机在正式文档与自然语言之间互相翻译的设想, 这一设想最终促进了机器翻译这个研究领域的诞生。

机器翻译是一个富有挑战性的难题, 在 2016 年之前, 机器翻译的质量是比较糟糕的, 远未达到人类翻译的水准。但技术的发展, 尤其是深度学习技术的发展使得这一难题得到了很好的解决, Google 于 2016 年上线了基于深度 LSTM 技术和注意力机制的端到端神经机器翻译系统 GNMT, 其翻译质量接近人类翻译员的翻译水准。

GNMT 使用图 4.30 所示的体系结构 [24]。图 4.30 中左、右图分别是深度均为 8 层的编码器和解码器模块。左图的编码器模块底层采用 GPU_1, GPU_2 运行一个双向 LSTM, 其余层全部采用 LSTM。右图解码器全部采用 LSTM 堆叠在 8 个 GPU 处理单元上。无论是 BiLSTM 还是 LSTM, 每层均有 1024 个 LSTM 节点。编码器和解码器模块内部除正常的逐层前向连接外, 还存在跨层的残差连接。

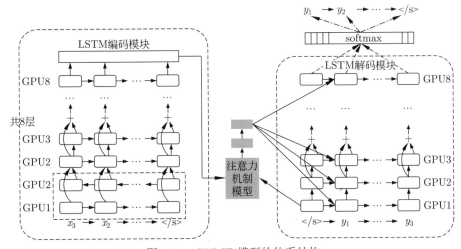

图 4.30　GNMT 模型的体系结构

图 4.31 是 GNMT 模型使用的 BiLSTM 模型 [24]。该图中前向模块 $\text{LSTM}_f$ 产生的输出 $\overrightarrow{x_t}$ 与反向模块 $\text{LSTM}_b$ 产生的输出 $\overleftarrow{x_t}$ [1] 在图中的 concat 节点处被连接在一起 $[\overrightarrow{x_t}, \overleftarrow{x_t}]$, 作为下一层 LSTM 模块的输入。

图 4.32(a) 则是 GNMT 模型中编码器-解码器内部使用的残差连接情况, 模块 $\text{LSTM}_1$ 在时间步 t 产生的输出 $m_t^1$ 与 $\text{LSTM}_1$ 的输入 $x_t^0$ 累加 (图中的跨层曲线箭头所示), 得到的结果 $x_t^1 = m_t^1 + x_t^0$ 作为下一层模块 $\text{LSTM}_2$ 时间步 $t$ 的输入。图 4.32(b) 是无残差连接的多层 LSTM 堆叠模型 [24]。

图 4.30 中介于编码器模型和解码器模型中间部分的是注意力机制模型, 它是一个具有单隐层 (隐层有 1024 个节点) 的 3 层前向 softmax 网络。解码器的输出最终被送给 softmax 层产生输出 $y_t$, 作为目标语言时间步 $t$ 的输出。该输出 $y_{t-1}$ 连同编码器的

---

1　由于这部分介绍直接使用了文献 [24] 中的原图, 因此这部分 LSTM 模块输入输出的符号直接使用了原文的符号, 而没有转换成本书前面介绍 RNNs, LSTM 技术时的符号, 后同。

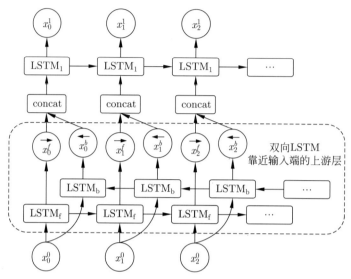

图 4.31　编码器底层的 BiLSTM

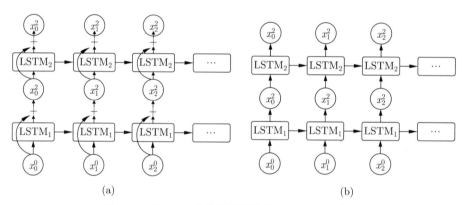

(a)　　　　　　　　　　　　　　　　(b)

图 4.32　GNMT 中带残差连接的深层 LSTM 模型
(a) 带残差连接 (层间的曲线箭头) 的多层 LSTM 堆叠; (b) 传统的无残差连接的
多层 LSTM 堆叠

输出 $x_t^e$ 构成注意力函数 $\mathrm{AttentionFunction}(y_{t-1}, x_t^e)$ 的输入, 并最终通过图 4.30 中间所指示的 3 层前向 softmax 网络形成时间步 $t$ 的注意力输出 $a_t$。这个注意力输出被连接到解码器的各个 LSTM 模块, 以供解码时使用。

基于上述模型的 GNMT 系统, 再引入一些其他的技巧, 比如在优化目标函数中加入漏译惩罚项、在输入输出环节引入词碎片 (wordpiece) 模型 (比如单词 sunny 被拆分成 ⊔su 和 nny 两个碎片。这种做法的好处在于可在单个字符和整个单词之间取得好的平衡, 给编码带来灵活性的同时解决了罕用词的翻译难题), 以及一些推理计算上的加速技巧, GNMT 系统取得了惊人的翻译质量。文献 [24] 指出, 在使用大小为 36M

| 输入 | 翻译(PBMT) | 翻译(GNMT) | 翻译(人类) |
|------|-----------|-----------|-----------|
| 他此行将启动中加大学校长年度对话机制,与加拿大校长凯利举行两国校长首次年度对话。 | He added this line to start the annual dialogue mechanism with the Canadian University President Kely two predidents held its first annual session. | he will start the annual dialogue mechanism with University President Kely of Canada and hold the first annual dialogue between the two presidents. | He will initiate the annual dialogue mechanism between university president of China and Canada during this visit, and hold the first annual dialogue with President Kely of Canada. |

图 4.33  Google 的 GNMT 翻译结果对比

的英-法句子对构成的训练集训练, GNMT 系统每多一层 LSTM, 翻译结果的语义含糊度降低 10%。总体上 GNMT 在英-中、英-法、英-西、英-德翻译上能比传统的机器翻译系统降低 60% 的错误率, 翻译质量接近人类翻译员的平均水准。

Google 公司在其 Google Translate 成立 10 周年时, 在 2016 年 9 月的翻译产品发布会上展示了 GNMT 翻译结果与人力翻译的对比 (图 4.33), 其中的 PBMT (phrase-based machine translation) 是传统的基于语法的机器翻译系统。从中可以感受到 GNMT 系统的翻译更接近人类。

但机器翻译的技术演化仍然在进行。来自 Google Brain 和 Google Research 团队的研究人员仅利用注意力机制搭建了一个更简单的神经网络, 利用 450 万英-德句子对, 以及同样大小为 36M 的英-法句子对, 在配有 8 张 nvidia P100 GPUs 的单机上花费比 GNMT 系统更短的训练时间 (基本模型用了 10 万回合迭代共 12 h 的训练时间, 大模型的训练则需要 30 万回合迭代共 3.5 天的时间。), 获得了更好的英-德、英-法互译结果 [25]。Sutskever 等人 [26] 发现将源序列的句子按照逆序的形式输入 LSTM 进行训练, 可以大幅提高 LSTM 的性能。

## 4.5.2 深度语音识别系统

语音识别的研究历史悠久, 早期的研究工作起源于贝尔实验室的研究人员 Dudley 等人研究的 VODER 语音分析和合成系统 [30,31](1939 年) 以及 Davis 等人共同打造的针对单一说话人的自动语音识别器 Audrey [32](1952 年)。

由于声音信号不可避免存在噪声干扰, 同时受说话人说话腔调、语速等大量不确定因素影响, 因此语音识别问题一直以来是一个富有挑战性的难题。20 世纪 70 年代, 就读于卡耐基·梅隆大学的 James Baker 和 Janet M. Baker 夫妇将本科时期某次暑期打工时学得的隐马尔可夫模型 (Hidden Markov Model, HMM) 应用于语音识别, 成为首位在语音识别领域引入隐马尔可夫模型的研究者。此后 James Baker 基于他们的技术创立了 Dragon NaturallySpeaking 语音识别系统 [33]。用 HMM 进行语音建模的优点在于能将语音识别中众多因素带来的不确定性统一纳入概率模型中, 正因此优势, HMM 联合前向神经网络 (forward neural networks,FNNs) 从 20 世纪 80 年代直到 2000 年的相当长的一段时间内成为语音识别的主流技术 [34]。

2000 年以后, 语音识别的研究领域被 HMM+FNNs 一统天下的局面开始发生改变。冲击 HMM+FNNs 组合最早的技术出现在 20 世纪 90 年代产生的 LSTM 技术 [46], LSTM 解决了误差沿时间轴回传时的梯度消失问题, 这使 LSTM 能处理长达几千个时间跨度的信息关联问题。此后, Alex Graves 提出了 CTC, 并将之与 LSTM 联合使用进行语音识别, Alex Graves 只用了一层 BiLSTM 联合 CTC 技术 [27,28] 就取得了非常好的效果。自此打破了传统 HMM+FNNs 统治语音识别但识别率无明显提升的局面。

此后, 随着深度技术的发展, Hinton 团队将深度学习技术应用于语音识别领域 [35-37], 他们的工作表明使用深度学习技术构造的语言识别系统能以 30% 的幅度降低单词识别错误率, 使得深度学习技术成为语音识别主流技术。Alex Graves 也转投 Hinton 团队, 利用深度学习技术将多层 LSTM 堆叠得到的深度模型使识别错误率大幅降低 [38]。此后, Google 利用 LSTM+CTC 构造的语音识别系统取得了 49% 的大幅度性能提升, 其 Google Voice 系统目前已被部署到智能手机上使用 [39]。

下面对语音识别领域里几个重要的工作分别加以重点介绍, 以便读者进一步了解 LSTM 为代表的反馈神经网络以及相关序列处理技术如何被有效地用来解决语音识别问题, 并了解所取得的相应效果。

### 4.5.2.1 BiLSTM+CTC 语音识别系统

Alex Graves 在其提出 CTC 的文章中, 使用的是 BiLSTM 结合 CTC 的语音识别模型。Alex Graves 的 BLSTM 采用输入输出层加一个 BLSTM 隐层单元的三层网络结构, 输入层有 26 个节点, 输出层有 62 个节点 (对应 61 个音素 $\hat{x}_t$ [1] 和 1 个空格符号), 总共有 114 662 个神经元连接权参数。

Alex Graves 测试了其 BiLSTM+CTC 语音识别系统在语音数据集 TIMIT 上的性能。TIMIT 是语音识别领域的一个基准测试例子, 是由德州仪器、麻省理工学院和斯坦福国际研究院合作构建的声学－音素连续语音语料库。TIMIT 数据集的语音采样频率为 16kHz, 一共包含 6300 个句子, 由来自美国 8 个主要方言地区的 630 个人每人说出给定的 10 个句子。

误标率 (label error rate, LER) 是语音识别领域常用的一个衡量识别准确率的指标, 这个指标的大致含义是考查识别出来的序列需要经过多少次的插入、替换、删除的操作后才能转换成正确的序列, 将编辑的次数除以正确序列的长度就得到 LER。表 4.3 给出了 BiLSTM+CTC 系统与其他方法 (HMM) 在 TIMIT 上的误标率对比数据。

---

1　由音素是语音中的最小单位, 例如英语中有 20 个元音音素, 28 个辅音音素。

表 4.3　BiLSTM+CTC 系统与其他方法 (HMM) 在 TIMIT 上的误标率对比 [27]

| 系统 | 误标率 (LER) |
| --- | --- |
| Context-independent HMM | 38.85% |
| Context-independent HMM | 35.21% |
| BLSTM/HMM | $(33.84 \pm 0.06)\%$ |
| Weighted error BLSTM/HMM | $(31.57 \pm 0.06)\%$ |
| CTC(best path) | $(31.47 \pm 0.21)\%$ |
| CTC(prefix search) | $(30.51 \pm 0.19)\%$ |

从表 4.3 中可以看出, 使用前缀搜索进行解码的 BiLSTM+CTC 系统, 比 BiL-STM/HMM 误标率要降低近 4%。这一结果充分显示了 CTC 对 HMM 的比较优势。

在深度学习技术崛起后, 意识到深度学习潜能的 Alex Graves 转投 Hinton 团队, 并于 2013 年用同样的 BiLSTM+CTC 技术配置打造深度语音识别系统, 并加上一些诸如逐层贪心预训练等深度神经网络的训练策略。表 4.4 给出浅层和深层 BiLSTM+CTC 系统在 TIMIT 上的性能比较。

表 4.4　浅层和深层 BLSTM+CTC 系统在 TIMIT 上的误标率对比 [38]

| 序号 | 网络 | 参数总数 | 总迭代轮数 | 误标率 (LER) |
| --- | --- | --- | --- | --- |
| 1 | CTC-3-500H-TANH | 3.7M | 107 | 37.6% |
| 2 | CTC-1-250H | 0.8M | 82 | 23.9% |
| 3 | CTC-1-622H | 3.8M | 87 | 23.0% |
| 4 | CTC-2-250H | 2.3M | 55 | 21.0% |
| 5 | CTC-3-421H-UNI | 3.8M | 115 | 19.6% |
| 6 | CTC-3-250H | 3.8M | 124 | 18.6% |
| 7 | CTC-5-250H | 6.8M | 150 | 18.4% |
| 8 | TRANS-3-250H | 4.3M | 112 | 18.3% |
| 9 | PreTrains-3-250H | 4.3M | 144 | 17.7% |

表 4.4 中的第 2 列给出的是网络参数配置, 例如 CTC-3-500H-TANH 代表的是使用 3 个 BiLSTM 隐层, 每个隐层使用 500 个 BiLSTM 单元, 传递函数使用 tanh (双曲正切函数)。其余参数配置按此类推。

从表 4.4 中第 2 行和第 7 行可以看出, 在其他参数完全一样的情况下, 3 隐层的 CTC-3-250H 网络比 1 个隐层的 CTC-1-250H 网络误标率降低了 5.5%。对 CTC-3-250H 网络增加逐层贪心预训练策略后 (表 4.4 中第 8 行), 误标率进一步下降到 17.7%, 这一结果在当时是最好的结果。

### 4.5.2.2　CNNs+LSTM+CTC 大规模视觉语音识别系统

视觉语音识别是指在没有声音信号的情况下, 只根据说话人嘴唇动作、面部表情等肢体动作, 以文字输出的形式识别出说话人所说的话。视觉语音识别技术对具有听觉障碍的一类人尤其有用。隶属 DeepMind 团队的 Brendan Shillingfordc 等人利用 CNNs+LSTM+CTC 技术配置开发了一套大规模视觉语音识别系统。

视觉语音识别最典型的应用是唇读 (lipreading), 即在声音信号不可用的特殊场合只根据说话人嘴唇、牙舌以及面部表情的动态变化鉴别出说话人所说的话。唇读是一个富有挑战性的难题, 即使是专业的唇语解读者, 其准确率也只有 20%~60%。由 DeepMind 和牛津大学联合开发的 LipNet (这款软件亦由 Brendan Shillingfordc 等人共同研发)[40] 在 GRID 的语料训练下, 使用相对较小的词汇表 (51 个单词构成的词汇表), 在 5 个单词以内的短句子唇读的误字率 (word error rate, WER) 为 4.8%。但这一结果是在小数据集、小词汇表下获得的, 实用范围有限。

在 LipNet 基础上, DeepMind 团队搜集了一个更大规模的数据集 LSVSR, 采用更大的词汇表。面对这个更大规模的数据集, 原来的大多唇读软件, 包括 LipNet, 则显得难以应付, 误字率高达 86.4% ~ 92.9%。DeepMind 团队在 LipNet 基础上升级开发的视觉到音素 (vision to phoneme, V2P) 的系统在 LSVSR 数据集上将误字率降低到 40.9%。

V2P 误字率大幅降低的原因之一是其所使用的大规模训练数据集。图 4.34(a) 中最后一行的 LSVSR 是 V2P 使用的训练数据集, 从中可见 LSVSR 与其他数据集相比要大至少一个数量级。LSVSR 使用的词汇表共有 127 055 个常用词, 这个规模的词汇表是通过统计得到的。图 4.34(b) 显示的是 YouTube 公开视频中 350 万个单词 (这些单词被至少重复出现 3 次以上) 的频率直方图, LSVSR 词汇表中的这 127 055 个词是在视频中频繁出现的常用词 [41]。

| 数据集 | 语料 | 时长/h | 词汇表 |
|---|---|---|---|
| GRID | 33 000 | 28 | 51 |
| IBM Via Voice | 17 111 | 35 | 10 400 |
| MV-LRS | 74 564 | 约155 | 14 960 |
| LRS | 118 116 | 约246 | 17 428 |
| LRS3-TED | 约165 000 | 约475 | 约57 000 |
| LSVSR | 2934 899 | 3886 | 127 055 |

(a)　　　　　　　　　　　　　(b)

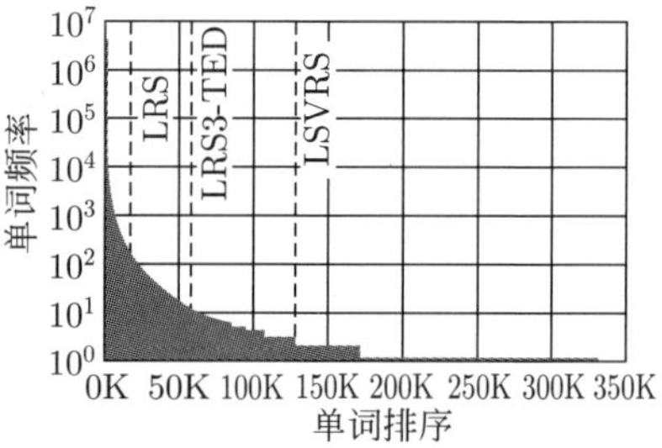

图 4.34　V2P 中使用的大规模训练数据集 LSVSR 与其他数据集的对比

LSVSR 数据集的格式是累积播放时长约 3886 h 的 audio-video-text 形式的数据, 这些数据从 YouTube 公开视频中通过一序列的处理模块抽取得到。抽取的过程大致可分为从视频中侦测含说话人脸的视频, 将含人脸且有说话声音的视频部分的音频和字幕以逐句的方式分离出来, 丢弃没有人脸或没有声音的视频片段, 最终得到 audio-video-text 格式的数据。其中含说话人脸的视频 video 是 $128 \times 128$ 规格的图像以时间先后顺序逐帧保存, audio 是相应的声音文件, 而 text 则是相应的文字。

图 4.35 给出了 V2P 系统的总体框架[41]。说话人说话时嘴唇动作的视频被输入 VGG 架构的 5 层 3d 卷积神经网络模块，各层卷积核数为 [64, 128, 256, 512, 512]，每个卷积核的感受野为 11 个视频帧 (0.36 ～ 0.44 s，这个时间大约是人说话时一个音素持续时间的两倍)。

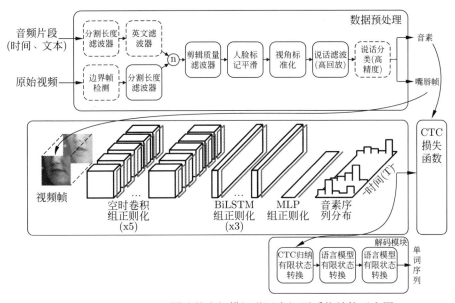

图 4.35　DeepMind 团队的大规模视觉语音识别系统结构示意图

卷积模块提取出来的特征紧接着被输入后面的 3 层 BiLSTM 模块 (每层 768 个 LSTM 节点)，以提取更长时间跨度下的特征。BiLSTM 模块的输出经过多层前向网络 MLP 的进一步处理后，得到的是一个后续 CTC 模块需要的关于音素的概率分布矩阵，CTC 模块根据这个矩阵，利用 audio 中作为监督信号的音素序列构造训练网络所需要的损失函数。

最后，训练好的 V2P 系统会根据网络输出的关于音素的概率分布矩阵，利用一个工业标准的基于有限状态转换技术 (finite state transducers, FST) 进行解码，最终得到文字序列形式的输出。

### 4.5.3　用 LSTM 编程和写作

特斯拉 AI 总监的 Andrej Karpathy 在字符级别的 bigram 模型 (即输入当前字符要求预测下一个字符) 下测试了 RNNs 和 LSTM 的性能。Andrej Karpathy 的实验显示了如何训练 RNNs 和 LSTM 让它们学习写博客、写诗、编写 LaTex 文件、编写 C 语言程序、给婴儿起名等这些非常有趣的事情。

### 4.5.3.1　用 LSTM 学习命名

Andrej Karpathy 使用的是字符级别的 bigram 模型, 即每次输入一个字符, 要求 RNNs,LSTM 预测下一个字符 (例如单词 "Hello" 中, 字符 "H" 的下一字符是 "e" )。对字符采用独热向量进行编码。经过足够的训练数据训练后, RNNs,LSTM 将能够在给定一个字符输入的前提下, 其输出层 softmax 层会给出所有字符上的概率分布。因此, 在测试或者说使用阶段, RNNs,LSTM 通过接收一个字符作为输入 (首字符需要预先指定), 将产生字典中所有字符的概率分布, 然后根据这个概率分布产生下一字符。这个根据 RNNs,LSTM 的 softmax 输出层的分布进行不等概抽样产生的字符重新作为 RNNs,LSTM 的输入再次生成一个概率分布, 新的字符又根据这个概率分布通过不等概抽样产生。如此反复, RNNs,LSTM 将产生令人惊奇的输出结果。

Andrej Karpathy 搜索了 8000 个婴儿的英文名字, 按每行一个名字的格式将这些名字保存成一个文本文件。然后让 RNNs 按照字符级别的 bigram 模型进行阅读训练。训练完毕后, 在指定首字母的情况下, RNNs 将产生指定首字母开始的英文名字。下面列出了 RNNs 生成的不在训练集中出现过的英文名字 (RNNs 生成的名字 90% 不在训练集中出现)。

Rudi Levette Berice Lussa Hany Mareanne Chrestina Carissy Marylen Hammine Janye Marlise Jacacrie Hendred Romand Charienna Nenotto Ette Dorane Wallen Marly Darine Salina Elvyn Ersia Maralena Minoria Ellia Charmin Antley Nerille Chelon Walmor Evena Jeryly Stachon Charisa Allisa Anatha Cathanie Geetra Alexie Jerin Cassen Herbett Cossie Velen Daurenge Robester Shermond Terisa Licia Roselen Ferine Jayn Lusine Charyanne Sales Sanny Resa Wallon Martine Merus Jelen Candica Wallin Tel Rachene Tarine Ozila Ketia Shanne Arnande Karella Roselina Alessia Chasty Deland Berther Geamar Jackein Mellisand Sagdy Nenc Lessie Rasemy Guen Gavi Milea Anneda Margoris Janin Rodelin Zeanna Elyne Janah Ferzina Susta Pey Castina

### 4.5.3.2　用 LSTM 学习写博客

Andrej Karpathy 第二个实验是让 LSTM 学习人类写博客。Andrej Karpathy 使用的数据是美国著名程序员、风险投资家、博客和技术作家 Paul Graham 的博客上的内容。Paul Graham 所撰写的博客或散文通常充满智慧, 可惜的是 Paul Graham 更新作品的速度比较慢。Andrej Karpathy 将 Paul Graham 过去 5 年的作品汇总保存成大约 1 MB 约 100 万个字符的文本文件, 然后利用两个隐层 LSTM 层, 每个隐层 LSTM 含 512 个节点 (总共约 350 万个参数) 的长短期记忆单元神经网络。采用这个 LSTM 去逐字符读取 Paul Graham 的作品, 使用截断版的 BPTT 算法, 截断距离取 100 个字符 (即每读完 100 个字符则截断, 相当于将 Paul Graham 的作品保存成每 100 个字符一行, 然后逐行读入)。在 batch 大小取 100, dropout 率取 0.5 的参数设定下, 使用一张 TITAN Z GPU 卡训练这个长短期记忆单元网络 LSTM, 每 batch 的数据计算耗时 0.46 s。下面是训练好 LSTM 后所生成的一个短文样本。

The surprised in investors weren't going to raise money. I'm not the company with the time there are all interesting quickly, don't have to get off the same programmers. There's a super-angel round fundraising, why do you can do. If you have a different physical investment are become in people who reduced in a startup with the way to argument the acquirer could see them just that you're also the founders will part of users' affords that and an alternation to the idea. [2] Don't work at first member to see the way kids will seem in advance of a bad successful startup. And if you have to act the big company too.

虽然上述文本并不能完全能与 Paul Graham 本人所写的散文相媲美, 但这个 LSTM 展现了完全从零开始, 从仅 1MB 的小语料集中学会英文单词的拼写和英文句子的表达, 甚至学会了如何用引文来支持自己的观点。

### 4.5.3.3　用 LSTM 学习写剧本

为进一步测试 LSTM 对数据中更多的结构和风格的把握能力, Andrej Karpathy 的第三个实验使用的是 4.4MB 的莎士比亚的作品集。此时使用的 LSTM 是一个具有三层 LSTM 单元, 连同输入输出共五层的网络, 每个隐层 LSTM 同样使用 512 个节点。经过几个小时的训练后, 这个 LSTM 能产生如下极具莎士比亚风格的作品。

VIOLA:

Why, Salisbury must find his flesh and thought That which I am not aps, not a man and in fire, To show the reining of the raven and the wars To grace my hand reproach within, and not a fair are hand, That Caesar and my goodly father's world; When I was heaven of presence and our fleets, We spare with hours, but cut thy council I am great, Murdered and by thy master's ready there My power to give thee but so much as hell: Some service in the noble bondman here, Would show him to her wine.

KING LEAR:

O, if you were a feeble sight, the courtesy of your law, Your sight and several breath, will wear the gods With his heads, and my hands are wonder'd at the deeds, So drop upon your lordship's head, and your opinion Shall be against your honour.

按照 Andrej Karpathy 在其博客中的评论, 上述独白让人难以区分到底是来自莎士比亚本人真作, 还是赝品。

### 4.5.3.4　用 LSTM 学习编程

除了能学会取名、写作之外, LSTM 还能学会如何驾驭类似 XML, LaTex, C 这样的结构化标记语言, 并能以假乱真, 几乎像人那样进行编程。

　　同样使用字符级别的 bigram 模型, Andrej Karpathy 从维基百科中下载了约 100 MB 的维基百科原始数据, 将其中 96MB 作为训练数据训练训练一个 LSTM。下面一段文字是模型训练好后产生的一段输出:

　　Naturalism and decision for the majority of Arab countries' capitalide was grounded by the Irish language by [[John Clair]], [[An Imperial Japanese Revolt]], associated with Guangzham's sovereignty. His generals were the powerful ruler of the Portugal in the [[Protestant Immineners]], which could be said to be directly in Cantonese Communication, which followed a ceremony and set inspired prison, training. The emperor travelled back to [[Antioch, Perth, October 25—21]] to note, the Kingdom of Costa Rica, unsuccessful fashioned the [[Thrales]], [[Cynth's Dajoard]], known in western [[Scotland]], near Italy to the conquest of India with the conflict. Copyright was the succession of independence in the slop of Syrian influence that was a famous German movement based on a more popular servicious, non-doctrinal and sexual power post. Many governments recognize the military housing of the [[Civil Liberalization and Infantry Resolution 265 National Party in Hungary]], that is sympathetic to be to the [[Punjab Resolution]] (PJS)[http://www.humah.yahoo.com/guardian.cfm/7754800786d17551963s89.htm Official economics Adjoint for the Nazism, Montgomery was swear to advance to the resources for those Socialism's rule, was starting to signing a major tripad of aid exile.]]

　　上述输出可以看出, LSTM 掌握了括号 "(),[]" 的正确使用方法。但 LSTM 也会出现类似人类幻觉那样产生实际并不存在的雅虎 url 链接。甚至 LSTM 还能产生看似随机但却是符合 XML 语法规范的 XML 源文件。接下来的 XML 源文件即是 LSTM 阅读完 96MB 的维基百科原始数据后生成的结果。仔细阅读这份由 LSTM 生成的文件, 你会发现 LSTM 完全学会了如何正确使用包括 id,timestamp 在内的各种标记来产生没有语法错误的 XML 源文件。

　　不仅如此 LSTM 还能学习如何运用流行的书籍排版软件 LaTex 进行排版。Andrej Karpathy 和他的实验室同事从网上下载了约 16 MB 的原始 LaTex 源文件让一个多层 LSTM 网络进行阅读研习, 然后让这个 LSTM 网络输出 LaTex 源文件。下面这份 LaTex 源文件是这个 LSTM 网络未经任何人为修改的输出结果。仔细检查这份 LaTex 源文件, 你会发现 LSTM 网络的输出结果有少量错误, 比如第 15 行本应出现 \end{proof}, 以结束第 1 行中出现的 \begin{proof} 证明环境, 但 LSTM 网络错误地使用了 \end{lemma}。类似地, LSTM 会用 \begin{enumerate} 开启一个枚举环境后, 忘记用对应的 \end{enumerate} 来关闭枚举环境。究其原因, 可能是因为标记之间的这种过于长时间跨度之间的依赖关系, 使 LSTM 学习起来有点力不从心。

LSTM 生成的 XML 源文件

```
<page>
  <title>Antichrist</title>
  <id>865</id>
  <revision>
    <id>15900676</id>
    <timestamp>2002-08-03T18:14:12Z</timestamp>
    <contributor>
      <username>Paris</username>
      <id>23</id>
    </contributor>
    <minor/>
    <comment>Automated conversion</comment>
    <text xml:space="preserve">#REDIRECT [[Christianity]]</text>
  </revision>
</page>
```

LSTM 生成的 LaTex 源文件

```
\begin{proof}
We may assume that $\mathcal{I}$ is an abelian sheaf on $\mathcal{C}$.
\item Given a morphism $\Delta : \mathcal{F} \to \mathcal{I}$
is an injective and let $\mathfrak q$ be an abelian sheaf on $X$.
Let $\mathcal{F}$ be a fibered complex. Let $\mathcal{F}$ be a category.
\begin{enumerate}
\item \hyperref[setain-construction-phantom]{Lemma}
\label{lemma-characterize-quasi-finite}
Let $\mathcal{F}$ be an abelian quasi-coherent sheaf on $\mathcal{C}$.
Let $\mathcal{F}$ be a coherent $\mathcal{O}_X$-module. Then
$\mathcal{F}$ is an abelian catenary over $\mathcal{C}$.
\item The following are equivalent
\begin{enumerate}
\item $\mathcal{F}$ is an $\mathcal{O}_X$-module.
\end{lemma}
```

但不管如何, 将 LSTM 生成的 LaTex 源代码进行稍微修补少量错误后, 就能编译生成像模像样的 pdf 格式的文档输出。限于篇幅, 本书没有在这里显示生成的 pdf 格式的结果, 感兴趣的读者请进一步参考 Andrej Karpathy 的相关博客。

LSTM 生成的 C 语言源文件

```
/*
 * Increment the size file of the new incorrect UI_FILTER group information
 * of the size generatively.
 */
```

```
static int indicate_policy(void)
{
  int error;
  if (fd == MARN_EPT) {
    /*
     * The kernel blank will coeld it to userspace.
     */
    if (ss->segment < mem_total)
      unblock_graph_and_set_blocked();
    else
      ret = 1;
    goto bail;
  }
  segaddr = in_SB(in.addr);
  selector = seg / 16;
  setup_works = true;
  for (i = 0; i < blocks; i++) {
    seq = buf[i++];
    bpf = bd->bd.next + i * search;
    if (fd) {
      current = blocked;
    }
  }
  rw->name = "Getjbbregs";
  bprm_self_clearl(&iv->version);
  regs->new=blocks[(BPF_STATS<<info->historidac)]|PFMR_CLOBATHINC_SECONDS<<12;
  return segtable;
}
```

最后一个想要在此介绍的是 LSTM 还能学习编写 C 语言程序。为了构造 LSTM 的学习样本, Andrej Karpathy 从开源平台 Github 中下载了大量开源的 Linux 环境下的 C 语言程序, 将这些 C 语言程序的头文件和源文件放在同一文件中, 形成一个约 474 MB 大小的 C 语言代码文件。然后搭建了一个 5 层约 1000 万个参数的 LSTM 网络, 经过了几天的训练后, LSTM 学会了编写 C 语言程序。下面这段代码则是 LSTM 阅读了 474 MB 的 C 语言代码后编写出来的代码。

仔细阅读上述这份 LSTM 编写的 C 语言代码, 你会发现 LSTM 学会了正确地使用指针, 注释工具, 括号 {[ 也能被正确地开和闭, 并且代码编写的缩进风格也是标准的 C 语言风格。但 LSTM 也会犯一些人类程序员亦难以避免的错误。例如使用未经声明的变量 rw (第 28 行), 声明了整型变量 error 但从未使用 (第 7 行)。产生这些错误的原因亦很大可能是因为 LSTM 对长时间跨度之间的依赖关系把握能力不足。

# 4.6　反馈神经网络发展现状

反馈神经网络 (RNNs) 最早由美国认知心理学家 David Rumelhart 于 1986 年提出 [3]。此后, RNNs 被相继独立地发现存在梯度消失和梯度爆炸问题 [42-45], 这一问题导致对序列处理中普遍存在的长期依赖问题无法被 RNNs 有效学习。后来随着深度学习的发展, 梯度消失和梯度爆炸问题的基础性和重要意义才逐渐被认识。德国计算机科学家 Sepp Hochreiter 在发现梯度消失和梯度爆炸问题的基础上, 与当时在德国慕尼黑大学攻读博士学位的德国个性科学家 Jurgen Schmidhuber 共同提出了在 RNNs 基础上添加控制门来解决梯度消失和梯度爆炸问题的思路, 他们提出的 LSTM 在 1997 年刊登在 *Neural Computation* 上 [46]。在后来的研究者们的努力下, LSTM 有不少变体, 其中比较有代表性的变体是 GRU 的变体 [47,48], GRU 通过将 LSTM 里面的输入门和遗忘门合并为一个重置门, 在简化网络结构和减少网络参数的同时取得了与 LSTM 相当的效果。在 LSTM 基础上虽然发展了为数众多的各种不同的变体, 但实验结果表明, 这些变体彼此性能相当, 并没有哪些变体在大范围问题处理上性能明显优于其他变体 [49,50]。

总体来说, 在门控思想下发展起来的 LSTM 及各种变体的一类方法被称为门控 RNNs (gated RNNs), 弥补了 RNNs 在长时间序列处理上的不足。这使得 RNNs 及门控 RNNs 在深度学习的助推下成为时间序列问题处理的首选工具, Google 序列产品 (语音搜索、Google 翻译、智能助理 Allo, 智能手机上的语音转录)、苹果公司序列产品 (Siri 浏览器、iPhone 手机上的 Quicktype 智能输入)、微软的语音识别系统等智能产品呈现出来的惊人表现的背后都是 LSTM 为代表的 RNNs 及门控 RNNs 技术的杰作。

# 参 考 文 献

[1] Ji S, Xu W, Yang M, et al. 3D convolutional neural networks for human action recognition[J]. IEEE Transactions on Pattern Analysis and Machine Intelligence, 2013, 35(1): 221–231.

[2] Karpathy A, Toderici G, Shetty S, et al. Large-scale video classification with convolutional neural networks[C]. Proceedings of IEEE Conference on Computer Vision and Pattern Recognition. Columbus, OH, USA, June 23–28, 2014.

[3] Rumelhart D E, McClelland J L, PDP Research Group. Parallel Distributed Processing: Explorations in the Microstructure of Cognition[M]. Cambridge, MA: The MIT Press, 1986.

[4] Baccouche M, Mamalet F, Wolf C, et al. Sequential deep learning for human action recognition[M]//Human Behavior Understanding. Berlin: Springer, 2011: 29–39.

[5] Goodfellow I, Bengio Y, Courville A. Deep Learning[M]. Cambridge, MA: The MIT Press, 2016.

[6] Luc P, Neverova N, Couprie C, et al. Predicting deeper into the future of semantic segmentation[Z]. arXiv:1703.07684.

[7] Krizhevsky A, Sutskever I, Hinton G E. ImageNet classification with deep convolutional neural networks[C]. Proceedings of International Conference on Neural Information Processing Systems. Lake Tahoe, Nevada, United States, December 3–6, 2012: 1106–1114.

[8] Sercu T, Puhrsch C, Kingsbury B, et al. Very deep multilingual convolutional neural networks for LVCSR[C]. Proceedings of IEEE International Conference on Acoustics, Speech and Signal Processing, Shanghai, China, March 20–25, 2016: 4955–4959.

[9] Conneau A, Schwenk H, Barrault L, et al. Very deep convolutional networks for natural language processing[Z]. arxiv:1606.01781.

[10] Simonyan K, Zisserman A. Very deep convolutional networks for large-scale image recognition[Z]. arxiv:1409.1556.

[11] Harris Z. Distributional structure[J]. Word, 1954, 10(23): 146–162.

[12] Firth J R. A synopsis of linguistic theory 1930–1955[J]. Studies in Linguistic Analysis. Oxford: Philological Society, 1957: 1–32.

[13] Mikolov T, Chen K, Corrado G, et al. Efficient estimation of word representations in vector space[Z]. arxiv:1301.3781.

[14] Zou W Y, Socher R, Cer D, et al. Bilingual word embeddings for phrase-based machine translation[C]. Proceedings of the 2013 Conference on Empirical Methods in Natural Language Processing, 2013: 1393–1398.

[15] Socher R, Ganjoo M, Manning C D, et al. Zero-shot learning through cross-modal transfer[C]. Proceedings of the 26th International Conference on Neural Information Processing Systems, Vol.1. Curran Associates Inc., USA, 2013: 935–943.

[16] Cho K, van Merrienboer B, Gulcehre C, et al. Learning phrase representations using RNN encoder-decoder for statistical machine translation[C]. Proceedings of the Empirical Methods in Natural Language Processing, Doha, Qatar, October 25–29, 2014.

[17] Cho K, Van Merrinboer B, Bahdanau D, et al. On the properties of neural machine translation: encoder-decoder approaches[C]. Proceedings of Eighth Workshop on Syntax, Semantics and Structure in Statistical Translation, Doha, Qatar, October 25, 2014: 103–111.

[18] Raichle M. Positron Emission Tomography[EB/OL]. The MIT Encyclopedia of the Cognitive Sciences (MITECS). MIT Press. 1999, http://ai.ato.ms/MITECS/Entry/raichle.html.

[19] Larochelle H, Hinton G E. Learning to combine foveal glimpses with a third-order Boltzmann machine[C]. Proceedings of the 23rd International Conference on Neural Information Processing Systems, Vancouver, British Columbia, Canada, December 6–9, 2010(1): 1243–1251.

[20] Denil M, Bazzani L, Larochelle H, et al. Learning where to attend with deep architectures for image tracking[J]. Neural Computation, 2012, 24(8): 2151–2184.

[21] Ranzato M. On learning where to look[Z]. arXiv:1405.5488.

[22] Mnih V, Heess N, Graves A, et al. Recurrent models of visual attention[Z]. arXiv:1406.6247.

[23] Bahdanau D, Cho K, Bengio Y. Neural machine translation by jointly learning to align and translate[C]. Proceedings of International Conference on Learning Representations, San Diego, USA, May 7–9, 2015.

[24] Wu Y, Schuster M, Chen Z, et al. Google's neural machine translation system:bridging the gap between human and machine translation[Z]. arXiv:1609.08144.

[25] Vaswani A, Shazeer N, Parmar N, et al. Attention is all you need[C]. Proceedings of Thirty-first Conference on Neural Information Processing Systems, Long Beach Convention Center, California, USA, Dec 4–7, 2017: 6000–6010.

[26] Sutskever I, Vinyals O, Le Q V. Sequence to sequence learning with neural networks[C]. The 28th Conference on Neural Information Proccesing Systems, December 8–13, 2014.

[27] Graves A, Fernández S, Gomez F. Connectionist temporal classification: labelling unsegmented sequence data with recurrent neural networks[C]. Proceedings of the 23rd International Conference on Machine Learning, Pittsburgh, PA, USA, 2006: 369–376.

[28] Liwicki M, Graves A, Bunke H, et al. A novel approach to on-line handwriting recognition based on bidirectional long short-term memory networks[C]. Proceedings of the 9th International Conference on Document Analysis and Recognition, Curtiba, Paraná, Brazil. September 23–26, 2007.

[29] Hirschberg J, Manning C D. Advances in natural language processing[J]. Science, 2015, 349(6245): 261–266.

[30] Dudley H. The Vocoder[EB/OL]. Bell Labs Record, 1939, 17: 122–126. https://en.wikipedia.org/wiki/Vocoder.

[31] Dudley H, Riesz R R, Watkins S A. A synthetic speaker[J]. Journal of the Franklin Institute, 1939, 227(6): 739–764.

[32] Davis K H, Biddulph R, Balashek S. Automatic recognition of spoken digits[J]. Journal of the Acoustical Society of America, 1952, 24(6): 627–642.

[33] Baker J K. The DRAGON System-An Overview[J]. IEEE Transactions on Acoustics, Speech, and Signal Processing, 1975, 23(1): 24–29.

[34] Bourlard H, Morgan N. Connectionist speech recognition: a hybrid approach[M]//The Kluwer International Series in Engineering and Computer Science, v.247. Boston:Kluwer Academic Publishers. 1994.

[35] Li D, Hinton G E, Yu D. Deep learning for speech recognition and related applications[C]. Workshop of Conference on Neural Information Processing Systems, Whistler, BC, Canada, December 12, 2009.

[36] Hinton G E, Li D, Yu D, et al. Deep neural networks for acoustic modeling in speech recognition: the shared views of four research groups[J]. IEEE Signal Processing Magazine, 2012, 29(6): 82–97.

[37] Li D, Hinton G E, Kingsbury B. New types of deep neural network learning for speech recognition and related applications: An overview[C]. Proceedings of IEEE International Conference on Acoustics, Speech and Signal Processing, Vancouver, BC, Canada, May 26–31, 2013: 8599.

[38] Graves A, Mohamed A, Hinton G E. Speech recognition with deep recurrent neural networks[C]. Proceedings of IEEE International Conference on Acoustics, Speech and Signal Processing, Vancouver, BC, Canada, May 26–31, 2013: 6645–6649.

[39] Sak H, Senior A, Rao K, et al. Google voice search:faster and more accurate[EB/OL]. Archived 9 March 2016 at the Wayback Machine. https://ai.googleblog.com/2015/09/google-voice-search-faster-and-more.html.

[40] Assael Y M, Shillingford B, Whiteson S, et al. LipNet: end-to-end sentence-level lipreading[C]. In GPU Technology Conference, 2017.

[41] Shillingford B, Assael Y, Hoffman M W, et al. Large-scale visual speech recognition[Z]. arXiv:1807.05162.

[42] Hochreiter S. Untersuchungen zu dynamischen neuronalen Netzen[D]. Munich: Institut of Informatik, Technische University, 1991.

[43] Bengio Y, Frasconi P, Simard P. The problem of learning long-term dependencies in recurrent networks[C]. Proceedings of IEEE International Conference on Neural Networks, San Francisco, USA, 1993: 1183–1195.

[44] Bengio Y, Simard P, Frasconi P. Learning long-term dependencies with gradient descent is difficult[J]. IEEE Transactions on Neural Networks, 1994, 5(2): 157–166.

[45] Hochreiter S, Informatik F F, Bengio Y, et al. Gradient flow in recurrent nets: the difficulty of learning long-term dependencies[M]//Field Guide to Dynamical Recurrent Networks. Wiley-IEEE Press, 2001.

[46] Hochreiter S, Schmidhuber J. Long short-term memory[J]. Neural Computation, 1997, 9(8), 1735–1780.

[47] Chung J, Gulcehre C, Cho K, et al. Empirical evaluation of gated recurrent neural networks on sequence modeling[C]. NIPS' 2014 Deep Learning workshop, 2014.

[48] Chung J, Gulcehre C, Cho K, et al. Gated feedback recurrent neural networks[C]. Proceedings of 32nd International Conference on Machine Learning, Lille, France, July 6–11, 2015.

[49] Greff K, Srivastava R K, Koutník J, et al. LSTM: a search space odyssey[J]. IEEE Transactions on Neural Networks and Learning Systems, 2017, 28(10): 2222–2232.

[50] Jozefowicz R, Zaremba W, Sutskever I. An empirical exploration of recurrent network architectures[C]. Proceedings of 32nd International Conference on Machine Learning, Lille, France, July 6–11, 2015: 2342–2350.

# 第 5 章　深度强化学习

## 5.1　引　　言

前面的浅层模型和深度模型的讨论建立的前提是已有形如 $(X,Y)^{(M)}$ 的数据集。数据集 $(X,Y)^{(M)}$ 里的变量 $Y$ 在机器学习里称为"监督信号",对于分类问题,监督信号往往又被称为标签信号,因为此时 $Y$ 的离散取值对应着某个有意义的类别。用带监督信号的数据进行学习的一类方法统称为有监督学习方法。

有时候或者在某些场合,这个监督信号完全无法获取,或者不太容易获取 (获取代价太高)。例如由于对深海区的情况所知甚少,所以无法对从深海反馈回来的声呐信号 $X$ 进行有意义的标定。再如从深空中传回来的"引力波"信号所携带的信息 $X$ (假如有的话),同样无法对其进行有意义的标定。这时通过先进的探测设备收集的信息是只含有 $X^{(M)}$ 形式的数据,所有数据只有特征向量,而没有标签 $Y$ 的监督信号。对这样一类数据,最直接的处理办法是用 K 均值 (K-Means) 或高斯混合模型 (Gaussian mixed model,GMM) 进行聚类,或者用盲信号分离方法将混合的信号 $X^{(M)}$ 分离成若干个独立的分量 (例如著名的鸡尾酒会问题,该问题要求在一个宾客云集的鸡尾酒会场,将一段从多个麦克风捕捉到的多人同时说话的混合音频信号,分离出每个人说话的声音)。这些能用来处理没有任何监督信号的数据 $X^{(M)}$ 的方法被统称为无监督学习方法。在第 2 章介绍深度模型部分曾涉及用深度模型以无监督学习的方式进行自我表示学习,本书不再对无监督学习这一类问题进行系统地介绍。

与前述两种情况不同,有些情况下如果要准确给出数据 $(X,Y)$ 中的监督信号 $Y$ 可能是困难或者没必要的,但给出某种定性评价却是容易的。例如无人驾驶问题,如果驾车从长安街转弯进入故宫,要准确地收集方向盘该转多少角度才能实现完美转弯这样的监督信号来训练无人车实现转弯是困难的,但如果根据车身所处位置离护栏或障碍物的距离远近对转弯的效果进行相应的评价是容易的。再如贴春联的问题,为了将大门两边的春联贴在同样的高度,要求指挥的人确切告诉贴对联的智能体 (agent) 将其中一联提高或降低多少距离就能跟另一联在相同高度是困难的,但指挥的人根据另一联的高度给智能体示意当前联是要抬高还是降低进行调整是容易的,并且贴对联的人总能通过指挥的人不断发出的抬高或降低的信号调整对联高度,最终总能将当前联贴在与另一联同样的高度上。又如图 5.1 所示的倒立摆平衡问题, 机器人车可通过前后移动来平衡倒立摆, 使之处于竖立状态。但这样的倒立摆平衡问题并非易事, 机器人车必须根据倒立摆与垂线之间的夹角 $\theta$、倒立摆的质量和长短甚至周围的风速环境等情况综合权衡后决定是前进还是后退, 以避免夹角 $\theta$ 过大而失稳。这里类似无人驾驶中根据车离护栏或障碍物的远近程度来评价车转弯的好坏的评价信息, 贴春联问题中的抬高或降低的信号, 以及倒立摆与垂线的夹角信息, 都是外界 (环境) 对系统所处状态的一个评价, 这样的评价信号被称为**奖励信号 (reward)**。奖惩信号是外界 (环境) 对智能体执行某项动作后对其表现的奖励或惩罚, 是对智能体的某种反馈。这个奖惩信号往往与某个具体目标有关, 比如在无人驾驶场合要求汽车能无碰撞、安全平稳地自主驾驶, 因此碰撞、急停、急转弯等状态都是要避免的、被罚分的, 越是平稳安全的驾驶状态越是被期望的, 所得奖励也会越高。由此可见, 这里的奖惩信号既不是有监督学习里的监督信号, 也不像无监督学习中那样, 对目标信息完全不提供。奖励信号是对系统所处于的某一个状态 $s$, 或者对智能体在状态 $s$ 下执行某动作 $a$ 后到达另一状态, 给出的一个数值评价 $r$ [1]。此时的数据变成 $x_r = (s, r)$ 或 $x_r = (s \xrightarrow{a} r, s')$ 的形式。

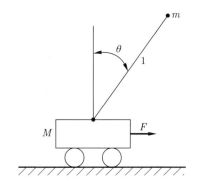

图 5.1 机器人车必须通过向前或向后移动使车上的杆与垂线夹角 $\theta$ 不至过大, 否则杆将失衡倾倒

与有监督学习和无监督学习的另一个显著差异在于, 自动驾驶或贴春联等问题是一个序列决策问题。在复杂的道路上进行无人驾驶, 需要根据路况不断地对方向盘进行操控, 才能安全平稳地完成驾驶任务。为了能将对联贴在相同高度, 同样需要根据指挥员的信号反复多次地进行调整才可以实现。合格的汽车驾驶员某次驾驶汽车产生的数据是形如 $\overset{x}{\leadsto} = s_0, s_1, \cdots, s_T$ 或 $\overset{x}{\leadsto} = s_0 \xrightarrow{a_1} s_1 \xrightarrow{a_2} s_2, \cdots \xrightarrow{a_T} s_T$ 的轨迹数据, 这里用符号 $\overset{x}{\leadsto}$ 区别于前述有监督或无监督中的 $x$, 表示这是一个轨迹数据。在不容易获得精确的监督信号的情况下, $\overset{x_r{}^{(i)}}{\leadsto} = s_0 \xrightarrow{a_1} r_1, s_1 \xrightarrow{a_2} r_2, s_2, \cdots \xrightarrow{a_T} r_T, s_T$ 表示含有评价信号的汽车行驶轨迹, 本章要介绍的强化学习 (reinforcement learning, RL) 的任务就是要求

---

1 这个数值评价用了小写的 $r$, 后面将会看到, 严格的奖励信号 $R$ 是一个定义在这个评价信号上的数学期望。

智能体从类似这样的含外界评价信号的轨迹数据库 $\overset{x_R{}^{(M)}}{\leadsto} = \{\overset{x_r{}^{(1)}}{\leadsto}, \cdots, \overset{x_r{}^{(M)}}{\leadsto}\}$ 中, 学会完成类似智能博弈、自动驾驶、自主飞行等任务。

强化学习中强化的英文为 reinforcement, 是指智能体在序列决策中不断选择那些能获得"好"的评价的动作, 而减少或避免那些评价"不好"的动作的选择。那些评价好的动作会随着学习过程的推进被再次 (re) 强化 (inforcement), 这样, 智能体在强化学习过程中总是倾向于选择评价好的动作, 目标是试图实现总的奖励的极大化。而这个总的奖励最大化的优化目标, 最终会引导智能体学习到给出这个评价信号的人所期望的**策略 (policy)**。这里策略 $\pi$ 在强化学习中是一个非常重要的概念, 它告诉了智能体在面对一个状态或局面 $s$ 时, 该采取何种动作 $a$ 进行应对。智能体正是通过从轨迹数据库 $\overset{x_R{}^{(M)}}{\leadsto}$ 中学习策略 $\pi$, 逼近人类驾驶汽车或围棋博弈的技巧, 实现类似自动驾驶、围棋博弈这样的任务。

对于不含评价信号的轨迹数据 $\overset{x}{\leadsto} = s_0, s_1, \cdots, s_T$ 与第 4 章 RNNs, LSTM 处理的时间序列数据本质上没有不同, 它其实就是时间序列数据。但本章强化学习要处理的问题与第 4 章的时间序列处理问题之间的主要区别在于, 强化学习处理的问题往往涉及智能体与环境以及两者之间的交互的建模 (图 5.2)。因此, 强化学习算法的输入往往是含奖励信号的轨迹数据 $\overset{x_r{}^{(i)}}{\leadsto} = s_0 \overset{a_1}{\rightarrow} r_1, s_1 \overset{a_2}{\rightarrow} r_2, s_2, \cdots \overset{a_T}{\rightarrow} r_T, s_T$。这里的奖励信号是环境对智能体执行某项动作后的反馈, 智能体通过环境/外界所提供的奖惩信号来决定其下一步要采取的动作, 动作的执行则是智能体对外界/环境施加影响。

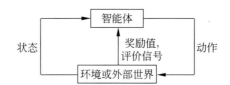

图 5.2　强化学习中智能体与环境间的交互关系

实际系统往往是复杂的, 这种复杂性往往导致智能体与环境交互过程中带来大量的不确定性, 智能体与环境之间的交互关系的建模绕不开对这种不确定性的处理。一般地, 这种不确定性根据其来源可分成两类: 一类不确定性来自智能体本身。比如围棋博弈时, 面对同样的一个局面 $s$, 可能有多种应对的着法, 并且棋手的风格、棋手下棋时的心理状态等都可能影响到应对着法 $a$ 的选择。所有这些对智能体 (棋手) 下一步动作的选择有关的影响因素的综合效应通过一个策略 $\pi(a|s)$ 进行建模, 这个策略 $\pi(a|s)$ 是一个描述不同动作选择的概率分布。另一类不确定性来自智能体之外的环境。例如图 5.1 的倒立摆, 当环境的风速或风向不一样时, 同样的向前或向后的动作带来的平衡效果会不同。所有的环境因素对智能体执行效果的影响的综合效应用**状态转移概率** $\mathcal{P}_{s \rightarrow s'}^{a}$ 进行建模, $\mathcal{P}_{s \rightarrow s'}^{a}$ 同样是一个概率分布, 它描述在状态 $s$ 下执行动作 $a$ 后系统演化到新状态 $s'$ 的可能性大小。

进一步, 上述两个概率分布也包含了对复杂系统中那些难以显式建模的因素对智能体的影响的综合效应的建模。强化学习中往往要求智能体在一个相对开放的环境中完成给定任务, 这种开放性给问题的建模带来了不少困难。如无人驾驶问题, 无人车要行驶在一个开放的城市道路系统中, 在这样的复杂系统中, 既有相对固定但复杂的路网系统及其周边建筑物, 亦有瞬息万变的实时路况 (路面行人、车辆等)。对于路网系统及周边建筑物这一相对固定的部分, 在现代卫星定位系统和信息技术辅助下, 工程师们总能找到合适的办法对其进行显式建模。但对于瞬息万变的实时路况, 要想显式建模则是困难的。再如图 5.1 倒立摆平衡问题, 对机器人车以及平衡杆和整个平衡系统所处的路面的形式建模并不困难, 但对整个平衡系统所处的风速、风向等开放环境进行显式建模则是困难的, 要给出开放环境对系统的影响的定量描述更是困难。又如围棋博弈, 棋盘的局面等是容易显式建模的, 但棋手下棋时的心态等因素则是难以显式建模的。不同的棋手, 甚至同一棋手在不同时间不同心情状态下走子都可能不同。对此, 现有的强化学习模型, 对智能体状态及其所处环境中相对确定的部分用系统状态进行刻画, 而开放环境对整个系统带来的不确定性影响则主要通过策略和状态转移这两个概率函数加以体现。这样, 通过概率语言, 实际系统的复杂性及其引发的不确定性都被这两种形式的概率分布所囊括。

通过以上分析可以看出, 与有监督学习和无监督学习相比, 强化学习要处理的是一个形如 $\overset{x}{\underset{R}{\leftrightarrow}}{}^{(M)}$ 的轨迹数据库, 这个轨迹数据库里含有比严格的监督信号 $Y$ 相对容易获得的奖励信号 $R$。强化学习需要从这个轨迹数据库 $\overset{x}{\underset{R}{\leftrightarrow}}{}^{(M)}$ 里学习一个能极大化奖励信号的策略 $\pi$, 智能体通过在复杂系统中执行这个学习到的策略 $\pi$ 即可完成无人驾驶、自主飞行、围棋博弈这样的复杂任务。智能体与复杂系统的交互的不确定效应通过策略 $\pi$ 和状态转移概率 $\mathcal{P}^a_{s \to s'}$ 刻画。

本章后面的内容安排如下。

5.2 节主要介绍强化学习中的基本建模工具 —— 马尔可夫决策过程 (Markov decision processes, MDPs) 模型。这部分内容首先从对最简单的不含评价信号的轨迹数据 $\overset{x}{\leftrightarrow} = s_0, s_1, \cdots, s_T$ 的建模开始讨论, 介绍马尔可夫过程, 重点解释马尔可夫过程的无记忆性, 从中可以明白为何无人驾驶、自主飞行、围棋博弈这一类问题产生的轨迹数据 $\overset{x}{\leftrightarrow}$ 满足马尔可夫链的性质。马尔可夫链更像是对目标的一个观察模型。接下来, 在马尔可夫观察模型的基础上, 引入对状态的评价信号 $r$, 形成含评价信号的轨迹数据 $\overset{x}{\leftrightarrow}$。然后在评价信号基础上定义了智能体处于状态 $s$ 能获得的奖励 $R$, 由此得到的模型称为马尔可夫奖励过程模型。马尔可夫奖励过程是基于目标的评价模型。无论是马尔可夫过程还是马尔可夫奖励过程, 其中的智能体均可看作只有一个动作的模型, 因此这两个模型中的状态转移或奖励函数中隐式地含有这个默认动作。马尔可夫决策过程则是在前述两个模型基础上, 将只有一个隐含动作的特殊情况扩展为具有多个动作的一般情形。相应地, 状态转移和奖励函数中显式增加了动作 $a$ 这一参数。由于马尔可夫决策过程模型中智能体有多个动作, 对于同一状态 $s$ 智能体需要面临有多个可用动作的"决策"问题。作为对这类决策问题的回答, 策略 $\pi$ 的概念被引入, 它以概率分布的形式告诉智能体如何在多个可用动作间进行选择。

强化学习的核心任务是寻找智能体执行任务的最优策略 $\pi^*$, 5.3 节主要介绍寻找最优策略的学习算法。作为基础, 这部分内容首先介绍无须轨迹数据库 $X_R^{(M)}$, 仅靠马尔可夫决策过程模型寻找最优策略的**动态规划 (dypnamic programming, DP) 算法**, 该算法将向读者展示如何通过设计值迭代和策略迭代算法寻找最优策略。DP并非一个严格意义上的学习算法, 但它是设计及理解后续的学习算法很好的起点。如果将轨迹数据库 $X_R^{(M)}$ 中每条轨迹的最后一个状态限定为终止状态, 这样的轨迹称为情节/回合 (eposide), 相应的数据库被称为情节/回合数据库。在 DP 基础上, **蒙特卡罗方法 (monte carlo, MC)** 给出了从情节/回合数据库中寻找最优策略的学习算法。与 DP 相比, MC 无须 MDPs 模型, 只需要情节/回合数据库, 这是个进步, 因为很多时候 MDPs 状态转移概率的获取并不容易。但 MC 是一个逐情节/回合学习的算法, 它适用于类似围棋、国际象棋等逐局、逐节进行的游戏。接下来介绍一种使强化学习能以一种比 MC 灵活得多的方式进行的**时间差分算法**。本书将介绍三类时间差分算法:① 以"走一步算一步"的方式进行学习的一步转移时间差分 (onestep TD) 方法; ② 兼顾估计精度和灵活性, $n$ 步转移后才更新一次的 $n$ 步转移时间差分算法; ③ 通过定义一个能更准确的方式更新估计值的 $\lambda$ 回报 (本质上是以加权的方式综合考虑 $n$ 步转移产生的回报), 并基于该回报设计的 TD($\lambda$) 时间差分算法。TD($\lambda$) 有前向视觉和后向视觉两种等效的实现方式。引入资格迹概念下设计的后向视觉实现方式使得 TD($\lambda$) 同样能以"走一步算一步"的方式进行学习。

5.4 节介绍深度学习与强化学习联姻形成的深度强化学习算法。深度强化学习的主要任务是通过在强化学习中引入深度学习, 利用深度学习的自动特征提取能力从原始图像、音视频数据中进行表示学习, 显式或隐式地得到强化学习模型中的状态 $s$。这部分内容主要介绍基于深度网络的状态价值和动作价值函数近似方法和深度策略梯度网络两部分。

5.5 节介绍深度强化学习的成功应用案例: 围棋 AlphaGo, AlphaGo Zero 以及严格端到端的基于像素的乒乓球游戏。从中可以看出深度强化学习如何被用来解决之前认为不可能的事情。

最后, 作为本节以及整本书的结尾部分, 5.6 节梳理了深度强化学习的发展脉络, 并对深度强化学习的应用前景进行了展望。

## 5.2 马尔可夫决策过程

前面提到, 强化学习处理的问题涉及智能体与环境以及两者之间的交互。智能体与环境的这种交互过程可以用马尔可夫决策过程模型进行建模。该模型最早于 20

世纪 50 年代提出 [2], 它建立在俄罗斯数学家 Andrey Markov 对一类状态转移序列具有某种无记忆性这一结果的基础上。作为基础, 本节先介绍以马尔可夫名字命名的马尔可夫过程, 然后将马尔可夫过程进行扩展, 得到马尔可夫过程模型和马尔可夫决策过程模型。马尔可夫决策过程为智能体与环境的交互提供了一个严格的数学模型。

## 5.2.1 马尔可夫过程

马尔可夫过程 (Markov processes, MPs) 是对自然界中广泛存在的一类随机现象的抽象描述。图 5.3 中的青蛙在荷叶上的跳动过程就是一种马尔可夫过程, 荷叶上捕食的青蛙有两种选择, 一种选择是静待在当前荷叶上等待猎物的到来, 另一种选择是跳跃到另一朵相邻荷叶守候猎物。由于青蛙的跳跃能力有限, 青蛙下一跳能到达的荷叶位置只能是与青蛙当前所在荷叶相邻的或者距离在青蛙跳程范围内的荷叶。又由于青蛙的记忆能力有限, 它没法记住自己曾经是否在特定的荷叶上逗留过, 因此青蛙不会因为记忆而刻意回避某些荷叶 (状态), 或者刻意往某些它喜欢的荷叶 (状态) 跳动。这两个因素导致青蛙选择下一跳时主要取决于青蛙当前所在的荷叶位置, 因此青蛙在荷叶上的跳动过程就是一种马尔可夫过程。

图 5.3 池中青蛙在荷叶上的跳动过程是一个马尔可夫过程

如果用 $s_i$ 表示青蛙处于池塘中第 $i$ 朵荷叶上 (系统处于状态 $s_i$), 则池中荷叶总数即为系统状态总数, 而青蛙通过不断执行跳跃动作实现状态的变迁。事实上, 类似池中荷叶上的跳蛙的例子可被抽象成一类智能体与环境交互的过程: 在特定环境中生存的智能体, 会根据它自身所处的状态执行相应的动作, 而动作的执行又会引起状态的变迁, 新的状态下智能体再执行动作, 智能体与环境的这种不断交互中将产生一形如 $s_0 \rightarrow s_1 \rightarrow \cdots, \rightarrow s_t, \cdots$ 的序列, 这样的序列又被称为轨迹 (trajectory), 它满足马尔可夫性质: 未来的状态仅取决于当前状态, 而与之前的状态无关。换言之, 当前状态已包含了历史的所有相关信息, 知道了当前状态, 之前的历史信息可以被全部丢弃而不影响到下一状态或未来状态的预测, 因此, 马尔可夫过程的这种性质又称为无记忆性。熟悉统计的读者可以理解当前状态就是未来的一个充分统计量。

　　约定用 $S_t$ 表示时间步 $t$ 系统状态, $P[S_{t+1}|S_t]$ 表示系统当前状态 $S_t$ 到下一时刻状态 $S_{t+1}$ 的转移概率。俄罗斯数学家马尔可夫经大量的观察试验后, 将序列的这种无记忆性简洁地抽象成式 (5.2.1) 的形式。即系统单步状态转移概率 $P[S_{t+1}|S_t]$ 可只考虑当前状态 $S_t$, 而其他比 $t$ 时刻更早的状态对这个单步转移概率的影响甚微, 可忽略不计[1]。

$$P[S_{t+1}|S_t] = P[S_{t+1}|S_1, S_2, \cdots, S_t] \tag{5.2.1}$$

　　一般地, 满足式 (5.2.1) 形式的无记忆性的序列被称为马尔可夫序列, 或称为马尔可夫链。产生马尔可夫链的随机过程为马尔可夫过程。马尔可夫链、马尔可夫序列、马尔可夫过程这三个名词通用, 均指具有马尔可夫性质的随机过程。考虑有 $s_1, s_2, \cdots, s_n$ 共 $n$ 个状态的马尔可夫过程, $\mathcal{P}_{s \to s'} = P[S_{t+1} = s'|S_t = s]$ 表示状态 $s$ 到后续状态 $s'$ 的转移概率, 这样的马尔可夫过程中所有状态 $s$ 到所有后续状态 $s'$ 的转移概率可被表示成式 (5.2.2) 形式的转移概率矩阵。

$$\boldsymbol{P} = [\boldsymbol{P}_{s \to s'}]_{n \times n} = \begin{bmatrix} \mathcal{P}_{11} & \cdots & \mathcal{P}_{1n} \\ \vdots & & \vdots \\ \mathcal{P}_{n1} & \cdots & \mathcal{P}_{nn} \end{bmatrix} \tag{5.2.2}$$

由此可以得到定义 1 中二元组形式的马尔可夫过程的定义。

**定义 1**　一个马尔可夫过程或马尔可夫链是一个二元组 $\langle \mathcal{S}, \boldsymbol{P} \rangle$:
- $\mathcal{S}$ 为状态的 (有限) 集合;
- $\boldsymbol{P}$ 为式 (5.2.2) 形式的状态转移概率矩阵, 其中 $\boldsymbol{P}_{s \to s'} = P[S_{t+1} = s'|S_t = s]$。

　　这里马尔可夫过程中的状态是对环境的抽象表示, 系统的演化过程也是用状态转移概率矩阵进行抽象刻画, 并不显式地涉及任何有关智能体的动作。事实上, 整个马尔可夫过程的演化亦显式或隐式地依赖智能体的相关动作进行推动, 只不过出于简化考虑没有加入对动作的刻画。例如池中跳蛙的例子, 系统状态的变迁只依赖于青蛙的跳动这唯一动作, 因此出于简化考虑, 在马尔可夫过程的定义中略去对这唯一动作的显式表示。但如果想要把系统考虑得更复杂一点, 比如为青蛙增加一个捕食动作, 使得系统能更接近实际情况, 这种情况下由于存在多个可选动作, 对于系统中的智能体

---

1　指比 $t$ 时刻更早的状态对 $S_{t+1}$ 无直接影响, 只能通过 $S_t$ 对 $S_{t+1}$ 产生间接影响。

就涉及在不同状态中"合理的"动作选择的问题, 这就是后面要介绍的马尔可夫决策过程。

马尔可夫链很容易用一类状态转移图形象地加以表示。图 5.4 给出了只有两朵荷叶, 对应两个状态的跳蛙状态转移图, 其中右图每条箭头上的数字代表状态转移概率。

相应的状态转移概率矩阵 $\mathcal{P} = \begin{pmatrix} 0.4 & 0.6 \\ 0.7 & 0.3 \end{pmatrix}$。

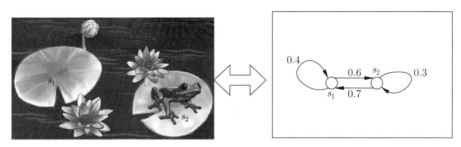

图 5.4 只有两个状态的跳蛙状态转移, 右子图中边上的数字代表状态转移概率

接下来介绍马尔可夫过程中的 episode[1] 的概念, 它又涉及一个所谓的终止状态的概念。例图 5.4 中如果引入一个新的状态 $s_0$ 代表青蛙跳入水中的状态, 则 $s_0$ 就是荷叶上跳蛙的马尔可夫过程的终止状态。再如图 5.1 中倒立摆平衡问题, 如果 $s_0$ 代表倒立摆失去平衡倒下来的状态, 则 $s_0$ 就是倒立摆平衡的马尔可夫过程的终止状态。对于存在终止状态的马尔可夫过程, 其状态集可表示成 $\mathcal{S}^+$, 其中 $\mathcal{S}^+$ 为含终止状态的状态集。

对于一个存在终止状态的马尔可夫过程, 定义 2 给出了后续算法中常需要用到的 episode 的定义。简而言之, episode 是以终止状态结束的马尔可夫链。

**定义 2** 对于给定的一个马尔可夫链 MPs 中的一个长度为 $T$ 的子序列 $S_1, S_2, \cdots, S_T$, 若这个子序列的首状态 $S_1 = s_i$, 最后一个状态属于终止状态, 即 $S_T \in \mathcal{S}^+$, 则称这样的一个子序列为从状态 $s_i$ 出发 (开始) 的一个 episode。

例如, $s_0$ 代表青蛙跳入水中, 则序列 $s_1 \rightarrow s_2 \rightarrow s_2 \rightarrow s_1 \rightarrow s_0$ 就是一个长度为 5 的 episode, 这样的一个 episode 代表青蛙从第一朵荷叶出发跳到了第二朵荷叶上, 在其中待了两个时间步后又跳回第一朵荷叶, 最后青蛙从第一朵荷叶跳入水中。

一般地, 结合状态转移概率以及式 (5.2.1) 的马尔可夫无记忆性, 可以计算出 episode 的概率 $\mathcal{P}[S_0, S_1, \cdots, S_T]$ (式 (5.2.3)), 它是式 (5.2.2) 中的一步转移概率矩阵的 $T$ 次幂乘以状态 $S_0$ 的初始分布。

---

1 一个 episode 类似于完整的一局对弈过程、一局游戏或连续剧的一集。有些地方将它翻译成回合。

$$\mathcal{P}[S_0, \cdots, S_T] = \mathcal{P}[S_T|S_0, \cdots, S_{T-1}]\mathcal{P}[S_0, \cdots, S_{T-1}]$$

$$= \mathcal{P}[S_T|S_{T-1}]\mathcal{P}[S_0, \cdots, S_{T-1}]$$

$$= \mathcal{P}[S_T|S_{T-1}]\mathcal{P}[S_{T-1}|S_0, \cdots, S_{T-2}] \cdot \mathcal{P}[S_0, \cdots, S_{T-2}]$$

$$= \mathcal{P}[S_T|S_{T-1}]\mathcal{P}[S_{T-1}|S_{T-2}] \cdot \mathcal{P}[S_0, \cdots, S_{T-2}]$$

$$= \cdots$$

$$= \mathcal{P}[S_T|S_{T-1}]\mathcal{P}[S_{T-1}|S_{T-2}] \cdots \mathcal{P}[S_2|S_1]\mathcal{P}[S_0]$$

$$= \overbrace{\mathcal{P}\mathcal{P} \cdots \mathcal{P}}^{T} \mathcal{P}[S_0]$$

$$= \mathcal{P}^T \mathcal{P}[S_0] \tag{5.2.3}$$

　　马尔可夫过程的 episode 有其实际的含义, 它代表了从某个状态出发, 经过 $T$ 个时间步后系统将处于什么样的结果状态。进一步, 通过式 (5.2.3) 可知, 只要知道式 (5.2.2) 的一步转移概率矩阵, 从初始状态 $s_0$ 出发的 episode, 经过 $T$ 个时间步到达状态 $S_T$, 系统演变到这一终局状态的概率有多大。例如, 图 5.5 中给出了天气状态变化转移的马尔可夫链[3]。图 5.5 中上半部分左图给出了天气晴 (sunny, 图中节点 $s$)、多云 (cloudy, 图中节点 $c$)、下雨 (rainy, 图中节点 $r$) 三种状态的转移概率图, 中间图是相应的转移概率矩阵, 右图则给出了当前天气多云情况下, 两天后天气下雨的概率的计算。图 5.5 中下半部分图给出了转移概率矩阵的 $T$ 次幂 ($T = 1, 2, \cdots, 7$) 的计算结果, 这些矩阵记录了一周内天气变化的各种可能及相应的概率。

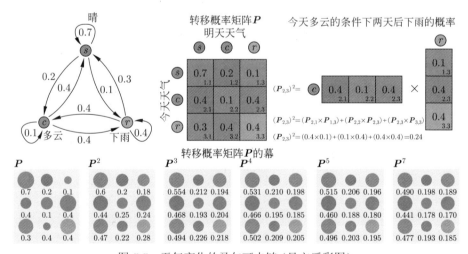

图 5.5　天气变化的马尔可夫链（见文后彩图）

$T$ 天后的天气可通过状态转移概率矩阵的 $T$ 次幂计算得到

## 5.2.2　马尔可夫奖励过程

从图 5.4 中可以看出, 青蛙从状态 $s_1$ 转移到状态 $s_2$ 的概率小于从状态 $s_2$ 转移到状态 $s_1$ 的概率, 这表明青蛙更愿意留在 $s_1$ 对应的荷叶上。青蛙的这种倾向性在前述的马尔可夫过程中并没有显式地加以建模。对青蛙的这种倾向性的一个可能的解释是第一朵荷叶上空有更多的类似蚊子这样的飞行昆虫出现, 使得青蛙在这朵荷叶上有更多机会捕捉到昆虫充饥。青蛙在第一朵荷叶上获得的外界 (环境) 的奖励比在第二朵荷叶上获得的更多, 因此青蛙更愿意待在第一朵荷叶上。

奖励往往带着某种目的性, 青蛙倾向于在能捕获到更多猎物的荷叶上逗留是为了能获得更多猎物充饥这一短期目的。同时, 由于系统的动态演化特性, 青蛙更需要通过持续的跳跃在不同荷叶之间捕猎, 以获得最大化的长期累积奖励, 过上没有饥饿的生活。因此奖励既是外界 (环境) 对智能体的一种反馈, 但更是提示智能体所要完成的目标或任务的一个半监督信号。定义 3 给出了一个在强化学习领域普遍接受的奖励假说。在这一奖励假说下, 智能体为完成任务或实现目标, 需要做的事情就是设法实现累积奖励的极大化。

**定义 3**　所有要智能体完成的目标或任务都可通过极大化期望累积奖励进行表示。

因此, 为了表述对系统中的智能体的某种倾向性, 亦为了能向智能体传递所要完成的目标或任务, 需要在马尔可夫过程的基础上增加相应的奖励信号, 由此得到定义 4 形式的马尔可夫奖励过程 (markov reward processes, MRPs)。

**定义 4**　一个马尔可夫奖励过程是一个四元组 $\langle \mathcal{S}, \mathcal{P}, \mathcal{R}, \gamma \rangle$:
- $\mathcal{S}$ 为状态的有限集合;
- $\mathcal{P}$ 为式 (5.2.2) 形式的状态转移概率矩阵, 其中 $\mathcal{P}_{ss'} = P[S_{t+1} = s' | S_t = s]$;
- $\mathcal{R} : \mathcal{S} \to \Re$ 为奖励函数, $\mathcal{R}_s = E[R_{t+1} | S_t = s]$;
- $\gamma$ 为折减因子, 或称为贴现因子, $\gamma \in [0, 1]$。

与马尔可夫过程相比, 马尔可夫奖励过程多了奖励函数 $\mathcal{R}_s$ 和折减因子 $\gamma$ 两部分。后文中简洁起见, 根据上下文需要, 奖励函数 $\mathcal{R}_s$ 也被写成 $\mathcal{R}, \mathcal{R}_{t+1}, \mathcal{R}_s$ 等形式。

奖励函数 $\mathcal{R}_s = E[R_{t+1} | S_t = s]$, 是智能体 $t$ 时刻到达状态 $s$ 之后, 继续进行状态转换 ($t+1$ 时刻, 即下一刻) 所能获得的期望奖励。例如假设图 5.4 中状态 $s_1$ 能获得 $r_1 = +2$ 的奖励, 状态 $s_2$ 能获得 $r_2 = +1$ 的奖励, 此时关于状态 $s_1$ 的奖励函数的值

$$\mathcal{R}_{s_1} = E[R_{t+1} | S_t = s_1] = \sum_{i=1}^{2} r_i \mathcal{P}[S_{t+1} = s_i | S_t = s_1] = 0.4 \times 2 + 0.6 \times 1 = 1.4$$

。请注意奖励函数 $\mathcal{R}$ 与小写 $r$ 的区别, 前者是由状态转移概率诱导的数学期望, 后者是外界 (环境) 对系统所处某一状态的评价, 是一个需要系统设计者人为给出的数值, 奖励函数以及后面的回报/收益和价值函数的计算都依赖这个数值。

奖励函数 $\mathcal{R}$ 或评价信号 $r$ 的设计是非常重要的部分。强化学习先驱,加拿大阿尔伯塔大学 Richard S. Sutton 教授指出,奖励函数或评价信号表达的应该是系统设计者要智能体实现的目标,而不是告诉机器人如何实现目标。例如,围棋对弈时,只能在真正胜局进行奖励,而不能以达到某一子目标 (比如占据对手位置或在棋盘中心占据控制权) 进行奖励。如果评价信号设计成对子目标进行奖励,智能体会尝试去实现这些子目标而不去实现最终目标 [1]。

马尔科可奖励过程的折减因子 $\gamma$ 所起的作用主要体现在回报/收益函数中 (定义 5),在折减因子 $0 \leqslant \gamma \leqslant 1$ 作用下,未来状态所获得的奖励折算到现在 ($t$ 时刻) 的回报/收益会随着时间推移逐步衰减。例如,明天 100 元的收益,在折减因子取 0.9 的情况下,折算成今天的收益只有 $100 \times 0.9 = 90$ 元的收益。反过来考虑,在日利率为 0.1 的情况下,今天 100 元的收益,换算到明天就是 $100 \times (1 + 0.1) = 110$ 元的收益。因此,折减因子的设计是合理的,它符合现在的收益比未来的收益更有价值这一经济学原理。但更为重要的是,折减因子所起的作用是将未来收益折算成现值,为评估状态或动作价值提供客观依据。后面将看到状态价值函数和动作价值函数都是建立在回报/收益这个概念上的。

**定义 5**　回报/收益是指在马尔可夫奖励链中 $t$ 时刻后所有奖励折算到 $t$ 时刻的回报/收益总和,即 $G_t = R_{t+1} + \gamma R_{t+2} + \gamma^2 R_{t+3} + \cdots = \sum_{k=0}^{\infty} \gamma^k R_{t+k+1}$。

折减因子的另一个作用是在短期收益和未来收益之间取得某种平衡,当 $\gamma$ 越趋近于 0,短期的奖励在回报 $G_t$ 中所占比重就越大,对回报/收益的评估就显得越短视 (myopic evaluation)。反之,当 $\gamma$ 越趋近于 1,未来的奖励在回报 $G_t$ 中所占比重就越大,对回报/收益的评估就显得越长远 (far-sighted evaluation)。

此外,折减因子还建模了未来获得的奖励存在的某种程度的不确定性。图 5.4 中青蛙在荷叶 $s_1$ 中捕获了 3 只蚊子,但下一次在同样的这片荷叶上是否仍能捕获到 3 只蚊子是不确定的。这样的不确定性是系统环境所带来的,智能体本身无法控制。

请注意,回报/收益函数是针对马尔可夫奖励过程的某一条轨迹 (trajectory) 而言的。然而,对于马尔可夫奖励过程,从某一状态出发,多次运行马尔可夫奖励过程可以产生多条轨迹。例如对于图 5.4 的马尔可夫过程,$s_1 \rightarrow s_2 \rightarrow s_1 \rightarrow s_2$ 和 $s_1 \rightarrow s_2 \rightarrow s_2 \rightarrow s_2$ 是两条从状态 $s_1$ 出发的不同的轨迹。每条轨迹均可以按照定义 5 中的公式计算得到关于状态 $s_1$ 下获得的回报。自然地,不同轨迹对应的回报也不同。而定义 6 给出了考虑所有的从某状态 $s$ 出发的轨迹的期望回报,这就是价值函数的定义。

**定义 6**　对于马尔可夫奖励过程 $\langle \mathcal{S}, \mathcal{P}, \mathcal{R}, \gamma \rangle$,状态 $s$ 的价值函数为从该状态开始的马尔可夫轨迹的回报的期望,即 $v(s) = E[G_t | S_t = s] = E[R_{t+1} + \gamma R_{t+2} + \gamma^2 R_{t+3} + \cdots | S_t = s]$。

理论上, 这个期望应该按照类似式 (5.2.3) 那样先算出轨迹出现的概率, 再乘以这条轨迹对应的回报/收益, 然后在所有可能的轨迹上累加得到。但实际上更多的是用若干样本轨迹上回报的算术平均值作为价值函数的估计。表 5.1 给出了图 5.4 的马尔可夫过程产生的四条轨迹的回报/收益的计算, 其中前三条轨迹均从状态 $s_1$ 出发, 因此, 这三条轨迹的回报/收益的算术平均值就作为状态 $s_1$ 的价值的估计。这里状态 $s_1$ 的评估值 +2, $s_2$ 的评估值 +1。

表 5.1　图 5.4 的马尔可夫过程产生的轨迹的回报/收益及状态的价值函数的计算

| 轨迹 | 回报/收益 |
| --- | --- |
| $s_1 \rightarrow s_2 \rightarrow s_1 \rightarrow s_2$ | $0.6 \times 2 + 0.7 \times 1 + 0.6 \times 2 = 3.1$ |
| $s_1 \rightarrow s_2 \rightarrow s_2 \rightarrow s_2$ | $0.6 \times 2 + 0.3 \times 1 + 0.3 \times 1 = 1.8$ |
| $s_1 \rightarrow s_2 \rightarrow s_1 \rightarrow s_1$ | $0.6 \times 2 + 0.7 \times 1 + 0.4 \times 2 = 2.7$ |
| $s_2 \rightarrow s_2 \rightarrow s_1 \rightarrow s_2$ | $0.3 \times 1 + 0.7 \times 1 + 0.6 \times 2 = 2.2$ |
| $v(s_1) =$ | $\dfrac{3.1 + 1.8 + 2.7}{3} \approx 2.53$ |

将定义 6 中的价值函数定义式稍微进行一下变换, 可以整理成式 (5.2.4) 的形式。再将该式最后一行对随机变量 $S_{t+1}$ 的价值函数的期望展开成各状态的价值函数与转移概率的乘积, 即可得到式 (5.2.5) 形式的贝尔曼方程。

$$
\begin{aligned}
v(s) &= E[G_t | S_t = s] \\
&= E[R_{t+1} + \gamma R_{t+2} + \gamma^2 R_{t+3} + cdots | S_t = s] \\
&= E[R_{t+1} + \gamma(R_{t+2} + \gamma R_{t+3} + cdots) | S_t = s] \\
&= E[R_{t+1} + \gamma G_{t+1} | S_t = s] \\
&= E[R_{t+1} + \gamma v(S_{t+1}) | S_t = s] \\
&= E[R_{t+1} | S_t = s] + \gamma E[v(S_{t+1}) | S_t = s] \\
&= R_s + \gamma E[v(S_{t+1})]
\end{aligned}
\tag{5.2.4}
$$

在式 (5.2.5) 的贝尔曼方程中, 状态 $s$ 的价值函数被分成两部分, 第一部分 $R_s$ 是在 $t$ 时刻进入状态 $s$ 后下一时刻进行状态转换时获得的奖励, 这个奖励本身是一个期望 (定义 4)。第二部分 $E[v(S_{t+1})] = \sum\limits_{s' \in \mathcal{S}} \mathcal{P}_{ss'} v(s')$ 是下一状态 $s'$ 的价值函数的期望。可以看出, 这个关于价值函数的贝尔曼方程是价值函数的递归式定义。

$$
v(s) = \mathcal{R}_s + \gamma \sum_{s' \in \mathcal{S}} \mathcal{P}_{ss'} v(s')
\tag{5.2.5}
$$

如果 MRPs 模型状态集中不同状态数 $|\mathcal{S}| = n$, 则式 (5.2.5) 的贝尔曼方程可写成式 (5.2.6) 的矩阵形式, 这是一个具有 $n$ 个未知变量, $n$ 个方程的线性方程组。

$$\boldsymbol{v} = \boldsymbol{R} + \gamma \boldsymbol{P} \boldsymbol{v}$$

$$\begin{bmatrix} v(1) \\ v(2) \\ \vdots \\ v(n) \end{bmatrix} = \begin{bmatrix} \mathcal{R}_1 \\ \mathcal{R}_2 \\ \vdots \\ \mathcal{R}_n \end{bmatrix} + \gamma \begin{bmatrix} \mathcal{P}_{11} & \cdots & \mathcal{P}_{1n} \\ \vdots & & \vdots \\ \mathcal{P}_{n1} & \cdots & \mathcal{P}_{nn} \end{bmatrix} \begin{bmatrix} v(1) \\ v(2) \\ \vdots \\ v(n) \end{bmatrix} \tag{5.2.6}$$

这个线性方程组形式的贝尔曼方程存在精确解, 对于规模较小的马尔可夫奖励过程, 贝尔曼方程的精确解可通过简单的矩阵求逆得到 (式 (5.2.7))。由于矩阵求逆的时间复杂度为 $O(n^3)$, 对于状态数 $n$ 达到一定规模的大型 MRPs, 用式 (5.2.7) 求其精确解计算上并不可行, 取而代之的是用迭代的方法求其近似解, 后面介绍完 MDPs 模型后再对包括价值函数求解在内的迭代方法专门加以介绍。

$$\begin{cases} \boldsymbol{v} = \mathcal{R} + \gamma \boldsymbol{P} \boldsymbol{v} \\ (\boldsymbol{I} - \gamma \boldsymbol{P}) \boldsymbol{v} = \mathcal{R} \\ \boldsymbol{v} = (I - \gamma \boldsymbol{P})^{-1} \mathcal{R} \end{cases} \tag{5.2.7}$$

以上内容介绍了马尔可夫奖励过程, 它是在马尔可夫过程基础上增加了奖励函数得到。在奖励函数基础上, 介绍了回报/收益函数和价值函数。这三者的区别主要体现在: 奖励函数 $R_s$ 是针对状态 $s$ 只考虑一步转移的短期评价, 回报/收益 $G_t$ 是针对状态 $s$ 考虑轨迹的中期评价, 价值函数 $v(s)$ 是针对状态 $s$ 考虑所有可能轨迹的长期评价。

## 5.2.3 马尔可夫决策过程

马尔可夫过程和马尔可夫奖励过程的模型中并没有涉及智能体的动作, 这给人一种错觉, 好像系统的状态演化是自发按照转移概率进行的。事实上, 系统或环境的状态演化是智能体不断执行动作的结果。MPs, MRPs 中之所以没有显式地对智能体动作进行表示是因为系统默认只有一个动作。例如池中莲叶上的青蛙, 通过唯一的跳跃动作在不同荷叶上跳动。由于此时系统默认只有一个动作, 无论何时何状态智能体都执行同一相同的动作, 对智能体而言自然不涉及根据不同状态选择不同动作的决策问题。

MPs, MRPs 中没有显式地对动作进行建模的另一个解释是这两个模型仅仅是一个观察模型, 而非控制模型, MPs 更像是一个独立于系统之外的观察者观察到的系统的转移概率形式的状态演化规律, MRPs 模型则在 MPs 模型基础上添加了一些观察者的价值判断 (奖励函数)。

无论如何, 将智能体限制在只有一个动作的模型, 其表达能力是有限的, 但凡实际的系统, 智能体一般都会存在多个可供选择的不同动作。此时, 当系统处于某一状态时, 智能体往往有多个可用动作供选择, 到底哪个动作选择是 "好" 的, 哪个动作选择是不 "好" 的, 对智能体而言就存在一个决策问题。这样, 将隐含只有一个动作的 MPs, MRPs 扩展为多个动作的模型后, 就不仅仅是一个刻画自然界随机现象的随机过程模型, 而是带有某种决策性质的动态交互式系统, 由此得到定义 7 中的马尔可夫决策过程 (MDPs) 模型。

**定义 7**　一个马尔可夫决策过程是一个五元组 $\langle \mathcal{S}, \mathcal{A}, \mathcal{P}, \mathcal{R}, \gamma \rangle$:

- $\mathcal{S}$ 为状态集;
- $\mathcal{A}$ 为动作集;
- $\mathcal{P}$ 为式 (5.2.2) 形式的状态转移概率矩阵, 其中 $\mathcal{P}_{ss'}^a = P[S_{t+1} = s'|S_t = s, \mathcal{A}_t = a]$;
- $\mathcal{R}: \mathcal{S} \times \mathcal{A} \to \Re$ 为奖励函数, $\mathcal{R}(s,a) = E[R_{t+1}|S_t = s, \mathcal{A}_t = a]$;
- $\gamma$ 为折减因子, 或称为贴现因子, $\gamma \in [0,1]$。

与前述 MPs, MRPs 模型相比, MDPs 模型多了一个动作集 $\mathcal{A}$, 并且状态转移概率函数和奖励函数里也多了关于动作 $\mathcal{A}_t = a$ 的显式表示。显然, 多个动作的模型比单一动作的模型更贴近实际, 这一点从下面的例子中可以看出。

图 5.6 的 MDPs 模型是在图 5.4 中的青蛙模型基础上扩展得到的, 图中每个箭头上的数字代表动作执行后的状态转移概率。与原来的模型相比, 图 5.6 中引入一个新的状态 $s_2$ 代表青蛙既不在第一朵荷叶上, 也不在第二朵荷叶上, 而是在池塘的水中。同时在原来只有一个默认动作跳跃 ($a_1$= 跳跃) 的基础上引入另一个动作捕食 ($a_0$=

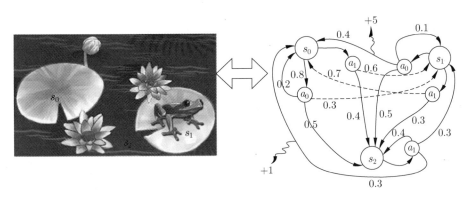

图 5.6　池塘中青蛙捕食的 MDPs 模型

其中 $a_0$= 捕食, $a_1$= 跳跃, 分别代表青蛙捕食和跳跃两种不同动作, 每条箭头上的数字代表执行相应动作后的状态转移概率

捕食), 则可以得到一个更贴近实际的具有三个状态、两个不同动作 (跳跃和捕食) 的 MDPs 模型。在 MDPs 模型中, 荷叶上的青蛙 ($s_0$ 或 $s_1$ 状态) 有两个可选动作跳或者捕食, 而处于水中的青蛙 ($s_2$ 状态) 则只有通过跳的动作到达荷叶上进行捕食。处于第一朵荷叶上的青蛙 ($s_0$ 状态) 执行捕食 ($a_0$) 动作后会有 0.5 的概率落入水中, 0.3 的概率落到第二朵荷叶上, 0.2 的概率仍然落回第一朵荷叶上。其他状态下的状态转移分析类似。

直观起见, 表 5.2 给出了图 5.6 中 $\mathcal{P}_{s \to s'}^a$ 形式的状态转移概率。表中第一列是状态转移时的始发状态 $s$, 第一行是转移动作 $a$, 第二行是转移的目标状态 $s'$。表 5.2 中的 "×" 表明系统不允许或暂时未设计这样的转移动作。

表 5.2　图 5.6 中 $\mathcal{P}_{s \to s'}^a$ 形式的状态转移概率

| 动作(→)<br>出发　　　到达 | $a_0$ | | | $a_1$ | | |
|---|---|---|---|---|---|---|
| | $s_0$ | $s_1$ | $s_2$ | $s_0$ | $s_1$ | $s_2$ |
| $s_0$ | 0.2 | 0.3 | 0.5 | 0 | 0.6 | 0.4 |
| $s_1$ | 0.4 | 0.1 | 0.5 | 0.7 | 0 | 0.3 |
| $s_2$ | × | × | × | 0.3 | 0.3 | 0.4 |

从 MPs, MRPs 扩展后得到的 MDPs 模型更贴近实际, 但由此也带来了一些相应的变化, 其中第一个显著的不同体现在某一状态 $s$ 下可能有多个可用的候选动作。由此需要一个策略 (policy) 的概念来告诉智能体处在状态 $s$ 时如何进行动作选择。定义 8 给出了策略的定义, 它也是用概率的语言进行描述的。

**定义 8**　策略 $\pi : \mathcal{S} \times \mathcal{A} \to [0,1]$ 是给定状态下关于动作的概率分布, 即 $\pi(a|s) = \mathcal{P}[A_t = a|S_t = s]$。

例如图 5.7 中处于状态 $s_0$ 的青蛙有 0.8 的概率进行捕食 ($a_0$), 0.2 的概率跳 ($a_1$) 到其他地方。当 $\pi(a|s) = 1.0$ 时, 表明状态 $s$ 下动作 $a$ 是必选动作, 此时这个策略就

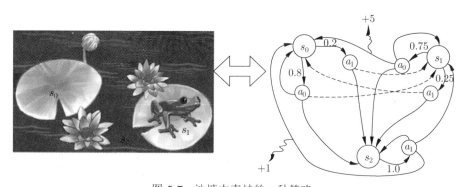

图 5.7　池塘中青蛙的一种策略

图中状态节点与动作节点之间的箭头上的数字代表青蛙选择该动作的概率

变成确定的而非概率的策略。表 5.3 给出了青蛙在所有状态下的选择动作的概率, 它是青蛙的一个生存策略。这里要特别说明一个智能体执行某个策略 $\pi$ 的概念: 每次当青蛙 (智能体) 处于状态 $s_0$ 时, 产生一个随机数, 如果这个随机数小于 0.2 则执行动作 $a_1$, 否则执行 $a_0$。如果青蛙 (智能体) 处于任何其他状态时, 均根据表 5.3 中的概率分布以这种方式来选择动作, 称这个青蛙 (智能体) 执行了策略 $\pi$。不同的策略会导致青蛙捕到不同数量的猎物, 聪明的青蛙会根据每个状态下捕获的猎物数量 (外界或环境的奖励) 找到一条最佳生存策略。

表 5.3　图 5.7 中青蛙的策略 $\pi$

| 策略 | 动作 | | 和 |
| --- | --- | --- | --- |
| | $a_0$ | $a_1$ | |
| $\pi(\cdot\|s_0)$ | 0.8 | 0.2 | 1 |
| $\pi(\cdot\|s_1)$ | 0.75 | 0.25 | 1 |
| $\pi(\cdot\|s_2)$ | 0 | 1 | 1 |

由此可得到 MDPs 模型与 MPs, MRPs 模型的关系: 给定一 MDPs 模型 $\mathcal{M} = \langle \mathcal{S}, \mathcal{A}, \mathcal{P}, \mathcal{R}, \gamma \rangle$ 和策略 $\pi$, 执行策略 $\pi$ 产生的状态转移序列 $S_1, S_2, \cdots$ 是一马尔可夫过程 $\langle \mathcal{S}, \mathcal{P}^\pi \rangle$。执行策略 $\pi$ 产生的状态和奖励序列 $S_1, R_2, S_2, \cdots$ 是一个马尔可夫奖励过程 $\langle \mathcal{S}, \mathcal{P}^\pi, \mathcal{R}^\pi, \gamma \rangle$, 这里 $\mathcal{P}^\pi_{s \to s'}, \mathcal{R}^\pi_s$ 分别是关于策略 $\pi$ 的状态转移概率和奖励函数。由于 $\mathcal{R}^\pi_s$ 的计算需要用到一个状态 $s$ 下执行动作 $a$ 的奖励函数 $R^a_s$, 因此, 它们的具体计算公式留待后面介绍完关于动作的奖励函数 $R^a_s$ 后再统一介绍。

请注意, 策略是在智能体处于某一状态时, 对不同动作选择的不确定性的刻画, 而状态转移概率则是在智能体选定并执行某一动作后对动作执行效果的不确定性的刻画。策略是需要智能体通过学习得到的, 而不是外界或人为设定的。强化学习的核心任务就是要根据外界的反馈学习到一个好的甚至最佳的策略, 以实现诸如围棋博弈、自动驾驶、自主飞行这样的任务。

MDPs 模型的另一不同之处在于奖励函数是定义在状态-动作对 $(s, a)$ 之上, 而不像 MPs, MRPs 模型的奖励函数是单独定义在状态 $s$ 上。如果将 MPs, MRPs 模型中的奖励函数加上隐式的唯一动作, 这个奖励函数就成为 MDPs 模型的奖励函数在只有一个动作下的特例。MDPs 模型下的这个奖励函数是一个数学期望, 理论上它的计算按照状态转移概率 $\mathcal{P}^a_{s \to s'}$ 以及 $r^a_{s \to s'}$ 这个需要外界设定的评估值进行求解, 即 $\mathcal{R}(s, a) = E[R_{t+1}|S_t = s, \mathcal{A}_t = a] = \sum_{s' \in \mathcal{S}} \mathcal{P}^a_{s \to s'} r^a_{s \to s'}$。图 5.7 中给出了 $r^{a_0}_{s_1 \to s_0} = +5, r^{a_1}_{s_2 \to s_0} = +1$ 两个评估值, 表 5.4 给出了该图中所有的状态转移评估值。根据表 5.4 中的状态转移评估值, 可以算出状态 $s_0$ 下执行动作 $a_0$ 下一时刻获得的奖励值 $\mathcal{R}(s_0, a_0) = E[R_{t+1}|S_t = s_0, \mathcal{A}_t = a_0] = 0.2 \times 10 + 0.3 \times 4 + 0.5 \times 1 = 3.7$。

表 5.5 给出根据表 5.2 中的状态转移概率和表 5.4 中的状态转移评估值计算得到的奖励值 $\mathcal{R}_s^a$。

表 5.4　图 5.7 中的状态转移评估值 $r_{s \to s'}^a$

| 动作(→) | $a_0$ | | | $a_1$ | | |
|---|---|---|---|---|---|---|
| 出发　　到达 | $s_0$ | $s_1$ | $s_2$ | $s_0$ | $s_1$ | $s_2$ |
| $s_0$ | +10 | +4 | +1 | × | +1 | 0 |
| $s_1$ | +5 | +4 | +1 | +1.5 | × | 0 |
| $s_2$ | × | × | × | +1.5 | +1 | 0 |

注: × 表示系统未定义。

表 5.5　根据表 5.2 中的状态转移概率和表 5.4 中的状态转移评估值计算得到的奖励值 $\mathcal{R}_s^a$

| | $a_0$ | $a_1$ |
|---|---|---|
| $s_0$ | 3.7 | 0.6 |
| $s_1$ | 2.9 | 1.05 |
| $s_2$ | 0 | 0.75 |
| 计算公式 | $\mathcal{R}(s,a) = \sum\limits_{s' \in \mathcal{S}} \mathcal{P}_{s \to s'}^a r_{s \to s'}^a$ | |

表 5.6　表 5.3 中策略 $\pi$ 的状态转移概率 $\mathcal{P}_{s \to s}^\pi$ 和状态奖励值 $\mathcal{R}_s^\pi$

| $\mathcal{P}_{s \to s'}^\pi(\searrow)$ | $s_0$ | $s_1$ | $s_2$ | $\mathcal{R}_s^\pi(\downarrow)$ |
|---|---|---|---|---|
| $s_0$ | 0.16 | 0.36 | 0.48 | 3.08 |
| $s_1$ | 0.475 | 0.075 | 0.45 | 2.4375 |
| $s_2$ | 0.3 | 0.3 | 0.4 | 0.75 |

有了这个奖励函数 $\mathcal{R}_s^a$ 后, MDPs 模型下执行策略 $\pi$ 所诱导的 MRPs 模型 $\langle \mathcal{S}, \mathcal{P}^\pi, \mathcal{R}^\pi, \gamma \rangle$ 中的 $\mathcal{P}^\pi, \mathcal{R}^\pi$ 就可以计算了 (式 (5.2.8))。

$$\begin{cases} \mathcal{P}_{s \to s'}^\pi = \sum\limits_{a \in \mathcal{A}} \pi(a|s) \mathcal{P}_{s \to s'}^a \\ \mathcal{R}_s^\pi = E[R_{t+1}|S_t = s, \mathcal{A}_t = a] = \sum\limits_{a \in \mathcal{A}} \pi(a|s) \mathcal{R}_s^a \end{cases} \quad (5.2.8)$$

根据式 (5.2.8), 结合表 5.2 中的状态转移概率值, 可计算青蛙执行表 5.3 中策略 $\pi$ 时从状态 $s_0$ 转移到状态 $s_1$ 时的概率 $\mathcal{P}_{s_0 \to s_1}^\pi = \pi(a_0|s_0)\mathcal{P}_{s_0 \to s_1}^{a_0} + \pi(a_1|s_0)\mathcal{P}_{s_0 \to s_1}^{a_1} = 0.8 \times 0.3 + 0.2 \times 0.6 = 0.36$。利用表 5.5 中的奖励值 $\mathcal{R}_s^a$, 青蛙执行表 5.3 策略 $\pi$ 时在状态 $s_0$ 能获得的奖励 $\mathcal{R}_{s_0}^\pi = \pi(a_0|s_0)\mathcal{R}_{s_0}^{a_0} + \pi(a_1|s_0)\mathcal{R}_{s_0}^{a_1} = 0.8 \times 3.7 + 0.2 \times 0.6 = 3.08$。表 5.6 列出了其他情况下 $\mathcal{P}_{s \to s'}^\pi, \mathcal{R}_s^\pi$ (表中最后一列) 的计算结果。

这里出现了关于动作 $a$ 的状态转移概率 $\mathcal{P}^a_{s \to s'}$ 和关于策略 $\pi$ 的状态转移概率 $\mathcal{P}^\pi_{s \to s'}$，都是状态转移概率，两者有何区别？前者导致了系统短期的演化 (台前, 现象)，后者则主导了系统的长期演化 (幕后, 本质)。

前面提到为完成类似自主飞行这样的任务, 强化学习需要根据外界的反馈学习到一个好的甚至最佳的策略, 问题是如何评价不同的策略哪个更好？直观上要比较两个青蛙哪个用的策略更好, 只要把两个青蛙丢进池塘让它们生活一段时间, 看这两个执行不同策略的青蛙在这段时间内各自能捕获多少猎物。但要比较两个策略的优劣, 则需要用到**状态价值函数**(state value function, SVF)(定义 9) 和**动作价值函数**(action value function, AVF)(定义 10) 这两个概念。

**定义 9**　状态价值函数 $v_\pi : \mathcal{S} \to \Re$ 是某时刻 $t$ 从状态 $s$ 出发, 此后按策略 $\pi$ 进行演化产生的期望收益/回报, 即 $v_\pi(s) = E_\pi[G_t|S_t = s]$。

状态价值函数评价在状态 $s$ 下执行策略 $\pi$ 有多 "好"！

**定义 10**　动作价值函数 $q_\pi : \mathcal{S} \times \mathcal{A} \to \Re$ 是某时刻 $t$ 从状态 $s$ 出发, 执行动作 $a$, 此后按策略 $\pi$ 进行演化产生的期望收益/回报, 即 $q_\pi(s, a) = E_\pi[G_t|S_t = s, A_t = a]$。

动作价值函数评价在 $(s, a)$ 下执行策略 $\pi$ 有多 "好"！后面将看到, 它是执行策略改进的主要依据。

状态价值函数和动作价值函数的区别可通过一个宠物蛙的例子形象地解释。假设有一个既能听懂主人指令, 又有自己的主见 (策略 $\pi$), 能独自执行任务的宠物青蛙。把这样的宠物蛙丢到池塘中某一荷叶 $s$ 上, 然后不给任何指令, 过充分长一段时间看宠物蛙能捕获到多少猎物, 这就是宠物蛙从这片荷叶 $s$ 上获得的回报。两个具有不同策略 $\pi$ 和 $\pi'$ 的青蛙同时从同一片荷叶 $s$ 出发, 经过相同一段时间后, 如果 $v_\pi(s) \geqslant v_{\pi'}(s)$，即在状态 $s$ 下执行策略 $\pi$ 的宠物蛙获得的回报大于执行策略 $\pi'$ 的宠物蛙, 这表明在这个状态下策略 $\pi$ 好于 $\pi'$。约定用比较符号 "$\geqslant$" 表示策略的优劣。如果所有状态下策略 $\pi$ 的价值均高于策略 $\pi'$ 的价值, 则称策略 $\pi$ 优于策略 $\pi'$ (式 (5.2.9))。状态价值函数强调的是对状态的价值评估, 其作用主要是为比较策略优劣提供依据。

$$\pi \geqslant \pi' \text{ if } \forall s, \quad v_\pi(s) \geqslant v_{\pi'}(s) \tag{5.2.9}$$

动作价值函数则稍微有点不一样。把同样的一个宠物蛙丢到池塘中某一荷叶 $s$ 上, 然后给宠物蛙下一个启动指令, 要它执行某一动作 $a$, 比如捕食动作, 此后再不给它任何其他指令。宠物蛙在执行完启动指令后, 在再无外界指令情况下, 会自主地执行它自己的策略 $\pi$, 经过充分长一段时间后这个宠物蛙捕获的猎物数量就是策略 $\pi$ 在状态 $s$ 上执行动作 $a$ 的价值 $q_\pi(s, a)$。与前述状态价值函数不同, 动作价值函数主要强调的是在某状态中**动作的价值评估**, 评估的目的是想搞清楚在状态 $s$ 下使用这个动作到底好不好。其作用主要是为后文要介绍的策略改进时选择比当前策略中更好的动作提供依据。

  MDPs 模型部分可以看出, 无论是状态价值函数, 还是动作价值函数, 其定义式都是数学期望, 在状态转移概率已知的情况下, 这个数学期望是可以计算的, 因此求解这两个价值函数正是基于模型的动态规划 DP 算法要解决的重要问题。而在不知道状态转移概率下, 状态价值和动作价值这两个数学期望理论上无法计算得到, 此时在采样获得的轨迹或情节/回合上求算术平均值就常常是对数学期望的一种无偏估计, 这就是后面无模型的蒙特卡罗和时间差分等方法等要解决的内容。

  表 5.7 给出了在表 5.4 中的状态转移评估值下策略 $\pi$ 产生的轨迹的回报/收益。其中前三条轨迹是从状态 $s_1$ 出发, 因此 $v_\pi(s_1)$ 的一个估计 $\hat{v}_\pi(s_1) = \dfrac{1.75 + 0.75 + 4}{3} \approx$ 2.167。而三条从状态 $s_1$ 出发的轨迹中, 前两条轨迹都使用了动作 $a_0$, 因此 $q_\pi(s_1, a_0)$ 的一个估计 $\hat{q}_\pi(s_1, a_0) = \dfrac{1.75 + 0.75}{2} = 1.25$。如何求状态价值和动作价值是强化学习的核心内容, 后文介绍强化学习算法时会对状态价值函数和动作价值函数的计算作更详细的解释。

表 5.7 图 5.6 的马尔可夫决策过程的奖励值以及轨迹的回报/收益和状态的价值函数的计算

| 轨迹 | 回报/收益 |
|---|---|
| $s_1 \xrightarrow{a_0} s_2 \xrightarrow{a_1} s_1 \xrightarrow{a_1} s_2$ | $0.75 \times 1 + 1 \times 1 + 0.25 \times 0 = 1.75$ |
| $s_1 \xrightarrow{a_0} s_2 \xrightarrow{a_1} s_2 \xrightarrow{a_1} s_2$ | $0.75 \times 1 + 1 \times 0 + 1 \times 0 = 0.75$ |
| $s_1 \xrightarrow{a_1} s_2 \xrightarrow{a_1} s_1 \xrightarrow{a_0} s_1$ | $0.25 \times 0 + 1 \times 1 + 0.75 \times 4 = 4$ |
| $s_2 \xrightarrow{a_1} s_2 \xrightarrow{a_1} s_1 \xrightarrow{a_0} s_2$ | $1 \times 0 + 1 \times 1 + 0.75 \times 1 = 1.75$ |
| $\hat{v}_\pi(s_1) =$ | $\dfrac{1.75 + 0.75 + 4}{3} \approx 2.167$ |
| $\hat{q}_\pi(s_1, a_0) =$ | $\dfrac{1.75 + 0.75}{2} = 1.25$ |

  由于在 MDPs 模型产生的马尔可夫链上状态和动作交替出现, DeepMind 团队的 David Silver 给出了状态价值函数和动作价值函数的相互计算关系。图 5.8 给出了根据动作价值函数计算状态价值函数的示意图及计算公式, 图 5.9 给出了根据状态价值函数计算动作价值函数的示意图及计算公式。如果将图 5.9 中的 $q_\pi(s, a)$ 代入图 5.8, 即可得到图 5.10 中的根据搜索树中靠近叶子节点的状态价值函数计算靠近根节点的状态价值函数的公式。反过来, 将图 5.8 中的 $q_\pi(s, a)$ 代入图 5.9, 即可得到图 5.11

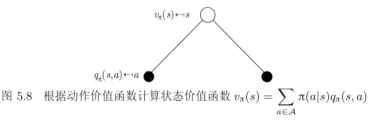

图 5.8 根据动作价值函数计算状态价值函数 $v_\pi(s) = \displaystyle\sum_{a \in \mathcal{A}} \pi(a|s) q_\pi(s, a)$

中的根据搜索树中靠近叶子节点的动作价值函数计算靠近根节点的动作价值函数的
公式。

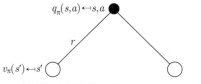

图 5.9　根据状态价值函数计算动作价值函数 $q_\pi(s,a) = \mathcal{R}_s^a + \gamma \sum_{s' \in \mathcal{S}} \mathcal{P}_{ss'}^a v_\pi(s')$

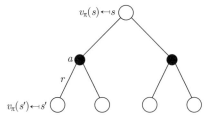

图 5.10　根据状态价值函数计算状态价值函数 $v_\pi(s) = \sum_{a \in \mathcal{A}} \pi(a|s)(\mathcal{R}_s^a + \gamma \sum_{s' \in \mathcal{S}} \mathcal{P}_{ss'}^a v_\pi(s'))$

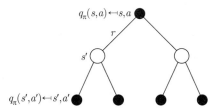

图 5.11　根据动作价值函数计算动作价值函数 $q_\pi(s,a) = \mathcal{R}_s^a + \gamma \sum_{s' \in \mathcal{S}} \mathcal{P}_{ss'}^a \sum_{a \in \mathcal{A}} \pi(a|s)q_\pi(s,a)$

$$v_\pi(s) = E_\pi[G_t|S_t = s]$$
$$= E_\pi[R_{t+1} + \gamma G_{t+1}|S_t = s]$$
$$= E_\pi[R_{t+1} + \gamma v_\pi(S_{t+1})|S_t = s] \tag{5.2.10}$$

与式 (5.2.4) 类似, 状态价值函数和动作价值函数均可分别被写成式 (5.2.10) 和
式 (5.2.11) 的递归形式。这两个公式分别是策略 $\pi$ 下的状态价值和动作价值的贝尔曼
方程。

$$q_\pi(s,a) = E_\pi[G_t S_t = s, A_t = a]$$
$$= E_\pi[R_{t+1} + \gamma G_{t+1}|S_t = s, A_t = a]$$
$$= E_\pi[R_{t+1} + \gamma q_\pi(S_{t+1}, A_{t+1})|S_t = s, A_t = a] \tag{5.2.11}$$

相应地, 可参照式 (5.2.7), 将式 (5.2.10) 和式 (5.2.11) 分别表示成矩阵形式的贝尔曼方程 (5.2.12) 和方程 (5.2.13)。

$$\boldsymbol{v}_\pi = \boldsymbol{\mathcal{R}}^\pi + \gamma \boldsymbol{\mathcal{P}}^\pi \boldsymbol{v}_\pi$$
$$(\boldsymbol{I} - \gamma \boldsymbol{\mathcal{P}}^\pi)\boldsymbol{v}_\pi = \boldsymbol{\mathcal{R}}^\pi \tag{5.2.12}$$
$$\boldsymbol{v}_\pi = (\boldsymbol{I} - \gamma \boldsymbol{\mathcal{P}}^\pi)^{-1} \boldsymbol{\mathcal{R}}^\pi$$

贝尔曼方程的作用前面已经有所提及, 但其进一步的意义留待后面寻找最优状态价值和最优策略的广义策略迭代算法部分进行解释。

$$\boldsymbol{q}_\pi = \boldsymbol{\mathcal{R}}^\pi + \gamma \boldsymbol{\mathcal{P}}^\pi \boldsymbol{q}_\pi$$
$$(\boldsymbol{I} - \gamma \boldsymbol{\mathcal{P}}^\pi)\boldsymbol{q}_\pi = \boldsymbol{\mathcal{R}}^\pi \tag{5.2.13}$$
$$\boldsymbol{q}_\pi = (\boldsymbol{I} - \gamma \boldsymbol{\mathcal{P}}^\pi)^{-1} \boldsymbol{\mathcal{R}}^\pi$$

不同策略下状态价值函数和动作价值函数会不一样, 好的策略会有较高的状态价值和动作价值。取所有可能策略中状态价值最高的和动作价值最高的那部分, 就分别得到最优状态价值函数 (定义 11) 和最优动作价值函数 (定义 12)。

**定义 11**　最优状态价值函数 $v_*(s)$ 是所有可能策略中状态价值函数最大值构成的函数, 即 $v_*(s) = \max_\pi v_\pi(s)$。

**定义 12**　最优动作价值函数 $q_*(s,a)$ 是所有可能策略中动作价值函数最大值构成的函数, 即 $q_*(s,a) = \max_\pi q_\pi(s,a)$。

$$v_*(s) = \max_a E[\mathcal{R}_{t+1} + \gamma v_*(S_{t+1})|S_t = s]$$
$$= \max_a \sum_{s',r} \mathcal{P}^a_{s \to s'}[r + \gamma v_*(s')] \tag{5.2.14}$$

同样地, 对于最优状态价值函数和最优动作价值函数有相应的贝尔曼方程的形式 (式 (5.2.14) 和式 (5.2.15))。

$$q_*(s,a) = E[\mathcal{R}_{t+1} + \gamma \max_{a'} q_*(S_{t+1},a')|S_t = s, A_t = a]$$
$$= \sum_{s',r} \mathcal{P}^a_{s \to s'}[r + \gamma \max_{a'}(s',a')] \tag{5.2.15}$$

需要注意的是, 可以写成贝尔曼方程的形式意味着可以求出 $v^*(s)$ 和 $q_*(s,a)$ 的精确解, 尤其是在状态数 $|\mathcal{S}|$ 或状态-动作数 $|(\mathcal{S} \times \mathcal{A})|$ 有限的情况下。

根据式 (5.2.9) 可知, 对于策略 $\pi$, 如果所有状态的价值函数取值 $v_\pi(s)$ 均高于策略 $\pi'$ 下的值 $v_{\pi'}(s)$, 则称策略 $\pi$ 优于策略 $\pi'$。类似地, 如果所有动作价值函数 $q_\pi(s,a)$

均高于策略 $\pi'$ 下的 $q_{\pi'}(s,a)$, 则称策略 $\pi$ 优于策略 $\pi'$. 状态价值函数和动作价值函数给出了评估策略好坏的依据. 据此, 得到最优策略的定义 13。

**定义 13**　*如果存在一个策略 $\pi^*$ 优于所有其他策略, 则称这样的 $\pi^*$ 为最优策略。*

强化学习的核心任务正是要寻找能解决问题的最优策略。根据最优状态价值函数和最优动作价值函数的定义, 有以下最优策略定理成立。

**定理 4**　对于任意马尔可夫决策过程, $\pi^*$ 为最优策略, 则
- 所有最优策略对应的状态价值函数都是最优的, 即 $v_{\pi^*}(s) = v_*(s)$;
- 所有最优策略对应的动作价值函数都是最优的, 即 $q_{\pi^*}(s,a) = q_*(s,a)$.

## 5.2.4　广义策略迭代

本节介绍寻找最优状态价值和最优策略的一般方法。根据最优状态价值和最优策略的定义, 结合最优策略定理, 可以找到一个寻找最优状态价值和最优策略的办法: 对于给定的 MDPs 模型, 从任意状态价值 $V$ (或任意策略 $\pi$) 出发, 采用不断迭代的方式, 如果每次迭代均能找到一个比前一次更好的状态价值 $V'$ (或策略 $\pi'$), 则经过多轮迭代, 总能找到最优状态价值 $v_*$ (或最优策略 $\pi^*$)。这就是广义策略迭代 GPI 的基本思想。

广义策略迭代由策略评估 (policy evaluation) 和策略改进 (policy improvement) 两个过程构成。策略评估过程负责评估当前策略下能获得多少状态价值, 策略改进过程则根据当前状态价值来改进策略。这两个过程既相互协作又相互竞争, 从图 5.12(a) 的任意点 $(v, \pi)$ 出发, 在固定策略 $\pi$ 的情况下, 沿红色的箭头向上经过多次迭代, 直到到达红色的上边界。这一反复多轮迭代过程就是针对策略 $\pi$ 的状态价值评估过程, 策略评估过程可抽象地表示成 $v_{\text{new}} = f_\pi(v_{\text{old}})$ 映射函数的形式。从图 5.12(a) 的红色边界出发的向下黑色箭头则代表的是策略改进过程。同样, 在固定状态价值 $v$ 的情况下, 策略改进过程经过反复多轮迭代, 沿黑色向下箭头不断改进, 直到到达黑色的下边界。

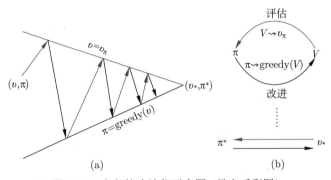

图 5.12　广义策略迭代示意图 (见文后彩图)

这样的反复多轮迭代过程就是针对固定的状态价值 $v$ 的策略改进过程。类似地, 策略改进过程也可以抽象地表示成 $\pi_{\mathrm{new}} = f_v(\pi_{\mathrm{old}})$ 映射函数的形式。

策略评估和策略改进这两个既相互协作又相互竞争的过程反复交替执行后, 最终会到达一个稳定的平衡状态: 状态价值 $v$ 和策略 $\pi$ 各自到达不能再改进的最优状态, 即 $v = v_* = f_{\pi^*}(v_*), \pi = \pi^* = f_{v_*}(\pi^*)$ (图 5.12(a) 最右端, 图 5.12(b) 的最下端)。

上述最终的平衡状态下, 满足 $v_* = f_{\pi^*}(v_*), \pi^* = f_{v_*}(\pi^*)$ 形式的最优解, 数学上形象地称之为不动点: 点 $v_*, \pi*$ 经各自的变换函数 $f_{\pi^*}, f_{v_*}$ 变换后停在原来的位置保持不动。

上述描述清晰地解释了广义策略迭代的过程。广义策略迭代能否保证收敛到最优解? 最优解是否唯一? 幸运的是, 这两个问题的回答都是肯定的。

$$f^{\pi}(x) = \mathcal{R}^{\pi} + \gamma \mathcal{P}^{\pi} x \tag{5.2.16}$$

广义策略迭代能收敛到唯一最优解的原因可通过贝尔曼方程 (式 (5.2.7) 和式 (5.2.12)~(5.2.15)) 定义的压缩映射算子 (式 (5.2.16)), 结合压缩映射定理 (又称巴拿赫不动点定理) 进行解释。

通过比较读者可以发现, 式 (5.2.7) 和式 (5.2.12)~(5.2.15) 中的贝尔曼方程可被统一成式 (5.2.16) 形式的压缩映射算子。之所以称这个公式是一个压缩映射算子, 是因为只要比较向量空间中的两个不同点 $x, x'$ 在式 (5.2.16) 这个算子定义的变换前后的距离, 可以发现变换后的距离 $||f^{\pi}(x) - f^{\pi}(x')||_{\infty}$ 要小于变换前 $||(x - x')||_{\infty}$ 的距离 (式 (5.2.17))。这里无穷范数 $|| \cdot ||_{\infty}$ 是数学上常用的一种距离测度, 在不追求数学上的严谨情况下, 可简单地将距离测度理解为关于距离的一种计量单位。

$$||f^{\pi}(x) - f^{\pi}(x')||_{\infty} = ||(\mathcal{R}^{\pi} + \gamma \mathcal{P}^{\pi} x) - (\mathcal{R}^{\pi} + \gamma \mathcal{P}^{\pi} x')||_{\infty}$$

$$= ||\gamma \mathcal{P}^{\pi}(x - x')||_{\infty}$$

$$\leqslant ||\gamma \mathcal{P}^{\pi}||(x - x')||_{\infty}||_{\infty}$$

$$\leqslant \gamma ||(x - x')||_{\infty} \tag{5.2.17}$$

从式 (5.2.17) 可以看出, 在马尔可夫决策过程模型中的折减因子 $\gamma \in (0, 1)$ 的作用下, 模型中 $|\mathcal{S}|$ 维的状态价值向量空间或 $|(\mathcal{S} \times \mathcal{A})|$ 维的状态-动作价值向量空间中的点 $x, x'$ 经过广义策略迭代中的策略评估或策略改进中的一序列的迭代 (变换) 后, 它们之间的距离将被不断缩短。最终会到达一个不能再压缩的不动点 (图 5.12(a) 中上下两条边界或者最右端点)。

前面的分析表明, 贝尔曼方程构成了一个压缩映射, 在这个压缩映射作用下, 广义策略迭代可保证收敛到图 5.12(a) 中上下两条边界或者最右端点。问题在于, 类似图 5.12(a) 中上下两条边界或者最右端点这样的不动点是否唯一? 由波兰数学家, 泛

函分析创始人斯特凡·巴拿赫于 1922 年提出的巴拿赫不动点定理 (又称压缩映射定理) 表明, 在 $(X, \|\cdot\|_\infty)$ 构成的完备度量空间里, 式 (5.2.17) 形式的压缩映射在空间 $(X, \|\cdot\|_\infty)$ 内有且仅有唯一的不动点, 即满足 $v_* = f_{\pi^*}(v_*)$, $\pi^* = f_{v_*}(\pi^*)$ 的 $v_*, \pi^*$ 是唯一的。

这个唯一性并不难理解, 因为如果最优解不唯一的话, 可假设存在另一与最优解 $x_* = f^\pi(x_*)$ 不同的点 $x_*'$, 该点也是个 $x_*' = f^\pi(x_*')$ 形式的不动点。从而有 $\|x_*' - x_*\|_\infty = \|f^\pi(x_*') - f^\pi(x_*)\|_\infty \leqslant \gamma \|x_*' - x_*\|_\infty$, 即 $(1-\gamma)\|x_*' - x_*\|_\infty \leqslant 0$。这会带来 $\|x_*' - x_*\|_\infty \leqslant 0$ 这样的距离测度为负的矛盾。由此可断言 $x_*' = x_*$, 因而有唯一最优解。

基于巴拿赫不动点定理, 从任意点出发, 广义策略迭代的策略评估过程在式 (5.2.12) 贝尔曼方程定义的压缩映射作用下会沿图 5.12(a) 中红色箭头收敛到红色的上边界。相应地, 策略改进过程则在式 (5.2.13) 贝尔曼方程定义的压缩映射作用下会沿图 5.12(a) 中黑色箭头收敛到黑色的下边界。整个策略评估和策略改进交替进行的广义策略迭代过程会在式 (5.2.14) 和式 (5.2.15) 贝尔曼方程定义的压缩映射作用下分别沿图 5.12(a) 中上下两条边界到达该图最右端点所代表的唯一不动点 (最优解) 处。

广义策略迭代能收敛到唯一最优解的这一结论是各种强化学习算法能够收敛到最优解的保证, 包括动态规划里的值迭代和策略迭代、蒙特卡罗方法、时间差分方法。理解广义策略迭代的收敛性有助于理解后面各种强化学习方法的收敛性。这就是广义策略迭代的意义所在。

## 5.2.5　小结

本节给出了具有多个动作的 MDPs 模型以及围绕着多个动作产生的决策问题, 该决策问题的解以策略 $\pi$ 的形式给出, 它以概率分布的形式告诉智能体在状态 $s$ 下如何选择动作 $a$。状态价值函数和动作价值函数是评估策略好坏的两个指标。最优策略则是同时使状态价值和动作价值达到最优的策略。

广义策略迭代由策略评估和策略改进两个既相互竞争又彼此合作的过程构成。在状态价值向量空间或动作价值向量空间 $X$ 与任意的距离测度 $d$ 构成的完备空间 $(X, d)$ 中, 贝尔曼方程定义的压缩映射在这个空间中具有唯一不动点, 广义策略迭代会收敛到这个唯一不动点, 这是后续将要介绍的各种强化学习算法能收敛到最优解的保证。

# 5.3　强化学习算法

强化学习的核心任务是寻找智能体执行任务的最优策略 $\pi^*$。作为基础, 本节首先讨论在给定 MDPs 模型下如何寻找最优策略的动态规划 (dypnamic programming,

DP) 算法。然后逐步放宽对模型的要求, 介绍只需情节/回合数据库的蒙特卡罗方法和仅需极少观察数据就能在线学习的时序差分算法这两种无模型的学习算法。蒙特卡罗方法和时序差分算法极大地弱化了对模型的依赖, 但它们的有效性建立在奖励函数基础上, 因此, 本部分最后讨论奖励函数的设计, 并给出在奖励函数不太容易获得的情况下如何通过逆强化学习去学习奖励函数。

### 5.3.1 动态规划算法

DP 动态规划算法是一个基于模型的算法, 它是建立在定义 7 形式的 MDPs 模型已知的前提下讨论最优策略的求解。由于 MDPs 模型已知, 这意味着可利用其中的状态转移概率、奖励函数等模型信息直接进行相关计算。

#### 5.3.1.1 DP 策略预测问题

MDPs 模型求解中第一个要解决的问题是在给定策略 $\pi$ (比如初始随机策略) 下评估这个策略到底有多 "好" 的问题。策略评估 (policy evaluation) 的问题又称为策略预测 (policy prediction) 问题, 常用的策略评估指标是考查策略 $\pi$ 的状态价值函数。根据前述状态价值函数的定义, 可得到以下式 (5.3.1) 形式的状态价值函数, 该式给出了用策略 $\pi$、状态转移概率和评估值表示的递归定义。

$$
\begin{aligned}
v_\pi(s) &= E_\pi[G_t|S_t = s] \\
&= E_\pi[\mathcal{R}_{t+1} + \gamma G_{t+1}|S_t = s] \\
&= E_\pi[\mathcal{R}_{t+1} + \gamma v_{S_{t+1}}|S_t = s] \\
&= \sum_a \pi(a|s) \sum_{s',r} p_{s \to s'}^a[r + \gamma v_\pi(s')] \quad (5.3.1)
\end{aligned}
$$

根据这个递归定义, 可以写出式 (5.3.2) 形式的迭代格式的状态价值函数求解方程。根据这个迭代方程, 可设计算法 11 使得状态价值函数从初始值 $V(s) = 0, \quad \forall s \in \mathcal{S}^+$ 收敛到关于策略 $\pi$ 的值 $v_\pi(s)$。

$$
\begin{aligned}
v_{k+1}(s) &= E_\pi[\mathcal{R}_{t+1} + \gamma v_{(S_{t+1})}|S_t = s] \\
&= \sum_a \pi(a|s) \sum_{s',r} p_{s \to s'}^a[r + \gamma v_k(s')] \quad (5.3.2)
\end{aligned}
$$

式 (5.3.2) 形式的迭代公式中, 状态 $s$ 第 $k+1$ 次迭代的价值估计需要用到其后续状态 $s'$ 在第 $k$ 次迭代中获得的估计值 $v_k(s')$, 这样的迭代过程本质上是从随机初值出发在一序列估计值的**引导**下一步一步逼近最优价值函数的过程。这种用**估计值**进行**估计**, 最终引导搜索逼近最优解的方法被形象地称为步步为营法 (bootstraping approach)。因此, 强化学习中的 DP 方法属于 bootstraping 方法。

当算法 11 中步骤 4 ~ 8 部分执行完一轮 for 循环后, 所有状态的价值函数 $V(s)$ 得到了一次更新, 称此时完成了**一轮策略评估**。经过多轮循环, 状态价值函数会收敛到 $v_\pi(s)$, 这是**榨尽/利用 (exploiting)** 策略 $\pi$ 里蕴含知识所能获得的价值。

这里出现了一个利用 (exploiting) 策略 $\pi$ 里蕴含知识的概念, 与利用相对的词为勘探 (exploring), 利用/勘探是强化学习里非常重要的两个概念, 下面结合青蛙模型对这两个词的含义加以解释。

假设现在图 5.6 中的是一只笨蛙, 它尚未发现 $s_0$ 对应的那朵荷叶, 它只在第一朵荷叶 (状态 $s_1$) 和水中 ($s_2$) 两个状态转换。并且饥饿的笨蛙执行的是确定性策略, 在第一朵荷叶上执行捕食动作 ($\pi(a_0|s_1) = 1$), 如果掉进水里则执行跳跃动作, 以跳上荷叶 $s_1$ ($\pi(a_1|s_2) = 1$)。进一步假定在荷叶 $s_1$ 上捕食的青蛙要么落到水中 $s_2$ ($\mathcal{P}^{a_0}_{s_1 \to s_2} = 0.4$), 要么落回 $s_1$ ($\mathcal{P}^{a_0}_{s_1 \to s_1} = 0.6$), 而不会落到另一朵荷叶 $s_0$ 上 ($\mathcal{P}^{a_0}_{s_1 \to s_0} = 0$), 青蛙在荷叶 $s_1$ 上只有执行跳跃动作才有可能落到另一朵荷叶 $s_0$ 上 ($\mathcal{P}^{a_1}_{s_1 \to s_0} = 0.6$)。

笨蛙在这个确定性策略 $\pi : \pi(a_0|s_1) = 1, \pi(a_1|s_2) = 1$ 下会不断地在荷叶 $s_1$ 和水中 $s_2$ 两个状态转换, 经过一段时间后, 青蛙在荷叶 $s_1$ 能捕获到多少猎物或者说获得多少回报就可以确定, 这个过程称为利用。青蛙利用策略 $\pi$ 知道了荷叶 $s_1$ 上能捕获多少猎物。但笨蛙的确定性策略 $\pi(a_0|s_1) = 1$ 和 $\mathcal{P}^{a_0}_{s_1 \to s_0} = 0$ 的转移概率导致它无法发现另一朵荷叶 $s_0$, 因此这是一个只有利用而没有勘探的过程。

为了让青蛙能发现荷叶 $s_0$, 可在原来确定性策略基础上添加一个勘探因子 $\epsilon$, 得到一个新的策略 $\pi_\epsilon : \pi(a_0|s_1) = 1 - \epsilon, \pi(a_1|s_1) = \epsilon, \pi(a_1|s_2) = 1$。与原来的确定性策略相比, 新策略 $\pi_\epsilon$ 下青蛙在荷叶 $s_1$ 有 $\epsilon$ 的概率执行跳跃动作, 结合 $\mathcal{P}^{a_1}_{s_1 \to s_0} = 0.6$, 青蛙有了发现新的荷叶 $s_0$ 的可能性。这种赋予确定性动作 $a_0$ 之外的其他动作 $a_1$ 入选概率 $\epsilon$ 的做法使得青蛙有机会尝试新的动作, 青蛙得以发现新状态以及新状态下的价值。这样的过程叫勘探。$\epsilon$ 值的大小起到调节算法的勘探与利用的作用。勘探可以帮助发现新的状态, 并避免陷入局部最优解。

这样, 策略评估算法本质上是利用策略 $\pi$ 看能获得多少价值的过程, 这是一个只利用的过程。算法 11 给出了利用式 (5.3.2) 迭代求状态价值函数的过程, 与式 (5.3.2) 用 $v_k(s)$ 表示第 $k$ 次迭代中的状态价值估计不同, 算法 11 中的循环 (步骤 4) 体定义在状态集 $\mathcal{S}$ 上, 而没有显式地记录每个状态到底迭代了多少次, 因此算法实现中用 $\hat{v}(s)$ 表示状态价值估计, 而不是 $v_k(s)$ 表示状态价值估计。

策略评估算法给出了利用策略中的知识能获得的价值。在求得给定策略的状态价值函数 $v_\pi(s)$ 后, 可以知道从某状态 $s$ 出发执行策略 $\pi$ 能获得多少价值。接下来更为重要的策略改进问题是对于某状态 $s$, 是否存在其他更好的动作? 对此需要借助动作价值函数 $q_\pi(s, a)$。同样, 根据前述动作价值函数的定义, 可得到式 (5.3.3) 形式的动作价值函数, 该式给出了用状态转移概率、状态评估值和策略 $\pi$ 下状态价值函数表示的

---

**算法 11**　策略评估算法

---

**输入:**　(1) *MDPs* 模型;(2) 待评估的策略: $\pi$; (3) 精度指标 $\epsilon$

**输出:**　策略 $\pi$ 下的状态价值 $v_\pi \approx \hat{v}(s)$

1: 初始化状态价值数组, $\hat{v}(s) \leftarrow 0, \vee s \in \mathcal{S}^+$

2: **repeat**

3:　　$\triangle \leftarrow 0$

4:　　**for** each $s \in \mathcal{S}^+$ **do**

5:　　　Old_value$(s) \leftarrow \hat{v}(s)$

6:　　　$\hat{v}(s) \leftarrow \sum_a \pi(a|s) \sum_{s',r} p_{s \to s'}^a [r + \gamma \hat{v}(s')]$

7:　　　$\triangle \leftarrow \max(\triangle, |\text{Old\_value}(s) - \hat{v}(s)|)$

8:　　**end for**

9: **until** $(\triangle < \epsilon)$

10: 输出 $v_\pi \approx \hat{v}(s)$

---

动作价值函数。

$$
\begin{aligned}
q_\pi(s,a) &= E_\pi[G_t|S_t = s, A_t = a] \\
&= E_\pi[\mathcal{R}_{t+1} + \gamma G_{t+1}|S_t = s, A_t = a] \\
&= E_\pi[\mathcal{R}_{t+1} + \gamma v_\pi(S_{t+1})|S_t = s, A_t = a] \\
&= \sum_{s',r} p_{s \to s'}^a [r + \gamma v_\pi(s')] \quad\quad (5.3.3)
\end{aligned}
$$

### 5.3.1.2　DP 策略控制问题: 策略迭代和值迭代算法

有了式 (5.3.3) 形式的动作价值函数, 就可以回答前面的策略改进问题了。简单起见且不失一般性, 假定策略 $\pi$ 是一个确定性策略, 即 $\pi(a|s) = 0,1$ 退化分布, 约定用 $\pi(s)$ 表示在给定状态 $s$ 所用的动作。假定存在某个动作 $a \neq \pi(s)$, 满足 $q_\pi(s,a) \geqslant v_\pi(s)$, 则可以得到一个比策略 $\pi$ 更好的新策略 $\hat{\pi}$, 这个新策略 $\hat{\pi} = \pi(a \to \pi(s))$ 是通过将原来策略 $\pi$ 中状态 $s$ 所用动作用 $a$ 替换, 其余保持不变得到的。

这样, 在给定 $v_\pi(s)$ 前提下, 对策略 $\pi$ 反复使用类似式 (5.3.4) 形式的规则, 逐一在状态 $s$ 上选择更好的动作, 就可得到新的策略 $\pi'$。这就完成了一轮策略迭代过程。

$$
\begin{aligned}
\pi^{'}(s) &= \arg\max_a q_\pi(s,a) \\
&= \arg\max_a E[\mathcal{R}_{t+1} + \gamma v_\pi(S_{t+1})|S_t = s, A_t = a] \\
&= \arg\max_a \sum_{s',r} p_{s \to s'}^a [r + \gamma v_\pi(s')] \quad\quad (5.3.4)
\end{aligned}
$$

算法 12 给出完整的策略迭代算法。该算法从初始随机策略 $\pi_0$ 出发, 先进行策略评估, 然后改进策略, 评估改进的策略, 再进一步改进策略 $\cdots\cdots$ 如此交替进行策略评估和策略改进, 并最终收敛到最优策略和最优状态价值, 即 $\pi_0 \xrightarrow{E} v_{\pi_0} \xrightarrow{I} \pi_1 \xrightarrow{E} v_{\pi_1} \cdots \xrightarrow{I} \pi^* \xrightarrow{E} v_*$, 这里 $\xrightarrow{E}$ 表示策略评估, $\xrightarrow{I}$ 表示策略改进。

---

**算法 12**　策略迭代算法

---

**输入**: MDPs 模型

**输出**: 最优策略 $\pi^*$, 最优状态价值 $v_*$

1: 随机初始化策略 $\pi$ 和状态价值函数 $v(s)$;
2: **repeat**
3:　　执行策略评估, 使得 $v(s) = v_\pi(s), \forall s \in \mathcal{S}$;
4:　　执行策略更新, 使得 $\pi(s) = \arg\max\limits_a \sum\limits_{s',r} p_{s \to s'}^a [r + \gamma v_\pi(s')]$;
5: **until** (策略处于稳定状态)

---

算法 12 为对当前策略 $\pi$ 进行评估, 需要调用算法 11 计算状态价值函数, 而算法 11 需要进行足够次数的迭代才能收敛到 $v_\pi$, 这极大影响了策略迭代算法的效率。能否在不收敛到 $v_\pi$ 情况下进行策略改进? 答案是肯定的。在极端情况下, 可以在仅执行完一轮策略评估后, 即进行策略改进操作。比较值迭代公式 (式 (5.3.2)) 和策略改进公式 (式 (5.3.4)) 会发现, 两者都含 $\sum\limits_{s',r} p_{s \to s'}^a [r + \gamma v_\pi(s')]$ 项, 因此可合并这两个公式, 得到式 (5.3.5) 形式的同时进行策略评估和策略改进的迭代公式。

$$
v_{k+1}(s) = \max_a E[\mathcal{R}_{t+1} + \gamma v_k(S_{t+1}) | S_t = s, A_t = a]
$$

$$
= \max_a \sum_{s',r} p_{s \to s'}^a [r + \gamma v_k(s')] \tag{5.3.5}
$$

比较式 (5.3.2) 和式 (5.3.5) 可以发现, 原来的 $\sum\limits_a \pi(a|s)(\cdots)$ 部分被 $\max\limits_a(\cdots)$ 代替。这样做的合理性有三点: ①策略评估无须精确收敛到 $v_\pi(s)$; ②对于最优状态值函数 $v_*(s) \geqslant v_\pi(s), \forall \pi, s$, 因此, 极大化操作加速状态值函数朝最优状态值函数收敛; ③当 $\pi(a|s)$ 退化成 0,1 分布, 策略 $\pi$ 成为确定性动作时, 两者完全等价。另外, 式 (5.3.5) 这个迭代格式正好是式 (5.2.14) 中的最优价值函数的贝尔曼方程的形式。

根据式 (5.3.5) 可得到算法 13 所示的值迭代算法。具体实现时, 该算法既可以同步 (synchronous) 的方式进行更新, 对每一状态 $s$, 先计算好所有的 $v(s)$, 然后用新值一次性覆盖所有旧值。也可以异步 (asynchronous) 的方式进行更新, 对状态按某种顺序执行循环, 每次更新一个值。对于大规模状态空间的 MDPs 问题, 异步更新无疑会更受青睐。无论同步更新还是异步更新, 状态价值函数均会收敛到最优状态价值函数。

而一旦找到最优状态价值函数, 就可以利用 $\pi^*(s) = \arg\max\limits_a \sum\limits_{s',r} p^a_{s \to s'}[r + \gamma v_*(s')]$ 确定最优策略。

---

**算法 13**　值迭代算法

---

**输入:** MDPs 模型

**输出:** 最优策略 $\pi^*$, 最优状态价值 $v_*$

1: 随机初始化状态价值函数 $\hat{v}(s)$;

2: **repeat**

3: $\forall s \in \mathcal{S}, \hat{v}(s) \leftarrow \max\limits_a \sum\limits_{s',r} p^a_{s \to s'}[r + \gamma \hat{v}(s')]$

4: **until** (直到收敛)

5: 输出最优状态价值函数 $v_* \approx \hat{v}(s)$ 和最优策略 $\pi^*(s) = \arg\max\limits_a \sum\limits_{s',r} p^a_{s \to s'}[r + \gamma v_*(s')]$

---

### 5.3.1.3　DP 小结

本节在 MDPs 模型基础上介绍了求解最优策略的策略迭代和值迭代两种算法。关于这两个算法孰好孰坏的问题, 目前尚无定论。一般而言, 对于小规模 MDPs 模型, 策略迭代通常较快, 能在非常少的几次迭代即收敛。而对于有大量状态的大型 MDPs 模型, 对 $v_\pi$ 的显式求解涉及求解大型线性方程组而显得困难, 在这种情形下, 值迭代算法被优先考虑。因此, 实用中值迭代比策略迭代更常用。

值迭代和策略迭代均属于动态规划算法。动态规划算法是一个比大多数其他基于搜索的方法更高效的算法, 它是一个关于状态和动作数的多项式时间复杂度的算法。因此, 无论是值迭代还是策略迭代, 动态规划算法都展示了很高的处理效率, 其收敛速度远快于算法理论上的极糟情况。借助现代计算机的处理能力, 策略迭代和值迭代这两种动态规划算法通常能求解上百万个状态的 MDPs 模型。

最后, 无论是策略迭代中用到的式 (5.3.2), 还是值迭代中用到的式 (5.3.5), 对状态 $s$ 价值估计都用到了后续状态的估计值 $\hat{v}(s')$。这类用估计值进行估计的方法称为步步为营 (bootstrapping) [1]方法。

DP 方法并非严格意义上的学习算法, 它只依赖于 MDPs 模型, 而无须形如 $\overset{X_R^{(M)}}{\leadsto}$ 的轨迹数据库或任何外部观察数据作为算法的输入。然而, 要获得 MDPs 模型并非易事, 单独 MDPs 模型里面的状态转移概率 $\mathcal{P}^a_{s \to s'}$ 就不容易获得。但与之相比, 智能体与环境交互产生的轨迹这样的观察数据是相对容易获取的。接下来介绍的 MC 蒙特卡罗算法仅依赖轨迹数据库, 无须 MDPs 模型即可进行策略学习。

---

　　1　将 bootstrapping 意译为步步为营是因为这类方法搜索最优解过程类似一步一个脚印地在雪地寻宝的过程。

## 5.3.2 蒙特卡罗算法

青蛙模型中, 如果池中的青蛙是一个能听得懂主人指令的宠物蛙, 并且约定主人只在每天的傍晚时刻下班回来后根据视频记录对青蛙一天的表现进行评价。在此模型下, 青蛙只在每天的傍晚时刻才获得主人关于它刚过去一天的表现的评价, 设定每天的傍晚时刻称为终止状态, 这样的一天称为一个情节/回合。青蛙根据前一天主人的评价, 改进它的策略, 以便能在次日执行任务时能获得更好的表现。

这里情节/回合是每条轨迹的最后一个状态, 是终止状态的轨迹。青蛙模型中人为设定了每天傍晚时刻为终止状态。各种棋类比赛、电子游戏等的完整一局都可称为一个情节/回合。对情节/回合这类数据的一大特点是可以根据完整一局的最终结果来对轨迹上的各状态进行事后评估。将这些评估信号, 连同对弈过程产生的轨迹收集整理成形如 $x_\tau^{(i)} = s_0 \xrightarrow{a_1} r_1, s_1 \xrightarrow{a_2} r_2, s_2, \cdots \xrightarrow{a_T} r_T, s_T$ 的情节/回合。收集到足够多这样的 $X_R^{(M)} = \{x_\tau^{(1)}, \cdots, x_\tau^{(M)}\}$ 形成情节/回合数据库。MC 算法是建立在这样的情节/回合数据库 $X_R^{(M)}$ 上的 eposide-by-eposide 的学习算法。图 5.13 直观形象地给出了蒙特卡罗模拟方法这种逐个情节/回合计算的过程。

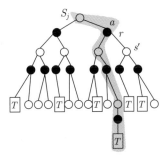

图 5.13　蒙特卡罗模拟方法计算示意图

不同于 DP, MC 是一个无模型的学习算法, 这意味着 DP 方法中所有与模型有关的信息, 包括模型中的状态转移概率 $\mathcal{P}^a_{s \to s'}$, 都不知道或没有预先知道, 能用的数据只有轨迹数据库或情节/回合数据库这样的观察数据。

本节首先讨论 MC 预测问题: 如何从情节/回合数据库 $X_R^{(M)}$ 中估计状态价值 $v_\pi(s)$ 和动作价值 $q_\pi(s, a)$。然后讨论 MC 控制问题: 如何根据状态价值函数 $v_\pi(s)$ 和动作价值 $q_\pi(s, a)$ 对给定策略 $\pi$ 进行改进, 并最终找到最优策略或近似最优策略。默认 MC 预测和控制问题使用的是同策略的方法: 产生情节/回合数据库的策略和要评估或改进的策略是同一个策略。同策略方法会带来利用/勘探困境。因此, 在介绍完同策略方法后, 接着介绍一类可避免利用/勘探困境的异策略方法: 产生情节/回合数据库的策略 $b$ 是不同于要评估或改进的策略 $\pi$, 这就是异策略 MC 预测和控制。

### 5.3.2.1 MC 预测

MC 预测是要搞清楚策略 $\pi$ 下状态 $s$ 有多大价值, 或者状态 $s$ 下执行动作 $a$ 能获得多少价值。MC 预测的目标是要求得情节/回合上 $T$ 步转移获得的期望回报 (式 (5.3.6))。

$$G_t^{(\infty)} = \mathcal{R}_{t+1} + \gamma \mathcal{R}_{t+2} + \cdots + \gamma^{T-1} R_T \tag{5.3.6}$$

MC 预测是无模型方法, 意味着不再有或者不知道状态转移概率 $\mathcal{P}_{s \to s'}^a$。状态价值函数 (定义 9) 和动作价值函数 (定义 10) 都是关于回报的期望值, 没有状态转移概率 $\mathcal{P}_{s \to s'}^a$, 关于回报的期望理论值则无法计算。同理, 在不知道状态转移概率 $\mathcal{P}_{s \to s'}^a$ 情况下, 式 (5.3.6) 中任意时间步 $t$ 的转移获得的奖励 (这个奖励是一个期望值) $\mathcal{R}_{t+1}$ 均无法计算。但是根据情节/回合样本对 MC 预测的目标进行一次估计是可行的, 式 (5.3.7) 就是式 (5.3.6) 关于情节/回合样本的一个估计。

$$\hat{G}_t^{(\infty)} = r_{t+1} + \gamma r_{t+2} + \cdots + \gamma^{T-1} r_T \tag{5.3.7}$$

因此, 在经过充分采样获得足够的情节/回合样本的情况下, MC 预测就是要从情节/回合数据库中用回报的算术平均值去估计价值。具体地, MC 预测用状态 $s$ 下回报的算术平均值估计状态价值 $\overline{v_\pi}(s) \to v_\pi(s)$, 用 (s,a) 回报的算术平均值估计动作价值 $\overline{q_\pi}(s,a) \to q_\pi(s,a)$。

由于情节/回合数据库中一条情节/回合记录中非终止状态 $s$ 或者 (s,a) 可能会出现多次, 因此计算算术平均值 $\overline{v_\pi}(s), \overline{q_\pi}(s,a)$ 有首访 (first-visit) 和每访 (every-visit) 两种方式。首访是指在情节/回合中首次出现 $s$ 或 $(s,a)$ 开始计算回报, 一条情节/回合记录对应一个回报。每访指在情节/回合中每次出现 $s$ 或 $(s,a)$ 均计算回报, 一条情节/回合记录对应多个回报, 多个回报的算术平均值作为该条情节/回合记录下的回报。

$$\begin{cases} \widehat{v_\pi}(s)^{(i)} = \widehat{v_\pi}(s)^{(i,1)} \\ \widehat{q_\pi}(s,a)^{(i)} = \widehat{q_\pi}(s,a)^{(i,1)} \end{cases} \tag{5.3.8}$$

设情节/回合数据库中第 $i$ 条情节/回合为 $\overset{x_r{}^{(i)}}{\rightsquigarrow} = s_0 \overset{a_1}{\to} r_1, s_1 \overset{a_2}{\to} r_2, \cdots, s_{T-1} \overset{a_T}{\to} r_T, s_T$, 用 $\widehat{v_\pi}(s)^{(i,j)}, \widehat{q_\pi}(s,a)^{(i,j)}$ 分别表示 $s$ 和 $(s,a)$ 在该情节/回合中总共 $T$ 次的第 $j$ 次出现时求得的回报。该条情节/回合记录 $\overset{x_r{}^{(i)}}{\rightsquigarrow}$ 下 $s$ 和 $(s,a)$ 的价值的首访估计为式 (5.3.8), 每访估计为式 (5.3.9)。

$$\begin{cases} \widehat{v_\pi}(s)^{(i)} = \dfrac{1}{T} \sum_{j=1}^{T} \widehat{v_\pi}(s)^{(i,j)} \\ \widehat{q_\pi}(s,a)^{(i)} = \dfrac{1}{T} \sum_{j=1}^{T} \widehat{q_\pi}(s,a)^{(i,j)} \end{cases} \tag{5.3.9}$$

根据情节/回合数据库 $X_R{}^{(M)} = \{x_r{}^{(1)}, \cdots, x_r{}^{(i)}, \cdots, x_r{}^{(M)}\}$ 可以计算 $M$ 条情节/回合记录上的平均回报。用这个平均回报作为状态价值和动作价值的估计。

$$
\begin{cases}
\overline{v_\pi}(s) = \dfrac{1}{M} \displaystyle\sum_{i=1}^{M} \widehat{v_\pi}(s)^{(i)} \\[2mm]
\overline{q_\pi}(s,a) = \dfrac{1}{M} \displaystyle\sum_{i=1}^{M} \widehat{q_\pi}(s,a)^{(i)}
\end{cases}
\tag{5.3.10}
$$

这里用情节/回合数据库的概念是为了清晰地区分 MC 与 DP 或其他算法的区别，并非要求 MC 算法的实现必须严格地预先知道情节/回合数据库中所有记录。事实上情节/回合数据库中的每条记录都是由要评估的策略 $\pi$ 产生的情节/回合，结合式 (5.3.11) 增量式计算均值的方法，MC 预测算法实现时可以根据策略 $\pi$ 实时生成情节/回合，然后以迭代的方式不断更新估计值。

$$
\begin{aligned}
\overline{v_k}(s) &= \frac{1}{k} \sum_{i=1}^{k} \widehat{v_i}(s) \\
&= \frac{1}{k}\left[ \widehat{v_k}(s) + \sum_{i=1}^{k-1} \widehat{v_i}(s) \right] \\
&= \frac{1}{k}\left[ \widehat{v_k}(s) + (k-1)\frac{1}{k-1}\sum_{i=1}^{k-1}\widehat{v_i}(s) \right] \\
&= \frac{1}{k}[\widehat{v_k}(s) + (k-1)\overline{v_{k-1}}(s)] \\
&= \frac{1}{k}[\widehat{v_k}(s) + k\overline{v_{k-1}}(s) - \overline{v_{k-1}}(s)] \\
&= \overline{v_{k-1}}(s) + \frac{1}{k}[\underbrace{\widehat{v_k(s)}}_{\text{当前回报}} - \underbrace{\overline{v_{k-1}}(s)}_{\text{旧的回报均值}}]
\end{aligned}
\tag{5.3.11}
$$

式 (5.3.11) 增量式计算均值的方法中，无论是当前回报 $\widehat{v_k}(s)$，还是旧的回报均值 $\overline{v_{k-1}}(s)$ 的计算，均是根据情节/回合数据库中的评价信号等信息利用式 (5.3.8) 或式 (5.3.9) 计算得到，计算出来的这个均值 $\overline{v_k}(s)$ 依赖的信息是情节/回合数据库中的经验信息或观察到的信息，而没有任何其他的估计值。换言之，MC 方法并没有用估计值进行估计，因此，MC 方法不属于步步为营法范畴。

类似地，可按照首访或每访方式计算每条情节/回合记录 $x_r{}^{(i)}$ 的动作回报 $\widehat{q_\pi}(s,a)^{(i)}$，然后以增量更新的方式获得足够多的情节/回合记录集上的平均值作为动作价值 $q_\pi(s,a)$ 的估计。然而，这里存在一个问题，很多情况下，许多 "状态-动作" 对 $(s,a)$ 在情节/回合数据集中根本不出现。尤其是在 $\pi(a|s) = 0,1$ 这样确定性策略情况下，情节/回合记录集中出现的 $(s,a)$ 仅集中在极小一部分 "状态-动作" 对上，部分

$(s,a)$ 根本不在情节/回合记录集中出现。由此带来的问题使相当一部分 $q_\pi(s,a)$ 的值无法估计。这个问题被称为**持续勘探 (maintaining exploration, ME)** 问题: 策略 $\pi$ 下对少部分空间中的 $(s,a)$ 持续勘探而忽略了其他区域中的 "状态-动作" 对。

---

**算法 14** MCV 算法: MC 预测状态价值 $v_\pi(s)$

---

**输入**: 策略 $\pi$

**输出**: 策略 $\pi$ 下的状态价值 $v_\pi$

1: 随机初始化状态价值函数 $v_0(s)$, 置 eposide 记录数 $k = 0$;

2: **repeat**

3:　　用策略 $\pi$ 产生一个 eposide 记录 $\overset{x_r}{\leadsto}$, eposide 记录数 $k = k+1$;

4:　　用首访 (公式 (5.3.8)) 或每访 (公式 (5.3.9)) 计算记录 $\overset{x_r}{\leadsto}$ 的回报 $\widehat{v_k}(s)$;

5:　　增量式更新回报均值 $\overline{v_k}(s) \leftarrow \overline{v_{k-1}}(s) + \dfrac{1}{k}[\widehat{v_k}(s) - \overline{v_{k-1}}(s)]$;

6: **until** (直到收敛或 $k$ 充分大到给定上限)

7: 输出状态价值函数 $v_\pi \approx \overline{v_k}$

---

解决 ME 问题可通过一种称为**勘探性开始 (exploring starts, ES)** 的方法: 列举所有可能的 $(s,a)$, 然后执行策略 $\pi$, 形成以所有可能的 $(s,a)$ 开始的情节/回合数据库。然后再按照前述方法估计各个 $q_\pi(s,a)$。由此得到算法 15 所示的 MCQ(ES) 算法。

---

**算法 15** MCQ(ES) 算法: MC 预测动作价值 $q_\pi(s,a)$

---

**输入**: 策略 $\pi$

**输出**: 策略 $\pi$ 下的动作价值 $q_\pi(s,a)$

1: 随机初始化状态价值函数 $q_0(s,a), \forall s \in \mathcal{S}, a \in \mathcal{A}(s)$, 置 eposide 记录数 $k = 0$;

2: **repeat**

3:　　以非零概率从 $\forall s_0 \in \mathcal{S}, a_0 \in \mathcal{A}(s_0)$ 中选择 $(s_0, a_0)$;

4:　　从 $(s_0, a_0)$ 出发执行策略 $\pi$ 产生一个 eposide 记录 $\overset{x_r}{\leadsto}$, eposide 记录数 $k = k+1$;

5:　　**for all** 对 eposide 中出现的所有 $(s,a)$, 即 $\forall (s,a) \in \overset{x_r}{\leadsto}$ **do**

6:　　　　用首访 (公式 (5.3.8)) 或每访 (公式 (5.3.9)) 计算记录 $\overset{x_r}{\leadsto}$ 的回报 $\widehat{q_k}(s,a)$;

7:　　　　增量式更新回报均值 $\overline{q_k}(s,a) \leftarrow \overline{q_{k-1}}(s,a) + \dfrac{1}{k}[\widehat{q_k}(s,a) - \overline{q_{k-1}}(s,a)]$;

8:　　**end for**

9: **until** (直到收敛或 $k$ 充分大到给定上限)

10: 输出动作价值函数 $q_\pi(s,a) \approx \overline{q_k}(s,a)$

---

ES 方法可以部分地解决 ME 问题, 但实用中它并非总是那么有效, 因为毕竟在智能体与实际环境进行交互过程中, 情节/回合的开局对整个游戏的走向的影响可能有限, 强行从某 $(s,a)$ 出发执行策略 $\pi$ 并不能保证在执行过程中能对其他组合 $(s',a')$ 进行充分的勘探。因此, 更好的解决 ME 问题的办法是利用勘探的思想, 使用 $\epsilon$-greedy 的策略 $\pi_\epsilon$: 与每次都贪心地选择 $\pi$ 中的最优动作不同, $\epsilon$-greedy 的策略会以 $1 - \epsilon$ 的

概率选择最优动作, 而以 $\epsilon$ 的概率平均分配到所有其他可用动作, 使它们得以有被尝试的机会。接下来的 MC 控制问题将使用这样的 $\pi_\epsilon$ 策略。

### 5.3.2.2　MC 控制

与 MC 预测不同, MC 控制是要对策略不断地进行改进使之最终能逼近最优解, 其过程与 DP 控制类似, 从初始随机策略 $\pi_0$ 出发, 先进行策略评估, 然后改进策略, 评估改进的策略, 再进一步改进策略 …… 如此交替进行策略评估和策略改进, 并最终收敛到最优策略和最优状态价值, 即 $\pi_0 \xrightarrow{E} v_{\pi_0} \xrightarrow{I} \pi_1 \xrightarrow{E} v_{\pi_1} \cdots \xrightarrow{I} \pi^* \xrightarrow{E} v_*$, 这里 $\xrightarrow{E}$ 表示策略评估, $\xrightarrow{I}$ 表示策略改进。

算法 16 是从算法 15 出发得到的勘探性开始版本的策略改进算法。可以看出, 算法 16 可看作一个值迭代算法, 它在对一条情节/回合记录完成一轮估计值更新后即进行策略改进 (算法 16 中的第 10 句)。

---

**算法 16**　PIMC(ES) 算法: MC 策略改进算法

**输入:** 无

**输出:** 最优策略 $\pi^*$

1: 随机初始化策略 $\pi$;

2: 随机初始化状态价值函数 $q_0(s, a), \forall s \in \mathcal{S}, a \in \mathcal{A}(s)$, 置 eposide 记录数 $k = 0$;

3: **repeat**

4:　　以非零概率从 $\forall s_0 \in \mathcal{S}, a_0 \in \mathcal{A}(s_0)$ 中选择 $(s_0, a_0)$;

5:　　从 $(s_0, a_0)$ 出发执行策略 $\pi$ 产生 eposide 记录 $\overset{x_\tau}{\leadsto}$, eposide 记录数 $k = k + 1$;

6:　　**for all** 对 eposide 中出现的所有 $(s, a)$, 即 $\forall (s, a) \in \overset{x_\tau}{\leadsto}$ **do**

7:　　　　用首访 (公式 (5.3.8)) 或每访 (公式 (5.3.9)) 计算记录 $\overset{x_\tau}{\leadsto}$ 的回报 $\widehat{q_k}(s, a)$;

8:　　　　增量式更新回报均值 $\overline{q_k}(s, a) \leftarrow \overline{q_{k-1}}(s, a) + \dfrac{1}{k}[\widehat{q_k}(s, a) - \overline{q_{k-1}}(s, a)]$;

9:　　**end for**

10:　　对 $\overset{x_\tau}{\leadsto}$ 中出现的状态 $s$ 更新策略 $\pi(s) \leftarrow \underset{a}{\arg\max}\, \overline{q_k}(s, a)$;

11: **until** (直到收敛或 $k$ 充分大到给定上限)

12: 输出最优策略 $\pi^* \approx \pi$

---

正如前面分析指出, 勘探性开始的方案能部分地解决 ME 问题, 但它并非总是有效, 更有效的办法是使用带勘探因子的 $\pi_\epsilon$ 策略。约定 $\mathcal{A}(s)$ 表示状态 $s$ 下所有可用的动作集合。式 (5.3.12) 即为 $\pi_\epsilon$ 策略, 该策略以 $1 - \epsilon + \dfrac{\epsilon}{|\mathcal{A}(s)|}$ 的概率选择原来策略 $\pi$ 中概率最大的那个动作 (最优动作), 以 $\dfrac{\epsilon}{|\mathcal{A}(s)|}$ 的概率选择其他可用动作。

$$\pi_\epsilon(a|s) = \begin{cases} 1 - \epsilon + \dfrac{\epsilon}{|\mathcal{A}(s)|}, & a \text{ 为策略 } \pi \text{ 中最优动作} \\ \dfrac{\epsilon}{|\mathcal{A}(s)|}, & \text{否则} \end{cases} \tag{5.3.12}$$

基于式 (5.3.12) 的 $\pi_\epsilon$ 策略, 可以得到算法 16 形式的 PIMC($\epsilon$) 策略改进算法。PIMC($\epsilon$) 策略改进算法无须用到勘探性开始这一不实用的方案, 因此它是一种更自然的策略改进算法。

总结前述介绍的关于 MC 控制问题求解算法, 其核心是要根据策略 $\pi$ 产生的情节/回合记录计算动作价值的算术平均值 $\overline{q_\pi}(s,a)$ 作为动作价值 $q_\pi(s,a)$ 这一期望值的估计, 然后根据这个估计值改进策略。这里将产生情节/回合记录的策略称为**执行策略**(behavior policy), 是智能体在与环境实时交互时所用的策略。关于利用/勘探 (exploiting/exploring) 的解释表明, 一方面需要利用策略 $\pi$ 中的最优动作来获得关于 $q_\pi(s,a)$ 尽可能准确的估计, 但另一方面又需要采用 $\pi$ 中非最优动作进行勘探, 使得智能体能尝试使用其他动作, 以助于最终发现最优策略。这样一对矛盾被称为**利用/勘探困境**(exploiting/exploring dilemma), 即只利用目前已知的最优选择, 可能会收敛到局部最优而学不到全局最优解, 而加入探索又会降低学习效率。

当然可以通过精心地选取参数 $\epsilon$ 在利用/勘探之间取得的平衡, 但这也只能缓解而无法消除利用/勘探困境。导致利用/勘探困境的本质是因为执行的和改进的策略是同一个策略, 既利用 $\pi$ 或 $\pi_\epsilon$ 产生的情节/回合或轨迹来估计动作价值 $q_\pi(s,a)$, 然后又利用这个估计值 $\overline{q_\pi}(s,a)$ 来改进同样的策略 $\pi$ 或 $\pi_\epsilon$。

将执行的和改进的策略是同一个策略的一类方法统称为**同策略学习**(on-policy learning) 方法。到目前为止, 前述所有方法都可归为同策略学习方法。

接下来要介绍的异策略 (off-policy learning) 的方法允许执行策略不同于要改进的策略: 执行策略 $b(a|s)$ 用来生成情节/回合数据库, 该数据库被用来改进**目标策略**(target policy) 的 $\pi(a|s)$。这种安排既消除了利用/勘探困境, 又增强了强化学习处理实际问题的能力。

### 5.3.2.3 异策略 MC 预测

MC 算法是一个无模型的学习算法, 单独的状态价值 $v_\pi(s)$ 无法用来改进策略。无模型算法的策略改进主要依赖动作价值函数 $q_\pi(s,a)$。因此, 异策略 MC 预测主要讨论动作价值函数 $q_\pi(s,a)$ 的预测。

与 MC 预测不同, 异策略 MC 预测需要根据执行策略 $b(a|s)$ 生成的情节/回合数据库来预测目标策略 (target policy) $\pi(a|s)$ 的动作价值。让执行策略 $b(a|s)$ 生成的情节/回合数据库预测目标策略 $\pi(a|s)$ 前提是任一状态 $s$ 下策略 $\pi$ 可用的动作 $a$, 对策略 $b$ 亦是可用动作, 即如果 $\pi(a|s) > 0$ 蕴含 $b(a|s) > 0$。此时称 $b$ 是 $\pi$ 的一个覆盖。这一前提称为**覆盖性假设**(assume of coverage)。覆盖性假设保证了执行策略 $b(a|s)$ 生成的情节/回合一定也可以通过执行策略 $\pi$ 得到。

不用执行目标策略 $\pi(a|s)$ 就可以知道该策略下使用某动作能获得的价值, 这听起来有点不可思议。这种做法背后的依据是统计学中的**重要性抽样**(importance sampling) 的技术。

---

**算法 17**　PIMC($\epsilon$) 算法：基于 MC 的 $\epsilon$-greedy 策略改进算法

---

**输入**：无

**输出**：最优策略 $\pi^*$

1: 对每一状态 $s$ 初始化可用动作列表 $\mathcal{A}(s)$, 即 $\forall s \in \mathcal{S}, a \in \mathcal{A}(s)$;

2: 随机初始化 $\pi_\epsilon$ 策略;

3: 随机初始化状态价值函数 $q_0(s,a), \forall s \in \mathcal{S}, a \in \mathcal{A}(s)$, 置 eposide 记录数 $k = 0$;

4: **repeat**

5:　　执行策略 $\pi_\epsilon$ 产生一个 eposide 记录 $\overset{x_r}{\leadsto}$, eposide 记录数 $k = k + 1$;

6:　　对 eposide 中出现的所有 $(s,a)$, 即 $\forall (s,a) \in \overset{x_r}{\leadsto}$ **do**;

7:　　　用首访 (公式 (5.3.8)) 或每访 (公式 (5.3.9)) 计算记录 $\overset{x_r}{\leadsto}$ 的回报 $\widehat{q_k}(s,a)$;

8:　　　增量式更新回报均值 $\overline{q_k}(s,a) \leftarrow \overline{q_{k-1}}(s,a) + \dfrac{1}{k}[\widehat{q_k}(s,a) - \overline{q_{k-1}}(s,a)]$;

9:　　**end for**

10:　　**for all** 对 $\overset{x_r}{\leadsto}$ 中出现的每一状态 $s$ **do**

11:　　　记录最优动作 $A^* \leftarrow \underset{a}{\arg\max}\ \overline{q_k}(s,a)$ (若有多个最优动作, 则随机选择其中一个);

12:　　　**for all** 对 $\overset{x_r}{\leadsto}$ 中出现的每一状态 $s$ **do**

13:　　　　更新策略 $\pi_\epsilon = \begin{cases} 1 - \epsilon + \dfrac{\epsilon}{|\mathcal{A}(s)|}, & \text{if } a = A^* \\[2mm] \dfrac{\epsilon}{|\mathcal{A}(s)|}, & \text{if } a \neq A^* \end{cases}$

14:　　　**end for**

15:　　**end for**

16: **until** (直到收敛或 $k$ 充分大到给定上限)

17: 输出最优策略 $\pi^* \approx \pi_\epsilon$

---

回顾式 (5.3.3) 中关于策略 $\pi$ 的动作价值函数的定义可知, 策略 $\pi$ 的动作价值函数 $q_\pi(s,a)$ 是 $t$ 时刻从 $(s,a)$ 出发执行策略 $\pi$ 产生的轨迹 $\overset{x_r(s,a)}{\leadsto}$: $S_t = s \overset{A_t = a}{\rightarrow} r_{t+1}, S_{t+1} \overset{A_{t+1}}{\rightarrow} r_{t+1}, S_{t+2} \overset{A_{t+2}}{\rightarrow} \cdots \overset{A_{T-1}}{\rightarrow} r_T, S_T$ 能获得的期望回报, 这里约定用 $T$ 表示轨迹长度。

如果知道轨迹 $\overset{x_r(s)}{\leadsto}$ 出现的概率 $\mathcal{P}[\overset{x_r(s)}{\leadsto}]$, 以及该轨迹获得的回报 $G_t(\overset{x_r(s)}{\leadsto})$, 则该轨迹的期望回报可根据式 (5.3.13) 计算得到。

$$q_\pi(s,a) = \sum_{x_r(s)} \mathcal{P}[\overset{x_r(s)}{\leadsto}] G_t(\overset{x_r(s)}{\leadsto}) \tag{5.3.13}$$

如果轨迹 $\overset{x_r(s)}{\leadsto}$ 是由策略 $\pi$ 生成的, 则只要将式 (5.3.13) 中的 $\mathcal{P}[\overset{x_r(s)}{\leadsto}]$ 替换成 $\mathcal{P}_\pi[\overset{x_r(s)}{\leadsto}]$ 即可得到动作价值 $q_\pi(s,a)$。而在异策略下, 这个轨迹 $\overset{x_r(s)}{\leadsto}$ 是由另一个不同策略 $b(a|s)$ 生成, 把式 (5.3.13) 中的 $\mathcal{P}[\overset{x_r(s)}{\leadsto}]$ 替换成 $\mathcal{P}_b[\overset{x_r(s)}{\leadsto}]$, 得到的是策略 $b(a|s)$ 下的动作价值 $q_b(s,a)$。如何从 $q_b(s,a)$ 得到目标策略下的状态价值 $q_\pi(s,a)$ 呢？

考查概率 $\mathcal{P}_\pi[\overset{x_r(s)}{\rightsquigarrow}]$，利用轨迹 $\overset{x_r(s)}{\rightsquigarrow}$ 的马尔可夫性质，有式 (5.3.14) 成立。

$$
\begin{aligned}
\mathcal{P}_\pi[\overset{x_r(s)}{\rightsquigarrow}] &= \boldsymbol{\mathcal{P}}\{A_t, S_{t+1}, A_{t+1}, \cdots, S_T | S_t = s, \pi\} \\
&= \pi(A_t|S_t)\boldsymbol{\mathcal{P}}(S_{t+1}|S_t, A_t)\pi(A_{t+1}|S_{t+1})\cdots\boldsymbol{\mathcal{P}}(S_T|S_{T-1}, A_{T-1}) \\
&= \prod_{k=t}^{T-1} \pi(A_k|S_k)\boldsymbol{\mathcal{P}}(S_{k+1}|S_k, A_k)
\end{aligned}
\tag{5.3.14}
$$

类似地，对于概率 $\mathcal{P}_b[\overset{x_r(s)}{\rightsquigarrow}]$，利用轨迹 $\overset{x_r(s)}{\rightsquigarrow}$ 的马尔可夫性质，有式 (5.3.15) 成立。

$$
\begin{aligned}
\mathcal{P}_b[\overset{x_r(s)}{\rightsquigarrow}] &= \boldsymbol{\mathcal{P}}\{A_t, S_{t+1}, A_{t+1}, \cdots, S_T | S_t = s, b\} \\
&= b(A_t|S_t)\boldsymbol{\mathcal{P}}(S_{t+1}|S_t, A_t)b(A_{t+1}|S_{t+1})\cdots\boldsymbol{\mathcal{P}}(S_T|S_{T-1}, A_{T-1}) \\
&= \prod_{k=t}^{T-1} b(A_k|S_k)\boldsymbol{\mathcal{P}}(S_{k+1}|S_k, A_k)
\end{aligned}
\tag{5.3.15}
$$

这样，如果将策略 $\pi$ 下的动作价值 $q_\pi(s,a)$ 改写成式 (5.3.16) 的形式，并将式 (5.3.14) 和式 (5.3.15) 两式的比值代入其中并整理，可以发现 $q_\pi(s,a)$ 可以通过 $q_b(s,a)$ 间接计算得到。

$$
\begin{aligned}
q_\pi(s,a) &= \sum_{\overset{x_r(s)}{\rightsquigarrow}} \mathcal{P}_\pi[\overset{x_r(s)}{\rightsquigarrow}]G_t(\overset{x_r(s)}{\rightsquigarrow}) \\[2mm]
&= \sum_{\overset{x_r(s)}{\rightsquigarrow}} \frac{\mathcal{P}_\pi[\overset{x_r(s)}{\rightsquigarrow}]}{\mathcal{P}_b[\overset{x_r(s)}{\rightsquigarrow}]}\mathcal{P}_b[\overset{x_r(s)}{\rightsquigarrow}]G_t(\overset{x_r(s)}{\rightsquigarrow}) \\[2mm]
&= \sum_{\overset{x_r(s)}{\rightsquigarrow}} \frac{\displaystyle\prod_{k=t}^{T-1} \pi(A_k|S_k)\boldsymbol{\mathcal{P}}(S_{k+1}|S_k, A_k)}{\displaystyle\prod_{k=t}^{T-1} b(A_k|S_k)\boldsymbol{\mathcal{P}}(S_{k+1}|S_k, A_k)}\mathcal{P}_b[\overset{x_r(s)}{\rightsquigarrow}]G_t(\overset{x_r(s)}{\rightsquigarrow}) \\[2mm]
&= \sum_{\overset{x_r(s)}{\rightsquigarrow}} \underbrace{\prod_{k=t}^{T-1} \frac{\pi(A_k|S_k)}{b(A_k|S_k)}}_{\rho_{t:T-1}}\mathcal{P}_b[\overset{x_r(s)}{\rightsquigarrow}]G_t(\overset{x_r(s)}{\rightsquigarrow}) \\[2mm]
&= \sum_{\overset{x_r(s)}{\rightsquigarrow}} \rho_{t:T-1}\mathcal{P}_b[\overset{x_r(s)}{\rightsquigarrow}]G_t(\overset{x_r(s)}{\rightsquigarrow}) \\[2mm]
&= \sum_{\overset{x_r(s)}{\rightsquigarrow}} \mathcal{P}_b[\overset{x_r(s)}{\rightsquigarrow}]\underbrace{\rho_{t:T-1}G_t(\overset{x_r(s)}{\rightsquigarrow})}_{\text{加权后的回报}}
\end{aligned}
\tag{5.3.16}
$$

式 (5.3.16) 中最后一个等式表明, 目标策略 $\pi$ 的动作价值是执行策略 $b$ 轨迹的加权回报的期望, 这个加权因子 $\rho_{t:T-1} = \prod\limits_{k=t}^{T-1} \dfrac{\pi(A_k|S_k)}{b(A_k|S_k)}$ 是目标策略与执行策略的比值, 这个比值被称为重要性抽样比。

式 (5.3.16) 给出了根据执行策略 $b$ 生成的轨迹或情节/回合的回报估计目标策略 $\pi$ 的动作价值的方法。考虑到首访方式计算情节/回合上关于 $(s,a)$ 的回报较简单, 下面只考虑更一般的每访方式计算 $(s,a)$ 的回报。约定策略 $b$ 生成的情节/回合数据库 $\underset{\sim}{X_R}^{(M)} = \{\underset{\sim}{x_r}^{(1)}, \cdots, \underset{\sim}{x_r}^{(i)}, \cdots, \underset{\sim}{x_r}^{(M)}\}$ 连续两条情节/回合记录采用连续时间编号, 例如, 如果记录 $\underset{\sim}{x_r}^{(i)}$ 在 $t=100$ 时间步终止, 则下一个情节/回合记录 $\underset{\sim}{x_r}^{(i+1)}$ 时间步的编号从 $t=101$ 开始。符号 $\mathcal{T}(s,a)$ 表示 $(s,a)$ 在情节/回合数据库 $\underset{\sim}{X_R}^{(M)}$ 中出现的时间步集合, $\mathcal{T}(t)$ 表示从时刻 $t$ 之后的第一个终止状态的时间步。$\forall t \in \mathcal{T}(s,a), G_t$ 表示 $t$ 时刻到终止状态时间步 $\mathcal{T}(t)$ 所获得的回报。由此可以得到式 (5.3.17) 以每访方式计算情节/回合数据库下的加权回报的均值计算公式, 该结果作为 $(s,a)$ 动作价值的估计。

$$\hat{q}_\pi(s,a) = \frac{\sum\limits_{t \in \mathcal{T}(s)} \rho_{t:\mathcal{T}(t)-1} G_t}{|\mathcal{T}(s,a)|} \tag{5.3.17}$$

式 (5.3.17) 称为普通重要性抽样公式, 因为该公式的分母是 $(s,a)$ 在情节/回合数据库中出现的次数, 是对分子中加权回报的和的算术平均。另一种估计动作价值的公式 (5.3.18) 被称为加权重要性抽样公式, 其分母是重要性抽样比的和。显然, 这种做法考虑了权重因子, 是一种加权平均。

$$\hat{q}_\pi(s,a) = \frac{\sum\limits_{t \in \mathcal{T}(s,a)} \rho_{t:\mathcal{T}(t)-1} G_t}{\sum\limits_{t \in \mathcal{T}(s,a)} \rho_{t:\mathcal{T}(t)-1}} \tag{5.3.18}$$

式 (5.3.17) 和式 (5.3.18) 提供了根据执行策略 $b$ 生成的轨迹估计目标策略 $\pi$ 价值的方法。实用中对这两个公式往往采用增量格式的实现形式进行使用。下面只讨论公式 (5.3.18) 的增量格式的推导。

为简化符号, 约定 $|\mathcal{T}(s,a)| = n$, $G_k, W_k(1 \leqslant k \leqslant n)$ 分别为第 $k$ 次出现时的回报和对应的权值。公式 (5.3.19) 给出了增量实现格式的 $q_{k+1}(s,a)$ 推导过程。

$$q_{k+1}(s,a) = \frac{\sum\limits_{i=1}^{k} W_i G_i}{\sum\limits_{i=1}^{k} W_i} = \frac{\sum\limits_{i=1}^{k-1} W_i G_i + W_k G_k}{\sum\limits_{i=1}^{k} W_i}$$

$$= \frac{1}{\sum\limits_{i=1}^{k} W_i}\left[ W_k G_k + \Big(\sum_{i=1}^{k-1} W_i\Big)\frac{1}{\sum\limits_{i=1}^{k-1} W_i}\sum_{i=1}^{k-1} W_i G_i \right]$$

$$= \frac{1}{\sum\limits_{i=1}^{k} W_i}\left[ W_k G_k + \Big(\sum_{i=1}^{k-1} W_i\Big) q_k(s,a) \right]$$

$$= \frac{1}{\sum\limits_{i=1}^{k} W_i}\left[ W_k G_k + q_k(s,a)\Big(\sum_{i=1}^{k} W_i - W_k\Big) \right]$$

$$= \frac{1}{\sum\limits_{i=1}^{k} W_i}\left[ q_k(s,a)\sum_{i=1}^{k} W_i + W_k(G_k - q_k(s,a)) \right]$$

$$= q_k(s,a) + \frac{W_k}{\sum\limits_{i=1}^{k} W_i}(G_k - q_k(s,a)) \tag{5.3.19}$$

利用式 (5.3.19)，只要计算 $(s,a)$ 的回报 $G_k$ 和对应的权重 $W_k$，并记录累积权重 $C_{k+1}(s,a) = C_k(s,a) + W_k$，就可以增量实现的形式迭代计算 $q_{k+1}(s,a)$，使之最终收敛到 $q_\pi(s,a)$。算法 18 给出了增量实现的异策略 MC 预测算法。

### 5.3.2.4　异策略 MC 控制

在获得策略 $\pi$ 的动作价值函数后，对策略 $\pi$ 的改进就容易得多了，只要在算法 18 中更新 $Q(S_t, A_t)$ 值后，选择当前最优动作 $\pi(S_t) \leftarrow \arg\max\limits_a Q(S_t, a)$ 即可。算法 19 给出了异策略 MC 控制实现过程。

同策略的 MC 方法会带来利用/勘探困境，建立在重要性抽样基础上的异策略 MC 方法则避免了利用/勘探困境，执行策略 $b$ 在满足覆盖性假设的前提下产生某概率分布下的大量行为数据，起到探索作用。而目标策略 $\pi$ 的改进本质上是从这些偏离最优策略产生的数据中寻找最优策略。

如果将目标策略和行为策略设定为同样的策略，则异策略 MC 就退化成同策略 MC，因此同策略 MC 可看作异策略 MC 的特例。一般而言，同策略比异策略收敛速度

---

**算法 18** OPMC 预测算法: 异策略 MC 预测算法

---

**输入:** 任意目标策略 $\pi$

**输出:** 策略 $\pi$ 的动作价值 $q_\pi(s,a)$

1: 初始化状态的可用动作集合 $\forall s \in \mathcal{S}, a \in \mathcal{A}(s)$;

2: 置累积重要性抽样比 $C(s,a) = 0, \forall s \in \mathcal{S}, a \in \mathcal{A}(s)$;

3: 随机初始化: $q(s,a), \forall s \in \mathcal{S}, a \in \mathcal{A}(s)$, 置 eposide 记录数 $k = 0$;

4: **repeat**

5:     初始化执行策略 $b$ 为目标策略 $\pi$ 的任意一个覆盖, 即 $b$ 必须满足当 $\pi(a|s) > 0$ 时,$b(a|s) > 0$;

6:     执行策略 $b$ 产生一个 eposide 记录 $\overset{x_T}{\leadsto}: S_t \overset{A_t}{\to} r_{t+1}, S_{t+1} \overset{A_{t+1}}{\to} r_{t+1}, S_{t+2} \overset{A_{t+2}}{\to} \cdots \overset{A_{T-1}}{\to} r_T$, $S_T$, eposide 记录数 $k = k + 1$;

7:     初始化回报 $G \leftarrow 0$, 初始化权重 $W \leftarrow 1$;

8:     **for all** $t = T - 1, T - 2, \cdots, 0$ **do**

9:         $G \leftarrow \gamma G + r_{t+1}$

10:         $C(S_t, A_t) \leftarrow C(S_t, A_t) + W$

11:         $Q(S_t, A_t) \leftarrow Q(S_t, A_t) + \dfrac{W}{C(S_t, A_t)}[G - Q(S_t, A_t)]$

12:         $W \leftarrow W \dfrac{\pi(A_t|S_t)}{b(A_t|S_t)}$

13:         如果 $W = 0$ 则退出循环;

14:     **end for**

15: **until** (直到收敛或 $k$ 充分大到给定上限)

16: 输出动作价值函数 $q_\pi(s,a) \approx Q(s,a)$

---

快, 但异策略更为通用, 同时异策略方法这种执行策略和目标策略不同的配置赋予了强化学习算法极大的灵活性, 执行策略产生的行为数据既可以自行产生, 也可以是外来数据或者是人类专家策略产生的数据。

### 5.3.2.5 MC 小结

总体上, MC 预测和控制建立在情节/回合数据库基础上。情节/回合数据库意味着其中的每一条记录都是一个情节/回合, 这是一个要求一局游戏或比赛完全结束后才能给出各状态或动作的评价值的应用场合。因此, 基于 MC 的强化学习方法适用于类似围棋博弈这样的情节/回合任务, 它只需要实际或模拟环境交互时产生的状态、动作、评价等信息的样本序列, 而无须任何关于环境的先验知识。

MC 预测的目标是 $v_\pi(s) = E_\pi[G_t|S_t = s] = E_\pi[\mathcal{R}_{t+1} + \gamma \mathcal{R}_{t+1} + \cdots + \gamma^{T-1} \mathcal{R}_T|S_t = s]$, 用情节/回合记录上的累积评估值作为这个期望的估计本身是一个无偏估计, 但由于产生一个情节/回合直到终局之前, 要经历很多的随机状态和动作的选择, 导致产生每一个情节/回合的随机性都很大, 这意味着建立在情节/回合数据库上的 MC 预测具有高方差的特性, 这一点不同于时间差分法。

MC 方法不属于步步为营法, MC 方法对状态价值和动作价值的估计所需要的信

---

**算法 19** OPMC 控制算法: 异策略 MC 控制算法

---

**输入**: 无

**输出**: 最优策略 $\pi^*$

1: 初始化状态的可用动作集合 $\forall s \in \mathcal{S}, a \in \mathcal{A}(s)$;

2: 置累积重要性抽样比 $C(s,a) = 0, \forall s \in \mathcal{S}, a \in \mathcal{A}(s)$;

3: 随机初始化: $q(s,a), \forall s \in \mathcal{S}, a \in \mathcal{A}(s)$, 置 eposide 记录数 $k = 0$;

4: 根据随机初始值 $q(s,a)$ 初始化目标策略 $\pi(s) \leftarrow \arg\max_a q(s,a)$;

5: **repeat**

6:     初始化执行策略 $b$ 为目标策略 $\pi$ 的任意一个覆盖, 即 $b$ 必须满足当 $\pi(a|s) > 0$ 时,$b(a|s) > 0$;

7:     执行策略 $b$ 产生一个 eposide 记录 $\overset{x_r}{\leadsto}$: $S_t \overset{A_t}{\rightarrow} r_{t+1}, S_{t+1} \overset{A_{t+1}}{\rightarrow} r_{t+1}, S_{t+2} \overset{A_{t+2}}{\rightarrow} \cdots \overset{A_{T-1}}{\rightarrow} r_T$, $S_T$, eposide 记录数 $k = k + 1$;

8:     初始化回报 $G \leftarrow 0$, 初始化权重 $W \leftarrow 1$;

9:     **for all** $t = T-1, T-2, \cdots, 0$ **do**

10:       $G \leftarrow \gamma G + r_{t+1}$

11:       $C(S_t, A_t) \leftarrow C(S_t, A_t) + W$

12:       $Q(S_t, A_t) \leftarrow Q(S_t, A_t) + \dfrac{W}{C(S_t, A_t)}[G - Q(S_t, A_t)]$

13:       $\pi(S_t) \leftarrow \arg\max_a Q(S_t, a)$ (多个 $Q(S_t,a)$ 取得相同极大值则随机选择其中一个动作)

14:       如果 $A_t \neq \pi(S_t)$ 则退出循环;

15:       $W \leftarrow W \dfrac{\pi(A_t|S_t)}{b(A_t|S_t)}$

16:     **end for**

17: **unitl** (直到收敛或 $k$ 充分大到给定上限)

18: 输出最优策略 $\pi^* \approx \pi$

---

息来自情节/回合数据库中的经验信息或观察信息。

然而, 情节/回合任务的一大特点是只有到终局的时候才能对整个情节/回合中的状态和动作序列给出**延迟/事后**评价, 这在某些实时性要求高的场合并不适用。很难想象无人驾驶时等无人车到达车毁人亡的终局时才给出整个驾驶过程的评价, 或者无人飞机在坠落的终局才给出某次飞行的评价。因此, MC 方法并不适用于这些场合。

接下来要介绍的时间差分学习算法 (temproal difference learning,TD) 在给定的时间间隔内, 根据评价信号进行策略评估和改进而无须等到终局, 这使 TD 比 MC 更具有实时性。

## 5.3.3 时间差分学习算法

时间差分学习算法同样可以用青蛙模型进行直观解释。在时间差分学习场景下, 池中的青蛙面对的是一个赋闲在家无须上班的主人, 这意味着只要主人愿意, 他可以随时给青蛙发送评价信号。极端情况下, 青蛙可能每执行一步跳跃或捕食动作, 都收到主人的一次评价, 然后青蛙就得根据主人的最新评价更新对状态价值或动作价值的估计, 进而更新自己的策略, 在新策略下再执行下一步动作, 如此循环。这就是一步时间差分, 记为 1 步 TD 或 TD(0)。如果主人是在青蛙每执行完两步动作后再给出评价, 则称为两步时间差分 (2 步 TD)。更一般地, 如果在青蛙执行完 $n$ 步动作后给出评价, 就称为 $n$ 步时间差分。图 5.14 给出了各时间差分算法与 MC 方法之间的关系。

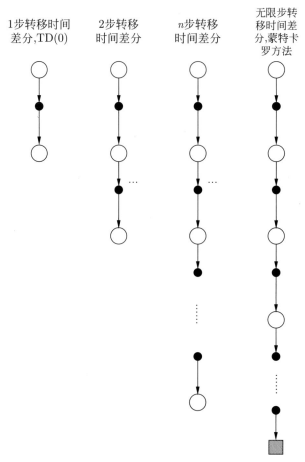

图 5.14  各时间差分算法与 MC 算法之间的关系

圆圈代表状态节点, 黑点代表动作节点, 方框代表终止节点

1 步 TD 将一步转移获得的回报估计作为状态价值或动作价值的估计, $n$ 步 TD 则将 $n$ 步转移获得的回报估计作为状态价值或动作价值的估计。这两种估计哪种更准确呢? TD($\lambda$) 算法对此作了扩展, 该算法在 $n$ 步转移基础上将每步转移获得的回报进行加权求和 (加权和被称为 $\lambda$-return), 所得结果作为状态价值或动作价值的估计, 这

样可得到一个能统一 1 步 TD 和 MC 算法的 TD(λ) 算法。

与蒙特卡罗方法类似, 时间差分方法直接从经验数据中学习, 属于无模型的学习方法。但时间差分方法放宽了经验数据必须是情节/回合数据库的要求 (见图 5.15), 这意味着时间差分方法的学习过程无须等到终局。这也导致时间差分方法在估计状态价值或动作价值时, 必须像前述动态规划 DP 方法那样, 需要用到状态价值或动作价值的中间估计值, 因此时间差分方法属于用估计值进行估计的步步为营方法的范畴。

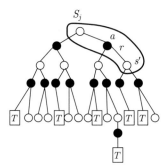

图 5.15　时间差分方法计算示意图

本节将先介绍一步转移时间差分算法, 然后扩展到 $n$ 步转移时间差分算法, 最后介绍更为一般的 TD(λ) 算法。每种算法都按照先预测问题, 然后控制问题, 先同策略, 后异策略的顺序进行介绍。

### 5.3.3.1　一步转移时间差分

TD(0) 时间差分预测要求执行一步转移动作后即更新状态的估计值。回顾 MC 预测中式 (5.3.11) 增量实现的迭代公式 $\overline{v_k(s)} = \overline{v_{k-1}(s)} + \frac{1}{k}[\widehat{v_k(s)} - \overline{v_{k-1}(s)}]$ 可知, 在每访方式下, 其中的 $\widehat{v_k(s)}$ 是 $t$ 时刻状态 $S_t = s$ 到终局的回报, 这个回报是 $T - t$ 步转移带来的收益, 当统计完足够多的这样的回报后, 这个收益 $\widehat{v_k(s)} = \hat{G}_t$ 会充分逼近 $t$ 时刻状态 $S_t = s$ 为起点的期望回报 $G_t$。因此, MC 估计的是 $v_\pi(s) = E_\pi[G_t|S_t = s] \leftarrow \overline{v_k(s)}$, 在无模型下这个期望无法计算, 只能用采样的办法获得情节/回合数据库, 然后用样本均值去估计这个理论回报, 即 $\overline{v_k(s)} \overset{k \to \infty}{\to} v_\pi(s)$。为了方便理解 MC 预测的迭代公式与 TD(0) 预测使用的迭代公式之间的差异, 这里用 $\hat{v}(S_t)$ 表示状态 $S_t$ 价值的估计值, $\hat{G}_t$ 表示期望回报 $G_t$ 的估计值, 则式 (5.3.11) 增量实现的迭代公式可被表示成式 (5.3.20) 的形式。

$$\hat{v}(S_t) \leftarrow \hat{v}(S_t) + \frac{1}{k}[\hat{G}_t - \hat{v}(S_t)] \tag{5.3.20}$$

类似地, 无模型的时间差分法同样无法显式计算期望回报 $G_t$。与 MC 不同, TD(0) 时间差分用来估计的可用信息只有一步转移所获得的评价值 $r_{t+1}$。一步转移获得的期

望回报 $G_t^{(1)} = \mathcal{R}_{t+1} + \gamma v(S_{t+1})$ 的估计值被表示成 $\hat{G}_t^{(1)} = r_{t+1} + \gamma \hat{v}(S_{t+1})$, 即用一步转移获得的评价值累加到下一时刻状态估计值 $\hat{v}(S_{t+1})$ (考虑折减因子) 作为期望回报的估计。因此, $TD(0)$ 时间差分预测的更新公式就变成式 (5.3.21) 的形式。

$$\hat{v}(S_t) \leftarrow \hat{v}(S_t) + \alpha[\hat{G}_t^{(1)} - \hat{v}(S_t)]$$

$$\hat{v}(S_t) \leftarrow \hat{v}(S_t) + \alpha[\underbrace{r_{t+1} + \gamma \hat{v}(S_{t+1}) - \hat{v}(S_t)}_{\delta_t}] \tag{5.3.21}$$

$$\hat{v}(S_t) \leftarrow \hat{v}(S_t) + \alpha \hat{\delta}_t$$

由于式 (5.3.21) 中的 $r_{t+1}$ 是 $t+1$ 时刻的评估值而非奖励值 $\mathcal{R}_t$, 因此, $\hat{\delta}_t = r_{t+1} + \gamma \hat{v}(S_{t+1}) - \hat{v}(S_t) = \hat{G}_t^{(1)} - \hat{v}(S_t)$ 被称为 TD(0) 在 $t$ 时刻的估计误差, 该误差在 $t+1$ 时刻可以被计算。比较式 (5.3.20) 和式 (5.3.21) 可发现, 更新公式中的步长由原来的 $\frac{1}{k}$ 变成了恒定步长 $\alpha$, 这是一种自然的做法, 因为作为 "走一步看一步" 的 TD(0) 时间差分法, 青蛙不会记得 $t$ 时刻之前它到底走了多少步, 因此这里用恒定步长 $\alpha$ 代替 $\frac{1}{k}$。

根据式 (5.3.21) 的迭代公式, 可以得到算法 20 描述的 TD(0) 预测算法。请注意, TD(0) 时间差分相关算法是 "走一步看一步" 的算法, 因此这些算法更多是工作在实时交互环境中, 它们无须显式给出轨迹或者情节/回合数据作为算法的输入, 虽然这些算法都是基于轨迹或者情节/回合数据进行估计的算法。

---
**算法 20**　TD(0) 预测算法

**输入**: 要预测 (评估) 的策略 $\pi$
**输出**: 策略 $\pi$ 的状态价值 $v_\pi(s)$
1: 随机初始化状态价值估计值 $\hat{v}(s) \leftarrow 0, \forall s \in \mathcal{S}$;
2: **repeat**
3:　随机选择出发状态 $S_0 = s$, 置时间步 $t = 0$;
4:　**repeat**
5:　　根据策略 $\pi$ 选择动作 $a$;
6:　　执行动作 $a$, 观察获得的评价值 $r_{t+1}$ 和系统到达的后继状态 $S_{t+1}$;
7:　　执行更新 $\hat{v}(s) \leftarrow \hat{v}(s) + \alpha[r_{t+1} + \gamma \hat{v}(S_{t+1}) - \hat{v}(s)]$;
8:　　$s \leftarrow S_{t+1}, t \leftarrow t+1$
9:　**until** (直到 $s$ 为终止状态)
10: **until** (直到 $\hat{v}(s)$ 收敛或运行时间充分大到给定上限)
11: 输出 $v_\pi(s) \approx \hat{v}(s)$

---

TD(0) 时间差分方法是否合理? 或者说它最终是否能收敛? 这个问题取决于考查

期望回报 $G_t$ 与估计值 $\hat{v}(S_t)$ 的差值 $G_t - \hat{v}(S_t)$ 是否在学习步长 $\alpha$ 作用下能被控制到充分小。

将公式 (5.3.1) 中的期望回报公式沿轨迹不断展开, 直到终止状态 $S_T$, 可得到式 (5.3.22) 形式的结果。

$$
\begin{aligned}
G_t - \hat{v}(S_t) &= \mathcal{R}_{t+1} + \gamma G_{t+1} - \hat{v}(S_t) + \gamma \hat{v}(S_{t+1}) - \gamma \hat{v}(S_{t+1}) \\
&= \underbrace{[\mathcal{R}_{t+1} + \gamma \hat{v}(S_{t+1}) - \hat{v}(S_t)]}_{\delta_t} + \gamma[G_{t+1} - \hat{v}(S_{t+1})] \\
&= \delta_t + \gamma\{\delta_{t+1} + \gamma[G_{t+2} - \hat{v}(S_{t+2})]\} \\
&= \delta_t + \gamma \delta_{t+1} + \gamma^2 [G_{t+2} - \hat{v}(S_{t+2})] \\
&= \delta_t + \gamma \delta_{t+1} + \gamma^2 \delta_{t+2} + \cdots + \gamma^{T-t-1}\delta_{T-1} + \gamma^{T-t}[G_T - \hat{v}(S_T)] \\
&= \delta_t + \gamma \delta_{t+1} + \gamma^2 \delta_{t+2} + \cdots + \gamma^{T-t-1}\delta_{T-1} + \gamma^{T-t}(0-0) \\
&= \sum_{k=t}^{T-1} \gamma^{k-t}\delta_k
\end{aligned}
\tag{5.3.22}
$$

将式 (5.3.22) 中的 $G_t, \delta_k$ 分别用它们的估计值 $\hat{G}_t, \hat{\delta}_k$ 代替, 加上学习步长 $\alpha$, 可以得到式 (5.3.23) 的结果。

$$
\begin{aligned}
\alpha[\hat{G}_t - \hat{v}(S_t)] &= \alpha[r_{t+1} + \gamma \hat{G}_{t+1} - \hat{v}(S_t) + \gamma \hat{v}(S_{t+1}) - \gamma \hat{v}(S_{t+1})] \\
&= \alpha \underbrace{[r_{t+1} + \gamma \hat{v}(S_{t+1}) - \hat{v}(S_t)]}_{\hat{\delta}_t} + \alpha[\gamma(\hat{G}_{t+1} - \hat{v}(S_{t+1}))] \\
&= \alpha \hat{\delta}_t + \alpha \gamma[\hat{G}_{t+1} - \hat{v}(S_{t+1})] \\
&= \cdots \\
&= \alpha \sum_{k=t}^{T-1} \gamma^{k-t}\hat{\delta}_k
\end{aligned}
\tag{5.3.23}
$$

式 (5.3.23) 的结果表明, $\alpha[\hat{G}_t - \hat{v}(S_t)]$ 这部分可被分解成 $\alpha \hat{\delta}_t$ 与 $\alpha \gamma[\hat{G}_{t+1} - \hat{v}(S_{t+1})]$ 两项的和。经过一步转移后计算得到的 $\alpha \hat{\delta}_t$ 被公式 (5.3.21) 在线更新。另一项 $\alpha \gamma[\hat{G}_{t+1} - \hat{v}(S_{t+1})]$ 具体值需要在下一步转移后才能计算, 但按照类似的规则, 它同样可分解成 $\alpha \hat{\delta}_{t+1}$ 与 $\alpha \gamma[\hat{G}_{t+2} - \hat{v}(S_{t+2})]$ 两项的和。式 (5.3.23) 中最后一个等式结果表明, 在选择充分小的学习步长 $\alpha$ 时, 式 (5.3.21) 逐步更新的办法能将间隔 $\hat{G}_t - \hat{v}(S_t)$ 变得充分小, 这也意味着在充分采样的情况下, $r_{t+1} \to \mathcal{R}_{t+1}, \hat{G}_t \to G_t$, 间隔 $G_t - \hat{v}(S_t)$ 同样会变得充分小。从而经过式 (5.3.21) 的迭代, 估计值 $\hat{v}(S_t)$ 能充分逼近 $G_t$。

比较式 (5.3.2) 中的 DP 迭代公式与式 (5.3.21) 的 TD(0) 迭代公式, 可发现两者都用了下一时刻状态估计值 $\hat{v}(S_{t+1})$ 去估计 $t$ 时刻状态价值 $\hat{v}(S_t)$, 因此 DP 和 TD(0) 都属于步步为营方法的范畴。

但与 DP 不同的是, TD(0) 和 MC 两者是通过考查样本中的后继状态和轨迹上所获得的评价值来更新状态的估计值, 这是一种**基于轨迹 (样本) 的更新方法**, 而 DP 是建立在考虑所有可能的后继状态后执行的更新, 这是一种**基于分布 (期望) 的更新**。

TD(0) 的一个显著特点是 TD(0) 可以一种在线的、增量的方式实现, 无须像 MC 那样要等到终局才能更新。这种仅凭下一步获得的评价和转移结果来学习一个估计值的方法的优点是实施起来方便, 避免了 MC 方法在长的情节/回合轨迹上花费过长的时间等待反馈信号的不足, 但这种在线更新也要求系统或环境能对智能体的表现给出实时评价, 这是用强化学习解决实际问题时需要考虑的一个方面。

不同于预测问题, 控制问题核心是要对策略进行改进。在无模型情况下, 对策略的改进主要依赖动作价值函数 $q(s,a)$, 一旦获得了策略 $\pi$ 下动作价值函数的估计, 改进这个策略时只需要选择状态 $s$ 下动作价值函数 $q(s,a)$ 最大的那个动作 a 即可。

MC 方法主要是用情节/回合数据库上的样本均值 $\bar{q}(s,a)$ 作为对 $q(s,a)$ 的估计, 按照逐个情节/回合进行估计的工作方式 (eposide-by-eposide) 进行计算。TD(0) 时间差分法则属于走一步看一步的逐步估计方法 (step-by-step): 为估计 $q(s,a)$, $TD(0)$ 需要在 $t$ 时刻当前状态 $S_t$, 使用动作 $A_t$, 先走一步看能获得多少评估值 $r_{t+1}$, 系统下一时刻会到达何状态 $S_{t+1}$, 然后再在 $S_{t+1}$ 状态下多看一步动作 $A_{t+1}$。这一过程涉及 $(S_t, A_t, R_{t+1}, S_{t+1}, A_{t+1})$ 这五元组信息, 这五元组的首字母构成了 Sarsa 这个方法的名称。式 (5.3.24) 给出了 Sarsa 估计 $q(s,a)$ 的更新公式, 公式中用了大写的 $Q$ 表示这是迭代过程中使用到的关于小写的 $q$ 的估计值。

$$Q(S_t, A_t) \leftarrow Q(S_t, A_t) + \alpha[r_{t+1} + \gamma Q(S_{t+1}, A_{t+1}) - Q(S_t, A_t)] \tag{5.3.24}$$

算法 21 给出的是根据式 (5.3.24) 设计的 TD(0) 同策略控制算法, 它执行的策略 (步骤 8) 和改进 Q 值的策略 (步骤 10) 用的是相同的 $\pi_\epsilon$。在经过充分时间的迭代后, 算法 21 能依概率 1 收敛到最优策略, 但由于算法 21 中步骤 10 的更新每次都是用 $\pi_\epsilon$ 随机选择的动作 $a'$, 因此算法 21 的收敛速度并非最佳。

1989 年, Watkins 在其博士学位论文中提出了 $Q$-learning: TD 异策略控制算法[4], 被看作是强化学习领域中的早期突破之一。相比式 (5.3.24) 中使用随机选择的动作进行估计值更新, $Q$-learning 异策略控制算法采用更为有效的最优动作进行更新, 勘探的工作则主要留给执行策略 $\pi_\epsilon$ 完成。式 (5.3.25) 给出了 $Q$-learning 的更新公式。

$$Q(S_t, A_t) \leftarrow Q(S_t, A_t) + \alpha[r_{t+1} + \gamma \max_a (Q(S_{t+1}, a)) - Q(S_t, A_t)] \tag{5.3.25}$$

算法 21 给出的是根据式 (5.3.25) 设计的 TD(0) 异策略控制算法, 它执行的策略 (步骤 8) 是 $\pi_\epsilon$, 不同于改进 Q 值的策略 (步骤 9) $\pi$ (当前 Q 值下的最优策略)。由于改

进 $Q$ 值使用的是当前 $Q$ 值下的最优动作, 可以理解 $Q$-learning 异策略控制算法 (算法 22) 具有更快的收敛速度。

---

**算法 21** Sarsa: TD(0) 同策略控制算法
---
**输入**：无

**输出**：最优策略 $\pi^*$

1: 对 $Q(s,a), \forall s \in \mathcal{S}, a \in \mathcal{A}(s)$ 执行随机初始化, 对所有终止状态 $Q(s^+, \cdot) = 0$;

2: 对学习步长 $\alpha$ 折减因子 $\gamma$ 设定初值;

3: **repeat**

4:　　根据 $Q(s,a)$ 设定策略 $\pi(a|s) = \arg\max\limits_a Q(s,a)$;

5:　　随机选择出发状态 $s$;

6:　　用 $\pi_\epsilon$ 贪心策略选择动作 $a$;

7:　　**repeat**

8:　　　执行动作 $a$, 观察系统给出的评估值 $r$, 系统到达的下一状态 $s'$;

9:　　　用 $\pi_\epsilon$ 贪心策略选择状态 $s'$ 下的动作 $a'$;

10:　　　执行更新 $Q(s,a) \leftarrow Q(s,a) + \alpha[r + \gamma Q(s',a') - Q(s,a)]$

11:　　　$s \leftarrow s', a \leftarrow a'$

12:　　**until** (直到 $s$ 为终止状态)

13: **until** (直到所有的 $Q(s,a)$ 收敛)

14: 输出最优策略 $\pi^*(s) = \arg\max\limits_a Q(s,a)$

---

**算法 22** $Q$-learning: TD 异策略控制
---
**输入**：无

**输出**：最优策略 $\pi^*$

1: 对 $Q(s,a), \forall s \in \mathcal{S}, a \in \mathcal{A}(s)$ 执行随机初始化, 对所有终止状态 $Q(s^+, \cdot) = 0$;

2: 对学习步长 $\alpha$ 折减因子 $\gamma$ 设定初值;

3: **repeat**

4:　　根据 $Q(s,a)$ 设定策略 $\pi(a|s) = \arg\max\limits_a Q(s,a)$;

5:　　随机选择出发状态 $s$;

6:　　**repeat**

7:　　　用 $\pi_\epsilon$ 贪心策略选择动作 $a$;

8:　　　执行动作 $a$, 观察系统给出的评估值 $r$, 系统到达的下一状态 $s'$;

9:　　　执行更新 $Q(s,a) \leftarrow Q(s,a) + \alpha[r + \gamma\max\limits_{a'}(Q(s',a')) - Q(s,a)]$;

10:　　　$s \leftarrow s'$

11:　　**until** (直到 $s$ 为终止状态)

12: **until** (直到所有的 $Q(s,a)$ 收敛)

13: 输出最优策略 $\pi^*(s) = \arg\max\limits_a Q(s,a)$

Sarsa 的式 (5.3.24) 更新公式中用的估计值 $Q(S_{t+1}, A_{t+1})$ 是从 $S_{t+1}$ 可用动作集 $\mathcal{A}(S_{t+1})$ 中用策略 $\pi_\epsilon$ 随机选取的。Q-learning 则从 $S_{t+1}$ 可用动作集 $\mathcal{A}(S_{t+1})$ 中选择估计值 $Q(S_{t+1}, A_{t+1})$ 最大的动作。接下来的 expected Sarsa 则根据策略 $\pi(a|S_{t+1})$ 在可用动作集 $\mathcal{A}(S_{t+1})$ 上的期望估值 $E_\pi[Q(S_{t+1}, A_{t+1})]$ 来更新 $Q$ 值。式 (5.3.26) 给出了 expected Sarsa 的更新公式。

$$Q(S_t, A_t) \leftarrow Q(S_t, A_t) + \alpha[r_{t+1} + \gamma E_\pi[Q(S_{t+1}, A_{t+1})] - Q(S_t, A_t)]$$
$$\leftarrow Q(S_t, A_t) + \alpha[r_{t+1} + \gamma \sum_{a \in \mathcal{A}(S_{t+1})} (\pi(a|S_{t+1})Q(S_{t+1}, a)) - Q(S_t, A_t)]$$

$$(5.3.26)$$

算法 23 之所以是异策略是因为算法执行的策略是 $\pi_\epsilon$ (步骤 7, 8), 改正的是策略 $\pi$ (步骤 4)。算法 23 与算法 22 唯一不同的地方在于第 9 步。由于第 9 步取的是 $Q$ 值在策略 $\pi$ 下一步转移的期望值, expected Sarsa 消除了 Sarsa 异策略控制算法中由于随机选择动作 $A_{t+1}$ 带来的方差, 因此, 在同样的轨迹数据库 $\overset{X_R}{\leadsto}{}^{(M)}$ 下, expected Sarsa 会比 Sarsa 表现更佳。

---

**算法 23**　Expected Sarsa 异策略控制

---

输入：无

输出：最优策略 $\pi^*$

1: 对 $Q(s, a), \forall s \in \mathcal{S}, a \in \mathcal{A}(s)$ 执行随机初始化, 对所有终止状态 $Q(s^+, \cdot) = 0$;

2: 对学习步长 $\alpha$ 折减因子 $\gamma$ 设定初值;

3: **repeat**

4:　　根据 $Q(s, a)$ 设定策略 $\pi(a|s) = \arg\max\limits_{a} Q(s, a)$;

5:　　随机选择出发状态 $s$;

6:　　**repeat**

7:　　　用 $\pi_\epsilon$ 贪心策略选择动作 $a$;

8:　　　执行动作 $a$, 观察系统给出的评估值 $r$, 系统到达的下一状态 $s'$;

9:　　　执行更新 $Q(s, a) \leftarrow Q(s, a) + \alpha[r + \gamma \sum\limits_{a' \in \mathcal{A}(s')} (\pi(a'|s')Q(s', a')) - Q(s, a)]$;

10:　　　$s \leftarrow s'$

11:　　**until** (直到 $s$ 为终止状态)

12: **until** (直到所有的 $Q(s, a)$ 收敛)

13: 输出最优策略 $\pi^*(s) = \arg\max\limits_{a} Q(s, a)$

---

作为对比, 图 5.16 给出了 Sarsa, Q-learning, expected Sarsa 三种控制算法的更新公式计算示意图。从示意图可以看出, 除 Sarsa 只考虑了轨迹上状态 $s$ 下选用的动作 $A_t$ 外, 另外两个 Q-learning 和 expected Sarsa 控制算法均需要考虑不在执行轨迹

上状态 $s$ 下其他可能的动作。这种做法的可行性建立在策略 $\pi$ 已知的前提下。

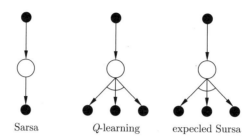

图 5.16　sarsa, $Q$-learning, expected Sarsa 计算示意图

空心圆点代表状态节点, 黑点为动作节点

### 5.3.3.2　$n$ 步转移时间差分

赋闲在家无须上班的主人, 既可以在青蛙执行完一步跳跃或捕食动作后即给出评价, 也可以在青蛙执行完多步跳跃或捕食动作后再给出评价。本节介绍的 $n$ 步时间差分算法 TD($n$) 可以看作是一步时间差分法 TD(0) 的扩展。

MC 算法是根据一个完整的情节/回合序列, 观察当前状态以后, 将所有状态的反馈来用作对当前状态值函数的更新, 而一步 TD 算法则基于下一步的反馈以及下一步到达的状态的估计值来更新值函数。而两步 TD 算法则基于采取动作后的两个反馈值以及两步后到达的状态的价值函数估计值进行更新。类似地可以推广到三步 TD 算法直至 $n$ 步 TD 算法。图 5.14 给出了从一步 TD 扩展到 $n$ 步 TD 直至 MC 算法的计算示意图。

$n$ 步转移获得的期望回报可表示成式 (5.3.27) 的形式。式 (5.3.27) 中, 当 $n = 1$ 时就是前述的 TD(0) 一步转移时间差分下的回报, 当 $n = \infty$ 时就成了前述 MC 方法下的期望回报。

$$
\begin{aligned}
n &\qquad G_t^{(n)} = \mathcal{R}_{t+1} + \gamma\mathcal{R}_{t+2} + \cdots + \gamma^{n-1}\mathcal{R}_{t+n} + \gamma^n v(S_{t+n}) \\
n &= 1(TD) \qquad G_t^{(1)} = \mathcal{R}_{t+1} + \gamma v(S_{t+1}) \\
n &= 2 \qquad G_t^{(2)} = \mathcal{R}_{t+1} + \gamma\mathcal{R}_{t+2} + \gamma^2 v(S_{t+2}) \\
&\vdots \qquad\qquad\qquad \vdots \\
n &= \infty(MC) \quad G_t^{(\infty)} = \mathcal{R}_{t+1} + \gamma\mathcal{R}_{t+2} + \cdots + \gamma^{T-1}R_T
\end{aligned}
\tag{5.3.27}
$$

根据式 (5.3.21) 中给出的一步转移获得回报估计值 $\hat{G}_t^{(1)} = r_{t+1} + \gamma\hat{v}(S_{t+1})$ 类似的方式, 可给出式 (5.3.28) 形式的 $n$ 步转移获得的回报估计值。

$$
\hat{G}_t^{(n)} = r_{t+1} + \gamma r_{t+2} + \cdots + \gamma^{n-1}r_{t+n} + \gamma^n \hat{v}_{t+n-1}(S_{t+n})
\tag{5.3.28}
$$

由于在 $n$ 步转移后才获得评价信号, 式 (5.3.27) 的回报估计值在 $t+n$ 时刻才可以被计算, 由此可得到式 (5.3.29) 形式的迭代公式。

$$\hat{v}_{t+n}(S_t) = \hat{v}_{t+n-1}(S_t) + \alpha[\hat{G}_t^{(n)} - \hat{v}_{t+n-1}(S_t)], \quad 0 \leqslant t < T \qquad (5.3.29)$$

此时轨迹上的状态 $S_t$ 的价值估计按照公式 (5.3.29) 进行更新, 而其他状态的价值估计值则保持不变, 即对所有的 $\forall s \neq S_t$ 而言, 有 $\hat{v}_{t+n}(s) = \hat{v}_{t+n-1}(s)$。

根据式 (5.3.29) 中的迭代公式, 可以设计相应的算法计算给定策略的状态价值。算法 24 以轨迹/eposide 为处理单元, 从某一随机初始状态 $S_0$ 出发, 不断利用策略 $\pi$ 挑选动作并执行产生轨迹 (步骤 8 ~ 10), 当产生 $n$ 步执行轨迹后利用式 (5.3.28) 计算轨迹上的累积评估值作为回报的估计值 $\hat{G}_t^{(n)}$ (步骤 14 ~ 15), 并根据式 (5.3.29) 进行更新 (步骤 16)。

---

**算法 24**　$n$ 步 TD 预测

---

**输入**：(1) 策略 $\pi$; (2) 学习步长 $\alpha \in (0, 1]$; (3) 反馈信号时间间隔 $n$

**输出**：策略 $\pi$ 的状态价值 $v_\pi(s)$

1: 随机初始化状态价值 $\hat{v}(s), s \in \mathcal{S}$;

2: **repeat**

3:　**for** 对每一个 episode **do**

4:　　随机初始化出发状态 $S_0$, 要求 $S_0$ 为非终止状态;

5:　　$T \leftarrow \infty$

6:　　**for** $t = 0, 1, 2, \cdots$ **do**

7:　　　**if** $t < T$ **then**

8:　　　　根据策略 $\pi(\cdot|S_t)$ 选择一动作并执行;

9:　　　　观察并保存获得的评估值 $r_{t+1}$ 和到达的下一状态 $S_{t+1}$;

10:　　　　如果 $S_{t+1}$ 为终止状态, 则 $T \leftarrow t+1$;

11:　　　**end if**

12:　　　记录要更新的时间步 $\tau = t - n + 1$;

13:　　　**if** $\tau > 0$ **then**

14:　　　　$\displaystyle \hat{G} \leftarrow \sum_{i=\tau+1}^{\min(\tau+n, T)} \gamma^{i-\tau-1} r_i$

15:　　　　**if** $\tau + n < T$, **then** $\hat{G} \leftarrow \hat{G} + \gamma^n \hat{v}(S_{\tau+n})$

16:　　　　$\hat{v}(S_\tau) \leftarrow \hat{v}(S_\tau) + \alpha[\hat{G} - \hat{v}(S_\tau)]$

17:　　　**end if**

18:　　**end for** (直到 $\tau = T - 1$)

19:　**end for**

20: **until** (直到收敛或 $k$ 充分大到给定上限)

21: 输出 $v_\pi(s) = \hat{v}(s)$

---

对于控制问题, 为了能改进策略, 在无模型下, 需要获得关于动作的价值的估计。这只要将式 (5.3.27) 中 $n$ 步期望回报 $G_t^{(n)}$ 的最后一项状态价值 $v(S_{t+n})$ 改成动作价值 $q(S_{t+n}, A_{t+n})$ 即可 (式 (5.3.30))。

$$G_t^{(n)} = \mathcal{R}_{t+1} + \gamma \mathcal{R}_{t+2} + \cdots + \gamma^{n-1} \mathcal{R}_{t+n} + \gamma^n q_{t+n-1}(S_{t+n}, A_{t+n}) \qquad (5.3.30)$$

也可将式 (5.3.30) 中最后一项改成关于策略 $\pi(a|S_{t+n})$ 下的期望的形式, 就变成了 $n$ 步 expected Sarsa 的期望回报 (式 (5.3.31))。

$$G_t^{(n)} = \mathcal{R}_{t+1} + \gamma \mathcal{R}_{t+2} + \cdots + \gamma^{n-1} \mathcal{R}_{t+n} + \gamma^n \sum_a \pi(a|S_{t+n}) q_{t+n-1}(S_{t+n}, a)$$
$$(5.3.31)$$

相应地可写出期望回报 $G_t^{(n)}$ 的估计值 $\hat{G}_t^{(n)}$ 的表达式 (式 (5.3.32))。

$$\hat{G}_t^{(n)} = r_{t+1} + \gamma r_{t+2} + \cdots + \gamma^{n-1} r_{t+n} + \gamma^n Q_{t+n-1}(S_{t+n}, A_{t+n}), n \geqslant 1, \quad 0 \leqslant t < T-n$$
$$(5.3.32)$$

根据式 (5.3.32) 中的回报估计值 $\hat{G}_t^{(n)}$, 可得到式 (5.3.33) 形式的 $n$ 步 Sarsa 的动作价值更新公式。

$$Q_{t+n}(S_t, A_t) = Q_{t+n-1}(S_t, A_t) + \alpha[\hat{G}_t^{(n)} - Q_{t+n-1}(S_t, A_t)], 0 \leqslant t < T \qquad (5.3.33)$$

根据式 (5.3.33) 的动作价值更新公式, 可设计算法 25 计算最优动作价值, 并根据最优动作价值确定最优策略。算法 25 同样以轨迹/eposide 为处理单元, 从某一随机初始 "状态-动作" $(S_0, A_0)$ 出发, 不断利用策略 $\pi_\epsilon$ 挑选动作并执行产生轨迹 (步骤 10 ~ 13), 当产生 $n$ 步执行轨迹后开始利用式 (5.3.32) 计算轨迹上的累积评估值作为回报的估计值 $\hat{G}_t^{(n)}$ (步骤 17 ~ 18), 并根据式 (5.3.33) 进行 $Q$ 值更新 (步骤 19), 进而进行策略更新 (步骤 20)。

前面讨论的是 $n$ 步 TD 同策略预测和控制问题, 接下来将讨论 $n$ 步 TD 异策略预测和控制问题。与 1 步 TD 异策略学习类似, $n$ 步 TD 异策略学习要求从策略 $b$ 产生的轨迹中学习另一个策略 $\pi$ 的状态价值和动作价值, 并据此改进策略 $\pi$。

$N$ 步 TD 异策略学习可分为建立在重要性抽样和不使用重要性抽样两种, 下面先分别对这两种方法进行介绍, 然后通过引入参数 $\sigma$, 这两种方法可被统一到一个 $n$ 步 $Q(\sigma)$ 异策略学习方法。

由于异策略学习任务要求从策略 $b$ 产生的轨迹数据来估计策略 $\pi$ 的状态价值或动作价值, 为此需要知道两个不同策略之间的关系, 式 (5.3.34) 中的重要性抽样比是描述两个不同策略之间关系的一个工具, 用这个重要性抽样比率对执行策略 $b$ 产生的轨迹上的评估值进行加权, 就可以得到目标策略 $\pi$ 回报的估计。

---

**算法 25**　$n$ 步 TD 控制: $n$ 步 Sarsa

---

**输入：** (1) 学习步长 $\alpha \in (0,1]$; (2) 反馈信号时间间隔 $n$; (3) $\epsilon$ 贪心参数

**输出：** (1) 最优动作价值 $q_*(s,a) \approx Q(s,a)$; (2) 最优策略 $\pi^* \approx \pi$

1: 随机初始化动作价值 $Q(s,a), \forall s \in \mathcal{S}, a \in \mathcal{A}$;

2: **repeat**

3:　　根据 $Q(s,a)$ 设定策略 $\pi(a|s) = \arg\max\limits_{a} Q(s,a)$;

4:　**for** 对每一个 episode **do**

5:　　　随机初始化出发状态 $S_0$, 要求 $S_0$ 为非终止状态;

6:　　　根据策略 $\pi_\epsilon$ (式 (5.3.12)) 选择并保存动作 $A_0 \sim \pi_\epsilon(\cdot|S_0)$;

7:　　　$T \leftarrow \infty$

8:　　　**for** $t = 0, 1, 2, \cdots$ **do**

9:　　　　**if** $t < T$ **then**

10:　　　　　执行动作 $A_t$;

11:　　　　　观察并保存获得的评估值 $r_{t+1}$ 和到达的下一状态 $S_{t+1}$;

12:　　　　　如果 $S_{t+1}$ 为终止状态, 则 $T \leftarrow t+1$;

13:　　　　　否则根据策略 $\pi_\epsilon$ (式 (5.3.12)) 选择并保存动作 $A_{t+1} \sim \pi_\epsilon(\cdot|S_{t+1})$;

14:　　　　**end if**

15:　　　　记录要更新的时间步 $\tau = t - n + 1$;

16:　　　　**if** $\tau > 0$ **then**

17:　　　　　$\hat{G} \leftarrow \sum\limits_{i=\tau+1}^{\min(\tau+n,T)} \gamma^{i-\tau-1} r_i$

18:　　　　　**if** $\tau + n < T$, then: $\hat{G} \leftarrow \hat{G} + \gamma^n Q(S_{\tau+n}, A_{\tau+n})$

19:　　　　　$Q(S_\tau, A_\tau) \leftarrow Q(S_\tau, A_\tau) + \alpha[\hat{G} - Q(S_\tau, A_\tau)]$

20:　　　　　设定策略 $\pi(a|S_\tau) = \arg\max\limits_{a} Q(S_\tau, a)$;

21:　　　　**end if**

22:　　　**end for** (直到 $\tau = T - 1$)

23:　**end for**

24: **until** (直到收敛)

25: 输出最优动作价值和最优策略 $q_*(s,a) \approx Q(s,a)$, $\pi^* \approx \pi$

---

$$\rho_{t:h} = \prod_{k=t}^{\min(h,T-1)} \frac{\pi(A_k|S_k)}{b(A_k|S_k)} \tag{5.3.34}$$

与式 (5.3.19) 中的推导思想类似, 可以得到利用 $n$ 步转移所获得的回报估计值来计算状态价值和动作价值的增量格式的迭代式 (5.3.35) 和式 (5.3.36)。

$$\hat{v}_{t+n}(S_t) = \hat{v}_{t+n-1}(S_t) + \alpha \rho_{t:t+n-1}[\hat{G}_t^{(n)} - \hat{v}_{t+n-1}(S_t)] \tag{5.3.35}$$

请注意, 式 (5.3.36) 中的重要性抽样比从时间步 $t+1$ 算起, 这是因为在时间步 $t$ 下的状态 $S_t$ 和动作 $A_t$ 都是已知的。

$$Q_{t+n}(S_t, A_t) = Q_{t+n-1}(S_t, A_t) + \alpha\rho_{t+1:t+n-1}[\hat{G}_t^{(n)} - Q_{t+n-1}(S_t, A_t)] \qquad (5.3.36)$$

根据式 (5.3.36) 可以得到算法 26 所示的使用重要性抽样的 $n$ 步 TD 异策略控制算法。

---

**算法 26** $n$ 步 TD 异策略控制: $n$ 步异策略 Sarsa

---

**输入:** (1) 行为策略 $b, b(a|s) > 0, \forall s \in \mathcal{S}, a \in \mathcal{A}$; (2) 学习步长 $\alpha \in (0,1]$; (3) 反馈信号时间间隔 $n$

**输出:** (1) 最优动作价值 $q_*(s,a) \approx Q(s,a)$; (2) 最优策略 $\pi^* \approx \pi$

1: 随机初始化动作价值 $Q(s,a), \forall s \in \mathcal{S}, a \in \mathcal{A}$;

2: 根据 $Q(s,a)$ 设定策略 $\pi(a|s) = \arg\max\limits_a Q(s,a)$;

3: **repeat**

4:   **for** 对每一个 episode **do**

5:     随机初始化并保存出发状态 $S_0$, 要求 $S_0$ 为非终止状态;

6:     根据策略 $b$ 选择并保存动作 $A_0 \sim b(\cdot|S_0)$;

7:     $T \leftarrow \infty$

8:     **for** $t = 0, 1, 2, \cdots$ **do**

9:       **if** $t < T$ **then**

10:         执行动作 $A_t$;

11:         观察并保存获得的评估值 $r_{t+1}$ 和到达的下一状态 $S_{t+1}$;

12:         如果 $S_{t+1}$ 为终止状态, 则 $T \leftarrow t+1$;

13:         否则根据策略 $b$ 选择并保存动作 $A_{t+1} \sim b(\cdot|S_{t+1})$;

14:       **end if**

15:       记录要更新的时间步 $\tau = t - n + 1$;

16:       **if** $\tau > 0$ **then**

17:         计算重要性抽样比 $\rho \leftarrow \prod\limits_{i=\tau+1}^{\min(\tau+n-1,T-1)} \dfrac{\pi(A_i|S_i)}{b(A_i|S_i)}$;

18:         计算 $n$ 步转移产生的回报估计 $\hat{G} \leftarrow \sum\limits_{i=\tau+1}^{\min(\tau+n,T)} \gamma^{i-\tau-1} r_i$;

19:         **if** $\tau + n < T$, **then** $\hat{G} \leftarrow \hat{G} + \gamma^n Q(S_{\tau+n}, A_{\tau+n})$

20:         $Q(S_\tau, A_\tau) \leftarrow Q(S_\tau, A_\tau) + \alpha\rho[\hat{G} - Q(S_\tau, A_\tau)]$

21:         设定策略 $\pi(a|S_\tau) = \arg\max\limits_a Q(S_\tau, a)$

22:       **end if**

23:     **end for** (直到 $\tau = T - 1$)

24:   **end for**

25: **until** (直到收敛)

26: 输出最优动作价值和最优策略 $q_*(s,a) \approx Q(s,a)$, $\pi^* \approx \pi$

---

采用重要性抽样的思想设计异策略控制算法的好处是简单易实现, 但其不足是随着考虑的步数 $n$ 不断增大, 估计的方差也会越来越大, 并且如果目标策略和执行策略差异较大时, 基于重要性抽样的异策略控制算法效果不佳。

Q-learning (式 (5.3.25)) 和 expected Sarsa (式 (5.3.26)) 在其各自的动作价值更新公式中都考虑了一步转移的所有可能情况 (前者考虑最大值, 后者考虑期望值), 因此可以参考类似的做法, 在 $n$ 步转移中的每一步转移均考虑所有可能的转移情况对状态价值和动作价值进行估计。下面从 expected Sarsa 的期望回报公式开始建立考虑所有可能情况的 $n$ 步转移期望回报的表达式。

式 (5.3.37) 是一步转移期望回报公式。根据这个一步转移回报公式, 可以构造两步转移的回报公式 (5.3.38), 该式中可分成在执行路径上的动作 $a = A_{t+1}$ 和未被执行的动作 $a' \neq A_{t+1}$ 两部分。

$$G_t^{(1)} = \mathcal{R}_{t+1} + \gamma \sum_a \pi(a|S_{t+1})Q_t(S_{t+1}, a) \tag{5.3.37}$$

显然, 式 (5.3.38) 是一个递归格式的期望回报公式, 它很容易被推广到 $n$ 步转移的情况 (式 (5.3.39))。

$$
\begin{aligned}
G_t^{(2)} &= \mathcal{R}_{t+1} + \gamma \sum_{a \neq A_{t+1}} \pi(a|S_{t+1})Q_t(S_{t+1}, a) + \gamma\pi(A_{t+1}|S_{t+1}) \cdot \\
&\quad \left( \mathcal{R}_{t+1} + \gamma \sum_a \pi(a|S_{t+2})Q_{t+1}(S_{t+2}, a) \right) \\
&= \mathcal{R}_{t+1} + \gamma \sum_{a \neq A_{t+1}} \pi(a|S_{t+1})Q_t(S_{t+1}, a) + \gamma\pi(A_{t+1}|S_{t+1})G_{t+1}^{(1)}
\end{aligned}
\tag{5.3.38}
$$

利用式 (5.3.39) 这个迭代格式的期望回报公式, 可以计算出 $n$ 步转移的期望回报。再将结果代入式 (5.3.40) 即可完成动作价值的迭代公式。

$$G_t^{(n)} = \mathcal{R}_{t+1} + \gamma \sum_{a \neq A_{t+1}} \pi(a|S_{t+1})Q_t(S_{t+1}, a) + \gamma\pi(A_{t+1}|S_{t+1})G_{t+1}^{(n-1)} \tag{5.3.39}$$

式 (5.3.39) 和式 (5.3.40) 是理论公式, 在无模型下, 用评估值 $r$ 代替 $\mathcal{R}$, 相应地将理论值 $G_t^{(n)}$ 改成 $\hat{G}_t^{(n)}$ 即可。算法 27 是围绕式 (5.3.39) 和式 (5.3.40) 实现的异策略树回溯控制算法, 它执行的是 $\pi_\epsilon$ (步骤 6, 12), 利用执行策略产生的 $n$ 步转移轨迹, 根据公式 (5.3.39) 递归地计算得到 $G_t^{(n)}$ (步骤 19), 进而不断地对动作价值 $Q$ 进行更新 (步骤 21), 每步更新 $Q$ 后均对策略 $\pi$ 进行改进 (步骤 22)。

$$Q_{t+n}(S_t, A_t) = Q_{t+n-1}(S_t, A_t) + \alpha[G_t^{(n)} - Q_{t+n-1}(S_t, A_t)], 0 \leqslant t < T \tag{5.3.40}$$

---

**算法 27** $n$ 步 TD 异策略控制: 异策略 $n$ 步树回溯算法

---

**输入:** (1) 学习步长 $\alpha \in (0,1]$; (2) 反馈信号时间间隔 $n$

**输出:** (1) 最优动作价值 $q_*(s,a) \approx Q(s,a)$; (2) 最优策略 $\pi^* \approx \pi$

1: 随机初始化动作价值 $Q(s,a), \forall s \in \mathcal{S}, a \in \mathcal{A}$;

2: 根据 $Q(s,a)$ 设定策略 $\pi(a|s) = \arg\max\limits_{a} Q(s,a)$;

3: **repeat**

4:　**for** 对每一个 episode **do**

5:　　随机初始化并保存出发状态 $S_0$, 要求 $S_0$ 为非终止状态;

6:　　根据策略 $\pi_\epsilon$ 选择并保存动作 $A_0 \sim \pi_\epsilon(\cdot|S_0)$;

7:　　$T \leftarrow \infty$

8:　　**for** $t = 0,1,2,\cdots$ **do**

9:　　　**if** $t < T$ **then**

10:　　　　执行动作 $A_t$, 观察并保存获得的评估值 $r_{t+1}$ 和到达的下一状态 $S_{t+1}$;

11:　　　　如果 $S_{t+1}$ 为终止状态, 则 $T \leftarrow t+1$;

12:　　　　否则根据策略 $\pi_\epsilon$ 选择并保存动作 $A_{t+1} \sim \pi_\epsilon(\cdot|S_{t+1})$;

13:　　　**end if**

14:　　　记录要更新的时间步 $\tau = t - n + 1$;

15:　　　**if** $\tau > 0$ **then**

16:　　　　如果 $t+1 \geqslant T$, 则 $\hat{G} \leftarrow r_T$;

17:　　　　否则 $\hat{G} \leftarrow r_{t+1} + \gamma \sum\limits_{a} \pi_\epsilon(a|S_{t+1})Q(S_{t+1},a)$ (最末端的节点单独处理);

18:　　　　**for** $k = \min(t, T-1); k--; k = \tau+1$ **do**

19:　　　　　$\hat{G} \leftarrow r_k + \gamma \sum\limits_{a \neq A_k} \pi_\epsilon(a|S_k)Q(S_k,a) + \gamma\pi_\epsilon(A_k|S_k)\hat{G}$

20:　　　　**end for**

21:　　　　$Q(S_\tau, A_\tau) \leftarrow Q(S_\tau, A_\tau) + \alpha[\hat{G} - Q(S_\tau, A_\tau)]$

22:　　　　设定策略 $\pi(a|S_\tau) = \arg\max\limits_{a} Q(S_\tau, a)$;

23:　　　**end if**

24:　　**end for** (直到 $\tau = T-1$)

25:　**end for**

26: **until** (直到收敛)

27: 输出最优动作价值和最优策略 $q_*(s,a) \approx Q(s,a)$, $\pi^* \approx \pi$

---

### 5.3.3.3 TD($\lambda$) 算法

上文介绍了一步转移和 $n$ 步转移时间差分算法。无论是一步转移还是 $n$ 步转移, 时间差分方法都需要对状态价值 $v_{S_t}$ 或动作价值 $q(S_t, A_t)$ 进行估计, 1 步 TD 将一步转移获得的回报估计作为状态价值或动作价值的估计, $n$ 步 TD 则将 $n$ 步转移获得的回报估计作为状态价值或动作价值的估计。这两种估计哪种更准确呢?

更具体点来说, 对于青蛙模型, 青蛙在进行 $n$ 步跳转后, 理论上根据式 (5.3.28) 或式 (5.3.32), 青蛙既可以计算一步转移后获得的回报估计 $\hat{G}_t^{(1)}$, 也可以计算两步转移后获得的回报估计 $\hat{G}_t^{(2)}$, 可计算三步、四步甚至一直到 $n$ 步转移后获得的回报估计 $\hat{G}_t^{(n)}$。这些回报估计用哪个更准确呢?

下面先介绍被用于 TD($\lambda$) 算法的 $\lambda$ 回报。这个 $\lambda$ 回报在 $n$ 步转移基础上将每步转移获得的回报进行加权求和, 所得结果作为状态价值或动作价值的估计。

在青蛙模型中, 青蛙进行 $n$ 步转移后, 利用式 (5.3.28) 或式 (5.3.32) 这两个通式, 分别计算出 $\hat{G}_t^{(1)}, \hat{G}_t^{(2)}, \cdots, \hat{G}_t^{(n)}$, 聪明的青蛙认为与其取这 $n$ 个估计值中的任一个作为状态价值或动作价值的估计, 其合理性或准确性不如综合这 $n$ 个估计值, 将它们进行加权求和的结果作为状态价值或动作价值的估计来得更准确。于是 TD($\lambda$) 利用一个 $1, \lambda, \lambda^2, \cdots, \lambda^{n-1}, 0 < \lambda < 1$ 形式的权重序列, 对 $\hat{G}_t^{(1)}, \hat{G}_t^{(2)}, \cdots, \hat{G}_t^{(n)}$ 这个收益序列进行加权求和。在 $n$ 充分大的前提下, 权重序列 $1, \lambda, \lambda^2, \cdots, \lambda^{n-1}$ 之和为 $\dfrac{1}{1-\lambda}$。因此, 归一化的加权因子序列为 $1-\lambda, (1-\lambda)\lambda, (1-\lambda)\lambda^2, \cdots, (1-\lambda)\lambda^{n-1}, 0 < \lambda < 1$。在这个归一化的加权因子序列下可得到式 (5.3.41) 形式的 $\lambda$-return 表达式。

$$\hat{G}_t^{(n)}(\lambda) = (1-\lambda)\hat{G}_t^{(1)} + (1-\lambda)\lambda\hat{G}_t^{(2)} + (1-\lambda)\lambda^2\hat{G}_t^{(3)} + \cdots + (1-\lambda)\lambda^{n-1}\hat{G}_t^{(n)}$$

$$\hat{G}_t(\lambda) = \lim_{n\to\infty} \hat{G}_t^{(n)}(\lambda)$$

$$= (1-\lambda)\sum_{n=1}^{\infty} \lambda^{n-1}\hat{G}_t^{(n)}$$

$$= (1-\lambda)\sum_{i=1}^{T-t-1} \lambda^{i-1}\hat{G}_t^{(i)} + (1-\lambda)\sum_{i=T-t}^{\infty} \lambda^{i-1}\hat{G}_t^{(i)}$$

$$= (1-\lambda)\sum_{i=1}^{T-t-1} \lambda^{i-1}\hat{G}_t^{(i)} + \lambda^{T-t-1}\hat{G}_t^{(T-t-1)} \tag{5.3.41}$$

式 (5.3.41) 表明一步转移获得的回报估计值被乘以最大的权重 $1-\lambda$, 两步转移获得的回报估计值被乘以 $(1-\lambda)\lambda$ 次大的权重, 三步转移获得的回报估计值被乘以 $(1-\lambda)\lambda^2$ 的权重, 类似地, 每增加一个时间步, 相应的权重以 $\lambda$ 倍衰减, $n$ 步转移获得的回报估计值乘以 $(1-\lambda)\lambda^{n-1}$ 的权重。

式 (5.3.41) 中的加权和可根据终止状态的时间步 $T$ 被分解成倒数第二步两部分和的形式, 式 (5.3.41) 中倒数第二步到最后一步成立是因为终止时间步 $T$ 之后所有项的权重之和 $(1-\lambda)\displaystyle\sum_{i=T-t}^{\infty} \lambda^{i-1} = (1-\lambda)\lambda^{T-t-1}\sum_{i=0}^{\infty} \lambda^i = (1-\lambda)\lambda^{T-t-1}\dfrac{1}{1-\lambda} = \lambda^{T-t-1}$, 这个权重被全部分配给终局所获得的回报估计 $\hat{G}_t^{(T-t-1)}$ 上。图 5.17 直观地给出了

TD($\lambda$) 在一个情节/回合上各时间步的回报估计的权重分配。根据权重分配示意图可以看出，当参数 $\lambda = 1$ 时，TD($\lambda$) 的回报估计即为 MC 使用的回报估计；而当 $\lambda = 0$ 时，TD($\lambda$) 的回报估计等价于一步转移时间差分 1 步 TD 的回报估计，这就是 1 步 TD 又被称为 TD(0) 的原因。

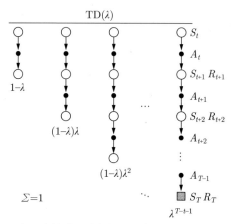

图 5.17　TD($\lambda$) 在一个情节/回合各时间步上回报估计的权重分配示意图

　　根据上面分析可以看出，式 (5.3.41) 的 $\lambda$ 回报是一个更一般的回报估计式，1 步 TD 和 MC 的回报估计式都可以看作式 (5.3.41) 的特例。

　　式 (5.3.41) 形式的回报估计公式被称为前向计算方式，时刻 $t$ 某状态的回报估计 $\hat{G}_t^{(n)}(\lambda)$ 要向前看该时刻之后未来的 $n$ 步转移所到达的状态。图 5.18 形象地刻画出了这种前向计算方式的过程，坐在状态流 $S_t$ 状态上的人想知道 $S_t$ 的状态价值，他只需要用望远镜看未来的 $S_{t+1}, S_{t+2}, \cdots$，直到终局各状态的所获回报，并进行综合。

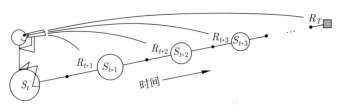

图 5.18　前向视觉，时刻 $t$ 某状态的回报估计 $\hat{G}_t^{(n)}(\lambda)$ 要向前看该时刻之后未来的 $n$ 步转移所到达的状态

　　在得到式 (5.3.41) 形式的回报估计公式 $\hat{G}_t^{(n)}(\lambda)$ 后，当然可以按照前面类似的方式，围绕这个回报公式设计迭代公式求状态价值或动作价值 (式 (5.3.42))，解决强化学习中的预测问题和控制问题。但直接对这个回报进行计算有个明显缺点是必须完成 $n$ 步转移后才能计算，这一点与 MC 方法和 $n$ 步 TD 方法类似，它们均必须在 $n$ 步转移或者终局后才能进行计算，而无法像 1 步 TD 或 DP 那样只经过一步转移后即可计算

回报并执行迭代更新。

$$
\begin{cases}
\hat{v}_{t+n}(S_t) = \hat{v}_{t+n-1}(S_t) + \alpha[\hat{G}_t^{(n)}(\lambda) - \hat{v}_{t+n-1}(S_t)] \\
Q_{t+n}(S_t, A_t) = Q_{t+n-1}(S_t, A_t) + \alpha[\hat{G}_t^{(n)}(\lambda) - Q_{t+n-1}(S_t, A_t)]
\end{cases}
\tag{5.3.42}
$$

这种需要等到 $n$ 转移才能得到综合结果的情况导致直接用式 (5.3.41) 进行前向计算估计 $\hat{G}_t^{(n)}(\lambda)$ 并不方便。接下来要介绍一种被称为 TD($\lambda$) 的方法, 该方法无须等到 $n$ 转移结束, 而能类似 1 步 TD 那样 "走一步看一步", 在一个情节/回合内以在线的方式进行更新。当一个情节/回合结束后, 情节/回合内所有更新的累积效果等价于直接用式 (5.3.41) 估计 $\hat{G}_t^{(n)}(\lambda)$。

$TD(\lambda)$ 首先采用式 (5.3.43) 形式的一个权重因子 $\mathrm{El}_t(s)$, 其中 $\mathbf{1}(S_t = s)$ 是一个示性函数, 该函数在圆括号 () 里面的表达式为真时取值为 1, 否则取 0。

$$
\begin{cases}
\mathrm{El}_0(s) = 0 \\
\mathrm{El}_t(s) = \gamma\lambda\mathrm{El}_{t-1}(s) + \mathbf{1}(S_t = s)
\end{cases}
\tag{5.3.43}
$$

式 (5.3.43) 的权重因子 $\mathrm{El}_t(s)$ 对所有状态 $s$, 初始权重 (0 时刻, 即出发时刻) 全为 $\mathrm{El}_0(s) = 0$。如果在一个情节/回合内, 某状态 $s$ 在 $t$ 时刻内被首次访问到, 那么对于该状态而言, $t$ 时刻之前的所有 $\mathrm{El}_{t'}(s) = 0, t' < t$。$t$ 时刻的权重 $\mathrm{El}_t(s) = \gamma\lambda\mathrm{El}_{t-1}(s) + \mathbf{1}(S_t = s) = 1$, 如果下一状态系统仍停留在状态 $s$ (即 $S_{t+1} = s$), 则 $t + 1$ 时刻的权重 $\mathrm{El}_{t+1}(s) = \gamma\lambda\mathrm{El}_t(s) + \mathbf{1}(S_{t+1} = s) = \gamma\lambda \times 1 + 1 = \gamma\lambda + 1$。如果下一状态系统转移到别的状态 (即 $S_{t+1} \neq s$), 则对于状态 $s$ 而言, $t + 1$ 时刻的权重 $\mathrm{El}_{t+1}(s) = \gamma\lambda\mathrm{El}_t(s) + \mathbf{1}(S_{t+1} = s) = \gamma\lambda \times 1 + 0 = \gamma\lambda$。

极端情况下, 若状态 $s$ 在 $t$ 时刻内被首次访问后, 直到终局时间步 $T$ 的整个情节/回合内, 系统停留在状态 $s$, 没有转移到其他状态, 则此时 $\mathrm{El}_t^T(s) = (\gamma\lambda)^{T-t} + (\gamma\lambda)^{T-t-1} + \cdots + \gamma\lambda + 1$。这种极端情况下, 状态 $s$ 被频繁地访问, 最新访问的那次对整体权重 $\mathrm{El}_t^T(s)$ 的贡献为 1 (前面和式的最尾项), 最早访问的那次对整体权重的贡献为 $(\gamma\lambda)^{T-t}$ (前面和式的首项, 经过了 $T - t$ 次筛衰减)。另一种极端情况则是, 若状态 $s$ 在 $t$ 时刻内被首次访问后, 直到终局时间步 $T$ 的整个情节/回合内, 系统转移到其他状态, 再没有回到状态 $s$, 此时 $\mathrm{El}_t^T(s) = (\gamma\lambda)^{T-t} \times 1$ (唯一的一次访问获得的权重 1 被衰减了 $T - t$ 次)。

介于两种极端情况的一般情况是, 状态 $s$ 在 $t$ 时刻内被首次访问后, 终局时间步 $T$ 的整个情节/回合内, 系统会再次, 甚至多次会访问到状态 $s$, 也会访问到除 $s$ 之外的其他状态。系统越频繁访问状态 $s$, 权重 $\mathrm{El}_t(s)$ 越大, 离当前时刻越近的访问带来的权重越大, 越早的访问对权重的贡献被衰减得越厉害。因此, 式 (5.3.43) 这个权重因子是综合考虑了访问的频度 (frequency heuristic) 以及访问的早晚 (recency heuristic) 这两个启发式信息得到的结果。

式 (5.3.43) 中所用的 El 取自 Eligibility trace (资格迹) 的前两个字母, 这里没有像很多文献或教材中那样使用单独首字母 $E$, 是为了区分于误差符号和期望符号, 它代表的是资格迹, 一个综合衡量某状态 $s$ 在整个情节/回合内被访问的频度和被访问的早晚的信息的量。那些从未被访问过的状态, 其 El 值恒为零, 其状态价值保持不变。而只有至少被访问过一次的状态, 其状态价值才有"资格"被更新 (资格迹名称的由来)。因此, El 跟踪了所有被访问过的状态。

有了式 (5.3.43) 形式的资格迹后, 就可以在 TD(0) 时间差分预测的更新式 (5.3.21) 的基础上, 用资格迹对 TD(0) 时间差分的误差 $\delta$ 进行加权, 得到式 (5.3.44) 形式的 TD($\lambda$) 更新公式。

$$\begin{cases} \hat{\delta}_t = r_{t+1} + \gamma \hat{v}(S_{t+1}) - \hat{v}(S_t) \\ \hat{v}(s) \leftarrow \hat{v}(s) + \alpha \hat{\delta}_t \mathrm{El}_t(s) \end{cases} \tag{5.3.44}$$

请注意, 式 (5.3.44) 中第一个等式计算得到误差 $\hat{\delta}_t$ 后, 在情节/回合内当前时刻 $t$ 之前所有被访问过的状态 $s$, 会利用系统为其维护的资格迹 $\mathrm{El}_t(s)$, 按照式 (5.3.44) 中第二个公式更新状态价值 $\hat{v}(s)$。在时刻 $t$ 之前从未被访问过的状态, 由于其对应的资格迹为零, 因此这些状态的价值保持不变, 不会被更新。这个过程可通过图 5.19 形象地加以理解, 坐在状态流 $S_{t+1}$ 状态上的人, 利用话筒对之前出现过的状态流 $S_t, S_{t-1}, \cdots, S_0$ 广播误差 $\hat{\delta}_t$, 这些状态流 $S_t, S_{t-1}, \cdots, S_0$ 在听到广播的误差信号 $\hat{\delta}_t$ 后, 用各自的资格迹对这个误差信号进行加权, 然后更新自己的状态价值。显然, 这是一种后向计算的方式。

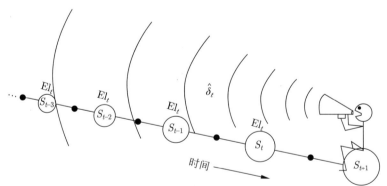

图 5.19　后向视觉, 坐在状态流 $S_{t+1}$ 状态上的人, 利用话筒对之前出现过的状态流 $S_t, S_{t-1}, \cdots, S_0$ 广播误差 $\hat{\delta}_t$

式 (5.3.44) 的好处在于, 其中的第一个等式中误差的 $\hat{\delta}_t$ 计算一步转移之后即可进行, 在一步转移计算得到误差后, 需要更新的状态是在 $t$ 之前所有被访问过的状态 $s$。这意味着式 (5.3.44) 所有计算过程可以在一步转移之后即可进行, 因此 TD($\lambda$) 算法能像 1 步 TD 那样"走一步看一步", 以在线的方式运行。

算法 28 是围绕着式 (5.3.43) 和式 (5.3.44) 设计的 TD($\lambda$) 预测算法。该算法的核心是在实现过程中为所有状态 $s$ 维护资格迹 $\mathrm{El}_t(s)$ (步骤 5, 9), 并利用这个资格迹将在线计算出来的一步转移误差 $\hat{\delta}_1$ (步骤 10) 进行加权, 所得结果用以更新状态价值 $\hat{v}(s)$ (步骤 11)。

---

**算法 28**　TD ($\lambda$) 预测

---

**输入:** (1) 要评估的策略 $\pi$; (2) 学习步长 $\alpha \in (0, 1]$

**输出:** 策略 $\pi$ 的状态价值 $v_\pi(s) \approx \hat{v}(s)$

1: 随机初始化 $\hat{v}_0(s)$;

2: **repeat**

3:　　**for** 对每一个 eposide **do**;

4:　　　　随机选择非终止节点作为出发状态 $S_0$;

5:　　　　$El \leftarrow 0$

6:　　　　**for** $t = 0, 1, 2, \cdots$ **do**

7:　　　　　　根据策略 $\pi$ 选择动作 $A_t \sim \pi(\cdot|S_t)$;

8:　　　　　　执行动作 $A_t$, 得到评估值 $r_{t+1}$ 和下一时刻状态 $S_{t+1}$;

9:　　　　　　对所有状态 $s$, 更新资格迹 $El(s) \leftarrow \gamma\lambda El(s) + \mathbf{1}(S_t = s)$;

10:　　　　　　计算 TD($\lambda$) 误差 $\hat{\delta} \leftarrow r_{t+1} + \gamma\hat{v}(S_{t+1}) - \hat{v}(S_t)$;

11:　　　　　　对所有状态 $s$ 执行更新 $\hat{v}(s) \leftarrow \hat{v}(s) + \alpha\hat{\delta}El(s)$;

12:　　　　**end for** (直到 $S_{t+1}$ 为终止状态)

13:　　**end for**

14: **until** (直到收敛)

15: 输出 $v_\pi(s) \approx \hat{v}(s)$

---

比较式 (5.3.43)、式 (5.3.44) 和 $\hat{G}_t^{(n)}(\lambda)$ 表达式 (式 (5.3.41)), 可以看到它们之间并没有太多关联。但事实上, 算法 28 在一个情节/回合周期内计算的累积回报估计与式 (5.3.41) 的 $\lambda$ 回报估计是等价的。下面从 TD($\lambda$) 的参数 $\lambda = 0, 1$ 以及 $\lambda \in (0, 1)$ 这三种情况理解它们之间的这种等价性。

当 $\lambda = 0$ 时, 式 (5.3.43) 变为 $\mathrm{El}_t(s) = \mathbf{1}(S_t = s)$ 的形式, 这意味着只有当前状态 $s$ 的资格迹为 1, 所有其他状态资格迹恒为 0。因此, 只有当前状态 $s$ 需要更新, 其更新公式变为 $\hat{v}(s) \leftarrow \hat{v}(s) + \alpha\hat{\delta}_t\mathrm{El}_t(s)$, 这个更新公式就是 1 步 TD 的更新公式 $\hat{v}(s) \leftarrow \hat{v}(s) + \alpha\hat{\delta}_t$。此时 TD($\lambda$) 执行的更新完全等价于 1 步 TD, 因此 1 步 TD 更常被称为 TD(0), 表明它是 TD($\lambda$) 在参数 $\lambda = 0$ 时的特殊情形。

当 $\lambda = 1$ 时, 式 (5.3.43) 变为 $\mathrm{El}_t(s) = \gamma\mathrm{El}_{t-1}(s) + \mathbf{1}(S_t = s)$ 的形式 (式 (5.4.10))。从式 (5.4.10) 可以看出, 当状态 $s$ 在情节/回合时间步 $k$ 首次被访问后, 其资格迹变为

$\gamma^{t-k}$, 每转移一步衰减一个 $\gamma$ 因子。

$$\text{El}_t(s) = \gamma \text{El}_{t-1}(s) + \mathbf{1}(S_t = s)$$

$$= \begin{cases} 0, & t < k \\ \gamma^{t-k}, & t \geqslant k \end{cases} \tag{5.3.45}$$

这样, TD(1) 执行的累积更新本质上就变为式 (5.3.46) 的形式。比较式 (5.3.46) 和式 (5.3.23), 可以发现它们是等价的 (将式 (5.3.46) 中的 $t, k$ 符号互换可得到式 (5.3.23))。

$$\sum_{t=1}^{T-1} \alpha \hat{\delta}_t \text{El}_t(s) = \alpha \sum_{t=k}^{T-1} \gamma^{t-k} \hat{\delta}_t = \alpha(\hat{G}_k - \hat{v}(S_k)) \tag{5.3.46}$$

将式 (5.3.46) 形式的累积误差在一个情节/回合内按式 (5.3.47) 作等价变换, 就能更清晰地显式它与 MC 误差之间的等价性了。

$$\begin{aligned} \sum_{t=1}^{T-1} \hat{\delta}_t \text{El}_t(s) &= \delta_t + \gamma \delta_{t+1} + \gamma^2 \delta_{t+2} + \cdots + \gamma^{T-1-t} \delta_{T-1} \\ &= r_{t+1} + \gamma \hat{v}(S_{t+1}) - \hat{v}(S_t) + \\ &\quad \gamma r_{t+2} + \gamma^2 \hat{v}(S_{t+2}) - \gamma \hat{v}(S_{t+1}) + \\ &\quad \gamma^2 r_{t+3} + \gamma^3 \hat{v}(S_{t+3}) - \gamma^2 \hat{v}(S_{t+2}) + \\ &\quad \cdots \\ &\quad \gamma^{T-1-t} r_T + \gamma^{T-t} \hat{v}(S_T) - \gamma^{T-1-t} \hat{v}(S_{T-1}) \\ &= r_{t+1} + \gamma r_{t+2} + \gamma^2 r_{t+3} + \cdots + \gamma^{T-1-t} r_T - \hat{v}(S_t)(\hat{v}(S_T) = 0) \\ &= \hat{G}_t^T - \hat{v}(S_t) \end{aligned} \tag{5.3.47}$$

以上分析可以看出, 在 $\lambda = 1$ 时, TD(1) 以逐步在线方式计算误差 $\hat{\delta}_t, \hat{\delta}_{t+1}, \cdots, \hat{\delta}_{T-1}$, 这些误差在折减因子 $\gamma$ 作用下不断被累积以更新 $\hat{v}(s)$ 的方式保存在状态价值变量 $\hat{v}(s)$ 中。在一个情节/回合内, 这个累积误差与 MC 误差完全等价。

对于 $\lambda \in (0,1)$ 这个一般情况, 此时状态 $s$ 在情节/回合时间步 $k$ 首次被访问后, 其资格迹变为 $(\gamma\lambda)^{t-k}$, 而不再是原来的 $\gamma^{t-k}$。此时每转移一步衰减一个 $\gamma\lambda$ 因子 (式 (5.4.14))。

$$\text{El}_t(s) = \gamma\lambda \text{El}_{t-1}(s) + \mathbf{1}(S_t = s)$$

$$= \begin{cases} 0, & t < k \\ (\gamma\lambda)^{t-k}, & t \geqslant k \end{cases} \tag{5.3.48}$$

相应地, 原来的式 (5.3.46) 形式的累积误差变为式 (5.3.49) 的形式。式 (5.3.49) 中最后一个等式成立可从 $\hat{G}_t(\lambda)$ 的定义 (式 (5.3.41)) 出发进行推导得到。

$$
\begin{aligned}
\sum_{t=1}^{T-1} \alpha \hat{\delta}_t \mathrm{El}_t(s) &= \alpha \sum_{t=k}^{T-1} (\gamma\lambda)^{t-k} \hat{\delta}_t \\
&= \alpha(\hat{G}_k(\lambda) - \hat{v}(S_k))
\end{aligned}
\tag{5.3.49}
$$

将式 (5.3.41) 中 $\hat{G}_t(\lambda)$ 的表达式 $\hat{G}_t(\lambda) = \lim_{n\to\infty} \hat{G}_t^{(n)}(\lambda) = (1-\lambda)\sum_{n=1}^{\infty} \lambda^{n-1}\hat{G}_t^{(n)}$ 中的求和项展开, 代入 $\hat{G}_k(\lambda) - \hat{v}(S_k)$ 并按式 (5.3.50) 整理, 从中可以看出式 (5.3.49) 中最后一个等式是成立的。

$$
\begin{aligned}
\hat{G}_t(\lambda) - \hat{v}(S_t) =\ & -\hat{v}(S_t) + (1-\lambda)\lambda^0[r_{t+1} + \gamma\hat{v}(S_{t+1})] + \\
& (1-\lambda)\lambda^1[r_{t+1} + \gamma r_{t+2} + \gamma^2\hat{v}(S_{t+2})] + \\
& (1-\lambda)\lambda^2[r_{t+1} + \gamma r_{t+2} + \gamma^2 r_{t+3} + \gamma^3\hat{v}(S_{t+3})] + \\
& \cdots \\
=\ & -\hat{v}(S_t) + (\gamma\lambda)^0[r_{t+1} + \gamma\hat{v}(S_{t+1}) - \gamma\lambda\hat{v}(S_{t+1})] + \\
& (\gamma\lambda)^1[r_{t+2} + \gamma\hat{v}(S_{t+2}) - \gamma\lambda\hat{v}(S_{t+2})] + \\
& (\gamma\lambda)^2[r_{t+3} + \gamma\hat{v}(S_{t+3}) - \gamma\lambda\hat{v}(S_{t+3})] + \\
& \cdots \\
=\ & (\gamma\lambda)^0[r_{t+1} + \gamma\hat{v}(S_{t+1}) - \hat{v}(S_t)] + \\
& (\gamma\lambda)^1[r_{t+2} + \gamma\hat{v}(S_{t+2}) - \hat{v}(S_{t+1})] + \\
& (\gamma\lambda)^2[r_{t+3} + \gamma\hat{v}(S_{t+3}) - \hat{v}(S_{t+2})] + \\
& \cdots \\
=\ & (\gamma\lambda)^0\delta_t + (\gamma\lambda)^1\delta_{t+1} + (\gamma\lambda)^2\delta_{t+2} + \cdots
\end{aligned}
\tag{5.3.50}
$$

式 (5.3.50) 的推导过程表明, 当 $\lambda \in (0,1)$ 时, TD($\lambda$) 这种使用了资格迹的形如式 (5.3.44) 形式的更新公式, 确实相当于使用了式 (5.3.41) 中的 $\hat{G}_t^{(n)}(\lambda)$ 这个综合考虑 $n$ 步转移的 $\lambda$ 回报估计。

在解决了 TD($\lambda$) 预测问题后, 可类似地得到针对控制问题的 $\lambda$ 回报表达式。只要将式 (5.3.41) 中 $\hat{G}_t^{(n)}$ 的表达式用式 (5.3.32) 代替即可。

相应地, 为适应对控制问题的处理, 式 (5.3.43) 的资格迹公式可改成式 (5.3.51) 形式。

$$\mathrm{El}_0(s,a) = 0$$
$$\mathrm{El}_t(s,a) = \gamma\lambda\mathrm{El}_{t-1}(s,a) + \mathbf{1}(S_t = s, A_t = a) \tag{5.3.51}$$

式 (5.3.44) 对状态价值的估计也被改成式 (5.3.52) 对动作价值的估计。

$$\hat{\delta}_t = r_{t+1} + \gamma Q(S_{t+1}, A_{t+1}) - Q(S_t, A_t)$$
$$Q(s,a) \leftarrow Q(s,a) + \alpha\hat{\delta}_t\mathrm{El}_t(s,a) \tag{5.3.52}$$

同样地, 围绕式 (5.3.51) 和式 (5.3.52) 可以设计 Sarsa(λ) 控制算法 (算法 29)。

---

**算法 29** Sarsa(λ) 控制

---

**输入:** (1) 任意策略 π; (2) 学习步长 $\alpha \in (0,1]$
**输出:** 最优策略 $\pi^*$
1: 随机初始化 $Q(s,a), \forall s \in \mathcal{S}^+, a \in \mathcal{A}(s)$;
2: **repeat**
3:   **for** 对每一个 eposide **do**
4:     初始化 $\mathrm{El}_{-1}(s,a) = 0, \forall s \in \mathcal{S}^+, a \in \mathcal{A}(s)$;
5:     随机选择非终止节点作为出发状态 $S_0 = s$;
6:     用策略 $\pi_\epsilon$ 选择动作 $A_0 \sim \pi_\epsilon(\cdot|S_0 = s)$;
7:     **for** $t = 0,1,2,\cdots$ **do**
8:       执行动作 $A_t = a$, 得到评估值 $r_{t+1}$ 和下一时刻状态 $S_{t+1} = s'$;
9:       根据策略 π 选择动作 $A_{t+1} = a' \sim \pi(\cdot|S_{t+1} = s)$;
10:      对所有 $(s,a)$, 更新资格迹 $\mathrm{El}_t(s,a) \leftarrow \gamma\lambda\mathrm{El}_t(s,a) + \mathbf{1}(S_t = s, A_t = a)$;
11:      计算误差 $\hat{\delta} \leftarrow r_{t+1} + \gamma Q(S_{t+1} = s', A_{t+1} = a') - Q(S_t = s, A_t = a)$;
12:      对所有 $(s,a)$ 执行更新 $Q(s,a) \leftarrow Q(s,a) + \alpha\hat{\delta}\mathrm{El}_t(s,a)$;
13:      设定策略 $\pi(a|s) = \arg\max_a Q(s,a), \forall s \in \mathcal{S}^+$;
14:     **end for** (直到 $S_{t+1}$ 为终止状态)
15:   **end for**
16: **until** (直到收敛)
17: 输出最优策略 $\pi^* \approx \pi$

---

    资格迹概念的引入, 使得前述的 TD(λ) 预测算法和 Sarsa(λ) 控制算法能够以在线逐步更新的方式实时运行, 这是一个非常诱人的性质。围绕这个 λ 回报设计的基于资格迹的 TD(λ) 预测算法和 Sarsa(λ) 控制算法将在后面的深度强化学习中会被再次提及。

#### 5.3.3.4 时间差分小结

    与 MC 算法不同, 时间差分算法所需的数据集是智能体与环境交互产生的轨迹数据, 而不必要求是情节/回合数据库。这意味着时间差分算法无须等到终局, 即可进行迭代更新。在极端情况下, 一步转移时间差分方法能 "走一步看一步", 以实时在线增量式进行更新迭代, 这一性质非常适合一些实时性要求高的场合。

$n$ 步转移时间差分算法的回报估计有式 (5.3.28) 或式 (5.3.32) 两种形式, 前者应用于状态价值估计的场合, 后者应用于动作价值估计的场合。由于在状态 $S_t$ 进行动作选择只需考虑策略 π, 不涉及智能体与系统/环境的交互 (这意味着无须考虑动作执行后系统状态的转移), 因此在进行动作价值估计时, 时间差分可以有 Sarsa, $Q$-learing, expected Sarsa 三种不同的方法。

$n$ 步转移时间差分可看作是连接一步转移时间差分和 MC 算法的桥梁。当 $n = 1$ 时, $n$ 步转移时间差分就变为一步转移时间差分; 当 $n > T$ ($T$ 为出现终局的时间步数) 时, $n$ 步转移时间差分就变为 MC。

λ 回报是 $n$ 步转移回报的综合加权和, 对 λ 回报直接用前向视觉的方式需要 $n$ 步转移之后才能进行, 使用起来并不方便。资格迹概念的引入, 使我们能以一种与前向视觉等价的后向视觉的方式对 λ 回报进行估计, 根据资格迹设计的 TD(λ), Sarsa(λ) 算法同样能 "走一步看一步", 以实时在线增量的方式工作。当参数 λ = 1 时, TD(λ) 的回报估计即为 MC 使用的回报估计, 而当 λ = 0 时, TD(λ) 的回报估计等价于一步转移时间差分 onestep TD 的回报估计。

时间差分方法是一种基于轨迹 (样本) 更新的无模型方法, 不同于 DP 的基于分布 (期望) 更新的有模型方法。

## 5.3.4　小结

本节介绍了 DP,MC,TD 三种强化学习方法, 其中 DP 是一种基于模型的方法, 它建立在状态转移概率分布模型 (distribution models) 的基础上, 因此它被称为基于模型的方法。另外两种 MC,TD 方法直接建立在智能体和环境的交互过程中, 它们无须显式地被告知状态转移概率, 因此它们被称为无模型的方法。但有时它们又被称为基于样本模型 (sample models) 的方法, 因为智能体与环境交互过程相当于一个采样的过程。显然样本模型比分布模型更容易获得, 因为获得样本比获得状态转移概率的分布要容易得多。

所有这些方法无一例外的都是要设法估计系统的状态或动作价值 (预测问题), 并以此来改进策略 (控制问题), 它们都工作在一个广义策略迭代 (GPI) 的框架下, 通过维护一近似状态/动作价值, 以及近似策略, 并通过持续地根据一方来改进另一方 (迭代), 在压缩映射定理的保证下, 迭代的最终结果都将收敛到不动点所对应的最优解上。

如果从状态空间搜索的角度来看, DP 迭代可以看作广度优先搜索, 而 MC,TD 迭代更像是深度优先搜索, 它们都可以看作极端穷举搜索的特例。强化学习的泰斗, 加拿大阿尔伯塔大学计算机系教授 Richard Sutton 将它们之间的关系总结成图 5.20 的形式。图 5.20 中左端线从上到下是从 1 步 TD 逐渐过渡为 $n$ 步 TD 最终到 MC, 这些样本更新方法属于深度优先的搜索更新方法。图 5.36 中最上端横向的线从 1 步 TD 逐渐过渡为 $n$ 步 expected Sarsa 最终到 DP, 这些基于期望的更新方法属于宽度优先的更新方法。

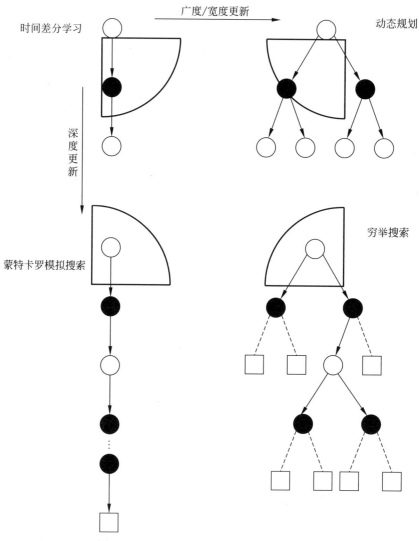

图 5.20   DP,MC,TD 与穷举搜索间的关系

凡基于样本更新的方法都可分为同策略和异策略两类, 如果产生样本的执行策略 $b$ 与要改进的策略 $\pi$ 不是同一个策略, 这样的方法就是异策略方法, 否则就是同策略

方法。异策略方法借鉴了统计学上的重要性抽样的思想, 它提供了一种从人类专家或外界输入轨迹进行学习的方法。由于执行策略与目标策略不同, 异策略方法不存在同策略方法中存在的利用/勘探困境, 但其缺点是如果行为策略和目标策略差距太大, 异策略方法效果并不佳。

相比于有模型方法, 无模型方法只依赖于样本, 而无须预先知道状态转移概率, 显然这是对方法适用条件的一种放宽。但无论是有模型方法, 还是无模型方法, 都建立在一个潜在假定之上, 系统/环境的状态空间 $\mathcal{S}$ 是离散可数 (系统/环境状态能被抽象建模) 的, 智能体与环境交互的可用动作空间 $\mathcal{A}$ 也是离散可数的。这样的一个潜在假定意味着可以将所有状态和动作以一种有限表格的形式一一列出, 因此, 前面介绍的所有方法都可以看作是建立在状态和动作的有限表格形式下工作的, 属于基于表格的方法。

系统/环境的状态空间 $\mathcal{S}$ 是离散可数的, 智能体与环境交互的可用动作空间 $\mathcal{A}$ 也是离散可数的, 这样的假定或前提在实际中很多时候并不能满足。接下来介绍的深度强化学习将放宽系统/环境状态能被抽象建模这一假定, 借助深度网络这一工具, 使得强化学习方法能被用于解决类似无人驾驶、无人飞行这样的连续状态空间和动作空间的连续决策问题, 或者类似围棋这样具有巨型状态空间 $\mathcal{S}$ 下的智能博弈问题。

## 5.4 深度强化学习算法

上文介绍了马尔可夫决策过程模型, 以及寻找马尔可夫最优决策的动态规划、蒙特卡罗和时间差分方法, 这些模型和方法都建立在一个共同的前提上 —— 系统或环境状态 $s$ 的抽象表示。例如图 5.6 的青蛙模型, 分别用 $s_0, s_1, s_2$ 表示青蛙处于第一朵荷叶、第二朵荷叶和水中三种不同的状态, 至于第一朵荷叶和第二朵荷叶彼此距离有多远, 每朵荷叶上空各有多少猎物等这些细节全都被认为与决策问题无关紧要或关系不大而被忽略。正如 5.3 节总结部分所描述, 系统或环境状态 $s$ 的这种抽象表示使得我们可以将所有的抽象状态及其转移关系放入一个表格中, 然后围绕这个表格设计相应的算法。因此, 前面介绍的 DP 、MC 和 TD 方法都属于基于表格的方法 (tabular methods)。

对系统或环境状态 $s$ 的抽象建模的做法在逻辑上并没有什么问题, 但在实用中会带来不少障碍。

首先, 对系统或环境的抽象表示这一前提意味着在使用这些模型和方法之前需要专家对系统或环境进行抽象建模, 这使得智能系统显得不那么智能。

其次, 很多时候系统或环境本身是连续的, 对连续型系统或环境强行进行抽象建模很多时候效果并不好。例如无人车或者无人机所处的环境属于三维或二维连续状态空间, 对这样的连续状态空间进行抽象建模相当于对连续空间作离散化处理。这种处理只有在离散网格足够密的时候才能取得比较好的近似, 但过密的网格又不可避免地带来机器学习里一个众所周知的维数灾难 (couse of dimensionality) 问题.

最后, 有些问题状态空间本身是离散的, 但状态空间过于庞大导致无法将所有可能状态及相应的转移关系一一列入表格进行显式处理. 例如围棋 $19 \times 19 = 361$ 的棋盘上每一位置有 3 (白子、黑子、空) 种可能状态, 因此围棋所有可能的状态空间是 $3^{361} \approx 10^{172} \approx 2^{3.32 \times 172} = 2^{571.04} = n$. 由于 $n$ 个不同状态之间的相互转移关系共有 $n \times (n-1) = n^2 - n$ 种可能, 显式地表示围棋中的 $2^{571.04} = n$ 种不同状态间转移所需要的存储空间达到 $(2^{571.04})^2 - 2^{571.04} = O(2^{1142.08})$. 这是一个无法用现有存储技术加以显式存储的天文数字, 在 $8 = 2^3$ 个二进制位构成一个字节的存储容量单元下, 存储容量为 1 G$=2^{30}$ byte$\approx 10^9$ byte 的硬盘也只达到 $10^9$ 的数量级, 而存储容量为 1 Zettabyte(ZB)$=2^{70}$ byte$=2^{73}$ bit 这一数量级已经是全世界海滩上的沙子数量总和. 但相比于 $O(2^{1142.08})$, $2^{73}$ bit 这个数量级连沧海一粟都还算不上.

特征的组合爆炸带来的海量状态空间不但带来了存储和表示的困难, 也同时带来了数据稀缺的问题. 已有的经验数据在海量状态空间可能仅是沧海一粟, 当前需要解决的问题可能面临大量之前所从未遇见过的状态或局面. 如何在有限子集状态空间中的经验数据学习得到的状态价值或动作价值, 就能起到对其他大得多的未曾遇到过的空间中的状态或动作的价值有好的近似或逼近效果, 考验着算法的泛化能力.

以上传统强化学习中存在的不足, 都可以通过引入深度网络加以解决. 与传统强化学习相比, 本节要介绍的深度强化学习具备端到端[1]的学习能力, 这意味着深度强化学习无须对系统/环境状态进行抽象建模, 而直接将原始数据, 如图 5.6 中的原始彩色图像, 或者无人车上安装的摄像系统采集的路况图像, 取代传统强化学习中的状态 $s$ 的角色作为系统的输入. 因此, 本节的深度强化学习中的状态 $s$, 更多指的是原始图像数据, 而不再是前面的抽象状态.

由于在深度强化学习中, 原来的抽象状态 $s$ 被原始图像取代, 这意味着既不需要对系统/环境状态进行抽象建模, 也不需要对连续状态空间进行离散化处理, 更无须担心类似围棋这样的状态空间太大导致状态及相互间的变换无法显式表示的问题. 深度强化学习中的深度神经网络系统会自动地从输入的原始图像中进行表示学习, 隐式地得到各种有用的特征, 这些特征被分布在深度网络中的连接权值中. 同时特征的这种分层的分布式表示使得系统能学习出表达能力强且具有良好的泛化能力的特征, 这是深度网络所具有的潜在优势.

为适应有限状态空间中的抽象状态 $s$ 变为海量状态空间中实时图像数据的变化, 深度强化学习的任务要求利用一个深度网络 $W$ (网络 $W$ 根据具体的领域, 可以是传统的深层 BP 网络, 也可以是卷积网络 CNNs、反馈网络 RNNs 或长短期记忆单元网

---

1　端到端是指系统能够对原始数据进行处理后直接输出最终目标.

络 LSTM), 这个网络接受表示系统/智能体所处状态 $s$ 的图像等形式的数据, 或者 "状态-动作" 对 (例如无人驾驶下的 "实时路况图像-方向盘转动角度") 作为输入, 利用轨迹/eposide 数据库 $X_R^{(M)}$ 对网络进行训练, 要求网络输出 $h(s, W)$ 能逼近某个策略 $\pi$ 的状态价值, 或者网络输出 $h(s, a, W)$ 能逼近最优动作价值 $q_*(s, a)$。逼近的结果 $h(s, W)$ 或 $h(s, a, W)$ 被分别称为参数化的状态价值函数和动作价值函数。

用深度网络寻求状态价值函数或动作价值函数的逼近的最终目标是为了寻找最优策略 $\pi^*$, 而如果将策略 $\pi(a|s)$ 看作将状态 $s$ 作为输入, 选择动作 $a$ 的概率作为输出的一个从状态集 $\mathcal{S}$ 和动作集 $\mathcal{A}$ 到某一概率分布的映射函数 $\pi: \mathcal{S} \times \mathcal{A} \to [0, 1]$。利用深度网络尝试直接去逼近策略 $\pi(a|s)$ 这一映射函数, 就是策略梯度方法直观想法。

本节下面内容安排如下。首先介绍基于深度网络的状态价值和动作价值函数逼近方法, 紧接着介绍直接逼近策略 $\pi(a|s)$ 的策略梯度方法。考虑到基于策略梯度方法比基于值的方法更具有实用性, 因此基于策略梯度方法这部分内容介绍了状态动作均离散情况下的策略梯度方法, 以及状态连续、状态和动作均连续情况下的策略梯度方法。最后, 介绍深度强化学习的两个成功案例: 基于像素的机器人打乒乓球游戏和围棋 AlphaGo, AlphaGo zero。围棋 AlphaGo, AlphaGo zero 在 2016 年的横空出世引起了学术界和产业界对深度学习和强化学习, 乃至对整个人工智能的极大关注。

## 5.4.1 基于深度网络的状态价值和动作价值函数近似

基于深度网络的状态价值近似是要寻找网络参数 $W$, 使得网络在以状态 $s$ 作为输入后, 产生的输出 $h(s, W)$ 能逼近策略的状态价值 $v_\pi(s)$。因此, 理论上基于深度网络的状态价值近似的优化目标可定义成式 (5.4.1) 的形式。

$$J(W) = \frac{1}{2} E_\pi[(h(s, W) - v_\pi(s))^2] \tag{5.4.1}$$

对式 (5.4.1) 关于网络参数 $W$ 求偏导, 并根据结果写出式 (5.4.2) 形式的迭代公式, 其中上标 $k$ 代表第 $k$ 次迭代。

$$W^{k+1} = W^k - \alpha \nabla_W J(W)$$

$$= W^k - \alpha E_\pi[(h(s, W) - v_\pi(s)) \nabla_W h(s, W)] \tag{5.4.2}$$

式 (5.4.2) 中存在的期望符号表明这是一个全梯度公式。在有限个样本的情况下只要将所有样本的梯度进行求和即可。并且只要将式 (5.4.2) 中的期望符号去掉, 就可

以得到式 (5.4.3) 形式的随机梯度更新公式。

$$W^{k+1} = W^k - \alpha \nabla_W J(W)$$

$$- W^k - \alpha [h(s, W) - v_\pi(s)] \nabla_W h(s, W) \tag{5.4.3}$$

利用式 (5.4.2) 或式 (5.4.3), 在已知策略 $\pi$ 的状态价值 $v_\pi(s)$ 的情况下, 可以构造形如 $(X, Y) = \{(S_t, v_\pi(S_t))\}$ 的数据集训练深度网络 $W$, 使之输出能逼近状态价值 $v_\pi(s)$。

但在强化学习情境下, 状态价值 $v_\pi(s)$ 并不知道, 所拥有的信息仅仅是智能体与环境交互产生的含评价信号的轨迹数据 $\overset{X_R}{\leadsto}(M)$。经典强化学习给出了用 MC,TD 两类能适用于不同情境下的用轨迹数据 (评价信号) 预测策略 $\pi$ 状态价值的方法, 下面分别介绍如何利用 MC,TD 方法得到基于深度网络的状态价值近似的迭代公式。

由于状态价值 $v_\pi(s)$ 事先并不知道, 自然的做法是用估计值 $U_t$ 代替真实的 $v_\pi(s)$, 因此基于深度网络的状态价值近似的一般迭代公式为式 (5.4.4) 的形式。如果估计值 $U_t$ 是关于 $v_\pi(s)$ 的无偏估计, 即 $E[U_t|S_t = s] = v_\pi(S_t), \forall t$, 根据公式 (5.4.4) 进行迭代将使网络收敛, 形成对 $v_\pi(s)$ 逼近。

$$W^{k+1} = W^k - \alpha \nabla_W J(W)$$

$$= W^k - \alpha [h(s, W) - U_t] \nabla_W h(s, W) \tag{5.4.4}$$

MC,TD 两类不同方法下, 对估计值 $U_t$ 采用了不同的估计公式。MC 方法使用的 $U_t$ 是一个完整情节/回合上的回报估计 $\hat{G}_t^\infty$ (式 (5.3.7))。将这个回报估计 $\hat{G}_t^\infty$ 代入式 (5.4.4) 中的 $U_t$ 部分, 即可得到 MC 方法下的状态价值函数近似的迭代公式 (5.4.5)。

$$W^{k+1} = W^k - \alpha \nabla_W J(W)$$

$$= W^k - \alpha [h(s, W) - \hat{G}_t^\infty] \nabla_W h(s, W) \tag{5.4.5}$$

由于 MC 方法使用的 $\hat{G}_t^\infty$ 是关于 $v_\pi(s)$ 的无偏估计, 且 $\hat{G}_t^\infty$ 的计算所需信息只依赖于轨迹上的评估值, 而与网络参数 $W$ 无关, 因此根据式 (5.4.5) 设计的迭代算法属于**纯梯度下降法**(算法 30)。算法 30 被称为梯度 MC 法, 它能保证收敛到 $v_\pi(S_t)$。

$N$ 步 TD 使用的 $U_t$ 则是 $n$ 步转移产生的回报估计 $\hat{G}_t^{(n)}(W)$ (式 (5.4.6)), 这个公式与式 (5.3.28) 不同之处在于只有画线部分深度网络的输出 $h(S_{t+n}, W_{t+n-1})$ 代替了原来的 $\hat{v}(S_{t+n})$。

$$\hat{G}_t^{(n)}(W) = r_{t+1} + \gamma r_{t+2} + \cdots + \gamma^{n-1} r_{t+n} + \gamma^n \underline{h(S_{t+n}, W_{t+n-1})} \tag{5.4.6}$$

将式 (5.4.6) 中的回报估计 $\hat{G}_t^{(n)}(W)$ 代入式 (5.4.4) 中的 $U_t$, 可以得到式 (5.4.7)

---

**算法 30 梯度 MC 预测**

**输入:** (1) 要评估的策略 $\pi$; (2) 深度网络 $W$ 对应的映射函数 $h : \mathcal{S} \times \mathcal{W} \to \mathcal{R}$; (3) 学习步长 $\alpha \in (0,1]$

**输出:** 策略 $\pi$ 的状态价值逼近结果 $v_\pi(s) \approx h(s, W)$

1: 随机初始化深度网络参数 $W^0$, 初始化迭代次数 $k = 0$;

2: **repeat**

3: 　用策略 $\pi$ 产生 eposide 轨迹 $\overset{x_T}{\leadsto}$: $S_t \overset{A_t}{\to} r_{t+1}, S_{t+1} \overset{A_{t+1}}{\to} r_{t+1}, S_{t+2} \overset{A_{t+2}}{\to} \cdots \overset{A_{T-1}}{\to} r_T, S_T$;

4: 　**for** $t = 0, 1, \cdots, T-1$ **do**

5: 　　$W^{k+1} \leftarrow W^k - \alpha[h(s, W) - \hat{G}_t^\infty]\nabla_W h(s, W)$

6: 　　$k \leftarrow k + 1$

7: 　**end for**

8: **until** (直到收敛)

9: 输出逼近结果 $v_\pi(s) \approx h(s, W^k)$

---

的迭代公式。这个迭代公式中用到的回报估计 $\hat{G}_t^{(n)}(W)$ 依赖网络参数 $W$, 这是一种用估计值进行估计的步步为营的做法。因此, 这种估计是有偏估计。根据这样的有偏估计设计的迭代公式 (5.4.7) 被称为半梯度 (semi-gradient) 迭代公式。

$$W^{k+1} = W^k - \alpha \nabla_W J(W)$$

$$= W^k - \alpha[h(s, W) - \hat{G}_t^{(n)}(W)]\nabla_W h(s, W) \tag{5.4.7}$$

根据式 (5.4.7) 这个半梯度迭代公式, 可以得到算法 31 所示的半梯度 nstep TD 预测算法。

通过对前面式 (5.3.41) 中各项加上网络参数 $W$, 可得到 TD($\lambda$) 使用 $n$ 步转移产生的回报估计的加权和作为其回报估计 $\hat{G}_t^{(n)}(\lambda, W)$ 的表达式 (5.4.8)。这个加权和中的每一项 $\hat{G}_t^{(n)}(W)$ (式 (5.4.6) 同样通过将式 (5.3.28) 稍做调整得到) 都依赖网络参数 $W$, 这也是一种用估计值进行估计的步步为营的做法。

$$\hat{G}_t^{(n)}(\lambda, W) = (1 - \lambda)\hat{G}_t^{(1)}(W) + (1 - \lambda)\lambda\hat{G}_t^{(2)}(W) + (1 - \lambda)\lambda^2\hat{G}_t^{(3)}(W) + \cdots +$$

$$(1 - \lambda)\lambda^{n-1}\hat{G}_t^{(n)}(W) \tag{5.4.8}$$

将这个回报估计 $\hat{G}_t^{(n)}(\lambda, W)$ 代入式 (5.4.4) 中的 $U_t$, 则可以得到式 (5.4.9) 形式的半梯度迭代公式。

$$W^{k+1} = W^k - \alpha \nabla_W J(W)$$

$$= W^k - \alpha[h(s, W) - \hat{G}_t^{(n)}(\lambda, W)]\nabla_W h(s, W) \tag{5.4.9}$$

---

**算法 31　半梯度 $n$ 步 TD 预测**

---

**输入:**　(1) 要评估的策略 $\pi$; (2) 深度网络 W 对应的映射函数 $h: \mathcal{S}^+ \times \mathcal{W} \to \mathcal{R}$; (3) 学习步长
　　　　$\alpha \in (0, 1]$; (4) 转移步数 $n$

**输出:**　策略 $\pi$ 的状态价值逼近结果 $v_\pi(s) \approx h(s, W)$

 1: 随机初始化深度网络参数 $W^0$, 初始化迭代次数 $k = 0$;

 2: **repeat**

 3:　　**for** 对每一个 eposide **do**

 4:　　　随机选择非终止节点作为出发状态 $S_0$;

 5:　　　$T \leftarrow \infty$

 6:　　　**for** $t = 0, 1, 2, \cdots$ **do**

 7:　　　　**if** $t < T$ **then**

 8:　　　　　根据策略 $\pi$ 选择一动作 $A_t \sim \pi(\cdot|S_t)$, 并执行该动作;

 9:　　　　　观察并保存获得的评估值 $r_{t+1}$ 和系统到达的下一状态 $S_{t+1}$;

10:　　　　　如果 $S_{t+1}$ 为终止状态, 则 $T \leftarrow t + 1$;

11:　　　　**end if**

12:　　　　记录要更新的时间步 $\tau = t - n + 1$;

13:　　　　**if** $\tau \geqslant 0$ **then**

14:　　　　　计算 $n$ 步转移所获得的累积回报的估计值 $\hat{G} \leftarrow \displaystyle\sum_{i=\tau+1}^{\min(\tau+n,T)} \gamma^{i-\tau-1} r_i$;

15:　　　　　如果 $\tau + n < T$, 则 $\hat{G} \leftarrow \hat{G} + \gamma^n h(S_{\tau+n}, W)$;

16:　　　　　对网络连接权值执行更新 $W^{k+1} \leftarrow W^k - \alpha[h(S_\tau, W^k) - \hat{G}]\nabla_W h(S_\tau, W^k)$;

17:　　　　　$k \leftarrow k + 1$

18:　　　　**end if**

19:　　　**end for** (直到 $\tau = T - 1$)

20:　　**end for**

21: **until** (直到收敛)

22: 输出逼近结果 $v_\pi(s) \approx h(s, W^k)$

---

　　nstep TD 使用的回报估计 $\hat{G}_t^{(n)}(W)$ (式 (5.4.6)) 和 TD($\lambda$) 使用的回报估计 $\hat{G}_t^{(n)}(\lambda, W)$ (式 (5.4.8)) 均依赖网络参数 $W$, 这同样是一种用估计值进行估计的步步为营的做法, 因此, 这种估计是有偏估计。由于有偏估计 $\hat{G}_t^{(n)}(W)$ 和 $\hat{G}_t^{(n)}(\lambda, W)$ 依赖于网络参数 $W$, 根据这样的有偏估计设计的迭代公式 (5.4.7) 和式 (5.4.9) 同样被称为半梯度迭代公式。

　　式 (5.4.9) 中迭代公式需要计算式 (5.4.8) 中的 $\hat{G}_t^{(n)}(\lambda, W)$, 前面介绍时间差分方法时已经指出, 与 $\hat{G}_t^{(n)}(\lambda)$ 这个公式 (式 (5.3.41)) 类似, 如果用前向视觉的方式计算 $\hat{G}_t^{(n)}(\lambda, W)$ 并不方便, 它必须等到 $n$ 步转移全部完成后才可以逐项计算并最终得到加权和。因此实现时更常用的是等价的后向视觉的形式: 将式 (5.3.43) 形式的资格迹

调整成式 (5.4.10) 的形式 (变化的部分已画线标出), 然后用这个调整后的资格迹对式 (5.4.11) 形式的 TD 误差进行加权, 形成对网络参数 $W$ 的更新迭代公式 (5.4.12)。

$$\text{El}_0 = 0$$
$$\text{El}_t = \gamma\lambda\text{El}_{t-1} + \underline{\nabla_W h(S_t, W_t)}, \quad 0 \leqslant t \leqslant T \tag{5.4.10}$$

比较式 (5.3.43) 和式 (5.4.10) 这两个资格迹, 式 (5.3.43) 中的抽象状态 $s$ 不再出现。因此, 要跟踪式 (5.3.43) 中的资格迹, 系统需要维护的是 $|\mathcal{S}|$ 维的向量, 这个向量的维数取决于 MDPs 模型中抽象状态数目。而要跟踪式 (5.4.10) 中的资格迹, 系统需要维护的资格迹与网络 $W$ 具有相同的规格。换句话说, 式 (5.4.10) 中的资格迹 $\text{El}_t$ 与 $W$ 具有相同的规格。例如, 如果 $W = W_{n_1 \times n_2 \times m}$ 这个三维数组代表的是一个输入层具有 $n_1$ 个节点, 隐层具有 $n_2$ 个节点, 输出层具有 $m$ 个节点的三层 BP 网络, 则 $\text{El} = \text{El}_{n_1 \times n_2 \times m}$ 是与 $W = W_{n_1 \times n_2 \times m}$ 相同规格的三维数组。

$$\hat{\delta}_t = r_{t+1} + \gamma h(S_{t+1}, W_t) - h(S_t, W_t) \tag{5.4.11}$$

围绕式 (5.4.10) $\sim$ 式 (5.4.12) 同样可以设计 TD($\lambda$,W) 算法。算法 32 给出了 TD($\lambda$,W) 的伪码描述。显然, 这个算法同样能够 "走一步看一步", 以在线更新方式运行。这一性质导致该算法计算所耗费的时间和存储空间能较均匀地被分配到各个时间步, 避免了 MC 方法那样所有计算和存储资源需求集中在终局。

$$W_{t+1} = W_t + \alpha\delta_t\text{El}_t \tag{5.4.12}$$

时间差分部分已经指出, 当 $\lambda = 1$ 时, TD($\lambda$)=TD(1) 使用的回报等价于 MC 的回报。但 TD(1) 或这里的 TD(1,$W$) 与 MC 相比的优势是 TD(1),TD(1,$W$) 能以在线增量更新方式工作。这一特点使 TD(1),TD(1,$W$) 具有很强的实时性和灵活性, 智能体能及时对自己在与系统/环境交互过程中好的或坏的行为进行及时强化或纠正, 无须等到终局到来。相比之下, MC 方法则不然, 它的学习或更新动作只在终局后才执行, 终局到来之前, MC 算法只是作壁上观, 静观事态发展, 无论智能体表现好坏与否。

算法 32 描述的半梯度 TD($\lambda$,W) 预测算法收敛后, 会得到能逼近策略 $\pi$ 状态价值的网络 $W$, 该网络接受状态 $s$ 或者图像 (例如无人驾驶系统上实时采集的路况图像) 等作为输入, 网络的输出将会是智能体策略 $\pi$ 的状态价值。

前面的分析介绍了用神经网络 $W$ 逼近策略 $\pi$ 的状态价值这一预测问题, 接下来需要将前述的方法扩展来处理强化学习中的控制问题。控制问题的核心是需要用神经网络 $W$ 逼近最优动作价值 $q_*(S_t, A_t)$, 然后利用这个最优动作价值 $q_*(S_t, A_t)$ 来确定最优策略 $\pi^*$。此时, 神经网络 $W$ 的输入是状态 $S_t = s$, 连同该状态下的某可用

---

**算法 32** 半梯度 TD($\lambda$,W) 预测

---

**输入：** (1) 要评估的策略 $\pi$; (2) 深度网络 $W$ 对应的映射函数 $h : \mathcal{S}^+ \times \mathcal{W} \to \mathcal{R}$; (3) 学习步长
$\qquad \alpha \in (0,1]$

**输出：** 策略 $\pi$ 的状态价值 $v_\pi(s) \approx h(s, W)$

1: 随机初始化网络 $W$;

2: **repeat**

3:     **for** 对每一个 eposide **do**

4:         随机选择非终止节点作为出发状态 $S_0$;

5:         El $\leftarrow 0$

6:         **for** $t = 0, 1, 2, \cdots$ **do**

7:             根据策略 $\pi$ 选择动作 $A_t \sim \pi(\cdot|S_t)$;

8:             执行动作 $A_t$, 得到评估值 $r_{t+1}$ 和下一时刻状态 $S_{t+1}$;

9:             计算并更新网络 $W$ 的资格迹 El $\leftarrow \gamma\lambda$El $+ \nabla_W h(S_t, W)$;

10:           计算 TD($\lambda$, $W$) 误差 $\hat{\delta} \leftarrow r_{t+1} + \gamma h(S_{t+1}, W) - h(S_t, W)$;

11:           对网络 $W$ 执行更新 $W \leftarrow W + \alpha\hat{\delta}$El;

12:         **end for** (直到 $S_{t+1}$ 为终止状态)

13:     **end for**

14: **until** (直到收敛)

15: 输出 $v_\pi(s) \approx h(s, W)$

---

动作 $A_t = a \in \mathcal{A}(s)$, 网络 $W$ 的输出是动作价值的估计值 $Q(s, a)$。整个网络可看作 $h : \mathcal{S}^+ \times \mathcal{A} \times \mathcal{W} \to \mathcal{R}$ 的映射函数。

为适应控制问题的需要, $\hat{G}_t^{(n)}(\lambda, W)$ (式 (5.4.8)) 表达式中的 $\hat{G}_t^{(n)}$ 被改成式 (5.4.13) 的形式。换言之, 控制问题下使用的 $\lambda$ 回报 $\hat{G}_t^{(n)}(\lambda, W)$ 仍为式 (5.4.8) 的形式, 但其中的 $\hat{G}_t^{(n)}$ 被替换成式 (5.4.13), 而不是原来预测问题中使用的式 (5.4.6)。

$$\hat{G}_t^{(n)} = r_{t+1} + \gamma r_{t+2} + \cdots + \gamma^{n-1} r_{t+n} + \gamma^n h(S_{t+n}, A_{t+n}, W_{t+n-1}),$$
$$n \geqslant 1, \quad 0 \leqslant t < T - n \tag{5.4.13}$$

相应地, 控制问题下使用的资格迹被调整成式 (5.4.14) 的形式。

$$\begin{cases} \text{El}_0 = 0 \\ \text{El}_t = \gamma\lambda\text{El}_{t-1} + \nabla_W h(S_t, A_t, W_t), \quad 0 \leqslant t \leqslant T \end{cases} \tag{5.4.14}$$

控制问题下使用的 TD 误差被调整成式 (5.4.15) 的形式。

$$\hat{\delta}_t = r_{t+1} + \gamma h(S_{t+1}, A_{t+1}, W_t) - h(S_t, A_t, W_t) \tag{5.4.15}$$

控制问题下的网络连接权值更新公式为式 (5.4.16) 的形式, 与式 (5.4.12) 在形式上完全一样。

$$W_{t+1} = W_t + \alpha \hat{\delta}_t \text{El}_t \qquad (5.4.16)$$

基于网络 $W$ 的状态价值和动作价值函数逼近算法, 使用的都是 $\lambda$ 回报估计, $\lambda$ 回报估计使用了后向视觉的资格迹实现方式进行计算。因此, $\text{TD}(\lambda, W)$, $\text{Sarsa}(\lambda, W)$ 均能以在线增量式更新方式工作。

---

**算法 33** 半梯度 $\text{Sarsa}(\lambda, W)$ 控制
___

**输入:** (1) 任意策略 $\pi$; (2) 深度网络 $W$ 对应的映射函数 $h : \mathcal{S}^+ \times \mathcal{A} \times \mathcal{W} \to \mathcal{R}$; (3) 学习步长 $\alpha \in (0, 1]$

**输出:** 最优策略 $\pi^*$

1: 随机初始化网络 $W$;
2: **repeat**
3:   **for** 对每一个 eposide **do**
4:     初始化 $\text{El} \leftarrow 0$;
5:     随机选择非终止节点作为出发状态 $S_0 = s$;
6:     用策略 $\pi_\epsilon$ 选择动作 $A_0 \sim \pi_\epsilon(\cdot | S_0 = s)$;
7:     **for** $t = 0, 1, 2, \cdots$ **do**
8:       执行动作 $A_t = a$, 得到评估值 $r_{t+1}$ 和下一时刻状态 $S_{t+1} = s'$;
9:       根据策略 $\pi$ 选择动作 $A_{t+1} = a' \sim \pi(\cdot | S_{t+1} = s)$;
10:       计算并更新网络 $W$ 的资格迹 $\text{El} \leftarrow \gamma \lambda \text{El} + \nabla_W h(S_t, A_t, W_t)$;
11:       计算误差 $\hat{\delta} \leftarrow r_{t+1} + \gamma h(S_{t+1} = s', A_{t+1} = a', W) - h(S_t = s, A_t = a, W)$;
12:       对网络 $W$ 执行更新 $W \leftarrow W + \alpha \cdot \hat{\delta} \cdot \text{El}$;
13:       设定策略 $\pi(a|s) = \arg\max_a h(s, a, W), \forall s \in \mathcal{S}^+$;
14:     **end for** (直到 $S_{t+1}$ 为终止状态)
15:   **end for**
16: **until** (直到收敛)
17: 输出最优策略 $\pi^* \approx \pi$

---

当然, $\text{TD}(\lambda, W)$, $\text{Sarsa}(\lambda, W)$ 也能以离线的方式工作, 先让智能体与环境交互产生轨迹数据 $\overset{X_R{}^{(M)}}{\leadsto}$, 然后利用这个轨迹数据库, 以随机梯度 SGD、全梯度 SGD、批随机梯度 mini-batch SGD 或其他优化方法求网络关于连接权的偏导数 $h(S_t, W_t)$ 或 $h(S_t, A_t, W_t)$, 再计算 $\text{TD}(\lambda, W)$, $\text{Sarsa}(\lambda, W)$ 里相应的资格迹并执行参数 $W$ 的更新。

## 5.4.2 基于深度网络的策略梯度法

强化学习的中心任务是为智能体寻找最优策略 $\pi_*$, 为寻找这个最优策略, 前面

所有的方法都是先设法逼近最优状态价值或最优动作价值, 然后利用最优状态价值或最优动作价值得到最优策略。这样一类方法被统称为基于值的方法 (value-based methods)。

基于值的方法在实用中的一个主要问题是受状态空间或动作空间的限制, 因为基于值的方法需要保存状态-动作的对应关系, 而对于自主飞行或无人驾驶这样一类问题, 其状态空间和动作空间都是连续的, 要保存所有状态-动作的对应关系是不可能的。

回顾策略 $\pi$ 的定义 8, 它本身就是给定状态下关于动作的概率分布函数 $\pi:$ $\mathcal{S} \times \mathcal{W} \to [0,1]^{|\mathcal{A}|}$。而深度网络的万能逼近定理[5]表明它可以逼近任意的映射关系。所以与其逼近值函数, 再根据逼近的结果间接得到策略 $\pi$, 不如直接用网络去逼近策略函数 $\pi$, 这就是策略梯度法的思想。策略梯度法是一种基于策略的方法 (policy-based methods), 区别于前面的基于值的方法。而这种方法之所以被称为策略梯度法是因为网络优化的时候使用了梯度下降法。

如果用网络 $W$ 去逼近策略 $\pi$, 就得到一个参数化的策略 $\pi_W = \pi(a|s, W)$。参数化的策略 $\pi(a|s, W)$ 使用的网络 $W$ 以状态 $s$ 为输入, 以动作集 $\mathcal{A}$ 上的概率分布为输出。在动作集 $\mathcal{A}$ 为有限离散动作集的情况下, 这个策略网络 $W_\pi$ 的输出层一般为 softmax 层, softmax 层节点数取决于动作集大小 $|\mathcal{A}|$。

如果动作数 $|\mathcal{A}| = k$, 网络 $W$ 总共有 $L$ 层, 且约定层 $\ell$ 节点数记为 $n_\ell$, 层 $\ell$ 的输出记为 $h^{(\ell)}$, 网络的传递函数统一用 $f(z) = \dfrac{1}{1 + \exp(-z)}$ 表示。采用的传统深层 BP 网络 $W_\pi$ 的结构可以被展开成 $W_\pi = \{(W_{n_2 \times n_1}^{(1)}, b^{(1)}), \cdots, (W_{n_{\ell+1} \times n_\ell}^{(\ell)}, b^{(\ell)}), \cdots,$ $(W_{k \times n_{L-1}}^{(L-1)}, b^{(L-1)})\}$ 的形式。此时策略网络 $W_\pi$ 的前向计算过程可表示成式 (5.4.17) 的形式。

$$h^{(2)} = f(W^{(1)}s + b^{(1)})$$

$$\vdots$$

$$h^{(\ell+1)} = f(W^{(\ell)}h^{(\ell)} + b^{(\ell)}) \tag{5.4.17}$$

$$\pi(a|s, W) = h(s, a, W) = [h^{(L)}]_i = \frac{\exp([W^{(L-1)}h^{(L-1)} + b^{(L-1)}]_i)}{\sum\limits_{j=1}^{k} \exp([W^{(L-1)}h^{(L-1)} + b^{(L-1)}]_j)}$$

式 (5.4.17) 最后一行表明状态 $s$ 下使用的动作 $a$ 的策略 $\pi(a|s, W)$ 对应网络中输出层第 $i$ 个节点的输出 $h(s, a, W) = [h^{(L)}]_i$。

在明确了策略网络 $W_\pi$ 的前向计算过程后, 一个自然的问题是, 策略网络 $W_\pi$ 的优化目标是什么? 熟悉深度网络的读者第一反应可能认为是定义在数据集

$\{(s, \pi^*(a|s)), \forall s \in \mathcal{A}\}$ 上的误差函数 $J(W) = \dfrac{1}{2} \sum\limits_{s \in \mathcal{S}} (\pi(a|s, W) - \pi^*(a|s))^2$。但是, 在强化学习情境下, 是没有监督信号而只有奖励信号的, 类似 $\{(s, \pi^*(a|s)), \forall s \in \mathcal{A}\}$ 的数据集并不存在。

回顾定义 3 中的奖励假说, 强化学习中智能体的目标或任务是要极大化期望累积奖励。因此, 策略网络 $W_\pi$ 的优化目标也应该是要极大化期望累积奖励。

下面首先讨论情节/回合情境下策略网络 $W_\pi$ 的优化目标, 以及根据该目标设计的 Reinforce 的 MC 策略梯度方法。接下来在前述 Reinforce, Reinforce(b) 基础上进行扩展, 得到 AC (actor-critic: 角色-鉴赏者) 和 AC(El) 的 TD 策略梯度方法。后面的那个 AC(El) 是考虑资格迹的 AC 方法, AC 和 AC(El) 均属于时间差分方法范畴。最后将策略网络方法进一步扩展使之能处理连续状态空间和连续动作的情况。

### 5.4.2.1　MC 策略梯度方法: Reinforce, Reinforce(b)

为了使策略网络能够极大化期望累积奖励, 在情节/回合情境下, 可利用策略网络 $W_\pi$, 从某个状态 $S_0$ 出发, 不断执行策略网络推荐的动作, 产生执行序列和得到系统反馈的评估值序列, 直到终局, 从而得到情节/回合记录 $\overset{x}{\leadsto}$: $S_0 \overset{A_0}{\to} r_1, S_1 \overset{A_1}{\to} r_2,$ $S_2 \overset{A_2}{\to} \cdots \overset{A_{T-1}}{\to} r_T, S_T$。

考查这个情节/回合记录 $\overset{x}{\leadsto}$, 从初始状态 $S_0$ 出发, 策略网络 $W_\pi$ 推荐的动作 $A_0$ 被智能体执行后, 将获得一个评估值 $r_1$, 并转移到下一个状态 $S_1$。评估值 $r_1$ 和下一个状态 $S_1$ 既与策略网络 $W_\pi$ 推荐的动作 $A_0$ 有关, 更受智能体所处环境, 尤其是开放环境下诸如风速、突然出现的行人等不确定因素的影响。而下一个状态 $S_1$ 又进一步影响到后续动作和后续状态, 以及后续所能获得的评估值。因此, 整个情节/回合所获得的回报受策略网络 $W_\pi$ 以及独立于 $W_\pi$ 之外的环境因素的影响。因此, 要找到调整策略网络的连接权值, 使这个受不确定环境因素影响的回报最大化的方法并不容易。

幸运的是, 定理 5 中的策略梯度定理表明, 策略网络 $W_\pi$ 对应的策略 $\pi_w$ 的状态价值 $v_{\pi_w}(s_0)$ 关于网络参数 $W$ 的偏导数, 与策略 $\pi_w$ 关于网络参数 $W$ 的偏导数之间存在某种比例关系, 即 $\dfrac{\partial v_{\pi_w}(s_0)}{\partial W} \propto \sum\limits_s \mu(s) \sum\limits_a \dfrac{\partial \pi(a|s, W)}{\partial W} q_\pi(s, a)$, 符号 $\propto$ 是成比例的意思。Reinforce 正是利用这一结论, 将策略网络的优化目标设为 $J(W) = v_{\pi_w}(s_0)$ (情节/回合情境下), 并采用梯度上升算法极大化这一优化目标来获得最优策略的逼近。

为更好地理解 Reinforce 算法, 下面先给出定理 5 (策略梯度定理) 的证明, 从证明过程中可以看出 $\dfrac{\partial v_{\pi_w}(s)}{\partial W}$ (状态价值关于网络参数的偏导数) 和 $\dfrac{\partial \pi(a|s, W)}{\partial W}$ (策略关于网络参数的偏导数) 之间的某种比例关系。

**定理 5**　如果 $v_{\pi_w}(s_0)$ 表示策略网络 $W_\pi$ 对应的策略 $\pi(a|s, W), \forall s \in \mathcal{S}, a \in \mathcal{A}(s)$ 的状态价值, 并取策略网络 $W_\pi$ 的优化目标函数为 $J(W) = v_{\pi_w}(s_0)$, 则 $\dfrac{\partial J(W)}{\partial W} =$

$$\frac{\partial v_{\pi_w}(s_0)}{\partial W} \propto \sum_s \mu(s) \sum_a \frac{\partial \pi(a|s, W)}{\partial W} q_\pi(s, a)。\mu(s) \text{ 是马尔可夫链下状态 } s \text{ 的极限}$$

分布。

为避免过于抽象, 有必要对 $\mu(s)$ 这个极限分布作个通俗点的解释。青蛙模型表明, 池塘中在不同荷叶上不断跳跃的青蛙, 其跳跃序列构成一个马尔可夫链。对于某朵荷叶 $s$ 而言, 如果青蛙在一天内总共跳动了 100 次, 其中有 20 次是从其他地方跳跃到荷叶 $s$ 上, 则青蛙在以天为跨度的时间 $t$ 内跳到荷叶 $s$ 上的频率为 $f_t(s) = 0.2$。类似地, 如果考查充分长的一段时间内 (比如一年工夫或更长的时间跨度) 青蛙跳跃的总次数, 以及跳跃到荷叶 $s$ 上的次数, 得到的这个比率 $\eta(s) = \lim_{t \to \infty} f_t(s)$ 会保持某种稳定性, 它不会随时间变化而发生激变。这样, 对池塘中每一朵荷叶都可以得到一个对应的 $\eta(s)$。将这些 $\eta(s)$ 归一化后, 使之满足概率和为 1 的要求就可得到极限分布 $\mu(s) = \dfrac{\eta(s)}{\sum\limits_s \eta(s)}$。显然这个极限分布 $\mu(s)$ 是一种稳态分布, 它与青蛙的状态转移概率 $\mathcal{P}^a_{s \to s'}$ 有关。

**证明** 首先, 由 $v_\pi(s_0) = \sum_a \pi(a|s_0, W) q_\pi(s_0, a)$ 这一定义出发, 反复使用复合函数求偏导法则, 并按递归的方式沿着马尔可夫链展开, 在充分长的 $k$ 个时间步转移后, 可以得到从状态 $s_0$ 出发转移到状态 $s$ 的概率 $\mathcal{P}^\pi_{s_0 \to s}(k)$ 表示的结果。式 (5.4.18) 给出了详细的推导过程。

$$\frac{\partial v_\pi(s_0)}{\partial W} = \frac{\partial}{\partial W}\Big[\sum_a \pi(a|s_0, W) q_\pi(s_0, a)\Big], \quad \forall s_0 \in \mathcal{S}, \quad \text{复合函数求偏导}$$

$$= \sum_a \Big[\frac{\partial \pi(a|s_0, W)}{\partial W} q_\pi(s_0, a) + \pi(a|s_0, W)\frac{\partial q_\pi(s_0, a)}{\partial W}\Big]$$

$$= \sum_a \Big\{\frac{\partial \pi(a|s_0, W)}{\partial W} q_\pi(s_0, a) + \pi(a|s_0, W)\frac{\partial}{\partial W}\Big[\sum_{s'} \mathcal{P}^a_{s_0 \to s'}(r + v_\pi(s'))\Big]\Big\}$$

$$= \sum_a \Big[\frac{\partial \pi(a|s_0, W)}{\partial W} q_\pi(s_0, a) + \pi(a|s_0, W) \sum_{s'} \mathcal{P}^a_{s_0 \to s'}\frac{\partial v_\pi(s')}{\partial W}\Big]$$

$$= \sum_a \Big\{\frac{\partial \pi(a|s_0, W)}{\partial W} q_\pi(s_0, a) + \pi(a|s_0, W) \sum_{s'} \mathcal{P}^a_{s_0 \to s'}\cdot$$

$$\sum_{a'}\Big[\frac{\partial \pi(a'|s', W)}{\partial W} q_\pi(s', a') + \pi(a'|s', W) \sum_{s''} \mathcal{P}^{a'}_{s' \to s''}\frac{\partial v_\pi(s'')}{\partial W}\Big]\Big\}$$

递归地对 $\dfrac{\partial v_\pi(s'')}{\partial W}$ 作进一步展开

$$= \sum_{s \in \mathcal{S}} \sum_{k=0}^{\infty} \mathcal{P}^\pi_{s_0 \to s}(k) \sum_a \frac{\partial \pi(a|s)}{\partial W} q_\pi(s, a) \tag{5.4.18}$$

在 $J(W) = v_{\pi_w}(s)$ 这一设定下, 根据式 (5.4.18) 结果, 结合前述解释的稳态分布 $\mu(s)$, 有式 (5.4.19) 的结果。

$$
\begin{aligned}
\frac{\partial J(W)}{\partial W} &= \frac{\partial v_\pi(s_0)}{\partial W} \\
&= \sum_{s \in \mathcal{S}} \sum_{k=0}^{\infty} \mathcal{P}_{s_0 \to s}^{\pi}(k) \sum_a \frac{\partial \pi(a|s)}{\partial W} q_\pi(s, a) \\
&= \sum_{s \in \mathcal{S}} \eta(s) \sum_a \frac{\partial \pi(a|s)}{\partial W} q_\pi(s, a) \\
&= \Big( \sum_{s \in \mathcal{S}} \eta(s) \Big) \sum_{s \in \mathcal{S}} \frac{\eta(s)}{\sum_{s \in \mathcal{S}} \eta(s)} \sum_a \frac{\partial \pi(a|s)}{\partial W} q_\pi(s, a) \\
&\propto \sum_{s \in \mathcal{S}} \mu(s) \sum_a \frac{\partial \pi(a|s)}{\partial W} q_\pi(s, a)
\end{aligned}
\tag{5.4.19}
$$

$\square$

考查定理 5 中的 $\dfrac{\partial J(W)}{\partial W} \propto \sum\limits_{s \in \mathcal{S}} \mu(s) \sum\limits_a \dfrac{\partial \pi(a|s, W)}{\partial W} q_\pi(s, a)$ 这个公式的右端项, 关于动作 $a$ 的求和项, 前面用一个衡量状态 $s$ 出现频繁程度的 $\mu(s)$ 的量进行加权, 而 $\mu(s)$ 又是策略 $\pi$ 下的极限分布。因此, 本质上这是一个求期望的操作 (式 (5.4.20))。

$$
\begin{aligned}
\frac{\partial J(W)}{\partial W} &\propto \sum_{s \in \mathcal{S}} \mu(s) \sum_a \frac{\partial \pi(a|s, W)}{\partial W} q_\pi(s, a) \\
&= E_\pi \Big[ \sum_a \frac{\partial \pi(a|S_t, W)}{\partial W} q_\pi(S_t, a) \Big]
\end{aligned}
\tag{5.4.20}
$$

类似地, 将式 (5.4.20) 中分数形式的偏导数换成符号 $\nabla$ 进行表示, 并利用动作价值函数 $E_\pi[G_t|S_t, A_t] = q_\pi(S_t, A_t)$ 的定义, 式 (5.4.20) 可进一步变换成式 (5.4.21) 的形式。

$$
\begin{aligned}
\nabla J(W) &\propto \sum_{s \in \mathcal{S}} \mu(s) \sum_a \nabla \pi(a|s, W) q_\pi(s, a) \\
&= E_\pi \Big[ \sum_a \nabla \pi(a|S_t, W) q_\pi(S_t, a) \Big] \\
&= E_\pi \Big[ \sum_a \pi(a|S_t, W) q_\pi(S_t, a) \frac{\nabla \pi(a|S_t, W)}{\pi(a|S_t, W)} \Big] \\
&= E_\pi \Big[ q_\pi(S_t, A_t) \frac{\nabla \pi(A_t|S_t, W)}{\pi(A_t|S_t, W)} \Big] \\
&= E_\pi \Big[ G_t \frac{\nabla \pi(A_t|S_t, W)}{\pi(A_t|S_t, W)} \Big]
\end{aligned}
\tag{5.4.21}
$$

式 (5.4.21) 中倒数第三步关于动作 $a$ 的求和项 $\sum_a \pi(a|S_t, W)$ 在倒数第二步消失，这是因为求和项被求期望的操作代替。相应地，为适应求期望的操作，倒数第三步其余部分中动作 $a$ 出现的地方在倒数第二步被 $A_t$ 这一随机变量所代替。

有了式 (5.4.21) 就可以得到策略网络 $W_\pi$ 的式 (5.4.22) 形式的参数更新公式。

$$\begin{aligned} W_{t+1} &= W_t + \alpha G_t \frac{\nabla \pi(A_t|S_t, W_t)}{\pi(A_t|S_t, W_t)} \\ &= W_t + \alpha G_t \nabla \ln \pi(A_t|S_t, W_t) \end{aligned} \tag{5.4.22}$$

式 (5.4.22) 这个更新公式中的 **梯度向量** $\frac{\nabla \pi(A_t|S_t, W_t)}{\pi(A_t|S_t, W_t)}$ 指示的是参数空间中未来访问状态 $S_t$ 时再次重复选择用动作 $A_t$ 概率增加最快的方向。这个公式的增量部分由回报和梯度向量之间的乘积构成，这会使参数更新朝获得回报越高的方向移动，**梯度向量** $\frac{\nabla \pi(A_t|S_t, W_t)}{\pi(A_t|S_t, W_t)}$ 的分子部分则使参数更新朝概率增加最快的方向移动，**梯度向量** $\frac{\nabla \pi(A_t|S_t, W_t)}{\pi(A_t|S_t, W_t)}$ 的分母部分则为那些不经常使用且不产生高回报的动作胜出提供了可能，参数更新有可能选择分母中 $\pi(A_t|S_t, W_t)$ 取值很小回报也并不太高，但整个综合增量最大的方向移动，而不仅局限于选择那些高频高回报的动作。

算法 34 是根据式 (5.4.22) 这个更新公式设计的 MC 策略梯度算法，该算法被称为 reinforce 算法。由于式 (5.4.22) 更新公式中使用了基于整个情节/回合上的回报估计 $\hat{G}_t$，这个关于 $G_t$ 的估计会带来较大的方差。因此，算法 34 的收敛速度会受到这个方差的影响。

---

**算法 34**　reinforce:MC 策略梯度算法

---

**输入：** (1) 策略网络 $W$; (2) 学习步长 $\alpha \in (0, 1]$

**输出：** 策略网络 $W$ 下的最优策略 $\pi^*(a|s, W)$

1: 随机初始化深度网络参数 $W_0$, 初始化迭代次数 $k = 0$;

2: **repeat**

3:　用策略 $\pi(a|s, W_k)$ 产生一个 eposide 记录 $\overset{x_r}{\leadsto}$: $S_0 \xrightarrow{A_0} r_1, S_1 \xrightarrow{A_1} r_2, S_2 \xrightarrow{A_2} \cdots \xrightarrow{A_{T-1}} r_T, S_T$

4:　**for** $t = 0, 1, 2, \cdots, T-1$ **do**

5:　　计算回报估计值 $\hat{G}_t$;

6:　　更新策略网络参数 $W_{k+1} = W_k + \alpha \hat{G}_t \nabla \ln \pi(A_t|S_t, W_k)$;

7:　　更新迭代次数 $k \leftarrow k + 1$;

8:　**end for**

9: **until** (直到收敛)

10: 输出逼近结果 $\pi^* = \pi(a|s, W_k)$

---

为了约减这个回报估计带来的方差, 可在式 (5.4.21) 基础上引入一个基准线: 将其中的动作价值 $q_\pi(s,a)$ 与某个与动作 $a$ 无关的基准线 $b(s)$ 进行比较 (式 (5.4.23))。

$$\nabla J(W) \propto \sum_{s\in\mathcal{S}} \mu(s) \sum_a (q_\pi(s,a)-b(s))\nabla\pi(a|s,W) \qquad (5.4.23)$$

为何式 (5.4.23) 中 $b(s)$ 被称为基准线呢? 这个问题可以通过青蛙模型进行解释。每天傍晚 6 点, 下班回来的主人根据视频回放观看青蛙在刚过去的一天的表现, 在主人能清楚地看到整个池塘的蚊虫在各片荷叶上空一整天的动态分布的情况下, 主人能够掌握每朵荷叶上的理想收益。根据这个理想收益, 主人对青蛙过去一天中每一步跳跃产生的实际收益跟理想收益进行比较, 将比较的结果告诉青蛙。青蛙在知道了它过去一天每步跳跃产生的实际收益与理想收益这个基准线之间的差异后, 再修正它的行为, 以便明天能获得更好的表现。

也可用下棋的例子对基准线进行解释。初学者下完一盘棋后, 教练通过复盘告诉初学者他走的每一步与教练心目中理想的走子之间的距离, 学员通过这个差距来修正自己的走子策略, 以期在下一轮对弈中获得更佳战绩。这样, 教练的水平为学员提供了一个学习的基准线。

显然, 由于式 (5.4.23) 中灰色被减部分恒为零, 即 $\sum_a b(s)\nabla\pi(a|s,W) = b(s)\nabla\sum_a \pi(a|s,W) = b(s)\nabla_W\mathbf{1} = 0$, 式 (5.4.23) 与式 (5.4.21) 等价。但这个基准线的引入却起到了约减回报估计 $\hat{G}_t$ 的方差的作用。

相应地, 引入基准线后的参数更新公式就由式 (5.4.22) 变成式 (5.4.24) 的形式。

$$
\begin{aligned}
W_{t+1} &= W_t + \alpha(G_t-b(s))\frac{\nabla\pi(A_t|S_t,W_t)}{\pi(A_t|S_t,W_t)} \\
&= W_t + \alpha(G_t-b(s))\nabla\ln\pi(A_t|S_t,W_t) \\
&= W_t + \alpha(G_t-v(s))\nabla\ln\pi(A_t|S_t,W_t)
\end{aligned}
\qquad (5.4.24)
$$

一般地, 这个基准线 $b(s)$ 被取为状态价值 $v(s)$。算法 35 描述的 Reinforce(b) 算法通过策略网络产生的情节/回合同时改进策略网络本身 $W_\pi$ 以及另一个不同的价值网络 $\theta_s$。而这个价值网络 $\theta_s$ 下的状态价值估计 $\hat{v}(S_t,\theta_k)$ 则作为比较的基准线被使用。

### 5.4.2.2　TD 策略梯度方法: AC,AC(El)

Reinforce(b) 中的基准线取为状态价值 $v(s)$, 算法 35 中学习得到的这个价值网络 $\theta_s$ 仅起到基准线的比较作用。客观上这个基准线可减小回报估计 $\hat{G}_t$ 的方差, 从而提高 Reinforce(b) 的收敛速度。

但无论如何, Reinforce,Reinforce(b) 均是基于 MC 的方法, 它们都必须等到终局后才能执行更新, 而无法以实时在线增量式实现。接下来要介绍的 AC 方法是一种能

---

**算法 35**   Reinforce(b):MC 策略梯度算法

---

**输入**： (1) 策略网络 $W_\pi$; (2) 价值网络 $\theta_s$; (3) 策略网络的学习步长 $\alpha_\pi \in (0,1]$; (4) 价值网络的学习步长 $\alpha_s \in (0,1]$

**输出**： (1) 策略网络 $W$ 下的最优策略 $\pi^*(a|s,W)$; (2) 价值网络 $\theta_s$ 下的最优价值 $v_*(s,\theta)$

1: 随机初始化策略网络和价值网络参数 $W_0, \theta_0$, 初始化迭代次数 $k = 0$;

2: **repeat**

3:    用策略 $\pi(a|s, W_k)$ 产生一个 eposide 记录 $\overset{x_\tau}{\leadsto}$: $S_0 \overset{A_0}{\to} r_1, S_1 \overset{A_1}{\to} r_2, S_2 \overset{A_2}{\to} \cdots \overset{A_{T-1}}{\to} r_T, S_T$;

4:    **for** $t = 0, 1, 2, \cdots, T-1$ **do**

5:       计算回报估计值 $\hat{G}_t$;

6:       计算误差 $\delta \leftarrow \hat{G}_t - \hat{v}(S_t, \theta_k)$;

7:       更新价值网络参数 $\theta_{k+1} = \theta_k + \alpha_s \gamma^t \delta \nabla_\theta \hat{v}(S_t, \theta)$;

8:       更新策略网络参数 $W_{k+1} = W_k + \alpha_\pi \gamma^t \delta \nabla_W \ln\pi(A_t|S_t, W_k)$;

9:       更新迭代次数 $k \leftarrow k + 1$;

10:    **end for**

11: **until** (直到收敛)

12: 输出逼近结果 $\pi^* = \pi(a|s, W_k)$, $v_* = \hat{v}(s, \theta_k)$

---

实时在线增量式实现的时序差分方法。

AC 方法除进一步用方差更小的一步转移或 $n$ 步转移的回报估计代替 MC 的回报估计外, 价值网络 $\theta_s$ 的作用被进一步挖掘。价值网络 $\theta_s$ 既被用来计算一步转移或 $n$ 步转移的回报估计, 又起到类似基准线的作用。

$$
\begin{aligned}
W_{t+1} &= W_t + \alpha(\hat{G}_t^{(1)} - \hat{v}(S_t, \theta)) \frac{\nabla_W \pi(A_t|S_t, W_t)}{\pi(A_t|S_t, W_t)} \\
&= W_t + \alpha(r_{t+1} + \gamma\hat{v}(S_{t+1}, \theta) - \hat{v}(S_t, \theta))\nabla_W \ln\pi(A_t|S_t, W_t) \\
&= W_t + \alpha\hat{\delta}_t \nabla_W \ln\pi(A_t|S_t, W_t)
\end{aligned}
\tag{5.4.25}
$$

式 (5.4.25) 是一步转移 AC(1) 方法的参数更新迭代公式, 其中用到的一步转移回报估计 $\hat{G}_t^{(1)}$ 的计算用到了价值网络 $\theta_s$ 在状态 $S_{t+1}$ 下的状态价值估计值 $\hat{v}(S_{t+1}, \theta)$。一步转移的 TD 误差估计 $\hat{\delta}_t$ 则由一步转移回报估计 $\hat{G}_t^{(1)}$ 与状态 $S_t$ 下的价值估计值 $\hat{v}(S_t, \theta)$ 之间的差 (价值网络 $\theta_s$ 在这里起到类似基准线的作用) 构成。

对式 (5.4.25) 的直观理解同样可以借助下棋的例子加以解释。相比前述基准线方法 Reinforce(b) 中静观对弈整个过程, 只在终局后才对徒弟进行指导的教练, AC(1) 方法中的价值网络 $\theta_s$ 更像是一个在整个对弈过程中始终都喋喋不休的教练: 学员每走一步, 无论是吃子还是丢子 (获得一个评估值 $r_{t+1}$), 教练都评论一番, 你这一着棋会导致对手如何还手 (下一状态 $S_{t+1}$, 对手的还手棋是环境对智能体所下这一步棋的反应), 对手的还手棋会带来如何的影响 $\hat{v}(S_{t+1}, \theta)$, 己方的这手棋与对手的还手棋带来的综合收益与当前局面下的比较效益 $\hat{\delta}_t = r_{t+1} + \gamma \hat{v}(S_{t+1}, \theta) - \hat{v}(S_t, \theta)$ 会如何。乖巧听话的学员——遵从多嘴教练,将这个综合效应笑纳进公式 (5.4.25) 来改进自己的棋力。这里学员充当下棋比赛的运动员的角色 (actor),而多嘴教练则事实上是个对运动员行为表现的批评者和鉴赏者 (critic), actor 和 critic 这两个单词首字母构成了 AC(1) 方法的名称。AC(1) 括号中的数字 1 代表的是一步转移时间差分。

由于式 (5.4.25) 中的一步转移回报估计 $\hat{G}_t^{(1)}$ 用到了状态价值估计值 $\hat{v}(S_{t+1}, \theta)$,因此, AC(1) 方法也属于步步为营方法的范畴。

围绕式 (5.4.25) 可得到算法 36 描述的 AC(1) 时间差分策略梯度算法。得益于一步转移情境, AC(1) 能以在线增量方式运行,且没有维护资格迹所需的额外计算开销。

---

**算法 36**　AC(1): 时间差分策略梯度算法

**输入:**　(1) 策略网络 $W_\pi$; (2) 价值网络 $\theta_s$; (3) 策略网络的学习步长 $\alpha_\pi \in (0,1]$; (4) 价值网络的
　　　　学习步长 $\alpha_s \in (0,1]$; (5) 折减因子 $\gamma \in (0,1]$ $\alpha_s \in (0,1]$

**输出:**　(1) 策略网络 $W$ 下的最优策略 $\pi^*(a|s, W)$; (2) 价值网络 $\theta_s$ 下的最优价值 $v_*(s, \theta)$

1: 随机初始化策略网络和价值网络参数 $W_0, \theta_0$, 初始化迭代次数 $k = 0$;
2: **repeat**
3: 　　初始化出发状态 $S$;
4: 　　**while** $S$ 非终止状态;
5: 　　　　将状态 $S$ 输入策略网络 $W_k$, 得到策略网络推荐的动作 $A \sim \pi(\cdot|S, W_k)$;
6: 　　　　执行动作 $A$, 得到评估值 $r$ 和下一状态 $S'$;
7: 　　　　计算误差 $\hat{\delta} \leftarrow r + \gamma \hat{v}(S', \theta_k) - \hat{v}(S, \theta_k)$ (如果 $S'$ 为终止状态, 则 $\hat{v}(S', \theta_k) = 0$);
8: 　　　　更新价值网络参数 $\theta_{k+1} = \theta_k + \alpha_s \hat{\delta} \nabla_\theta \hat{v}(S_t, \theta)$;
9: 　　　　更新策略网络参数 $W_{k+1} = W_k + \alpha_\pi \hat{\delta} \nabla_W \ln \pi(A_t|S_t, W_k)$;
10: 　　　　设定下一状态为当前状态 $S \leftarrow S'$;
11: 　　　　更新迭代次数 $k \leftarrow k + 1$;
12: 　　**end while**
13: **until** (直到收敛)
14: **until** 输出逼近结果 $\pi^* = \pi(a|s, W_k), v_* = \hat{v}(s, \theta_k)$

---

如果将式 (5.4.25) 中的一步转移回报估计 $\hat{G}_t^{(1)}$ 替换成 $n$ 步转移回报估计 $\hat{G}_t^{(n)}$, 则可以得到类似的 AC(n) 方法。进一步可以将 $\hat{G}_t^{(1)}, \hat{G}_t^{(2)}, \cdots, \hat{G}_t^{(n)}$ 进行加权求和得到 $\lambda$ 回报估计 $\hat{G}_t^{(n)}(\lambda)$, 使用这个 $\lambda$ 回报估计代替式 (5.4.25) 中的 $\hat{G}_t^{(1)}$ 得到 AC($\lambda$) 算法。前面的分析表明,无论是 AC(n) 还是 AC($\lambda$),直接以前向视觉方式实现的 AC(n),AC($\lambda$) 都无法以在线增量方式实现,而必须等到 $n$ 步转移完毕后才能进行更新。与之等效的后向视觉方式则能保持 AC(1) 的在线增量的实现方式,但其代价是必须引入资格迹,这带来了额外的计算和存储开销。为简洁起见,接下来仅介绍基于资格迹的 AC(El) 方法,该方法是 AC($\lambda$) 一种后向视觉的等效实现。

$$\begin{aligned}
\mathrm{El}_0^W &= 0 \\
\mathrm{El}_t^W &= \gamma \lambda^W \mathrm{El}_{t-1}^W + \nabla_W \ln\pi(A_t|S_t, W_t), \quad 0 \leqslant t \leqslant T
\end{aligned} \tag{5.4.26}$$

由于 AC(El) 中存在策略网络 $W_\pi$ 和价值网络 $\theta_s$, 因此需要分别为这两个网络准备 $\mathrm{El}^W$ (式 (5.4.26)) 和 $\mathrm{El}^\theta$ (式 (5.4.27)) 两个资格迹。$\mathrm{El}^W, \mathrm{El}^\theta$ 分别与它们各自服务的网络 $W_\pi, \theta_s$ 保持同种规格。

$$\begin{aligned}
\mathrm{El}_0^\theta &= 0 \\
\mathrm{El}_t^\theta &= \gamma \lambda^\theta \mathrm{El}_{t-1}^\theta + \nabla_\theta \hat{v}(S_t, \theta_t), \quad 0 \leqslant t \leqslant T
\end{aligned} \tag{5.4.27}$$

有了资格迹后, AC(El) 借助价值网络 $\theta_s$ 按照式 (5.4.28) 方式计算时间差分的误差估计 $\hat{\delta}_t$。然后利用前述得到的资格迹分别对这个时间差分误差进行加权, 得到式 (5.4.29) 形式的网络参数更新公式。

$$\hat{\delta}_t = r_{t+1} + \gamma \hat{v}(S_{t+1}, \theta_t) - \hat{v}(S_t, \theta_t) \tag{5.4.28}$$

利用式 (5.4.26)~(5.4.29), 可得到算法 37 描述的 AC(El) 基于资格迹的时间差分策略梯度算法。

$$\begin{aligned}
W_{t+1} &= W_t + \alpha_\pi \hat{\delta}_t \mathrm{El}_t^W \\
\theta_{t+1} &= \theta_t + \alpha_s \hat{\delta}_t \mathrm{El}_t^\theta
\end{aligned} \tag{5.4.29}$$

资格迹的引入使得算法 37 能以在线增量式实时运行, 其代价是需要维护两个与各自服务的深度网络相同规格的资格迹。当使用的策略网络和状态价值网络是一个极深的大型网络时, 维护资格迹会带来不小的存储和计算资源的开销。

---

**算法 37**　AC(El): 基于资格迹的时间差分策略梯度算法

---

**输入:**　(1) 策略网络 $W_\pi$; (2) 价值网络 $\theta_s$; (3) 策略网络和价值网络的学习步长 $\alpha_\pi \in (0,1]$, $\alpha_s \in (0,1]$; (4) 折减因子 $\gamma \in (0,1]$; (5) 权重因子 $\lambda^\theta > 0, \lambda^W > 0$

**输出:**　(1) 策略网络 $W$ 下的最优策略 $\pi^*(a|s, W)$; (2) 价值网络 $\theta_s$ 下的最优价值 $v_*(s, \theta)$

1: 随机初始化策略网络和价值网络参数 $W_0, \theta_0$, 初始化迭代次数 $k = 0$;
2: **repeat**
3:　　初始化出发状态 $S$;
4:　　初始化资格迹 $\mathrm{El}^W \leftarrow 0, \mathrm{El}^\theta \leftarrow 0$;
5:　　**while** $S$ 非终止状态 **do**
6:　　　　将状态 $S$ 输入策略网络 $W_k$, 得到策略网络推荐的动作 $A \sim \pi(\cdot|S, W_k)$;
7:　　　　执行动作 $A$, 得到评估值 $r$ 和下一状态 $S'$;
8:　　　　计算误差 $\hat{\delta} \leftarrow r + \gamma \hat{v}(S', \theta_k) - \hat{v}(S, \theta_k)$ (如果 $S'$ 为终止状态, 则 $\hat{v}(S', \theta_k) = 0$);

---

| | |
|---|---|
| 9: | 计算策略网络的资格迹 $\mathrm{El}^W \leftarrow \gamma\lambda^W \mathrm{El}^W + \nabla_W \ln\pi(A\|S, W_k)$; |
| 10: | 计算价值网络的资格迹 $\mathrm{El}^\theta \leftarrow \gamma\lambda^\theta \mathrm{El}^\theta + \nabla_\theta \hat{v}(S, \theta_k)$; |
| 11: | 更新策略网络参数 $W_{k+1} = W_k + \alpha_\pi \hat{\delta} \mathrm{El}^W$; |
| 12: | 更新价值网络参数 $\theta_{k+1} = \theta_k + \alpha_s \hat{\delta} \mathrm{El}^\theta$; |
| 13: | 设定下一状态为当前状态 $S \leftarrow S'$; |
| 14: | 更新迭代次数 $k \leftarrow k + 1$; |
| 15: | **end while** |
| 16: | **until** (直到收敛) |
| 17: | 输出逼近结果 $\pi^* = \pi(a\|s, W_k), v_* = \hat{v}(s, \theta_k)$ |

# 5.5　深度强化学习的应用

本节将介绍深度强化学习两个成功的应用案例。毫无疑问, 引起深度强化学习被工业界和学术界极大关注的原因是围棋 AlphaGo 的极大成功。因此, 本节将对 AlphaGo 及 AlphaGo Zero 作为深度强化学习的经典应用案例加以详细介绍。

但 AlphaGo 并非严格的端到端系统。深度学习因其出色的特征自动提取能力, 打开了人类设计并实现端到端系统的可能性。karpathy 等人设计的基于像素的乒乓球游戏 [6] 可以称得上严格的端到端系统, 输入的是屏幕图像, 输出的是乒乓球的击球动作。下面分别对这两个经典应用案例进行详细介绍。

## 5.5.1　围棋 AlphaGo

2012 年, Hinton 课题组在 ImageNet 图像识别比赛以碾压第二名 (SVM 方法) 的分类性能获得冠军后 [7], 深度学习技术受到了学术界和企业界的广泛关注。隶属于 Google 的 DeepMind 公司的 David Silver 为首的团队将深度学习技术应用于围棋 AlphaGo 程序。深度学习技术武装下的 AlphaGo 在 2016 年 3 月举行的围棋人机对弈中以 4:1 的战绩完胜韩国职业棋手李世石 [8], 这一成绩与人类首次探测到引力波的发现并列成为当年科技界两件里程碑式的突破。

为照顾不了解围棋的读者, 本节首先简要介绍围棋的入门知识, 然后介绍 AlphaGo 的体系结构及其核心算法, 从中可以看到前面介绍的深度学习以及强化学习方法如何被融合到蒙特卡罗树搜索的算法中。最后, 在 AlphaGo 基础上介绍不依赖于人类对弈先验知识且棋力更强的 AlphaGo Zero。

### 5.5.1.1　围棋基本知识

围棋是一种起源于中国的策略性两人棋类游戏, 中国古时称"弈", 西方称"Go"。对弈时规定执黑方先走子, 空盘开局, 执黑或白的对弈双方在图 5.21 所示的 $19 \times 19$

的棋盘上的纵横线交错点 (共 $19 \times 19 = 361$ 个不同的交错点) 轮流走子, 落子后不能再移动棋子。轮流下子是双方的权利, 但允许任何一方放弃下子权而使用虚招。

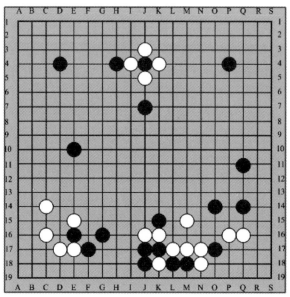

图 5.21　围棋是一种执黑白棋子的对弈双方在 $19 \times 19$ 的棋盘上的纵横线交错点轮流走子的棋类游戏

　　围棋胜负的判据是看黑白双方谁占的地盘大 (即棋盘交叉点上有效的棋子的数目)。理论上, 棋盘上共 361 个走子位置, 在黑白双方都不用虚招且没有 "吃子" 规则的约束情况下, 先走的黑方将占据棋盘 182 (半盘多一格) 个位置而获胜。这样的围棋将会是一个无趣的游戏。

　　围棋的魅力来源于有"吃子"规则。这个"吃子"规则依赖一个所谓的"气"(liberties) 的概念, 走子过程中, 黑方或白方的棋子在棋盘上, 与它直线紧邻的空点就是这个棋子的 "气"。直线紧邻的点上如果有同色棋子存在, 这些棋子就相互连接成一个不可分割的整体。直线紧邻的点上如果有异色棋子存在, 此处的气便不存在。每个棋子最多只有 4 口气 (对于周围都没有其他棋子的孤棋而言, 其上下左右四个位置均为空点)。棋盘上的每个棋子都是依靠 "气" 而存在。一旦棋盘上某个棋子失去了所有的气, 就会变成死子而不能在棋盘上存在, 把无气之子清理出棋盘的手段叫 "提子"。这就是 "吃子" 规则。

　　例如图 5.22(a) 中的白子只剩下最后一口气 (× 所标示的空点)。如果 × 所标示的空点被黑子占了, 则三颗白子立刻变成无气之子被清理出棋盘 (图 5.22(b))。但如果 × 所标示的空点被白子占住后, 新加的白子左边和下边各有两个空点, 因此该白子有两口气。并且由于新加的这个白子与原来的三颗白子连起来了, 因此也就救活了原来被黑子围住的三颗白子 (图 5.22(c))。

(a)　　　　　　　(b)　　　　　　　(c)

图 5.22　围棋中棋子的气与打劫

一般地, 吃子有二种情况: (1) 下子后, 对方棋子无气, 应立即提取对方无气之子; (2) 下子后, 双方棋子都呈无气状态, 应立即提取对方无气之子。为了避免相同局面的重复出现, 规定"禁着点", 即棋盘上的任何一点, 如某方下子后, 该子立即呈无气状态, 同时又不能提取对方的棋子。

当以下三种情况中任一情况出现时, 围棋对弈即告终止: (1) 棋局下到双方一致确认着子完毕时, 为终局; (2) 对局中有一方中途认输时, 为终局; (3) 双方连续使用虚着, 为终局。一旦出现终局, 经双方确认, 不能被提取的棋都是活棋, 能被提取的棋都是死棋。

出现终局后, 采用数子法计算胜负, 将双方死子清理出盘后, 对任意一方的活棋和活棋围住的点以子为单位进行计数, 双方活棋之间的空点各得一半。由于棋盘总共有 $19 \times 19 = 361$ 个不同的点数, 将总点数的一半 180.5 点作为评判胜负的参考点数, 在不考虑贴子的情况下, 一方所得点数超过此数为胜, 等于此数为和, 小于此数为负。

围棋对弈双方通过轮流走子实现棋盘状态的变换。前面已经提到, 围棋的复杂性在于其状态空间总共有 $3^{361} \approx 10^{172} \approx 2^{3.32 \times 172} = 2^{571.04} = n$ 种不同的状态, 这一规模的不同状态之间的可能转换关系 (每种变换对应一种走子策略) 共有 $n \times (n-1) = n^2 - n = (2^{571.04})^2 - 2^{571.04} = O(2^{1142.08}) \approx O(10^{343.8032})$ 种。据不完全可靠的估算, 目前全球所有存储设备 (全球互联网服务器、个人计算机、手机、光盘、移动硬盘、U 盘) 容量总和约 3 亿 TB, 这一数字约为 $O(10^{14.44956})$。显然, $O(10^{343.8032})$ 这一数量级是穷尽目前全球所有存储设备容量也无法有效存储的天文数字。

在无法显式存储所有可能的策略的情况下, 这些状态或策略只能按需生成。如果将围棋每一种状态看作是树型数据结构的一个节点, 则围棋对弈过程可被组织成图 5.23 的博弈树的形式, 树的根节点代表开局状态, 叶子节点代表终局状态。对于围棋而言, 平均每一状态下可能的走子约 250 种, 一局围棋平均需要约 150 步即可分出胜负。因此, 围棋博弈树的平均复杂度为 $250^{150} \approx 10^{360}$。换言之, 用计算机进行围棋博弈需要面临的是 $O(10^{360})$ 的搜索空间。

按照时钟频率 3.5 GHz,4 核的 Intel i7-2600 普通个人计算机 CPU 的配置, 该 CPU 能进行每秒约 2240 亿 = $2.24 \times 10^{11}$ 次的单精度浮点数 (C 语言里的 float 型数据) 运算。粗略地认为计算机完成围棋一次走子过程对应一次单精度浮点运算, 一年的时间总共约 $3.2 \times 10^7$ s。因此一年时间内计算机能做的总的运算次数约

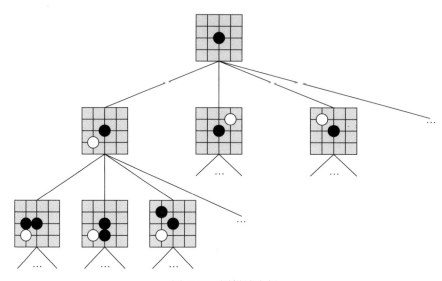

图 5.23　围棋博弈树

树的根节点代表开局状态, 叶子节点代表终局状态

$2.24 \times 10^{11} \times 3.2 \times 10^7 \approx 7.1 \times 10^{18}$ 次。计算机要穷尽整颗博弈树所需要耗费的时间约为 $\dfrac{10^{360}}{7.1 \times 10^{18}} \approx 10^{342}$ 年。显然, 这是一个无法在有效时间内穷举搜索进行博弈的任务。

从 1997 年 IBM 的 "深蓝" 在国际象棋领域击败人类, 到 2016 年 AlphaGo 的横空出世战胜人类, 近 20 年的技术积累让无法在有限时间内穷举完成的围棋博弈任务被计算机攻克。AlphaGo 的成功, 意味着人类掌握了用计算机从 $O(10^{343.8032})$ 这一天量级的可能策略空间中筛选出能击败人类能力的走子策略。实现这一跨越的关键技术就是用深度强化学习技术武装的蒙特卡罗树搜索算法。

### 5.5.1.2　蒙特卡罗树搜索算法: AlphaGo 的大脑

AlphaGo 使用的蒙特卡罗树搜索 (MCTS) 算法可以看作是它的大脑, 是指挥它下棋的作战指挥部。这个指挥部不断收到前线回传来的屏幕棋局状态 $S_t$, 经过系列沙盘推演的综合分析研判后, 向屏幕发出如何走子的作战命令。

AlphaGo 的过人之处在于其作战指挥部里配备了擅长进行局势评估的政委 (状态价值网络 $V_\theta$)、足智多谋善于出点子的策略大师诸葛军师 (策略网络 $P_\sigma$) 和一个快速响应小分队。政委和诸葛军师平均 3 ms 就能给出供总司令 AlphaGo 决策需要的信息。快速响应小分队则由一个喜欢占卜未来, 对政委和诸葛军师都不太服, 但实际能力较弱的狗头军师 (另一个策略网络 $P_\pi$) 和两个只接受狗头军师指令且执行速度极快的马前卒组成。相比 3 ms 出一个点子的诸葛军师, 狗头军师能在 2 μs 内发出指令, 因此 $P_\pi$ 的最大优点就是反应神速。作战指挥部里的主要工作就是多轮推演 (反复斟酌), 实时战况信息以棋盘状态 $S_t$ 的形式源源不断地从前线传到指挥部后, 总司令 AlphaGo 会同政委和诸葛军师不断进行沙盘推演 (模拟)。当沙盘推演出现前所未有的复杂局面时, AlphaGo 还会命令狗头军师利用他的快速小分队占上一卦。AlphaGo 根据诸葛军师和政委的意见, 结合狗头军师占卜算卦的结果, 多轮沙盘推演 (反复斟酌) 后, 最终形成作战命令 (走子)。

为更好地理解 AlphaGo 内部的工作原理, 在介绍蒙特卡罗树搜索这个核心算法之前, 有必要先明确计算机屏幕上看到的围棋棋盘如何对应 AlphaGo 的机内表示。AlphaGo 正是依赖棋局状态的机内表示来感知围棋棋盘中棋子及棋局的各种变化。

假定在计算机上下围棋的人类棋手面临的正是 AlphaGo, 计算机屏幕上呈现出来的图 5.21 形式的围棋棋盘是作为计算机方的 AlphaGo 维护管理的。$19 \times 19$ 的棋盘中每个纵横交叉点均可有黑子 (1)、白子 (−1)、空 (0) 三种可能的状态, AlphaGo 用一个 $19 \times 19 \times 3$ (也称为 3 个特征平面) 的三维数字矩阵作为图 5.21 形式的棋盘状态的机内表示。当然, AlphaGo 还记录了博弈过程中所需要的其他信息, 比如每个棋子剩余的 "气" 的数目, 对手有多少棋子处于被吃状态, 每个交叉点是否可合法走子等。AlphaGo 总共用了 $19 \times 19 \times 48$ 共 48 个特征平面来表示棋盘状态以及每个棋局下的数字特征。当人类棋手通过鼠标等外部设备操作由 AlphaGo 呈现的图 5.21 棋盘进行走子时, AlphaGo 的 $19 \times 19 \times 48$ 这个机内表示会相应地跟着改变。

代表棋盘状态以及相应的特征信息的 $19 \times 19 \times 48$ 这个机内表示构成了 AlphaGo 中使用的深度网络的输入。因此, AlphaGo 并非严格的端到端系统。

假定人类棋手执黑开局, 产生图 5.23 中根节点 ($S_0$) 后。对于给定局面 $S_t$ (比如这里的开局节点 $S_0$), 理论上 AlphaGo 共有 360 种不同的走子选择, 因此图 5.23 中根节点后有 360 种不同的分支。AlphaGo 所要做的事情是在不穷尽这 360 种不同的分支情况下, 经过短暂的 "思考" (围棋有读秒规则) 找出最优或者次优的走子策略。AlphaGo 的这个思考过程就是所谓的蒙特卡罗树搜索 (MCTS) 过程。

本质上, MCTS 搜索是一个模拟 (即推演棋局) 的过程: AlphaGo 在面对图 5.23 中根节点代表的人类棋手执黑开局状态时, 在读秒规则限定的时间内, AlphaGo 会进行 $N$ 轮的模拟推演, 然后取模拟推演过程中走子次数最多的那一步走子。例如图 5.24 中所有没有落子的地方都是可能走子的。但在多轮模拟后, 右下那步走了 79% 次, 是最频繁的走子策略, 因此 AlphaGo 的最终走子就会选择那一步。因为在 AlphaGo 看来, 多轮 "模拟" 下来走子次数 "最多" 的走法就是统计上 "最优" 的走法。

对于 AlphaGo 而言, 面对状态 $S_t$ 时, 最为简单的模拟就是从 $S_t$ 出发, 每次都从所有合法的走子 $a \in \mathcal{A}(S_\tau), \tau \in [t, T]$ 位置中等概率地进行走子, 自我博弈直到终局 $S_T$。由于围棋一局自我博弈下来最多 361 手, 因此读秒时限内可进行多轮模拟。多轮模拟后, 棋局 $S_t$ 下所有合法走子中 $a \in \mathcal{A}(S_t)$ 获胜次数最多的走子位置将成为 AlphaGo 的最终走子。不难想象, 如果 AlphaGo 仅仅是采用随机走子的策略进行博

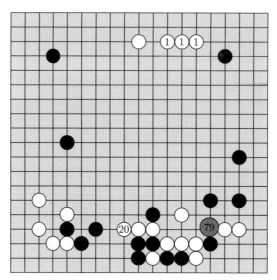

图 5.24　AlphaGo 会进行多轮模拟后, 选择走子次数最多的那一步走子

弈的话, 其水平定会相当有限。

　　显然, AlphaGo 有一套比等概论随机走子更为复杂的决策机制。为理解 AlphaGo 为何性能超越人类职业棋手, 需要对 AlphaGo 作战指挥部里的沙盘推演过程作进一步的详细介绍。

　　如前所述, AlphaGo 性能卓越的原因是在其作战指挥部进行了一系列的复杂的沙盘推演, 而不是简单地采取随机走子的策略。AlphaGo 沙盘推演的复杂性体现在它进行模拟时总是按照式 (5.5.1) 来选择动作进行走子 (请注意, 此处的走子是指模拟阶段的走子 (图 5.25 中模拟树上的边), 不是博弈时的正式走子。博弈树上的正式走子是模拟结束后根据走子次数多少来进行选择)。式 (5.5.1) 的复杂性主要体现在这个和式的计算是 AlphaGo 作战指挥部里政委、诸葛军师和快速响应小分队通力合作的结果。

$$a_t = \arg\max_a (Q(s_t,a) + u(s_t,a)) \tag{5.5.1}$$

　　式 (5.5.1) 表示的走子选择策略对应 MCTS 模拟四阶段中的选择阶段 (selection, 图 5.25(a))。这个公式中涉及的两个量 $Q(s_t,a),u(s_t,a)$ 被以集合 (式 (5.5.2)) 的形式记录在一个搜索上下文的表中, MCTS 搜索树中每一条边 $(s,a)$ 对应搜索上下文中的一条记录。

$$\{\mathcal{P}(s,a), N(s,a), Q(s,a)\} \tag{5.5.2}$$

　　显然, 式 (5.5.1) 表明 AlphaGo 在思考 (模拟推演) 时, 每次都选取 $Q(s_t,a),u(s_t,a)$ 两者之和最大的那招走子。而 $Q(s_t,a),u(s_t,a)$ 这两个变量在 AlphaGo 的总共 $N$ 轮模

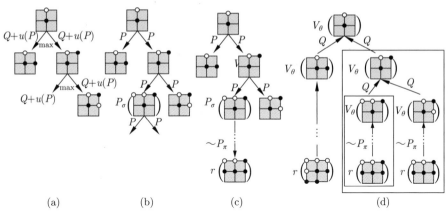

图 5.25 MCTS 模拟树, 模拟树的生成过程可分为选择 (a)、扩展 (b)、评估 (c) 和回溯更新 (d) 四个阶段

拟的整个模拟阶段逐轮动态变化, 不断逼近各自的最优值。因此, 要理解 AlphaGo 的过人之处, 就必须搞清楚 $Q(s_t,a),u(s_t,a)$ 这两个量的含义。

$$u(s,a) \propto \frac{\mathcal{P}(s,a)}{1+N(s,a)} \tag{5.5.3}$$

$u(s,a)$ 的取值由式 (5.5.3) 给出。其中分子部分先验概率 $\mathcal{P}(s,a)$ 代表状态 $s$ 下选择动作 $a$ 的概率, 这个概率由诸葛军师所产生。这个诸葛军师本质上就是一个策略网络。至于这个策略网络结构如何, 他是如何修炼成才的, 将留待后面加以解释。$N(s,a)$ 是边 $(s,a)$ 在模拟树中被访问的次数。显然, 式 (5.5.3) 表明模拟的初始阶段, N(s,a) 较小的情况下, 倾向于选择 $\mathcal{P}(s,a)$ 取值大的动作。相应地不难理解, 式 (5.5.1) 的动作选择策略会在模拟的初始阶段倾向于选择先验概率 $\mathcal{P}(s,a)$ 高但访问次数较少的动作, 但随着模拟的不断深入, 该策略渐近地倾向选择 $Q(s,a)$, 即动作价值高的动作。

图 5.26 给出了 AlphaGo 版本的蒙特卡罗模拟过程。其中 $S_t$ 表示博弈树中对手走完第 $t$ 手棋后, 紧接着轮到 AlphaGo 走子的局面。AlphaGo 从 $S_t$ 出发进行模拟推演, 模拟过程中每次按照式 (5.5.1) 选取最佳动作。

假定 AlphaGo 在读秒时间限定内能够进行 $N$ 轮模拟。首轮模拟开始时, 模拟树只有一个根节点 $S_t$。这个根节点也是叶子节点, 因此需要从 $a \in \mathcal{A}(S_t)$ 所有可用动作中选择 $\mathcal{P}(s,a)$ 最大的那个动作。这样搜索上下文中就添加了第一条记录 $\{\mathcal{P}(s,a),N(s,a)=0,Q(s,a)=0\}$。在边的访问次数 $N(s,a)=0$ 小于阈值 $N_{\text{thr}}$ (当某条边 $(s,a)$ 被访问频度超过一定阈值时, 相应的节点才会被扩展成为新的叶子节点) 时, 表明模拟过程中遇到了前所未有的复杂局面。不偏听诸葛军师和政委意见的 AlphaGo 会命令指挥部里的快速小分队开始工作: 接到任务的狗头军师 $P_\pi$ 动员他的两个马前卒在指挥部的角落里按照状态 $S_{t+1}$ 摆好棋盘, 这两个马前卒以 2 μs 的速度

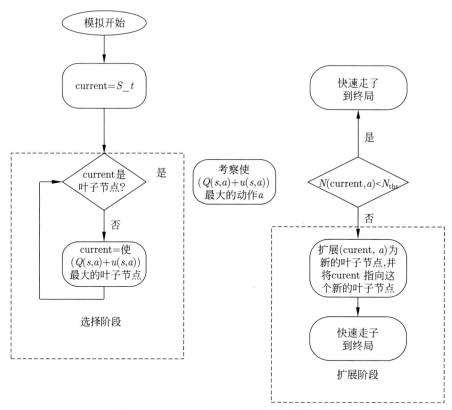

图 5.26　AlphaGo 版本的蒙特卡罗模拟过程

响应军师 $P_\pi$ 的指令进行快速博弈直到终局 $S_{t+T}$,然后按胜方 $z_t = r_{t+T} = +1$,负方 $z_t = r_{t+T} = -1$,和局 $z_t = r_{t+T} = 0$ 向 AlphaGo 汇报"占卜"的结果。AlphaGo 收到占卜结果后,结合政委 $V_\theta$ 对叶子节点的评估结果 $v_\theta(S_t)$,利用式 (5.5.4) 将叶子节点 $S_t$ 的状态评估值计算为 $\hat{v}(S_t) = (1-\lambda)v_\theta(S_t) + \lambda z_t$。这里 $\lambda$ 混合参数的作用是将叶子节点的状态估值和从该叶子节点出发,选择边 $(S_t, a)$ 进行快速走子 (rollout) 博弈的最终结果混合。由于是首轮模拟,因此 $N(S_t, a) = N(S_t, a) + 1 = 1$,$Q(S_t, a) = \hat{v}(S_t)$。然后对于遍历路径上的所有边 $(s_\tau, a_\tau), \tau = t, \cdots, t'$,按照后面第 $i$ 轮模拟一样的更新方式 (式 (5.5.5)) 更新各边相应的值。更新完毕后,首轮模拟即宣告结束。

$$\hat{v}(s_L) = (1-\lambda)v_\theta(s_L) + \lambda z_L \qquad (5.5.4)$$

对于 AlphaGo 的第 $i$ 轮模拟,同样从 $S_t$ 出发,但由于经过前面的 $i-1$ 轮模拟后,模拟树可能已经是一棵具有一定节点规模的树。因此,AlphaGo 会从根节点 $S_t$ 出发,反复利用式 (5.5.1) 选择动作,遍历模拟树 (约定符号 $\mathbf{1}(s, a, i)$ 取值为 1 表示第 $i$ 轮模拟 $(s, a)$ 被访问到,取值为 0 时表示未被访问到),并在时间步 $t'$ 到达模拟树的某个叶子节点 $s_L$。此后, 如果这个叶子节点下某可用动作构成的边的访问次数 $N(s_L, a)$ 超出访问次数阈值 $N_{\text{thr}}$, 则边 $(s_L, a)$ 下的节点将被挂接在 $s_L$ 节点下成为新的叶子节点。对这个新的叶子节点 $s_{t'+1}$ 按首轮模拟下类似的方式计算得到 $Q(s_{t'+1}, a_{t'+1})$。然后对于遍历路径上的所有边 $(s_\tau, a_\tau), \tau = t, \cdots, t'$, 更新相应的值为 $N(s_\tau, a_\tau) \leftarrow N(s_\tau, a_\tau) + 1, Q(s_\tau, a_\tau) \leftarrow Q(s_\tau, a_\tau) + \dfrac{Q(s_{t'+1}, a_{t+1}) - Q(s_\tau, a_\tau)}{N(s_\tau, a_\tau)}$
(式 (5.5.5))。这些回溯更新步骤完成, 第 $i$ 轮模拟结束。

$$\begin{cases} N(s, a) = \sum_{i=1}^{N} \mathbf{1}(s, a, i) \\ Q(s, a) = \dfrac{1}{N(s, a)} \sum_{i=1}^{N} \mathbf{1}(s, a, i) \hat{v}(s_L^i) \end{cases} \tag{5.5.5}$$

式 (5.5.5) 中的 $\hat{v}(s_L^i)$ 表示第 $i$ 轮模拟时叶子节点 $s_L$ 的状态估值。显然, 动作估值 $Q(s, a)$ 是关于 $\hat{v}(s_L^i)$ 的均值, 因此 $Q(s_\tau, a_\tau) \leftarrow Q(s_\tau, a_\tau) + \dfrac{Q(s_{t'+1}, a_{t+1}) - Q(s_\tau, a_\tau)}{N(s_\tau, a_\tau)}$ 是这个均值的增量实现。

作为 AlphaGo 大脑工作原理部分的总结, 算法 38 给出了 MCTS:AlphaGo 大脑算法的伪码实现过程, 其中黑体的选择、评估、扩展、回溯更新分别对应图 5.25 中的四个阶段。

### 5.5.1.3　AlphaGo 中的深度强化学习算法: AlphaGo 的军师们

上文只介绍了 AlphaGo 的核心 MCST 算法, 由这一核心算法充当总司令的指挥部在政委 $V_\theta$、诸葛军师 $P_\sigma$ 和狗头军师 $P_\pi$ 领衔的快速小分队通力协作下在 2016 年的人机大战中成功地击溃了人类专业棋手。事实上, 指挥部中的这些角色在学成出山辅佐 AlphaGo 之前经历了一场修炼。军师们进行的这场暮鼓晨钟式的修炼就是阅读从 KGS Go 人类电脑围棋服务器的地方下载的 $M=3000$ 万的人类围棋博弈产生的棋谱。他们修炼的方法使用的正是深度强化学习算法。

军师们阅读的棋谱是类似式 (5.5.6) 形式的标签数据集。其中 $s^{(i)}$ 表示图 5.21 形式的某个棋局, 充当标签信号 (监督信号) 的 $a^{(i)}$ 表示棋局 $s^{(i)}$ 下的人类专家走子。

$$(X, Y) = \{(s^{(1)}, \boldsymbol{a}^{(1)}), \cdots, (s^{(i)}, \boldsymbol{a}^{(i)}), \cdots, (s^{(M)}, \boldsymbol{a}^{(M)})\} \tag{5.5.6}$$

这里充当标签信号的 $\boldsymbol{a}^{(i)}$ 是一个 $361 \times 1$ 的列向量, 其中的每个分量取值代表棋盘 $19 \times 19 = 361$ 个可能位置落子的概率。代表棋局的 $s^{(i)}$ 的内容则复杂得多, 它是一个由 48 个 $19 \times 19$ 的特征平面构成的 $19 \times 19 \times 48$ 数字立方体。这 48 个特征平面刻画的棋盘特征主要有: 棋盘中每个纵横交叉点状态 (3 个特征平面, 分别表示黑子 (1)、白子 $(-1)$、空 (0) 三种可能)、棋子的气 (liberties, 8 个特征平面分别表示 1,2,3,4,5,6,7,

---

**算法 38**　MCTS: AlphaGo 大脑算法

---

**输入：** (1) 代表棋盘状态 $s_t$ 且包含当前 AlphaGo 棋子颜色、每个棋子的"气"、吃对方子的数
目、被对方吃子的数目等特征在内的 $19 \times 19 \times 48$ 数字立方体;(2) 围棋的基本游戏规则;
(3) 胜负评分函数

**输出：** 棋局 $s_t$ 下的走子 $a_t$

1: **repeat**

2: **选择**：利用策略网络 $P_\sigma$ 得到 $\mathcal{P}(s,a)$, 然后按式 $a_t = \arg\max\limits_a(Q(s_t,a) + u(s_t,a))$ 遍历模
拟树, 直到叶子节点 $s_L = s_{t+t'}$;

3:　　**评估**：用 $V_\theta$ 计算叶子节点的状态价值 $V_\theta(s_L)$;

4:　　选择 $a_L = \arg\max\limits_a(Q(s_L,a) + u(s_L,a)), \forall a \in \mathcal{A}(s_L)$;

5:　　**if** $N(s_L,a_L) < N_{thr}$ 访问次数未超阈值 **then**

6:　　　　设定 $s_{t'+1}|s_L, a_L$, 即在模拟走子 $a_L$ 后局面从 $s_L$ 变为 $s_{t'+1}$, 并从 $s_{t'+1}$ 出发用 $P_\pi$ 快
速走子至终局 $s_T$;

7:　　　　对各状态 $s_\tau, \tau = t'+1, \cdots, T$, 除终局按照胜方 $r_T = +1$, 负方 $r_T = -1$, 其余中间状
态 $r_\tau = 0$;

8:　　　　按照终局获得的评分来计算各状态的收益估计值, 即 $z_\tau = r_T, \tau = t', \cdots, T$;

9:　　　　**综合评估**：计算叶子节点的综合评估值 $\hat{v}(s_L) = (1-\lambda)v_\theta(s_L) + \lambda z_L$;

10:　　　记录访问次数 $N(s_L,a_L) \leftarrow N(s_L,a_L) + 1$;

11:　　　记录叶子节点评估值 $Q(s_{t'+1}, a_{t+1}) \leftarrow \hat{v}(s_L)$;

12:　　**end if**

13:　　**if** $N(s_L,a_L) \geqslant N_{thr}$ 访问次数超过阈值 **(then)**

14:　　　　**扩展**：将 $s_{t'+1}|s_L, a_L$ 为模拟树上新的叶子节点, 跳转到步骤 4;

15:　　**end if**

16:　　**回溯更新**：对于遍历路径上的所有边 $(s_\tau, a_\tau), \tau = t, \cdots, t'$, 更新相应的值为

$$N(s_\tau, a_\tau) \leftarrow N(s_\tau, a_\tau) + 1, \quad Q(s_\tau, a_\tau) \leftarrow Q(s_\tau, a_\tau) + \frac{Q(s_{t'+1}, a_{t+1}) - Q(s_\tau, a_\tau)}{N(s_\tau, a_\tau)}$$

(式 (5.5.5))

17: **until** (没有剩余计算资源)

18: 输出模拟次数最多的那一步作为当前博弈树上状态 $s_t$ 的走子

---

大于 8 口气)、走完一步棋后棋子的气 (同样用 8 个特征平面分别表示 1,2,3,4,5,6,7, 大
于 8 口气)、棋子的手数、走这步后能吃对方多少个棋子 (8 个特征平面)、己方处于被
吃的棋子数 (8 个特征平面)、该点走子是否会形成征子 (ladder capture, 1 个特征平
面)、该点走子是否会解除征子 (ladder escape, 1 个特征平面)、该点这个走法在当前
局面是否合法 (1 个特征平面, 表示是否禁着点) 等。显然, 这些非常专业的围棋术语
表示的特征都可从图 5.21 形式的棋局分布中统计得到。图 5.21 形式的棋盘连同其数
字特征共同构成了 $19 \times 19 \times 48$ 的数字立方体。

$19 \times 19 \times 48$ 的数字立方体和 $361 \times 1$ 的列向量构成了一条棋谱。$M = 3000$ 万对这样的记录构成的棋谱中约有 100 万的棋谱被抽走作为测试集用来检验各军师的学习成果。余下的约 $m = 2900$ 万被用作训练集供军师们阅读。

这样, 诸葛军师的输入层就是 $19 \times 19 \times 48$ 的数字立方体, 输出层则具有 361 个神经元, 对应棋盘 361 个可能的落子概率。诸葛军师 $P_\sigma$ 使用的是具有 13 层的卷积神经网络。$P_\sigma$ 的首个隐层将 $19 \times 19$ 的输入图像通过一个零填充操作转换成 $23 \times 23$ 后, 紧接着用 192 个 $5 \times 5$ 的卷积核, 按照步幅 (stride) 为 1 进行卷积操作。此后从第 2 个隐层到第 12 个隐层, 每层都对前一层进行零填充, 形成 $21 \times 21$ 的图像输出。第 12 隐层后紧跟着用 192 个 $3 \times 3$ 的卷积核按照步幅为 1 进行卷积。然后最后一层用 1 个 $1 \times 1$ 的卷积核按照步幅为 1 进行卷积, 为 361 个神经元设置不同的偏置项。整个网络除输出层用 softmax 外, 卷积层神经元均采用 ReLu 作为传递函数。图 5.27 给出了 $P_\sigma$ 的网络结构图。

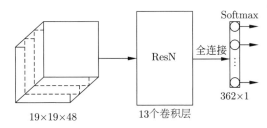

图 5.27　AlphaGo 指挥部中诸葛军师 $P_\sigma$ 的网络结构

$P_\sigma$ 网络的训练采用批量随机梯度上升法极大化人类专家走子的对数似然函数 $\log P_\sigma(a|s)$。具体地, $P_\sigma$ 按照式 (5.5.7) 计算网络参数 $\sigma$ 的偏导数。一旦网络参数的偏导数求出来后, 即可立刻写出网络参数的更新公式 $\sigma(t+1) = \sigma(t) + \nabla\sigma$ (梯度上升)。式 (5.5.7) 中的 $B$ 代表 mini-batch 的大小。

$$\nabla\sigma = \frac{\alpha}{B} \sum_{k=1}^{B} \frac{\partial \log P_\sigma(a^{(k)}|s^{(k)})}{\partial \sigma} \tag{5.5.7}$$

在参数 $B = 16$, 步长 (学习率) $\alpha = 0.003$ 时, 使用 50 GPUs 对参数进行异步更新等环境设置下, 诸葛军师 $P_\sigma$ 花费了总共 3.4 亿步的训练, 耗时约 3 周, 其能力达到 57% 的测试精度。这一水平远超当时 44.4% 的最高水准。

诸葛军师 $P_\sigma$ 刚刚结束历时约 3 周的修炼后不久, 就因刘备的三顾茅庐而发表了史上有名的 "隆中对"。但当时的诸葛军师 $P_\sigma$ 是刚刚背完 $m = 2900$ 万棋谱, 通过有监督学习的方式修炼得到的产品, 充其量是位尚未有实战经验的一介书生。此后, 学业初成的诸葛军师 $P_\sigma$ 又经过整整一天的 "参悟", 使自己的能力得到大幅提升, 从而得到一个强化版的诸葛军师 $P_\rho$。而正是在这个强化版的诸葛军师的倾力指导下, 后来实

战中对战场 (棋局) 大局观极强的政委 $V_\theta$ 才得以迅速成长。

初出茅庐的诸葛军师 $P_\sigma$ 通过整整一天的 "参悟" 成长为强化版诸葛军师 $P_\rho$ 的过程就是一个带基准线的 MC 策略梯度强化学习过程。这个基准线由后来成长为政委角色的 $P_\theta$ 担任。但这个 $V_\theta$ 在诸葛军师 $P_\rho$ 参悟成长为顶级军师 $P_\rho$ 之前, 仅充当一个辅助诸葛军师自我成长、避免他走火入魔的角色。$V_\theta$ 是在诸葛军师成长为顶级军师 $P_\rho$ 之后, 由 $P_\rho$ 反过来倾力指导 $V_\theta$, 他才成长为大局感极强的顶级政委。下面逐一对这些过程进行详细解释。

由 $P_\sigma$ 到 $P_\rho$ 经历的强化学习过程首先需要围棋博弈过程产生的轨迹数据库。围棋显然是一种情节/回合情境下的游戏。由 $P_\sigma$ 到 $P_\rho$ 经历的强化学习过程所需要的情节/回合数据库由 $P_\rho$ 和另一个对手 $P_{\rho^-}$ 互相进行多轮博弈至终局产生。对手 $P_{\rho^-}$ 是从对手池中随机选择出来的。对手池里最初只有一种策略网络 $P_\sigma$, 此后随着迭代的进行, 不断改进的 $P_\rho$ 在每完成 500 轮迭代后被添加到对手池里。

$$\overset{x_r^i}{\leadsto}: \ /r_1^-, S_1^- \xrightarrow{a_1} r_2, S_2/\boldsymbol{r_2^-}, \boldsymbol{S_2^-} \xrightarrow{a_2} r_3, S_3/\boldsymbol{r_3^-}, \boldsymbol{S_3^-} \xrightarrow{a_3} \cdots \xrightarrow{a_{T-1}} r_T, S_T \tag{5.5.8}$$

最初 $P_\rho$ 和 $P_{\rho^-}$ 的网络参数被设成与初出茅庐的诸葛军师 $P_\sigma$ 相同, 即 $\rho = \rho^- = \sigma$。每轮迭代, 都从对手池里随机选取 $n$ 个对手与 $P_\rho$ 同时并行地进行博弈直至终局, 博弈过程被全程记录以便后续重放需要。这样, 首轮博弈后可得到含有 $n$ 局比赛轨迹的情节/回合数据库。式 (5.5.8) 是情节/回合数据库中第 $i$ 条记录, 该记录以对手 $P_{\rho^-}$ 执黑开局且尾手棋由 $P_\rho$ 落子产生。式 (5.5.8) 黑斜体部分 $\boldsymbol{S_i^-}, \boldsymbol{r_i^-}$ 分别为对手 $P_{\rho^-}$ 第 $i$ 手棋后的状态及相应的事后评估值。

对 $n$ 局比赛产生的情节/回合数据库按照终局状态 $s_T$ 胜则得 $+1$ 分, 负得 $-1$ 分, 所有其他非终局的状态 $s_t$ 得 0 分进行打分 (这里胜负是指 $P_\rho$ 的胜负, 对手的得分则刚好倒过来), 但博弈中每步的收益只与终局的得分挂钩。例如, 假定第 $i$ 局比赛中终局状态为 $s_{T_i}$, 则第 $i$ 局比赛第 $t$ 步获得的收益 $z_t^{(i)}, t \leqslant T$ 取值为终局的评分 $\pm r(s_{T_i})$, 即 $z_t^{(i)} = \pm r(s_{T_i})$。这样, 如果 $P_\rho$ 在第 $i$ 局比赛中获胜, 则 $P_\rho$ 在第 $i$ 局的每步走子均会获得 $+1$ 分的收益。而对手则每步走子均获得 $-1$ 分的收益。

$$\nabla \rho = \frac{\alpha}{n} \sum_{i=1}^{n} \sum_{t=1}^{T^i} \frac{\partial \log \mathcal{P}_\rho(a_t^{(i)}|s_t^{(i)})}{\partial \rho} z_t^{(i)} \tag{5.5.9}$$

有了 $n$ 局比赛产生的情节/回合数据库和相应的每步走子收益 $z_t$ 后, AlphaGo 开始首轮 (first pass) 重放之前的比赛。首轮重放比赛的目的是同步改进策略梯度网络 $P_\rho$ 和状态价值网络 $V_\theta$: (1) 按照式 (5.5.9) 形式计算关于 $\rho$ 的偏导数, 然后对 $P_\rho$ 按照式 (5.5.10) 进行自我改进; (2) 用算法 30 的梯度 MC 预测算法, 根据式 (5.5.11) 计算关于 $\theta$ 的偏导数, 然后对参数 $\theta$ 按照式 (5.5.12) 进行更新, 从而改进状态价值网络 $V_\theta$。

关于政委 $V_\theta$ 的结构及详细的学习过程, 稍后一并介绍。

$$\rho = \rho + \nabla\rho \tag{5.5.10}$$

比较式 (5.4.22) 与式 (5.5.9), 这里的 $z_t^{(i)}$ 扮演的就是 $\hat{G}_t$ 的角色。显然, 首轮 $P_\rho$ 的改进用的是前面的 Renforce 策略梯度算法。

$$\nabla\theta = \alpha \sum_{t=1}^{T^i} (z_t - V_\theta(s_t)) \frac{\partial V_\theta(s_t)}{\partial \theta} \tag{5.5.11}$$

$$\theta = \theta + \nabla\theta \tag{5.5.12}$$

获得状态价值网络 $V_\theta$ 后, 紧接着进行次轮 (second pass) $P_\rho$ 的改进。按照式 (5.5.13) 计算关于 $\rho$ 的偏导数, 然后用同样的式 (5.5.10) 对 $P_\rho$ 进行改进。此时用的是带基准线的 Renforce(b) 策略梯度算法, 政委扮演的是基准线的角色, 起到约减方差, 避免 $P_\rho$ 收敛慢甚至不收敛的情况出现。

$$\nabla\rho = \frac{\alpha}{n} \sum_{i=1}^{B} \sum_{t=1}^{T^i} \frac{\partial \log\mathcal{P}_\rho(a_t^{(i)}|s_t^{(i)})}{\partial \rho} (z_t^{(i)} - V_\theta(s_t^{(i)})) \tag{5.5.13}$$

这样, 每次迭代经过两轮地自我改进, 用了 50 GPUs 足足一天的参悟, 改进后的诸葛军师 $P_\rho$ 对阵原来初出茅庐的诸葛军师 $P_\sigma$ 获得了 80% 的胜率。

政委 $V_\theta$ 是一个关于状态价值回归网络, 其结构除输出层只有一个线性节点外, 其余结构与诸葛军师 $P_\sigma$ 或 $P_\rho$ 完全一样: 它们均是以 $19 \times 19 \times 48$ 的数字立方体作为输入的 13 层卷积神经网络, 之后再全连接到一个 $256 \times 1$ 的 ReLu 单元后, 与最终输出层唯一 tanh 节点全连接产生输出。图 5.28 给出了 $V_\theta$ 的网络结构。

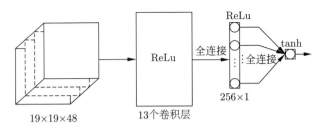

图 5.28 AlphaGo 指挥部中政委 $V_\theta$ 的网络结构

$V_\theta$ 网络的学习目标是希望它能输出或逼近状态的最优价值 $v^*(s)$, 但事实上政委 $V_\theta$ 成长为顶级政委是强化版的诸葛军师 $P_\rho$ 倾力指导的结果, $V_\theta$ 网络的输出逼近策略 $P_\rho$ 下的状态价值。理想状态下, 希望 $v_\theta(s) \approx v^{P_\rho}(s) \approx v^*(s)$, 即 $V_\theta$ 逼近的是最优策略 $P_\rho$ 的最优状态价值。

为此, 在得到强化版的诸葛军师 $P_\rho$ 后, 即利用这个策略进行自我博弈以产生训练 $V_\theta$ 网络所需要的训练数据 $(s, z)$。为避免训练 $V_\theta$ 网络时出现过拟合的情况, AlphaGo 精心设计了利用 $P_\rho$ 生成训练数据的过程: ①产生一个 $U \sim \mathrm{unif}\{1, 450\}$ 均匀分布的随机数, 然后 $t = 1, 2, \cdots, U - 1$ 时间步按照 $a_t \sim P_\sigma(\cdot | s_t)$ 进行自我对弈; ②第 $U$ 步走子取 $a_U \sim \mathrm{unif}\{1, 361\}$, 即从 361 个可能位置等概率选取一个位置落子 (重复直到产生一个合法走子); ③$t = U + 1, U + 2, \cdots, T$ 时间步按照 $a_t \sim P_\rho(\cdot | s_t)$ 进行自我对弈直至终局, 按 $z_t = \pm r(s_T)$ 进行评分。每局比赛只有 $(s_{U+1}, z_{U+1})$ 被保留在训练集中。

可以看出上述生成训练数据的过程的核心目标是解除样本之间的相关性, 从而降低训练 $V_\theta$ 网络时出现过拟合的可能性。AlphaGo 通过上述生成训练数据的方法得到了 3000 万 $(s, z)$ 形式的训练样本。这些样本构成了策略 $P_\rho$ 的状态价值的一个无偏估计, 即 $v^{P_\rho}(s_{U+1}) = E[z_{U+1} | s_{U+1}, a_{U+1, \cdots, T} \sim P_\rho]$。

在获得 3000 万 $(s, z)$ 形式的训练样本后, AlphaGo 采用批量梯度法训练 $V_\theta$ 网络, 取 $B = 32$, 按照式 (5.5.14) 求得关于网络参数 $\theta$ 的偏导数后, 根据式 (5.5.12) 更新网络参数。

$$\nabla\theta = \frac{\alpha}{B} \sum_{k=1}^{B} (z^{(k)} - V_\theta(s^{(k)})) \frac{\partial V_\theta(s^{(k)})}{\partial \theta} \tag{5.5.14}$$

对比式 (5.4.7) 与式 (5.5.14), 可以看出训练 $V_\theta$ 网络用的方法就是梯度 MC 预测法。

至于狗头军师 $P_\pi$ 为代表的快速响应小分队这个小组, 使用的是线性 softmax 策略网络 $P_\pi$, 即除输出层采用 softmax 回归外, 其他层神经元采用线性传递函数, 这个选择使得网络迭代过程中频繁使用的求梯度操作能更快更易被计算, 这是 $P_\pi$ 能更快速进行决策的第一个原因, 当然这是以降低准确性为代价的。

$P_\pi$ 决策速度更快的第二个原因是它不是直接用 $19 \times 19 \times 48$ 这样的数字立方体, 而是用一个由专家设定的小模式特征, 通过记录这个小模式特征下的走子形成训练集, 来训练这个线性 softmax 网络。

$P_\pi$ 决策速度更快的第三个原因是使用了快速的查找技术和高速缓存技术。由于训练集里使用的是小模式特征, 这使得 AlphaGo 能根据小模式特征进行散列, 将这些训练数据存储成散列表 (hash table) 的形式, 并将散列表存储到高速缓存中, 从而实现快速查找和存储。

经过 800 万规模的训练数据的训练后, $P_\pi$ 获得了 2 μs /步的快速走子速度 (比 $P_\pi$ 快 1500 倍), 但它的测试精度只达到 24.2%。$P_\pi$ 的作用主要是通过快速走子至终局, 以便能进行更多轮模拟, 搜索更多的节点, 精度并非 $P_\pi$ 首要考虑的目标。

至此, AlphaGo 作战指挥部里的军师们各自的情况, 包含它们的网络结构和所需的训练数据 (图 5.29)、网络参数更新公式、性能及各自的作用介绍完毕。

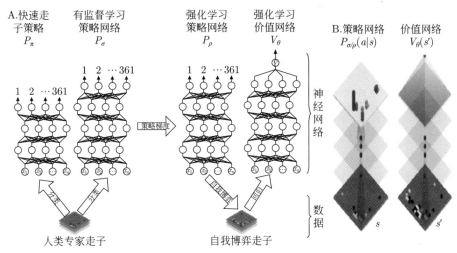

图 5.29　AlphaGo 中使用的各种网络示意图

#### 5.5.1.4　AlphaGo 的性能表现

2016 年 3 月, 经过几个月训练的 AlphaGo 在公开举行的围棋人机对弈中以 4:1 的战绩完胜韩国职业棋手李世石, 这次的人机大战, 使 AlphaGo 闻名于围棋界和学术界之外的平民百姓, 成为家喻户晓的 "明星"。事实上, 早在 2015 年 10 月, AlphaGo 即以 5:0 的比分横扫 2013—2015 年欧洲围棋竞标赛三届冠军得主, 围棋职业 2 段选手樊辉。

AlphaGo 在对阵众多其他商业围棋比赛软件时也显示了绝对优势。众多围棋商业软件, 例如 Crazy Stone, Zen 以及最强的开源围棋软件 Pachi,Fuego, 这些软件无一例外均是基于高性能的 MCTS 算法 (但这些算法的指挥部里没有 AlphaGo 的军师们, 即没有使用深度强化学习技术), GnuGo 则是 MCTS 算法出现之前的最先进的基于搜索的围棋商业软件。设定对弈时每步思考的时间为 5 s。单机版 AlphaGo (48 个 CPU, 8 个 GPU) 在对阵这些商业软件时, 同样以 99.8% 的胜率 (胜 495 局中的 494 局) 获胜。

为进一步检验 AlphaGo 的能力, 在让 4 子的情况下[1], 单机版 AlphaGo 对阵 Crazy Stone, Zen, Pachi 分别获得了 77%,86%,99% 的胜率。分布式 AlphaGo (1202 个 CPU, 176 个 GPU) 则展现了更强的棋力, 100% 的胜率横扫所有其他围棋软件, 77% 的胜率赢单机版 AlphaGo。

式 (5.5.5) 中可以看出, 政委 $V_\theta$ 对棋局的评估和狗头军师 $P_\pi$ 占卜得到的结果 $z_L$ 被参数 $\lambda$ 进行混合后作为动作价值的估计。Google 的 DeepMind 团队的结果表明, 纵

---

　　1　让子是围棋的一种对弈制度, 指持黑子的一方先在棋盘上摆上一定数目的子之后, 再由执白子的一方开始下棋。

使在 $\lambda = 0$, 即只使用政委 $V_\theta$, 而没有狗头军师 $P_\pi$ 的助力的情况下, AlphaGo 对阵所有其他围棋软件时仍能取得压倒性优势。这一结果充分显示了深度强化学习的威力, 要知道, 这个顶级政委 $V_\theta$ 是在初出茅庐的诸葛军师 $P_\sigma$ (有监督学习所得结果), 经过一天参悟, 自我增强后得到的强化版的诸葛军师 $P_\rho$ 的倾力指导下修炼而成的。

　　细心的读者可能会产生疑问, 为何在指挥部里放着增强版的的诸葛军师 $P_\rho$ 不用, 而偏偏使用初出茅庐的诸葛军师 $P_\sigma$? DeepMind 团队的实验结果表明, 指挥部里使用 $P_\sigma$ 的效果比 $P_\rho$ 的效果要好。DeepMind 团队认为这一现象可能的解释是人类专家经验训练的 $P_\sigma$ 可能能提供更多有利局面的落子 (a diverse beam of promising moves), 而 $P_\rho$ 仅仅提供单一最佳落子。但 DeepMind 团队的实验同样指出, 用 $P_\sigma$ 指导得到的政委 $V_\theta$ ($V_\theta(s) \approx V^{P_\sigma}(s)$), 效果就不如用 $P_\rho$ 指导得到的政委 $V_\theta$ ($V_\theta(s) \approx V^{P_\rho}(s)$), 因此实战中 AlphaGo 使用的是 $P_\sigma$ 和 $V_\theta(s) \approx V^{P_\rho}(s)$ 这样的搭配。

　　虽然 AlphaGo 棋力超人, 其每步走子表面上看起来有类似人类思考的过程。但 AlphaGo 离真正人工智能尚有不小差距, 与人类智能相比, AlphaGo 内在的工作机理存在不少显著差异。

　　整个 AlphaGo 是一个基于优化的概率演算系统, 通过最优化手段获得训练集中数据的极大化联合似然函数的参数估计。整个 AlphaGo 系统不涉及任何与逻辑推理或推理演算有关的方面, 更看不到人类智能中普遍存在的与 "概念" 或概念推理有关的部分, AlphaGo 也不具备任何常识。围棋是一个高度依赖概念推理的游戏, 人下棋是一个进行高度复杂的概念推理的过程, 人下围棋时每走一步棋, 其背后的原因或者 "棋理" 是可以讲得清楚的。AlphaGo 是讲不清 "棋理" 的: 形成人类对围棋各种概念所需要的知识被分布式存储在具有一个 13 层的神经网络、几百万神经元节点的连接权值上。显然, AlphaGo 这种可解释性差的弱点是所有基于神经网络的方法共有的不足。

## 5.5.2　从 AlphaGo 到 AlphaGo Zero

　　AlphaGo 横空出世的次年, DeepMind 团队即推出了棋力比 AlphaGo 更强的改进版 AlphaGo Zero[9]。AlphaGo Zero 对阵 AlphaGo 获得了 100:0 的胜局, 这一比分背后更令人吃惊的是相比 AlphaGo, AlphaGo Zero 完全不依赖任何人类经验知识, 它既不需要类似式 (5.5.6) 形式的由人类专家走子形成的标签数据, 也不依赖于任何围棋领域知识 (除极少的围棋基本规则)。AlphaGo Zero 完全是一个从零开始自学成才成长起来的结果。

　　相比 AlphaGo, AlphaGo Zero 在保持蒙特卡罗树搜索 (MCTS) 这一主体结构不变的前提下, 从棋盘输入到作战指挥部的人员配置等方面做了不少精简, AlphaGo Zero 棋力的大幅提升是作战指挥部按照减员提质增效的思路进行机构改革后的效果。下面按照作战指挥部的变化、棋盘输入数据和代表诸葛军师 $P_\rho$ 的网络结构的调整、AlphaGo Zero 的性能提升三个方面逐一介绍从 AlphaGo 到 AlphaGo Zero 这轮机构改革中各项措施出台的来龙去脉以及所带来的效果。

### 5.5.2.1 作战指挥部的变化: AlphaGo Zero 的大脑

与 AlphaGo 类似, AlphaGo Zero 同样配有以蒙特卡罗树搜索 (MCTS) 为主体的作战指挥部。指挥部同样不断收到前线回传来的屏幕棋局状态 $S_t$, 经过系列沙盘推演的综合分析研判后, 向屏幕发出如何走子的作战命令。

当然, 前线回传来的屏幕棋局状态 $S_t$ 与前面 AlphaGo 所使用的屏幕棋局状态并不一样, 关于屏幕棋局状态 $S_t$ 的变化和调整细节, 留待后面再解释。

相比于 AlphaGo, AlphaGo Zero 的作战指挥部里的人员配置作了不少精简:①原来在 AlphaGo 里擅长进行局势评估的政委 $V_\theta$ 被精简不再保留, 局势评估的工作被整合到增强版的诸葛军师 $P_\rho$ 身上, 这一精简并不难理解, 因为原来顶级政委 $V_\theta$ 正是在增强版的诸葛军师 $P_\rho$ 指导下成长起来的;②原来初出茅庐的策略网络 $P_\sigma$ 被弃用, 改用增强版的诸葛军师 $P_\rho$, 且这个增强版的 $P_\rho$ 从零开始在实战中不断进行自我强化学习;③撤销了 $P_\pi$ 领衔的快速小分队, 指挥部里不迷信占卜算卦这一套 (不使用 rollout)。

精简后的指挥部只剩下一个不但足智多谋, 善于出点子的策略大师, 且大局感极强、左右脑均高度发达的全能型诸葛军师。由于此时诸葛军师既要根据局面 $S_t$ 给出走子策略 $\mathcal{P}(a_t|S_t)$ (左脑负责), 又承担评估局面 $S_t$ 价值 $V(S_t)$, 即 $S_t$ 下赢面大小的重任 (右脑负责)。因此, 这里将身兼二职的诸葛军师重新命名为 $PV_\rho$, 这个名字中字母 P 和 V 分别取自策略 policy 和价值 value 首字母, 下标 $\rho$ 表明它是强化学习的结果。

AlphaGo 中原来喧嚣略显拥挤的指挥部, 现在只剩诸葛军师 $PV_\rho$ 和总司令 AlphaGo Zero。指挥部里的主要工作仍然是多轮推演 (反复斟酌), 实时战况信息以棋盘状态 $S_t$ 的形式源源不断地从前线传到指挥部后, 总司令 AlphaGo Zero 会以 $S_t$ 为根节点作为开局, 让诸葛军师 $PV_\rho$ 启动 MCTS 模拟过程不断扩展模拟树。然后根据模拟树中被遍历的边的次数 $N(S_t,a)$ 来选取局面 $S_t$ 下的最佳落子。当然, 诸葛军师 $PV_\rho$ 在调入指挥部工作之前先经历了 72 h 的从零开始的自我强化学习的修炼过程, 关于这一部分的详细讨论将被安排在下一节。

AlphaGo Zero 指挥部进行 MCTS 模拟过程中, 同样采用式 (5.5.1) 进行动作选择遍历模拟树。遍历模拟树所需的搜索上下文同样由集合式 (5.5.2) 的形式被记录, 并且里面的访问次数 $N(s,a)$ 和动作价值 $Q(s,a)$ 由式 (5.5.5) 进行计算。这些均与 AlphaGo 里的做法一样。但这些公式中涉及的 $P(s,a)$ 和叶子节点的价值评估部分 $\hat{v}(s_L)$, 均由诸葛军师 $PV_\rho$ 的左右脑分别给出。并且 AlphaGo Zero 的 MCTS 模拟过程中, 一旦遍历到叶子节点, 直接进行展开, 而不执行 rollout, 这是与前面 AlphaGo 不同的地方。

$$\pi(a|s_t) \propto \frac{N(s_t,a)}{\sum_b N(s_t,b)} \tag{5.5.15}$$

实战中对于当前棋局 $s_t$ 下的每步棋, AlphaGo Zero 在其指挥部里进行 $N$ 轮 MCTS 模拟[1]后, 根据 MCTS 模拟树上所有以 $s_t$ 为端点的边 $(s_t, a)$ 的访问次数 $N(s_t, a)$, 按照式 (5.5.15) 以随机采样的形式生成落子。算法 39 给出了 AlphaGo Zero 在当前棋局 $S_t$ 下思考并给出落子的过程。

---

**算法 39**　MCTS: AlphaGo Zero 大脑算法

---

**输入：** (1) 代表棋盘状态 $s_t$ (具体规格和形式后文详细解释);(2) 围棋的基本游戏规则

**输出：** 棋局 $s_t$ 下的走子 $a_t$

1: **repeat**

2:　　**选择**: 按式 $a_t = \arg\max\limits_a (Q(s_t, a) + u(s_t, a))$ 遍历模拟树, 直到叶子节点 $s_L = s_{t+t'}$;

3:　　**扩展和评估**: 用 $PV_\rho$ 得到的 $P(s_L, a)$, 按式 $a_{t+t'+1} = \arg\max\limits_a (Q(s_L, a) + u(s_L, a))$ 扩展 新的叶子节点 $s_{t+t'+1}$, 用 $PV_\rho$ 评估新叶子节点的状态价值 $V_\rho(s_{t+t'+1})$;

4:　　记录新叶子节点的访问次数 $N(s_{t+t'+1}, a_{t+t'+1}) \leftarrow N(s_{t+t'+1}, a_{t+t'+1}) + 1$;

5:　　记录新叶子节点评估值 $Q(s_{t+t'+1}, a_{t+t'+1}) \leftarrow V_\rho(s_{t+t'+1})$;

6:　　**回溯更新**: 对于遍历路径上的所有边 $(s_\tau, a_\tau), \tau = t, \cdots, t'$, 更新相应的值为 $N(s_\tau, a_\tau) \leftarrow$ $N(s_\tau, a_\tau) + 1, Q(s_\tau, a_\tau) \leftarrow Q(s_\tau, a_\tau) + \dfrac{Q(s_{t+t'+1}, a_{t+t'+1}) - Q(s_\tau, a_\tau)}{N(s_\tau, a_\tau)}$ (式 (5.5.5));

7:　　**until** (没有剩余计算资源)

8:　　按照 $\pi(a|s_t) = \dfrac{N(s_t, a)}{\sum\limits_b N(s_t, b)}$ 生成当前博弈树上状态 $s_t$ 的走子

---

### 5.5.2.2　$PV_\rho$ 的深度强化学习成长之路

AlphaGo Zero 指挥部里最重要的成员就是诸葛军师 $PV_\rho$。他身兼二职, 是 AlphaGo 里面的政委 $V_\theta$ 和初出茅庐的诸葛军师 $P_\sigma$ 合并的结果。

图 5.30 给出了 $PV_\rho$ 所使用的网络结构, 是图 5.27 与图 5.28 双网合一, 并用 39 层 (20 个模块) 或者 79 层 (40 个模块) 构成的卷积残差网络代替原来的 13 个卷积层的结果。$PV_\rho$ 的左脑是一个具有 $362 \times 1$ 个节点的 softmax 输出层, 对应棋盘 $19 \times 19 = 361$ 个可能落子位置以及一个采取放弃落子的虚招。$PV_\rho$ 的右脑则是一个只有单一输出节点的状态价值评估网络。

相比 AlphaGo 中 $19 \times 19 \times 48$ 数字立方体的输入, AlphaGo Zero 里用的是 $19 \times 19 \times 17$ 的数字立方体。约定用变量 $X, Y, C$ 表示 $19 \times 19$ 的平面。$X_t^i = 1$ 表示棋盘上第 $i$ 个交叉点位被黑子占据, $X_t^i = 0$ 表示 $i$ 个交叉点位为空或者被对手棋子占据。相应地, $Y_t^i = 1$ 表示棋盘上第 $i$ 个交叉点位被白子占据, $Y_t^i = 0$ 表示 $i$ 个交叉点位为空或者被对手棋子占据。$19 \times 19 \times 17$ 的数字立方体可被表示成

---

　　1　具体模拟轮次取决于比赛时每步走子时间限制, 但按照原文诸葛军师 $PV_\rho$ 训练阶段模拟轮数设为 1600 次。

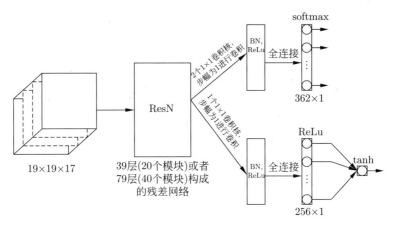

图 5.30　AlphaGo Zero 指挥部中诸葛军师 $PV_\rho$ 的网络结构

$s_t = [X_t, Y_t, X_{t-1}, Y_{t-1}, \cdots, X_{t-7}, Y_{t-7}, C]$，这个数字立方体记录了当前时刻 $t$ 黑白双方棋子在棋盘上的分布情况，以及过去 $t-1, t-2, \cdots, t-7$ 共 7 个历史时刻黑白双方棋子在棋盘上的分布情况。最后一个向量 $C$ 全取 1 表明当前轮到黑方走子，全取 0 表明当前轮到白方走子。在贴目 (komi) 不可见的情况下，使用特征 $C$ 是必要的。

这样的数据输入的约减背后隐含着特征提取技术的巨大进步。原来 $19 \times 19 \times 48$ 里的棋局机内表示含有相当多的领域高度相关的特征，比如围棋术语中征子、解除征子、棋子的气等这些需要围棋专业知识才能看出来的盘面特征被编码进 $19 \times 19 \times 48$ 形式的数字立方体里。但 AlphaGo Zero 用的 $19 \times 19 \times 17$ 的数字立方体不含这些复杂的特征，里面只含有 $19 \times 19$ 的棋盘交叉点上黑白棋子的占位情况，不再含有征子、解除征子、棋子的气等复杂特征。

$PV_\rho$ 的修炼过程是一个自我博弈强化学习的过程，学习过程中没有式 (5.5.6) 形式的数据，完全是从零出发。概念上，$PV_\rho$ 的自我博弈强化学习的过程按照广义策略迭代的方式进行：算法从初始随机策略 $\rho_0$ 出发，先进行策略评估，然后改进策略，评估改进的策略，再进一步改进策略 $\cdots\cdots$ 如此交替进行策略评估和策略改进，并最终收敛到最优策略和最优状态价值，即 $P_{\rho_0} \xrightarrow{E} V_{\rho_0} \xrightarrow{I} P_{\rho_1} \to V_{\rho_1} \cdots \xrightarrow{I} P_{\rho_*} \xrightarrow{E} V_{\rho_*}$，这里 $\xrightarrow{E}$ 表示策略评估，$\xrightarrow{I}$ 表示策略改进。与前面不同，这里的 $\xrightarrow{E}$ 策略评估是使用 $PV_\rho$ 的左脑中的策略 $P_\rho$ 进行自我博弈直至终局，利用终局定出来的胜负结果形成改进整个 $PV_\rho$ 网络所需要的训练数据。

图 5.31 更直观形象地说明了 $PV_\rho$ 的自我博弈强化学习时策略评估 (自我博弈) 和策略改进交替进行的过程：图 5.31(a) 中 $a$ 是利用当前 $PV_\rho$ 进行自我博弈直至终局，形成完整一局 $(s_1, s_2, \cdots, s_T)$ 的过程。这其中的每一步走子 $a_t, t = 1, 2, \cdots, T$ 的形成，都是反复执行图 5.32 中 (a)~(c) 部分的蒙特卡罗 MCTS 模拟，经过 1600 轮的 MCTS 模拟后，形成走子 $a_t \sim \pi_t$ (图 5.32 中 (d) 部分)。

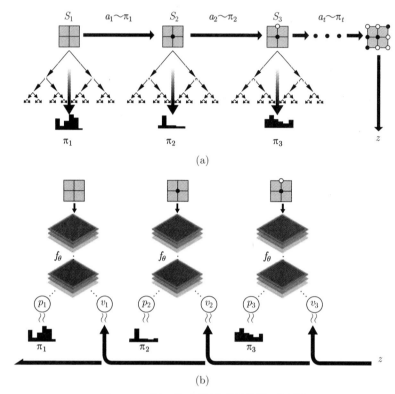

图 5.31 $PV_\rho$ 的自我博弈强化学习过程

(a) 自我博弈; (b) 神经网络训练

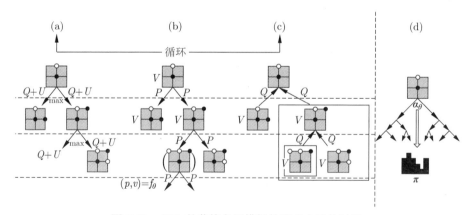

图 5.32 $PV_\rho$ 的蒙特卡罗模拟并形成走子的过程

(a) 选择; (b) 扩展和评估; (c) 回溯备份; (d) 回溯更新

终局判定标准为对弈双方均采用虚招, 或模拟深度超过最大深度。完整一局 $(s_1, s_2, \cdots, s_T)$ 后即开始计分和计算收益。计分和收益的计算规则与前面相同, 终局

状态 $s_T$ 胜则得 +1 分, 负得 -1 分, 所有其他非终局的状态 $s_t$ 得 0。博弈中每步的收益只与终局的得分挂钩, 即 $z_t = \pm r(s_T)$。

这样, 完整一局自我对弈下来, 可搜集到集合 (5.5.16) 形式的数据。

$$\{(s_1, \boldsymbol{\pi}_1, z_1), (s_2, \boldsymbol{\pi}_2, z_2), \cdots, (s_T, \boldsymbol{\pi}_T, z_T)\} \tag{5.5.16}$$

前面描述的第 $i$ 局整局自我对弈生成集合 (5.5.16) 形式的数据的过程中, $PV_{\rho_i}$ 的网络参数 $\rho_i$ 自始至终保持不变。在获得数据集 (5.5.16) 后, 接下来要做的事情就是通过批量随机梯度法对网络参数 $\rho_i$ 进行迭代更新, 使得 $PV_{\rho_i}$ 的左脑输出 $P_{\rho_i}(a|s)$ (简记为 $P_\rho$) 逼近数据集 (5.5.16) 里的策略 $\boldsymbol{\pi}_t$, 右脑输出 $V_{\rho_i}(s_t)$ (简记为 $V_\rho$) 逼近数据集里的 $z_t$。为此, 使用式 (5.5.17) 形式的损失函数作为极小化的优化目标。

$$J = (z - V_\rho)^2 - \boldsymbol{\pi}^T \log P_\rho + c||\rho||^2 \tag{5.5.17}$$

式 (5.5.17) 中三项和式的第一项 $(z - V_\rho)^2$ 不难理解, 使用的是熟悉的最小二乘的做法。第三项也不难理解, 对网络参数 $\rho$ 的二范数进行惩罚以寻找稀疏网络。但第二项则有点令人费解。事实上, 第二项是信息论中两个分布 $\boldsymbol{\pi}, P_\rho$ 的互信息, 即 $-\boldsymbol{\pi}^T \log P_\rho = -\sum_x \boldsymbol{\pi}(x) \log P_\rho(x) = H(\boldsymbol{\pi}, P_\rho)$。如果将这个互信息 $H(\boldsymbol{\pi}, P_\rho)$ 减去分布 $\boldsymbol{\pi}$ 的自信息 $H(\boldsymbol{\pi}) = -\sum_x \boldsymbol{\pi}(x) \log \boldsymbol{\pi}(x) = -\boldsymbol{\pi}^T \log \boldsymbol{\pi}$, 即 $-\boldsymbol{\pi}^T \log P_\rho + \boldsymbol{\pi}^T \log \boldsymbol{\pi} = -\boldsymbol{\pi}^T \log \dfrac{P_\rho}{\boldsymbol{\pi}} = \mathrm{KL}(\boldsymbol{\pi}||P_\rho)$, 将变成相对熵的形式。在集合 (5.5.16) 形式的数据获得后, 分布 $\boldsymbol{\pi}$ 已知, $H(\boldsymbol{\pi})$ 的取值就是已知的常量。因此, 在 $H(\boldsymbol{\pi})$ 是已知的常量的条件下, 极小化 $-\boldsymbol{\pi}^T \log P_\rho$ 等价于极小化相对熵 $\mathrm{KL}(\boldsymbol{\pi}||P_\rho)$。相对熵的含义在第 1 章已做过解释, 它是衡量两个分布差异程度的量, 并且只在两个分布完全相等的情况下才取 0 值。这样, 极小化这个相对熵 (即极小化式 (5.5.17) 中第二项) 就是要迫使网络输出的分布 $P_\rho$ 能逼近训练数据中的分布 $\boldsymbol{\pi}$。

在定义好式 (5.5.17) 形式的代价函数后, 即可按照先求代价函数关于网络参数的梯度, 然后沿负梯度方向更新网络参数的路线进行迭代优化。出于简洁起见, 具体公式这里不再赘述。

前面出于概念上的清晰起见, 政委 $PV_\rho$ 的自我强化学习过程被描述成策略评估和策略改进顺序依次交替进行的形式, 但 AlphaGo Zero 具体实现中, 这个自我博弈的强化学习训练过程被分成三部分, 以**异步并行**的方式执行。

(1) 优化模块: 利用自我博弈产生的数据对网络进行优化。使用的环境是运行在 Google 云服务器的 TensorFlow, 共 64 个 GPU, 19 个 CPU。每个 GPU 上的批量参数取 32, 总共 2048 个批量数据。每个小批量数据都是从 500000 局自我对弈中产生的形如集合 (5.5.16) 形式的数据集中均匀随机抽样得到。在式 (5.5.17) 代价函数中的参数

$c = 10^{-4}$, 冲量参数取 0.9 等参数设定下, 运用带冲量因子的随机梯度下降法对网络 $PV_{\rho_i}$ 进行优化。

(2) 评估模块: 为产生高质量的自我博弈数据, 将新产生的 $PV_{\rho_i}$ 与当前最佳的 $PV_{\rho_*}$ 进行对弈, 只有胜率超过 55% 的才能胜出, 成为新的当前最佳 $PV_{\rho_*}$。具体实现中, 系统记录一个当前最优网络 $PV_{\rho_*}$, 然后在前面优化模块中每进行完 1600 次迭代后设立一个检查点, 将这个检查点提取的网络 $PV_{\rho_i}$ 与当前最优网络 $PV_{\rho_*}$ 对弈。400 局比赛, 每步走子通过 1600 轮 MCTS 模拟后得出。如果胜率超过 55%, 则 $PV_{\rho_i}$ 成为新的最佳网络, 作为下一轮自我博弈生成数据的选手。

(3) 自我博弈模块: 利用前面评估模块挑选的最佳网络 $PV_{\rho_*}$ 进行自我博弈生成集合 (5.5.16) 形式的训练数据。同样, 总共 25 000 局的自我对弈, 每步走子通过 1600 轮 MCTS 模拟 (约需要 0.4s) 后得出。

### 5.5.2.3 AlphaGo Zero 的性能

AlphaGo Zero 整个训练过程使用了 490 万局自我对弈产生的数据, 自我对弈时每步走子通过 1600 轮 MCTS 模拟 (约需要 0.4s)。训练的网络是图 5.30 中具有 20 个残差模块的的网络。AlphaGo Zero 从训练到实际比赛均运行在具有 4 个 TPUs (tensor processing units) 处理器的单台计算机上。相比之下, 击败李世石的 AlphaGo Lee 则分布式运行在多台计算机上, 总共使用了 48 个 TPUs 处理器。

令人吃惊的是, 仅通过 36 h 的训练, AlphaGo Zero 的性能就已经超越经历了几个月时间训练的 AlphaGo Lee (与职业棋手李世石对弈的版本)。最终, 通过 72 h 训练后的 AlphaGo Zero, 以 100:0 的比分横扫 AlphaGo Lee。

为说明 AlphaGo Zero 的性能, DeepMind 团队利用从 KGS Go 服务器下载的人类专家走子数据, 以有监督训练 (supervised learning) 的方式训练一个与 AlphaGo Zero 的网络结构完全一样的网络 AlphaGo Zero$_{sl}$。然后将这个网络与用自我对弈生的数据进行强化学习 (reinforcement learning) 训练得到的网络 AlphaGo Zero$_{rl}$ 进行对比。图 5.33 给出了 AlphaGo Zero$_{sl}$ 与 AlphaGo Zero$_{rl}$ 在 70 h 训练过程中的 Elo 得分、预测走子的精度、均方误差三个指标的变化曲线。

Elo 等级分体系是根据它的推广者 Elo 教授的名字命名的一种对选手实力进行分级的体系, 一般认为 Elo 等级分达到 2600 分以上才有可能成为世界冠军竞争者。图 5.33 中的 (a) 图可以看出 AlphaGo Zero$_{rl}$ 的 Elo 等级分最高, 其次是 AlphaGo Lee, AlphaGo Zero$_{sl}$ 则稍差。但三者的 Elo 等级分都是接近或超过 4000 分, 这是个超越所有人类职业棋手的一个很高的得分, 人类最高得分只有 3600 多分。

总体来说, AlphaGo Zero$_{rl}$ 虽然在预测走子的精度方面稍逊色于 AlphaGo Zero$_{sl}$, 但 AlphaGo Zero$_{rl}$ 的总体性能要远好于 AlphaGo Zero$_{sl}$, 仅经过 24 h 的训练, AlphaGo Zero$_{rl}$ 即击败了依赖人类专家经验进行训练的 AlphaGo Zero$_{sl}$。

为看清算法和网络结构各自对性能的影响, DeepMind 团队比较了 dual-res,sep-res,dual-conv,sep-conv 四种不同结构的网络在 Elo 得分、预测走子的精度、均方误

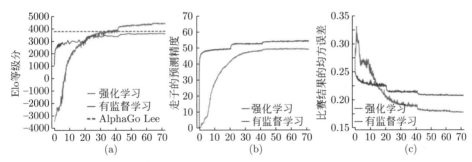

图 5.33　AlphaGo Zero$_{sl}$ 与 AlphaGo Zero$_{rl}$ 的性能比较

(a)Elo 得分; (b) 预测走子的精度; (c) 均方误差

差方面的性能表现 (图 5.34)。由 20 个残差模块构成的 dual-res 正是图 5.30 形式的 AlphaGo Zero 所使用的网络结构, 其中策略网络和价值网络合二为一。Sep-res 则将策略网络和价值网络分开成两个网络, 分开的两个网络均采用 20 个残差模块。Dual-conv 同样将策略网络和价值网络合二为一, 只不过用的是 12 个卷积层代替 dual-res 中的 20 个残差模块。Sep-conv 就是 AlphaGo Lee : 策略网络和价值网络分开成两个网络, 每个网络用了 12 个卷积层。

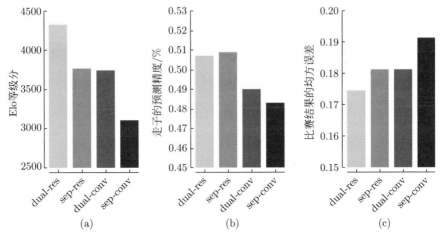

图 5.34　网络结构不同的 AlphaGo Zero 与 AlphaGo 等的性能比较

(a)Elo 得分; (b) 预测走子的精度; (c) 均方误差

Dual-res,sep-res,dual-conv,sep-conv 四个网络均极小化式 (5.5.17) 形式的损失函数, 使用的数据都是由 AlphaGo Zero 自我对弈 200 万局产生的数据, 采用随机梯度下降法, 经过 72 h 的训练。从图 5.34 可以看出, 残差网络比卷积网络精度更高、误差更小, 对系统的棋力提高超过 600 个 Elo 得分。将策略网络和价值网络合二为一 (合体网络) 会稍微降低走子预测准确率 (图 5.34(b)), 但能降低价值网络的误差, 从而使合体网络比策略网络和价值网络分开的分体网络的棋力又提高了约 600 个 Elo 得分。

为理解 AlphaGo Zero 所学到的知识, DeepMind 团队在其论文中给出了 AlphaGo Zero 在训练阶段学习到的走子模式。

进一步, DeepMind 团队在 AlphaGo Zero 基础上, 花了将近 40 天的时间同样从零开始训练了另一个具有 40 个残差模块构成的加强版或者称终极版 AlphaGo Zero, 使用的训练数据是 2900 万局自我对弈产生的数据。

为了看清楚这个加强版 AlphaGo Zero 的性能, DeepMind 团队将加强版 AlphaGo Zero 与 AlphaGo Fan (与职业棋手樊辉对弈的版本)、AlphaGo Lee、Crazy Stone、Pachi、GnuGo (这些均是围棋软件), 以及一个被称为 AlphaGo Master 的选手 (该选手曾在 2017 年 1 月举行的围棋在线比赛中以 60:0 的比分横扫最顶尖的人类围棋职业棋手, 是 AlphaGo Zero 出现之前的最强版 AlphaGo) 以围棋锦标赛形式进行对弈, 规定对弈双方每步走子限时 5 s, 根据比赛的表现记录它们各自的 Elo 得分, 以此来衡量它们各自的棋力。

比赛中 AlphaGo Zero 与 AlphaGo Master 均在具有 4 个 TPUs 处理器的单机上运行, 而 AlphaGo Fan 和 AlphaGo Lee 则分布式运行在 176 个 GPUs, 48 个 TPUs 集群处理器上。为检验 AlphaGo Zero 策略网络的性能, DeepMind 还用了一个称为 Raw Network 的选手参加比赛, Raw Network 总是选择 AlphaGo Zero 策略网络推荐的动作中概率最大的那一步进行落子, 而不使用价值网络的信息。

图 5.35 给出了各选手的 Elo 得分情况。从图 5.35(b) 中可看出, 不使用任何搜索策略和局面评估的 Raw Network, 它的棋力已经达到了 3055 的 Elo 得分。这个得分是惊人的, 已经达到了人类顶尖职业棋手的能力。众多选手中, AlphaGo Zero 的棋力最强, 达到 5185 分, 其次是 AlphaGo Master 的 4858 分, 另外两位选手 AlphaGo Lee 和 AlphaGo Fan 的得分分别是 3739 和 3144 分。

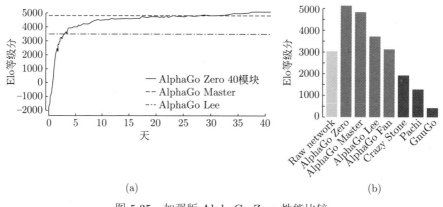

(a)　　　　　　　　　　　　　　(b)

图 5.35　加强版 AlphaGo Zero 性能比较

最后, 在 AlphaGo Zero 和 AlphaGo Master 两两对决中的 100 局比赛中, AlphaGo Zero 以 89:11 的胜率碾压对手 AlphaGo Master, 成为围棋新的王者。

技术仍然在不断进化。在 AlphaGo Zero 基础上, 一种称为 Alpha Zero 的能同时下围棋 (Go)、国际象棋 (Chess)、日本将棋 (Shogi) 的通用机器学习系统被成功进化, 成为这三大棋类的新统治者 [30]。

### 5.5.3　基于像素的乒乓球游戏

基于像素的乒乓球游戏 Pong 是一个端到端的系统 [6], 它是一个三层前向策略网络, 以乒乓球运动的差分图像 (动态视频的前后两帧图像相减) 作为输入, 利用奖励信号反复训练得到的结果。经过强化学习训练后的 Pong 能够准确地捕捉图 5.36 中黑色区域中间白色圆球 (乒乓球) 的运动轨迹, 并通过上下移动白色矩形条将乒乓球击回。

图 5.36　基于像素的乒乓球游戏

要求智能体通过观察图像, 学习操控 (上下移动) 白色矩形条 (球拍) 将白色圆球代表的乒乓球准确地击回

下面从 Pong 游戏介绍、Pong 所需要的训练数据、Pong 神经网络结构、Pong 的强化学习过程等几方面对 Pong 这款简单但又充满 "类智能" 行为的软件进行介绍。

称 Pong 为乒乓球游戏软件其实并不太准确, 它更像是一个击球游戏。图 5.36 中黑色区域是中间白色圆球 (乒乓球) 的运动区域, 白色的乒乓球碰到黑色的边界会反弹。黑色区域左右两端各有一个白色的矩形条, 代表乒乓球拍。左端的球拍由人类乒乓球玩家控制, 右端的球拍则由计算机 Pong 软件控制。无论人还是 Pong, 均只有两种动作上和下, 持续地控制球拍上下移动, 以便将中间的乒乓球准确地击回去。

设想 Pong 与人类打乒乓球时, 刚开始如果 Pong 采用上下各 0.5 的均匀随机概率, 随机地上下移动球拍的策略。不难想象, 在随机策略下, Pong 可能根本没有接住人打过来的乒乓球, 或者侥幸接了几个球后, 没几个回合又把球接丢了。

理论上, 为了用强化学习技术教 Pong 打好乒乓球, 需要让 Pong "观看" 足够多的乒乓球视频, Pong 的策略网络必须接受视频形式的数据作为输入, 或者至少输入乒乓球运动视频中 2 帧以上的图像, 以便系统能侦测乒乓球的运动轨迹。然而 Pong 的设计者 Andrej Karpathy 仅使用了图 5.37 形式的具有单隐层 (200 个隐层节点) 的 3 层前向策略网络。该策略网络是一个 logistics 分类模型, 输出层只有一个节点, 输出的是代表向上移动球拍的动作 UP 的概率。策略网络的输入 $X$ 仅仅是一幅尺寸为 $210 \times 160 \times 3$ 的彩色像素图, 这幅图既非某回合中的初始帧, 也非结束帧或者是回合中间的某一帧, 而是以最简单易实现的方式将当前帧 $f_t$ 减去上一帧 $f_{t-1}$ 得到的结果, 即 $x_t = f_t - f_{t-1}$。

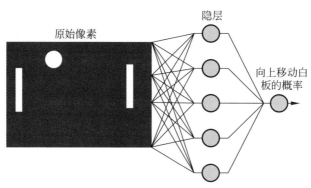

图 5.37　Pong 软件中使用的只有一个隐层, 输出层只有一个节点的策略网络

这样, 在随机初始化图 5.37 中输入层到中间的隐层连接权 $W_1$ 和从隐层到输出层连接权 $W_2$ 后, 根据当前帧 $f_t$ 和上一帧 $f_{t-1}$ 相减构造差分图像 $x_t$ 输入网络中。假设网络根据该输入经过计算后产生向上移动球拍的概率为 30%, 向下移动球拍的概率为 70%, 这个 (30%, 70%) 的分布取对数后 $(\log(30\%), \log(70\%)) = (-1.2, -0.36)$, 就是图 5.38 中相应的蓝色数字。Pong 根据 (30%, 70%) 这个概率分布产生一个介于 $0 \sim 1$ 的随机数 $p$, 根据这个随机数是否大于 0.5 来决定向上还是向下移动球拍。这种根据网络输出的抽样分布产生的动作为样本动作 (sampled action)。执行网络的输出分布生成的样本动作称为执行网络对应的策略 $\pi$, 某一网络参数 $W = (W_1, W_2)$ 对应一策略 $\pi_W$。

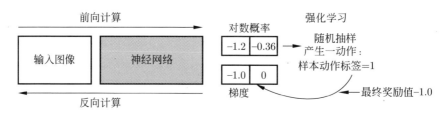

图 5.38　Pong 游戏中的强化学习示意图

显然, Pong 执行 $\pi_W$ 产生某次的球拍移动的单次决策好坏与否并不能立刻知道,

必须等到一回合结束, 分出胜负以后方能分晓。对于执行某策略 $\pi_W$ 的 Pong, 可能产生如图 5.39 形式的训练数据。有了训练数据后, 约定采用如下评价函数: 如果一局下来, Pong 每次都能成功地把球击回给对手并最终赢球, 则每个动作得 "+1" 分。否则, 如果 Pong 一局下来把球接丢了, 则丢球的那动作得 "−1" 分, 该局其余动作得 0 分。

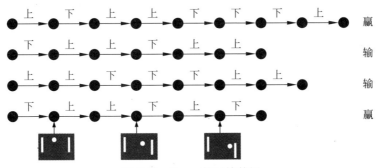

图 5.39　Pong 的训练数据

理论上, 一回合结束后, 可得到 $\{(x_1, r_1), (x_2, r_2), \cdots, (x_n, r_n)\}$ 形式的含奖励信号 $r$ 的一局比赛的数据。有了这个数据后即可按照回合更新的方式对网络的参数进行调整。那么如何利用这个奖励信号对网络参数进行调整呢?

假定网络某次接受输入图像 $x$ 产生的是 $(30\%, 70\%)$ 的分布, 根据这个分布产生的抽样动作是向下, 但如果知道实际的最佳动作其实应该是向上, 用 $(1.0, 0)$ 表示这个正确的标签信号, 就能以有监督学习的方式训练这个网络。只要类似图 5.40 那样将监督信号 $(1.0, 0)$ 和网络的实际输出 $(−1.2, −0.36)$ 构成误差信号, 然后按照梯度法对网络参数进行调整。

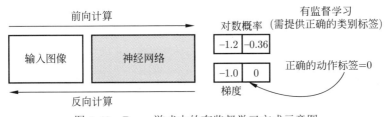

图 5.40　Pong 游戏中的有监督学习方式示意图

然而, 在强化学习下, 确切的监督信号是不存在的, 代之的是奖励信号。因此, 训练网络所需要的误差信号的构造则根据奖励信号和网络的实际输出得到。例如, 如果前面输入图像 $x$ 下 $(30\%, 70\%)$ 的分布产生向下的抽样动作后, 整个回合下来这个动作最终得分是 −1 分, 则可以按照图 5.38 方式将奖励信号 $(0, −1.0)$ 和网络实际输出 $(−1.2, −0.36)$ 来获得训练网络需要的误差信号。

Andrej Karpathy 仅用 130 行的 Python 脚本实现的 Pong 软件, 使用约 8000 回

合的训练数据, 在单机 Macbook 经过连续 3 天的训练后, 就掌握了准确击球的技巧。关于 Pong 软件的表现, Andrej Karpathy 在其博客 [6] 中给出了 Pong 乒乓球游戏的动态视频, 感兴趣的读者可进一步了解。

# 5.6 深度强化学习发展现状

本部分将按照时间先后顺序, 简述强化学习发展历程, 内容包括强化学习的起源、发展, 强化学习与深度学习耦合发展出来的深度强化学习技术, 以及这些技术在棋类游戏、自动驾驶、自主智能体等领域中的应用。

## 5.6.1 强化学习起源与发展现状

强化学习的思想起源于行为心理学方面的研究。1989 年, 美国动物心理学家爱德华·李·桑代克 (Edward Lee Thorndike) 提出了效用法则 (law of effect)[10,11]: 一定情境下让动物感到舒服的行为, 会与此情景加强联系, 当此情景再现时, 动物的这种行为也更易再现; 相反, 让动物感觉不舒服的行为, 会减弱与此情景的联系, 此情景再现时, 此行为将很难再现。这段话翻译成强化学习的语言表述就是: 在给定情境下, 得到奖励的行为会被强化, 而受到惩罚的行为会被弱化。生物的这种对环境适应的模式使得动物可以从不同行为尝试获得的奖励或惩罚, 学会在该情境下选择训练者最期望的行为。这就是强化学习的核心机制: 用试错 (trail-and-error) 来学会在给定的情境下选择最恰当的行为。被认为是强化学习鼻祖的 Richard S. Sutton 对强化学习的经典定义为: 通过试错学习如何最佳地匹配状态 (states) 和动作 (actions), 以期获得最大的回报 (rewards)。

首次将桑代克在动物心理研究中发现的效用法则与计算机人工智能系统联系起来的是被称为人工智能之父的马文·明斯基 (Marvin Minsky), 1954 年, 明斯基首次提出强化和强化学习的概念和术语 [12]。1965 年控制理论领域的 Waltz 和华裔学者傅京孙也提出通过奖惩的手段进行学习的基本思想 [13]。这些工作逐渐使得试错成为强化学习的核心机制。

1957 年, Bellman 提出了求解随机离散版本马尔可夫决策过程的动态规划方法, 该方法的求解采用了类似强化学习试错迭代求解的机制 [14,15], 这项工作使马尔可夫决策过程成为定义强化学习问题的最普遍形式。此后的 1960 年, Howard 提出了求解马尔可夫决策过程的策略迭代方法 [16]。

无模型的时间差分方法的思想最早萌芽于 Arthur Samuel 设计的西洋跳棋程序中 [17], 但 Arthur Samuel 关于时间差分方法的萌芽与前面动物行为心理或明斯基等人的工作并无关系, Arthur Samuel 将时间差分思想用于其跳棋程序是受香农 1950 年的引入评价函数编写计算机下棋程序这一建议启发得到的。Klopf 则将时间差分学习方法与试错学习的概念联系起来 [18]。Sutton 在早期关于时间差分学习方面的工作 [19, 20] 则进一步扩展了 Klopf 关于时间差分学习方面的工作。Sutton 在意识到时间差分方法与动物行为心理和明斯基等人的试错学习思想之间的本质联系的基础上, 提出了将时间差分学习和试错学习结合的角色-评委学习框架, 并成功地解决了倒立摆平衡问题 [21]。

时间差分方法要求在执行完动作后, 立即获得系统/环境的奖惩信号。1989 年 Watkins 等提出了从延迟的奖惩信号中学习的思想, 并发展出一种称为 $Q$ 学习的方法 [4, 22]。Watkins 的 $Q$ 学习方法使得在缺乏立即回报函数, 但能获得最终回报或明确最终目标状态的无模型情境下仍能有效学习, 进一步拓展了强化学习的应用, 并完备了强化学习。$Q$ 学习的另一重要意义在于, Watkins 证明了当系统是确定性的马尔可夫决策过程, 并且回报是有限的情况下, 强化学习是收敛的, 也即一定可以求出最优解。这些结果使得 $Q$ 学习成为最广泛使用的强化学习方法。

然而, 强化学习毕竟仅是机器学习或人工智能的一个分支, 在对人类智能认识有限以及缺乏足够成功案例的情况下, 在很长一段时间里, 强化学习并未引起研究人员的更多注意。在 AlphaGo 诞生之前的很长一段时间里, 强化学习比较让人印象深刻的成功应用当属吴恩达的无人机。2003 年, 当时还在伯克利大学攻读博士学位的斯坦福大学华裔学者吴恩达教授, 在其博士学位论文中利用强化学习方法训练他的无人飞机 [23]。吴恩达教授很重要的工作之一是给出了必要和有效的构造奖惩函数的条件, 以确保算法能在较少的时间代价下学习到最优策略。这些方法被应用于无人机的飞行学习, 训练出来的无人机除能自主飞行外, 还能进行各种特效飞行杂技的表演。

虽然吴恩达教授的无人飞机利用强化学习技术取得了非常成功的效果, 但真正促使强化学习引起众多关注的是深度学习与强化学习的联姻而诞生的围棋 AlphaGo, AlphaGo Zero。

## 5.6.2　深度强化学习在棋类中的应用

早在 AlphaGo 诞生的 2013 年之前, DeepMind 团队首次成功地用一个深度卷积神经网络模型, 直接从原始的高维视频数据中学习操控 Atari 游戏的策略 [24]。DeepMind 团队将 Atari 游戏 $210 \times 160$ 规格的图像帧经过简单的预处理阶段裁剪成 $84 \times 84$ 规格的图像帧, 并将游戏视频流中连续 4 帧堆叠成 $84 \times 84 \times 4$ 规格的数据, 作为一个被称为深度 $Q$ 值网络 (DQN) 的直接输入。DQN 的首个 ReLu 隐层由 16 个 $8 \times 8$ 卷积核构成, 第二个 ReLu 隐层采用 32 个 $4 \times 4$ 卷积核构成, 最后一个隐层由 256 个 ReLu 单元与前一层卷积层输出形成全连接。DQN 的输出层分别有 4 ～ 18 个节点不等, 分别对应 Atari 旗下各款游戏中可使用的合法动作数。DQN 的训练数据采用了总共 1000 万帧的游戏视频数据, 在最新的百万帧范围内进行经验回放机制。奖励函数取 $+1, -1, 0$ 三种值, 折减因子取 $\gamma = 0.99$。学习算法采用 32 帧的批量随机梯度进行训练。结果表明, 在采用完全相同的 DQN 网络和超级参数设置情况下, 训练得到的 DQN 策略网络在 Atari 的七款最流行的游戏 Beam Rider,Breakout,Enduro,Pong,$Q^*$bert,Seaquest,Space Invaders 中, 有六款游戏完胜之前的方法, 其中 Breakout,Enduro,Pong 这三款游戏更是完胜人类专家级玩家。之后 DeepMind 在 *Nature* 上发表了改进版的 DQN 文章, 对 DQN 在更多的游戏上性能表现进行了更充分的评估, 其结果表明 DQN 在大多数游戏中, 表现堪比甚至优于人类专家选手 [25]。自此, 深度强化学习进一步引起广泛关注。

此后的一年, DeepMind 团队将深度学习和强化学习两种技术融合进蒙特卡罗树搜索算法中, 他们精心设计的针对围棋的 AlphaGo 程序通过深度学习从人类专家走子知识中学习走子策略, 并用强化学习方法不断改进走子策略, 最终 AlphaGo 以 4:1 的比分一举击败人类职业棋手李世石 [24,25]。此后不到一年的时间, DeepMind 团队的 Silver 教授又在 AlphaGo 基础上摆脱人类知识, 让 AlphaGo 通过自我博弈, 完全通过强化学习进行走子策略的改进, 最终得到的 AlphaGo Zero 的棋力远胜其前任 AlphaGo, 以 100:0 的成绩完胜 AlphaGo。自 1997 年 IBM 的深蓝在国际象棋方面战胜俄罗斯职业棋手卡斯帕罗夫以来, 经历了近 20 年的技术累积, 计算机才在围棋这一远比国际象棋复杂得多的领域战胜人类职业棋手, 没有深度学习和强化学习的完美通力合作, 要实现这一目标简直是不可能的。基于这样出色的成果, 国际顶级刊物 *Nature* 连续两次发表了 DeepMind 团队在这方面的进展。

2017 年 1 月 30 日, 卡耐基·梅隆大学的博士生 Noam Brown 和教授 Tuomas Sandholm 利用强化学习技术开发的 Libratus 扑克 AI 程序, 成功地击败了人类顶级职业玩家, 赢取了 20 万美元的奖金。不同于围棋、国际象棋、跳棋等这样一类完美信息博弈游戏, 扑克游戏属于不完全信息博弈游戏, 对于参与游戏的一方玩家而言, 存在大量隐藏信息, 对手持有什么牌, 对手是否在诈唬? 这些信息在游戏结束之前是不知道的。然而, 就是这样的不完全信息博弈游戏, Libratus 同样以一种无师自通的强化学习方式, 通过几百万手牌的自我对弈, 结合蒙特卡洛反事实遗憾最小化算法, 在既没有领域专家知识, 也没有使用任何人类数据, 甚至整个 Libratus 并非专门针对扑克这个游戏而设计的情况下, 自己学会了玩扑克游戏。Libratus 的成功进一步展示了强化学习的威力, 更极大地打开了人工智能技术在网络安全、商业拍卖、政治谈判、医疗和生物信息处理等大量的不完全信息博弈领域的广阔应用前景。基于此, *Science* 于 2017 年 12 月发表了 Libratus 团队在这方面的成果。关于 Libratus 的技术细节, 限于篇幅本书不作展开, 感兴趣的读者可参考文献 [26]。

### 5.6.3 深度强化学习技术在自主智能体中的应用

自主智能体是深度强化学习的一个重要应用领域。本节挑选了伯克利大学和 Google Brain 团队开发的 Minitaur 机器狗、斯坦福大学的室内自主导航系统和 Wayve 的自动驾驶系统三个使用了深度强化学习的系统进行介绍。

#### 5.6.3.1 Minitaur 机器狗

深度强化学习在解决实际问题时常常存在样本使用效率低下、超级参数难调导致学习不稳定和学习结果难以复现等不足。对此, 伯克利大学和 Google Brain 团队在其设计的 Minitaur 机器狗中使用的异策略深度强化学习算法 SAC 中融入了许多加速训练和提高超级参数稳定性的机制, 通过异策略学习来提高样本利用率; 通过自动调节温度超级参数来保证学习的稳定性。这些方法取得了较显著的效果。

$$\pi^* = \arg\max_\pi \sum_t E_{(s_t,a_t)\sim\rho_\pi}[r(s_t, a_t) + \alpha H(\pi(\cdot|s_t))] \tag{5.6.1}$$

相比于传统的强化学习算法极大化奖励函数的优化目标, Minitaur 机器狗的优化目标是在极大化奖励的同时要求极大化策略熵 (式 (5.6.1) 形式的优化目标)。由于 $\pi(a_t|s_t)$ 是关于动作的概率分布, 而熵是衡量概率分布的不确定程度的一个量[1]。因此, 式 (5.6.1) 的目标函数试图极大化动作的概率分布的熵 $H(\pi(\cdot|s_t))$ 的效果就是鼓励勘探, 这种做法赋予了自主智能体很强的推广知识的能力。

$$\arg\max_{\pi_{0:T}} E_{\rho_\pi}\left[\sum_{t=0}^T r(s_t, a_t)\right]$$
$$\text{s.t.} \sum_t E_{(s_t,a_t)\sim\rho_\pi}[-\log(\pi_t(a_t|s_t))] \geqslant H, \quad \forall t \tag{5.6.2}$$

但目标函数中引入熵的同时带来了另外一个被称为温度的超级参数 $\alpha$。这个温度参数的调节控制着极大化奖励值还是保持动作的多样性之间的平衡, 试图通过手工调参来找到 $\alpha$ 的最优温度参数是困难的。为此, Haarnoja 等人提出将式 (5.6.1) 的无约束优化改成式 (5.6.2) 的约束优化问题。引入的约束只要求访问过的所有状态的期望熵保持在给定的阈值 $H$ 之上, 但具体到某个状态下的熵的大小留给优化算法自行调配。这使得优化算法能够在需要减小动作不确定的状态中自动降熵, 而在其他需要更多不确定的动作来应付更复杂局面的状态能自动增熵。实验结果表明, 这种自动调熵机制能极大地降低温度超级参数 $\alpha$ 调试的困难, 使得基于自动调熵机制下的 SAC

---

1 概率分布的不确定性程度越大, 熵越大。例如两点分布 $p_1 = 0.5$ 输入完全随机猜测, 它的不确定性程度比另外两个两点分布 $p_2 = 0.3, p_3 = 0.7$ 均要大, 从而有 $H(p_1) > H(p_2), H(p_1) > H(p_3)$。

(soft actor-critic, 软角色评委算法) 的超级参数纵使在不同的学习任务下仍保持相对的稳定, 极大地降低了超级参数调试的难度。

SAC 算法被应用来训练 Minitaur 八驱小型四足机器狗 (图 5.41)。Minitaur 每条腿上均安装有两个用来驱动行走的小型马达驱动器。鉴于 Minitaur 是一个地面行走的机器狗, 对 Minitaur 的姿态控制参数只考虑以它的躯干为轴的旋转角 (roll angle) 和左右倾斜角 (pitch angle), 而忽略垂直方向的角度 (pitch angle)。Minitaur 的位置参数、移动速度、前进方向角连同旋转角和倾斜角的大小和角速度, 构成了 Minitaur 的状态。Minitaur 的动作空间主要由它的四条腿的摆角构成。配备在 Minitaur 上的相关传感器和控制器会将 Minitaur 的四条腿的摆角参数转换成 Minitaur 的位置和姿态参数, 因此, SAC 算法核心是如何通过 Minitaur 的四条腿的摆角控制它的位置和姿态, 使之能平稳地行走在复杂的地面上。SAC 的奖励函数考虑了几个方面: 奖励快速前向移动; 惩罚过大的角速度; 惩罚过大的倾斜角; 惩罚将前腿伸长到躯体下面的行为 (没有这个惩罚项会导致 Minitaur 在训练过程中常常跌倒, 需要人多次扶正)。

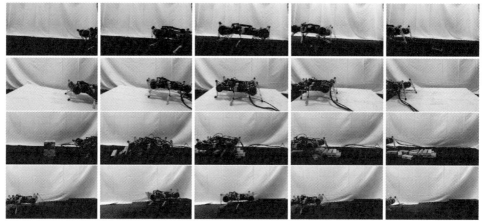

图 5.41  Minitaur 机器狗在首行平坦地形上学习行走后, 能够将所学得的行走技能泛化到更复杂的训练阶段未曾遭遇过的地形 (其他行)[27]

论文 [27] 使用了双隐层 (每 256 个神经元节点) 的状态价值网络和策略网络各一个。训练过程和训练数据的采集异步交替并行: 配备在 Minitaur 身上的机载 (on-board) 的 Nvidia Jetson TX2 终端通过执行策略网络来驱动 Minitaur, 同时收集训练数据 (Minitaur 的位置姿态参数——四足摆角) 并定期通过网络上传到执行训练任务的服务器上; 训练过程则运行在一个充当工作站的服务器上, 训练得到的策略网络参数被定期地传送给机载终端, 同时从机载终端定期下载最新训练数据。整个训练过程无须太多人为介入, 除非 Minitaur 跌倒时需要人为扶正。

类似这样的实际问题的强化学习任务其实是很困难的。对于 Minitaur 这样一个四腿纤细没有外驱力帮助的机器狗, 它能够站立并平稳地向前移动, 完全靠腿部与地面的接触力的微秒平衡来做到。策略网络必须学习如何调整四条腿的摆角, 使得腿部与地面的接触力能取得好的平衡效果。SAC 算法成功训练了 Minitaur, 使它在实验环境下走了 16 万步, 其中大约有 400 回合走了长达 500 步, 累计持续时间约 2 h。

　　Minitaur 最值得肯定的是, 在平地上学会行走的它, 能够在更复杂的完全未遭遇过的陌生环境下, 毫无困难地完成上下坡 (式 (5.6.1) 第 2 行)、跨过木块障碍物 (式 (5.6.1) 第 3 行)、下楼梯 (式 (5.6.1) 第 4 行), 展示了非凡的泛化能力, 这得益于 SAC 算法通过极大化策略熵得到的稳健策略。

### 5.6.3.2　斯坦福大学的室内自主导航系统

　　斯坦福大学的华裔学者李飞飞带领的团队利用深度强化学习训练了一个能在室内环境下通过机载摄像系统获得的图像进行目标驱动的自主导航系统[28]。在这个模型下, 整个室内环境被划分成二维的网格, 导航机器人可采用的动作集 $\mathcal{A} = \{f(前进), b(后退), l(左转), r(右转)\}$ 中共有四个动作。奖励函数设计为当机器人成功到达目标状态时将获得 10.0 的奖励, 机器人处于任何其他非目标状态将获得 $-0.01$ 的惩罚, 以驱动机器人朝目标前进。导航任务完全用图像进行表达, 出发点拍摄的图像 $(S_0)$ 以及目标点拍摄的图像 $(G)$ 构成了导航任务, 要求导航机器人从出发点出发导航抵达拍摄目标图像的地点。整个策略网络学习的是策略函数 $\pi(a|S_t, G; W)$, 其中 $S_t$ 为机器人当前位置拍摄的图像, $W$ 为策略网络参数。策略网络的输入部分由两个存在侧连接的孪生网络 (每个网络是 ResNet-50 网络) 构成。这两个孪生网络分别接收同为 $224 \times 224 \times 3$ 规格的当前场景彩图 $S_t$ 和目标场景彩图 $G$ 作为输入, 经 ResNet-50 无监督预训练后的结果被嵌入一个 512 维的语义空间中。语义融合后的结果再通过两个全连接层后形成一个四维的概率向量 (对应四个动作被选中的概率) 作为输出。强化学习采用流行的 AC 改进算法 A3C。除输出层用单一神经元输出状态估值外, 充当评委角色的状态价值网络使用与策略网络完全相同的结构。总体上, 这个算法展现出快速收敛, 无须任何手工特征的端到端学习能力和好的泛化能力, 整个自主导航系统在实际场景下显现出很好的导航能力。

### 5.6.3.3　Wayve 的自动驾驶系统

　　在 DeepMind 团队在围棋领域取得巨大成功的鼓舞下, 英国公司 Wayve 坚信既然深度强化学习能够在围棋领域超越所有的基于规则的系统, 并且打败人类, 那么深度强化学习的试错 (trail-and-error) 这一核心思想同样能用来解决自动驾驶的问题[29]。他们设计并实现了首个基于深度强化学习的自动驾驶系统。相比于大多数自动驾驶系统上配置多款摄像头 (比如知名的自动驾驶公司特斯拉的 Autopilot 系统共搭载了 8 个摄像头) 的做法, Wayve 的自动驾驶系统上只安装了一款前置摄像头。Wayve 将这个唯一的摄像头捕获的实时路况作为一个具有 4 个卷积层的输入, 经过 4 个卷积层处理后得到的结果，与传感器得到的发动机转速、当前方向盘转动角度连接成状态向量，作为后续 3 个全连接层的输入。网络的输出对应操控汽车各种动作信号，包括方向盘转动角度、加速踏板、制动、信号灯。显然这是一个具有 8 层的策略网络，记为 $W_p$。Wayve 的这个强化学习自动驾驶系统的任务是要教会汽车能自动沿车道正确行驶，因此，训练 $W_p$ 所需要的奖惩函数被简单地设定为每当车辆偏离道路时，人类驾驶员会以纠偏的形式惩罚一次系统。而人为干预操作的间隔期越久，系统所获得的奖励就越多。$W_p$ 网络的训练采用前面介绍过的 AC 算法。Wayve 的这个小型网络系统仅经过短短 20 min 的训练，就学会了如何在多弯道路况下进行自动驾驶。这一结果与通常的深度学习技术动辄需百万级训练数据，几天甚至几个月的训练时间形成鲜明对比，显式了用强化学习技术解决自动驾驶问题的极大潜能。具体技术细节，感兴趣的读者可参考文献 [29]。

# 参 考 文 献

[1] Sutton R S, Barto A G. Reinforcement Learning: An Introduction[M]. Cambridge, MA: The MIT Press, 2018.

[2] Bellman R. A markovian decision process[J]. Journal of Mathematics and Mechanics, 1957: 679–684.

[3] Hayes B. First links in the markov chain[EB/OL]. https://www.americanscientist.org/ article/first-links-in-the-markov-chain.

[4] Watkins C J C H. Learning from delayed rewards[D]. Cambridge: Cambridge University. 1989.

[5] Hecht-Nielsen R. Theory of the backpropagation neural network[C]. Proceedings of International Joint Conference on Neural Networks, Washington, DC, USA, 1989(1): 593–605.

[6] Karpathy A. Deep reinforcement learning: pong from pixels[EB/OL]. [2016-5-31]. http://karpathy.github.io/2016/05/31/rl/.

[7] Krizhevsky A, Sutskever I, Hinton G E. ImageNet classification with deep convolutional neural networks[C]. Proceedings of International Conference on Neural Information Processing Systems, Lake Tahoe, Nevada, United States, December 3–6, 2012: 1106–1114.

[8] Silver D, Huang A, Maddison C J, et al. Mastering the game of Go with deep neural networks and tree search[J]. Nature, 2016, 529(7587): 484–489.

[9] Silver D, Schrittwieser J, Simonyan K, et al. Mastering the game of Go without human knowledge[J]. Nature, 2017, 550(7676): 354–359.

[10] Thorndike E L. Animal intelligence: an experimental study of the associative processes in animals[J]. Psychological Review: Monographs Supplements, 1898, 2(4): 1–109.

[11] Catania A C. Thorndike's legency: learning selection, and the law of effect[J]. Journal of the Experimental Analysis of Behavior, 1999, 72(3): 425–428.

[12] Minsky M L. Theory of neural-analog reinforcement systems and its application to the brain-model problem[D]. Princeton: Princeton University, 1954.

[13] Waltz M D, Fu K S. A heuristic approach to reinforcement learning control systems[J]. IEEE Transactions on Automatic Control, 1965, 10:. 390–398.

[14] Bellman R E. Dynamic Programming[M]. Princeton: Princeton University Press, 1957.

[15] Bellman R E. A Markov decision process[J]. Journal of Mathematical Mechanics, 1957, 6: 679–684.

[16] Howard R. Dynamic Programming and Markov Processes[M]. Cambridge: The MIT Press, 1960.

[17] Samuel A L. Some studies in machine learning using the game of checkers[J]. IBM Journal on Research and Development, 1959, 3: 211–229.

[18] Klopf A H. Brain function and adaptive systems: a heterostatic theory[R]. Technical Report AFCRL-72-0164, Air Force Cambridge Research Laboratories, Bedford, MA. A summary appears in Proceedings of the International Conference on Systems, Man, and Cybernetics. IEEE Systems, Man, and Cybernetics Society, Dallas, TX, 1974.

[19] Sutton R S. Single channel theory: A neuronal theory of learning[J]. Brain Theory Newsletter, 1978, 4: 72–75.

[20] Sutton R S. A unified theory of expectation in classical and instrumental conditioning[D]. Standford:Stanford University. 1978.

[21] Barto A G, Sutton R S, Anderson C W.Neuronlike elements that can solve difficult learning control problems[J]. IEEE Transactions on Systems, Man, and Cybernetics, 1983, 13: 835–846.

[22] Watkins C J C H, Dayan P. Q-learning[J]. Machine Learning, 1992, 8: 279–292.

[23] Andrew Y N. Shaping and policy search in reinforcement learning[D]. Berkely: University of California, Berkeley, 2003.

[24] Volodymyr M, Kavukcuoglu K, Silver D, et al. Playing Atari with deep reinforcement learning[C]. Prceedings of Twenty-seventh Conference on Neural Information Processing Systems, Dec 5–10 2013, Harrahs and Harveys, Lake Tahoe.

[25] Volodymyr M, Kavukcuoglu K, Silver D, et al. Human-level control through deep reinforcement learning[J]. Nature, 2015, 518: 529–533.

[26] Brown N, Sandholm T. Superhuman AI for heads-up no-limit poker: Libratus beats top professionals[J]. Science, 2017, 10.1126/science.aao1733.

[27] Haarnoja T, Zhou A, Hartikainen K, et al. Soft actor-critic algorithms and applications[Z]. arXiv:1812.05905.

[28] Zhu Y, Mottaghi R, Kolve E, et al. Target-driven visual navigation in indoor scenes using deep reinforcement learning[Z]. arXiv:1609.05143.

[29] Alex K, Hawke J, Janz D, et al. Learning to drive in a day[Z]. arXiv:1807.00412.

[30] Silver D, Hubert T, Schrittwieser J, et al. A general reinforcement learning algorithm that master chess, shogi, and Go through self-play[J]. Science, 2018, 362(6419): 1140–1144.

# 后　记

本书从 2018 年 3 月 1 日动笔到 2019 年 1 月 27 日向清华大学出版社提交定稿，不包括前期酝酿和后期的修改工作，书稿主体写作历时 10 个月。个中艰辛，唯有写书者本人甘苦自知。

写作本书的主因要追溯到 2016 年年初笔者在单位开始的深度学习讨论班。当时 Ian Goodfellow, Yoshua Bengio, Aaron Courville 三位将他们联袂合著的英文专著 *Deep Learning* (本书后来于 2016 年 12 月由麻省理工出版社正式刊出) 草稿放到了网上供读者勘误。笔者算是较早读到他们的书稿的读者之一，遂决定根据 *Deep Learning* 一书开始深度学习的讨论班。随着讨论班的进行，笔者萌发了翻译 *Deep Learning* 这部著作的想法，于是笔者联系了当年在中山大学读博士期间出版译著《自动规划：理论与实践》一书的合作编辑薛慧老师。其时 *Deep Learning* 一书正式版尚未刊出，然而薛慧老师告知该书中文翻译权已签给他人，翻译该专著的念头只得打消。但自己写一部深度学习方面的专著的念头则随着讨论班和后续的教学科研工作的开展愈发强烈起来。

感谢美国韦恩州立大学数学系主任李恒光教授的邀请，使笔者有机会于 2016 年 8 月 1 日至 2017 年 3 月 29 日期间访问美国韦恩州立大学。感谢数学系李恒光教授、张智民教授、王兴助理教授，统计学教授孙自健、Kazuhiko Shinkin、Abhijit Madal，以及韦恩州立大学计算机系朱东晓教授，韦恩州立大学医学院妇产科系人类生殖发展研究中心戴静研究员和儿科临床医生 Manesha Putra 博士以及数学系博士生赵乐炜等的邀请和耐心倾听，笔者访美期间用蹩脚的英语所作的报告 "From statistics to deep learning" "CNNs:Convolution neural networks(technical details)" "RNNs:Recurrent neural networks(technical details)" 是本书相应章节的雏形。

感谢北京大学董彬教授的邀请，使笔者得以在美丽的未名湖畔有过短暂的修身养性、治学思考的机会。本书行文过程中笔者对第 1 章一直难以满意，正是在美丽的未名湖畔的办公室中才悟出用传递函数的泰勒展开式来解释低维属性空间与高维特征空间之间的关联，得以避免第 1 章出现某些内容解释不到位而产生"夹生饭"的尴尬局面。

感谢长沙理工大学的唐贤英教授，笔者对人工神经网络的启蒙知识来自唐贤英教授当时为研究生开设的"计算智能"课程。感谢笔者的博士导师姜云飞教授,笔者系统的人工智能知识是在姜老师的指导下获得的,同时姜老师严谨的治学态度以及姜老师的导师王湘浩院士治学治教的轶事深深地影响着笔者,是笔者在曲折的攀峰之路上能坚持前行的希望灯塔。

本书从构思到行文,从文献查找到绘图均是笔者一人孤独行军的结果。感谢曾来讨论班指导的柴啸龙、陈冰川、边芮等各位同仁,本书是你们倾听的结果。感谢笔者所在单位的研究生们,本书同样是你们倾听的结果。尤其感谢笔者指导的黎镭、姚赞杰、赖兰妹三位研究生在参考文献格式方面提供的帮助。感谢笔者的研究生方开元、谢小微、孙雅静在公式符号勘误方面的工作。

感谢清华大学出版社的工作人员。笔者 2018 年 7 月在北京大学访问期间,为本书的出版事宜拜访了薛慧老师,其时薛老师退休在即,但她仍然非常热情地接待了笔者,并为笔者安排了年轻的刘嘉一编辑进行对接。感谢刘嘉一编辑的认真负责,纵使面临工作调动仍为本书的出版积极跟进。刘嘉一编辑调离岗位后,笔者又找回薛慧老师,在业已退休的薛老师帮助下,认真负责、心细缜密的王倩编辑接手了本书的编辑排版等后期工作。没有这些负责任的编辑们所做的努力,本书不可能如此顺利地出版。

感谢购买此书的读者。作为无经费、无实验室、无平台的"无产阶级"高校老师,笔者曾多次尝试向各级各类基金申请经费资助出版本专著,但均石沉大海无果而终。作为人工智能与深度学习的研究人员,笔者痛感缺经费缺平台对技术研发、人才培养和产品孵化工作的推进构成的阻碍。因此,笔者下决心将本书销售所带来的笔者收益悉数应用于人工智能深度学习技术研发、产品孵化等方面工作。

最后要感谢笔者的家人,本书是笔者家人背后默默支持的结果。本书的写作几乎耗尽了笔者所有的节假日和空闲时间,以致在家人眼里笔者一年 365 天都处于工作之中。带来的后果是对妻儿陪伴的缺失,对父母兄长姐姐们探望的稀少,独自承担犬子教育重担的妻子难免有所抱怨。在此想郑重地对他们说声对不起,并感谢他们的理解和支持。

陈谒祥

2019 年 2 月于广州祈乐苑

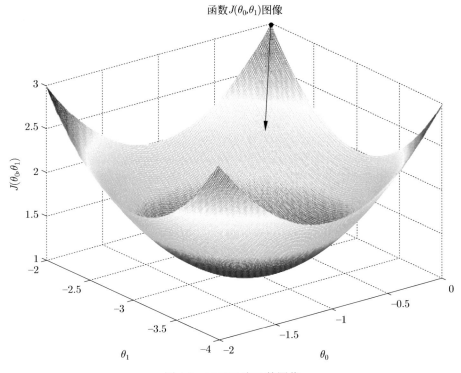

函数 $J(\theta_0,\theta_1)$ 图像

图 1.6　二元二次函数图像

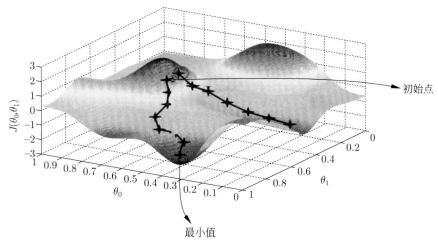

初始点

最小值

图 1.8　梯度蚂蚁逃离火红的火焰山顶（初始点）奔向生命绿洲谷底
（最小值）的可能的最佳逃生路径

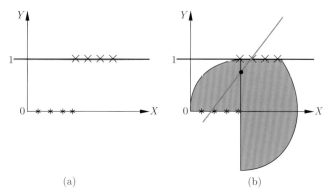

图 1.14 分类数据集和拟合分类数据得到的回归方程

(a) 分类数据集得到的回归方程;(b) 拟合分类得到的回归方程

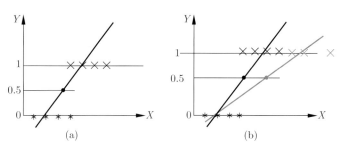

图 1.15 新增加数据对回归方程的影响

红色线是新增加数据集后得到的新的回归方程

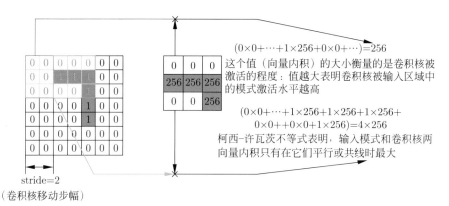

$(0×0+\cdots+1×256+0×0+\cdots)=256$

这个值（向量内积）的大小衡量的是卷积核被激活的程度：值越大表明卷积核被输入区域中的模式激活水平越高

$(0×0+\cdots+1×256+1×256+1×256+0×0++0×0+1×256)=4×256$

柯西-许瓦茨不等式表明，输入模式和卷积核两向量内积只有在它们平行或共线时最大

stride=2

（卷积核移动步幅）

图 3.3 卷积核在图像上按一定顺序(例如上从左到右,从上到下)卷积过程

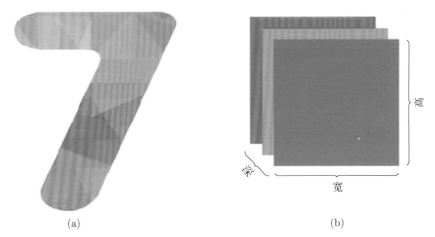

(a)                                    (b)

图 3.5　人眼中的彩色数字"7"(a) 在计算机内被表示成红、绿、蓝三个颜色
分量构成的数字长方体形式 (b)

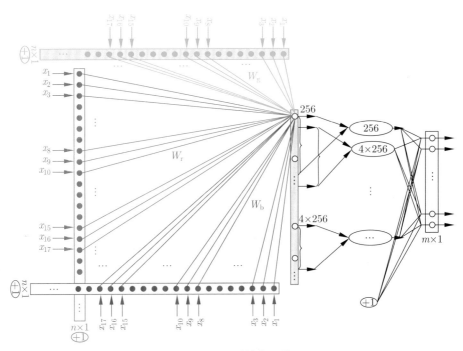

图 3.10　多通道单特征情形

红、绿、蓝三个颜色通道分别通过 $W_r$, $W_g$, $W_b$ 三个不同卷积核进行卷积, 卷积结果
被汇合到一个神经元节点, 并最终形成一个特征平面。椭圆代表池化后的结果

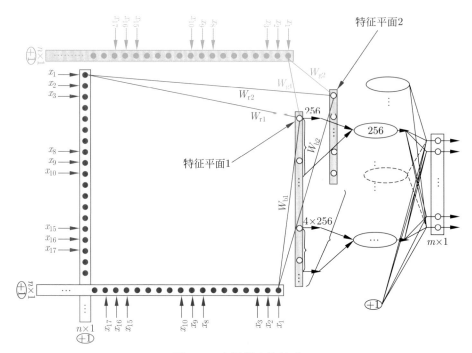

图 3.11 多通道多核情形

红、绿、蓝三个颜色通道分别通过 $W_{r1}, W_{g1}, W_{b1}$ 和 $W_{r2}, W_{g2}, W_{b2}$ 两组核对应两个特征检测器进行卷积，同一特征探测器在不同通道的卷积结果被汇合到一个神经元节点，并最终形成两个特征平面。椭圆代表池化后的结果

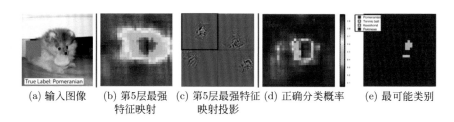

(a) 输入图像　　(b) 第5层最强　　(c) 第5层最强特征　(d) 正确分类概率　(e) 最可能类别
　　　　　　　　　特征映射　　　　映射投影

图 3.17　狗的头部这一关键特征被遮挡住后，图像被判断为"狗"的概率会极大降低
图中红色区域代表概率很高，蓝色区域代表概率很低

图 3.22　对可变形卷积的效果进行可视化

左、中、右图分别展示了绿点所代表的激活单元倒推三层可变形卷积层在背景、小物体、
大物体上所采样的点

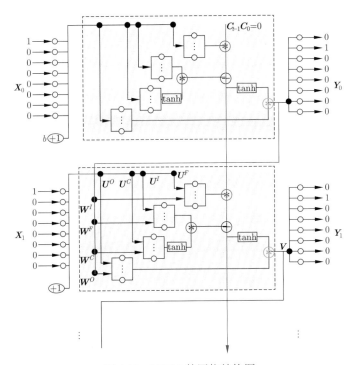

图 4.12　LSTM 的网络结构图

虚线框内部是一个 LSTM 单元。LSTM 单元内部由遗忘门、输入门、隐层单元、输出门
（四个门虚线框内由上到下排列）和存储单元（向下的红色箭头）构成

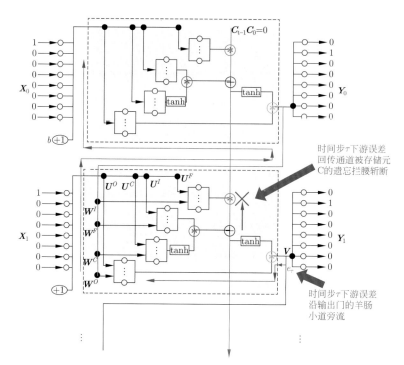

图 4.13　下游误差 $e_\tau$ 在 LSTM 结构内部的流动路线图

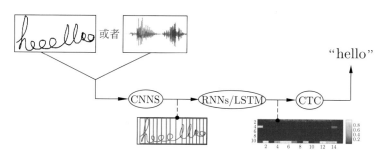

图 4.25　手写体识别中的 CTC

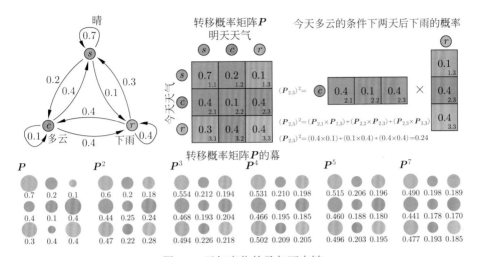

图 5.5　天气变化的马尔可夫链

T 天后的天气可通过状态转移概率矩阵的 T 次幂计算得到

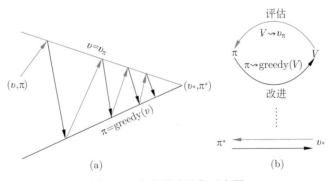

图 5.12　广义策略迭代示意图